U0391729

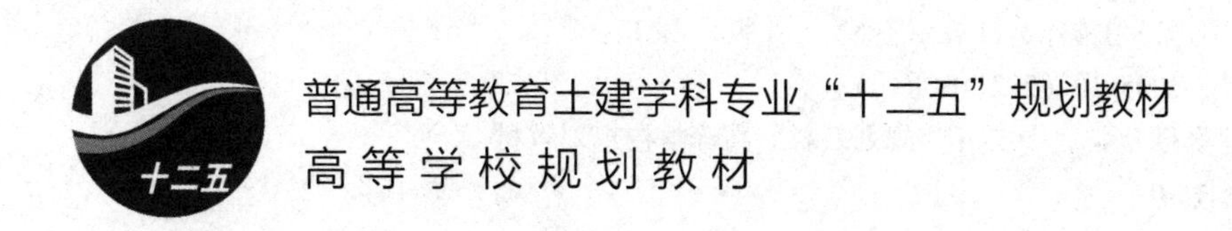

普通高等教育土建学科专业“十二五”规划教材
高等学校规划教材

建筑设备工程

（第四版）

高明远　岳秀萍　杜震宇 ◎ 主编

中国建筑工业出版社

图书在版编目（CIP）数据

建筑设备工程/高明远，岳秀萍，杜震宇主编. —4版. —北京：中国建筑工业出版社，2005.10（2021.6重印）

普通高等教育土建学科专业“十二五”规划教材. 高等学校规划教材

ISBN 978-7-112-18475-0

Ⅰ.①建… Ⅱ.①高… ②岳… ③杜… Ⅲ.①房屋建筑设备-高等学校-教材 Ⅳ.①TU8

中国版本图书馆CIP数据核字(2015)第223498号

本书是为高等学校工科院校建筑学、土木工程专业本科生编写的教材，较为全面地介绍了建筑工程中水、暖、电等公用设备专业的基本知识和内容。全书共分十八章，包括：建筑给水、排水、热水、消防、供暖、燃气、通风、空气调节、供配电、照明、电气安全、弱电工程等。本书编写注重基本理论、基本概念的叙述与介绍，增加了近年来发展起来的新技术、新方法和新内容。全书内容全面，插图丰富，理论联系实际，各章附有思考题，有益于学习或参考。

为了更好地支持相应课程的教学，我们向采用本书作为教材的教师提供课件，有需要者可与出版社联系。

建工书院：http：//edu. cabplink. com/index

邮箱：jckj@cabp. com. cn　电话：010-58337285

责任编辑：齐庆梅　吴文侯

书籍设计：锋尚设计

责任校对：张　颖　刘梦然

普通高等教育土建学科专业“十二五”规划教材

高等学校规划教材

建筑设备工程（第四版）

高明远　岳秀萍　杜震宇　主编

*

中国建筑工业出版社出版、发行（北京海淀三里河路9号）

各地新华书店、建筑书店经销

北京鸿文瀚海文化传媒有限公司制版

北京市密东印刷有限公司印刷

*

开本：787毫米×1092毫米　1/16　印张：21¾　字数：516千字

2016年8月第四版　2021年6月第五十八次印刷

定价：**49.00**元（赠教师课件）

ISBN 978-7-112-18475-0

（27655）

第四版 | 前　言

本书是为高等学校建筑学、土木工程专业本科生编写的教材，较为全面地介绍了建筑工程中水、暖、电等公用设备专业的基本知识和内容，是在太原理工大学[高明远]、岳秀萍主编的高等学校教材《建筑设备工程》（第三版）的基础上修订而成。

全书从基本理论出发，重点介绍了公共与民用建筑的建筑给水、排水、热水、消防、供暖、燃气、通风、空气调节、供配电、照明、电气安全、弱电工程等内容。编写过程中参照了国家有关现行设计规范和标准，以及注册建筑师考试大纲要求，力求在内容上能够全面地覆盖当前建筑设备的范围，努力做到加强基本理论的阐述，密切联系工程设计实际。

全书共分十八章，包括：建筑给水、排水、热水、消防、供暖、燃气、通风、空气调节、供配电、照明、电气安全、弱电工程等，适用于32～48学时的教学计划。第一章、第五章由太原理工大学[高明远]、岳秀萍编写，第四章、第九章由太原市市政工程设计研究院曹京哲编写，第二章、第十章、第十二章由太原理工大学杜震宇编写，第七章由太原理工大学王孝维编写，第八章由太原理工大学王国英编写，第六章、第十一章由太原理工大学岳秀萍编写，第三章、第十三章～第十七章由太原理工大学段鹏飞编写，第十八章由太原理工大学刘元珍编写。全书由[高明远]、岳秀萍、杜震宇主编。

为了方便教学，我们制作了一个简单的电子课件，可发送邮件到 jiangongshe@163.com 免费索取。

由于编者水平有限，希望读者对本书给予批评指正。

第三版 | 前　言

本书是为高等工科院校建筑学、土木工程等土建类专业编写的教材，是在高等学校试用教材《建筑设备工程》(第二版)(太原工业大学高明远主编)的基础上全面修订而成。全书从基本理论出发，重点介绍了公共与民用建筑给水、排水、热水、消防、采暖、燃气、通风、空气调节、照明、供配电、防雷、接地、弱电工程等内容。编写过程中参照了国家有关现行设计规范和标准以及注册建筑师考试大纲要求，力求在内容上能够全面地覆盖当前建筑设备的范围，努力做到加强基本理论的阐述，密切联系工程设计实际。

本书第一、三、四、五(第一节至第八节)、七章由高明远编写，第二章、第五章中第九节由曹京哲编写，第六、九章由岳秀萍编写，第八、十章由杜震宇编写，第十一章至十五章由谷晋龙、岳秀萍编写。全书由高明远、岳秀萍主编。同济大学刘传聚老师审阅了本书并提出许多宝贵意见，在此表示衷心的感谢。

为了方便教学，我们制作了一个简单的电子课件，可发送邮件至 jiangongshe@ 163. com 免费索取。

由于编者水平有限，希望读者对本书给予批评指正。

编者

2005 年 5 月

第二版 | 前　言

本书经第一版试用，凡有不足和错误之处，均尽量做了充实和改正。试用期间全国许多读者提出的宝贵意见和建议，在修订过程中也均做了认真的考虑。这次修订仍按72学时编写。

本书修订稿第一章由吴锡福编写、曲富林协助主编参与了本章再修订工作；第二章由王效承编写；第三章、第四章(不包括§4－6)由车月璋编写；第五章(不包括§5－7)由曹铸鎏编写；第六章由荆元福编写；第七章(不包括§7－5)由高明远编写；第八章、第九章由刘克昇编写；第十、十一、十二、十三章由谷晋龙编写。第四章中§4－6、第五章中§5－7、第七章中§7－5由王增长编写。全书由高明远、杜一民负责主编。本书主审为重庆建筑大学孙慧修、任振良，参加审查的还有何体中、李盛和、刘永志等同志。

由于编者水平所限，希望读者对本书继续给予指正。

编　者

1988年6月

第一版｜前　言

本书主要介绍建筑物内部的给水排水、热水及煤气供应、采暖、通风、空气调节、电气照明和建筑防雷等设备工程的基本内容及其与建筑物的关系；对有关设备工程设计计算方法的基本知识，也作了一般介绍。根据本书内容的要求，增编了流体力学基本知识部分，并结合此部分介绍和采用了国际单位制，以适应实现四个现代化的需要。

现代建筑设备工程涉及的范围相当广泛，加之我国幅员广大，南北气候悬殊，情况各异。编写时力求结合各个地区的具体情况，尽量反映国内外的先进技术成就，并注意加强基本理论。在教学过程中，可以针对地区的特点，对内容的学习有所侧重。

鉴于《建筑设备工程》在我国系首次编写出版的一本教材，缺乏经验，书稿虽经反复讨论修改，但因水平所限，加之编写时间较短，因此，本书在内容取舍、叙述深度、体系组织、例题安排等方面，都会存在不少缺点和错误。恳切地希望使用本书的同志们提出意见和批评，以利今后本书的充实和提高。

本书由太原工学院高明远、华南工学院杜一民负责主编。

全书编写分工：绪论由杜一民和高明远编写；第一至第五章由太原工学院吴锡福编写；第六章及第九章后的设计举例由太原工学院王效承编写；第七、八章由哈尔滨建筑工程学院车月璋编写；第九章由湖南大学曹铸鎏编写；第十章由哈尔滨建筑工程学院荆元福编写；第十一章由高明远编写；第十二章由杜一民和哈尔滨建筑工程学院刘克昇编写；第十三章由刘克昇编写；第十四章至第十七章由杜一民和太原工学院邓庆茂编写。

本书主审为重庆建筑工程学院孙慧修、任振良，参加审定的还有赵妏、李盛和、刘永志、谢永茂、何体中等同志。

本书在编写过程中得到各高等院校及有关设计、施工等部门的大力支持，协助审阅书稿，提供许多宝贵意见，在此表示衷心的谢意。

编者

1979 年 7 月

目 录 | CONTENTS

第一篇 基础理论 …… 1

第一章 流体力学基本知识 …… 3

第一节 流体的主要物理性质 …… 3

第二节 流体静压强及其分布规律 …… 6

第三节 流体运动的基本知识 …… 8

第四节 流动阻力和水头损失 …… 13

第五节 孔口、管嘴出流及两相流体简介 …… 20

第六节 气体射流简介 …… 21

思考题与习题 …… 24

第二章 传热学基本知识 …… 25

第一节 热传导 …… 25

第二节 热对流和对流换热 …… 29

第三节 热辐射及辐射换热 …… 30

第四节 传热与换热器 …… 33

思考题与习题 …… 36

第三章 电（工）学基础 …… 37

第一节 电学基本概念 …… 37

第二节 电路的基本定律 …… 39

第三节 正弦交流电路 …… 40

第四节 三相交流电路 …… 44

思考题与习题 …… 47

第二篇 建筑给水排水工程 …… 49

第四章 室外给水排水工程概述 …… 51

第一节 室外给水工程概述 …… 51

第二节 室外排水工程概述 …… 55

第三节 城镇给水排水工程规划概要 …… 58

思考题与习题 …… 62

第五章 建筑给水 …… 63
第一节 给水系统组成与分类 …… 63
第二节 给水方式 …… 64
第三节 加压和贮水设备 …… 67
第四节 管道布置与敷设 …… 70
第五节 水质污染防护措施 …… 72
第六节 给水系统设计计算简介 …… 73
思考题与习题 …… 80
第六章 建筑消防 …… 81
第一节 火灾类型、建筑物分类及危险等级 …… 81
第二节 消火栓给水系统 …… 83
第三节 自动喷水灭火系统 …… 91
第四节 灭火器及其他灭火方法 …… 96
思考题与习题 …… 104
第七章 建筑排水 …… 105
第一节 排水系统的分类 …… 105
第二节 排水系统的组成 …… 105
第三节 管道布置与敷设 …… 113
第四节 排水管道设计计算简述 …… 115
第五节 屋面雨水排水 …… 118
思考题与习题 …… 122
第八章 热水及饮水供应 …… 123
第一节 建筑热水供应系统及方式 …… 123
第二节 建筑热水管网布置及敷设 …… 126
第三节 建筑热水管网计算简述 …… 127
第四节 管道直饮水系统 …… 130
思考题与习题 …… 132
第九章 小区给水排水、中水及雨水利用 …… 133
第一节 居住小区给水排水 …… 133
第二节 建筑中水 …… 136
第三节 建筑与小区雨水利用 …… 138
思考题与习题 …… 141

第三篇 供热、供燃气、通风及空气调节 …… 143

第十章 供暖及供燃气 …… 145
第一节 供暖方式、热媒及系统分类 …… 145

第二节　供暖系统的设计热负荷 …… 147
第三节　对流供暖系统 …… 149
第四节　辐射供暖系统 …… 159
第五节　供暖系统的散热设备 …… 164
第六节　室内供暖系统的管路布置与主要设备及附件 …… 167
第七节　分户供暖热源 …… 172
第八节　集中供暖热源 …… 174
第九节　燃气供应 …… 181
思考题与习题 …… 193
第十一章　建筑通风 …… 194
第一节　卫生标准与排放标准 …… 194
第二节　自然通风 …… 197
第三节　机械通风 …… 204
第四节　全面通风 …… 211
第五节　局部通风 …… 213
第六节　民用建筑通风 …… 216
思考题与习题 …… 224
第十二章　空气调节 …… 225
第一节　空气调节系统分类 …… 225
第二节　空调负荷计算与送风量 …… 228
第三节　集中式空调系统 …… 232
第四节　半集中式空调系统 …… 241
第五节　分散式空调系统 …… 244
第六节　几种新型的空调方式 …… 247
第七节　空调水系统 …… 249
第八节　空调系统的冷热源 …… 252
第九节　空调系统的布置 …… 257
第十节　建筑防排烟及通风空调系统的防火 …… 264
第十一节　空调系统的消声与减振 …… 271
思考题与习题 …… 274
第四篇　建筑电气 …… 275
第十三章　建筑电气简介 …… 277
第一节　建筑电气的概念 …… 277
第二节　现代建筑电气的特点 …… 278
思考题与习题 …… 278

第十四章　供配电系统 …… 279
第一节　电力系统组成及特点 …… 279
第二节　负荷分级及供电措施 …… 280
第三节　变配电所及应急电源 …… 283
第四节　负荷计算 …… 287
第五节　电气设备的选择 …… 290
第六节　线路的选择与敷设 …… 292
思考题与习题 …… 295
第十五章　照明 …… 296
第一节　照明基础知识 …… 296
第二节　光源和灯具的选择 …… 300
第三节　照明设计 …… 303
思考题与习题 …… 306
第十六章　电气安全 …… 307
第一节　安全电压及电击防护 …… 307
第二节　建筑防雷 …… 308
第三节　接地保护 …… 312
思考题与习题 …… 316
第十七章　弱电工程 …… 317
第一节　火灾自动报警及消防联动系统 …… 317
第二节　有线电视系统 …… 321
第三节　通信系统 …… 322
第四节　有线广播、扩声及同声传译系统 …… 323
第五节　智能建筑 …… 325
思考题与习题 …… 328
第十八章　建筑电气环境保护及节能技术 …… 329
第一节　电气设备对环境的影响及防治措施 …… 329
第二节　供配电系统节能 …… 331
第三节　照明系统节能 …… 334
思考题与习题 …… 336
主要参考文献 …… 337

第一篇

基础理论

第一章　流体力学基本知识

通常所见到的物质有固体、液体和气体，流体是液体和气体的统称。流体力学就是研究流体平衡和运动的力学规律及其应用的科学。

第一节　流体的主要物理性质

日常遇到许多流体的运动，如水在江河中流动、燃气在管道中输送、空气从喷口中喷出等，都表现了流体具有易流动性。流体不能承受拉力，静止流体不能抵抗切力，但是流体能承受较大的压力。

下面介绍流体的主要物理性质。

一、密度和重度

流体和固体一样，也具有质量和重量，工程上分别用质量密度ρ和重力密度γ表示。

对于均质流体，单位体积的质量称为流体的密度，即

$$\rho = \frac{M}{V} \quad (\mathrm{kg/m^3}) \tag{1-1}$$

式中　M——流体的质量，kg；

V——流体的体积，m^3。

对于均质流体，单位体积的重量称为流体的重力密度，即

$$\gamma = \frac{G}{V} \quad (\mathrm{N/m^3}) \tag{1-2}$$

式中　G——流体的重量，N；

V——流体的体积，m^3。

由牛顿第二定律知道：$G = Mg$。因此

$$\gamma = \frac{G}{V} = \frac{Mg}{V} = \rho g \tag{1-3}$$

式中　g——重力加速度，$g = 9.807\mathrm{m/s^2}$。

流体的质量密度和重力密度随外界压力和温度而变化，例如水在标准大气压和4℃时，其$\rho = 1000\mathrm{kg/m^3}$、$\gamma = 9.807\mathrm{kN/m^3}$。水银在标准大气压和0℃时，质量密度和重力密度是水的13.6倍。干空气在温度为20℃、压强为760mmHg时的质量密度和重力密度分别为$\rho_a = 1.2\mathrm{kg/m^3}$；$\gamma_a = 11.80\mathrm{N/m^3}$。

二、流体的黏滞性

流体的黏滞性可以由下列实验和分析了解到。用流速仪测出管道中某一断面的流速分布，如图1-1所示。流体沿管道直径方向分成很多流层，各层的流速不同，并按某种曲线规律连续变化，管轴心的流速最大，向着管壁的方向递减，直至管壁处的流速为零。

如图1-1所示，取流速方向的坐标为u，垂直流速方向的坐标为n，若令水流中某

一流层的速度为 u，则与其相邻的流层为 $u + \mathrm{d}u$，$\mathrm{d}u$ 为相邻两流层的速度增值。令流层厚度为 $\mathrm{d}n$，沿垂直流速方向单位长度的流速增值$\frac{\mathrm{d}u}{\mathrm{d}n}$，叫做流速梯度。由于流体各流层的流速不同，相邻流层间有相对运动，便在接触面上产生一种相互作用的剪切力，这个力叫做流体的内摩擦力，或称黏滞力。流体在黏滞力的作用下，具有抵抗流体的相对运动（或变形）的能力，称为流体的黏滞性。对于静止流体，由于各流层间没有相对运动，黏滞性不显示。

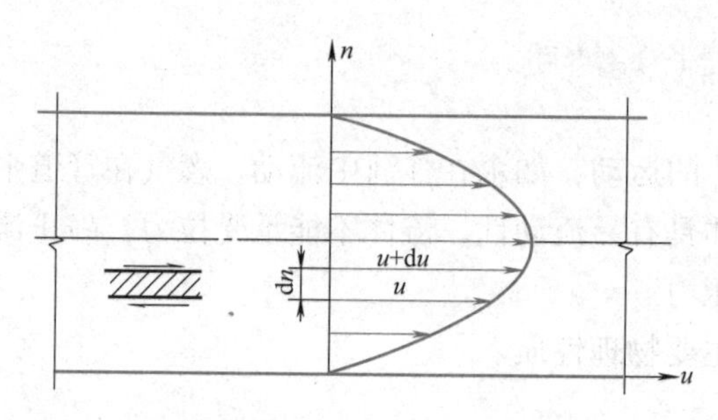

图1-1 管道中断面流速分布

牛顿在总结实验的基础上，首先提出了流体内摩擦力的假说——牛顿内摩擦定律。如用切应力表示，可写为

$$\tau = \frac{F}{S} = \mu \frac{\mathrm{d}u}{\mathrm{d}n} \tag{1-4}$$

式中 F——内摩擦力，N；

S——摩擦流层的接触面面积，m^2；

τ——流层单位面积上的内摩擦力，又称切应力，Pa；

μ——动力黏滞性系数，与流体种类有关的系数，Pa · s；

$\frac{\mathrm{d}u}{\mathrm{d}n}$——流速梯度，表示速度沿垂直于速度方向的变化率，1/s。

流体黏滞性的大小可用黏滞性系数表达。除用动力黏滞性系数μ外，还常采用运动黏滞性系数 $\nu = \frac{\mu}{\rho}$，单位为 m^2/s，简称斯。μ 受温度影响大，受压力影响小。水及空气的 μ 值及 ν 值如表 1-1 及表 1-2 所示。

水的黏滞性系数 表 1-1

t（℃）	$\mu \times 10^{-3}$ (Pa · s)	$\nu \times 10^{-6}$ (m^2/s)	t（℃）	$\mu \times 10^{-3}$ (Pa · s)	$\nu \times 10^{-6}$ (m^2/s)
0	1.792	1.792	40	0.656	0.661
5	1.519	1.519	50	0.549	0.556
10	1.308	1.308	60	0.469	0.477
15	1.140	1.140	70	0.406	0.415
20	1.005	1.007	80	0.357	0.367
25	0.894	0.897	90	0.317	0.328
30	0.801	0.804	100	0.284	0.296

一个大气压下空气的黏滞性系数　表 1-2

t (℃)	$\mu\times10^{-3}$ (Pa·s)	$\nu\times10^{-6}$ (m^2/s)	t (℃)	$\mu\times10^{-3}$ (Pa·s)	$\nu\times10^{-6}$ (m^2/s)
-20	0.0166	11.9	70	0.0204	20.5
0	0.0172	13.7	80	0.0210	21.7
10	0.0178	14.7	90	0.0216	22.9
20	0.0183	15.7	100	0.0218	23.6
30	0.0187	16.6	150	0.0239	24.6
40	0.0192	17.6	200	0.0259	25.8
50	0.0196	18.6	250	0.0280	42.8
60	0.0201	19.6	300	0.0298	49.9

流体的黏滞性对流体运动有很大的影响，因为内摩擦阻力作负功，不断损耗运动流体的能量，从而成为实际工程水力计算中必须考虑的一个重要问题。

三、流体的压缩性和热胀性

流体压强增大体积缩小的性质，称为流体的压缩性。流体温度升高体积膨胀的性质，称为流体的热胀性。

液体的压缩性和热胀性都很小。例如，水从 1 个大气压增加到 100 个大气压时，每增加 1 个大气压，水的密度增加 1/20000。水在温度较低（10 ~ 20℃）时，温度每增加 1℃，水的密度减小 1.5/10000；当温度较高（90 ~ 100℃）时，温度每增加 1℃，水的密度减小也只为 7/10000。因此，在很多工程技术领域中可以把液体的压缩性和热胀性忽略不计。例如，在建筑设备工程中，管中输液除水击和热水循环系统外，一般计算不考虑液体的压缩性和热胀性。

气体具有显著的压缩性和热胀性。在温度不过低、压强不过高时，密度、压强和温度三者之间的关系服从理想气体状态方程：

$$\frac{p}{\rho}=RT \tag{1-5}$$

式中　p——气体的绝对压强，N/m^2；

ρ——气体的密度，kg/m^3；

T——气体的绝对温度，K；

R——气体常数，J/（kg·K）。

对于空气 $R=287$；对于其他气体 $R=\dfrac{8314}{N}$，N 为该气体的分子量。

对于速度较低（远小于音速）的气体，其压强和温度在流动过程中变化较小，密度可视为常数，这种气体称为不可压缩气体。反之，速度较高（接近或超过音速）的气体，在流运过程中密度变化很大（当速度等于 50m/s 时，密度变化为 1%，也可以当作不可压缩气体对待），ρ 不能视为常数，这种气体称为可压缩气体。

建筑设备工程中水、气流体的流速在大多情况下均较低，密度在流动过程中变化不大，密度可视为常数，一般将这种水、气流体认为是一种易于流动的、具有黏滞性和不可压缩的流体。

在研究流体运动规律时，还需了解“连续介质”的概念。所谓连续介质是把流体看成是全部充满的、内部无任何空隙的质点所组成的连续体。作为研究单元的质点，也认为是由无数分子所组成，并具有一定体积和质量。这样，不仅从客观上摆脱了分子复杂运动的研究，而且能运用数学的连续函数的工具，分析流体在外力作用下的机械运动。

第二节 流体静压强及其分布规律

流体静止是运动中的一种特殊状态。由于流体静止时不显示其黏滞性，不存在切向应力，同时认为流体也不能承受拉力，不存在由于黏滞性所产生运动的力学性质。因此，流体静力学的中心问题是研究流体静压强的分布规律。

一、流体静压强及其特性

设想在一容器的静止水中，隔离出部分水体Ⅰ来研究，如图1-2所示，这种情况必须把周围水体对水体Ⅰ的作用力加以考虑，以保持其静止状态不变。设作用于隔离体表面某一微小面积 $\Delta\omega$ 上的总压力是 Δp，则 $\Delta\omega$ 面上的平均压强为：

$$p = \frac{\Delta p}{\Delta \omega} \quad (N/m^2) \tag{1-6}$$

当所取的面积无限缩小为一点 a，即 $\Delta\omega \to 0$，则平均压强的极限值为：

$$p = \lim_{\Delta\omega \to 0} \frac{\Delta p}{\Delta \omega} \quad (N/m^2) \tag{1-7}$$

这个极限值 p 称为 a 点的静压强。

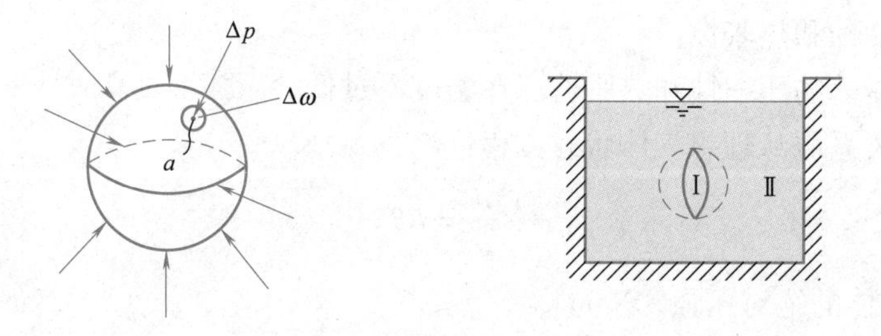

图1-2 流体的静压强

流体静压强的因次为［力/面积］，在国际单位制中，单位常用Pa表示，$1Pa = 1N/m^2$，把 10^5Pa 称为1巴（bar）。

流体静压强有两个特征：

（1）流体静压强的方向必定沿着作用面的内法线方向。因为静止流体不能承受拉应力且不存在切应力，所以，只存在垂直于表面内法线方向的压应力——压强。

（2）任意点的流体静压只有一个值，它不因作用面方位的改变而改变。

二、流体静压强的分布规律

在静止液体中任取一 A 点，该点在自由表面下的水深 h 处，自由表面压强为 p_0，如图1-3所示。设A点的静水压强为 p，通过A点取底面积为 $\Delta\omega$、高为 h、上表面与自由面相重合的小圆柱体，研究其轴向力的平衡：上表面压力 $p_0\Delta\omega$，方向向下；柱体侧面积的静水压力，方向与轴向垂直，在轴向投影为零。此圆柱体处于静止状态，故其轴向力平衡为：

$$p\Delta\omega - \gamma h\Delta\omega - p_0\Delta\omega = 0$$

化简后得：

$$p = p_0 + \gamma h \tag{1-8}$$

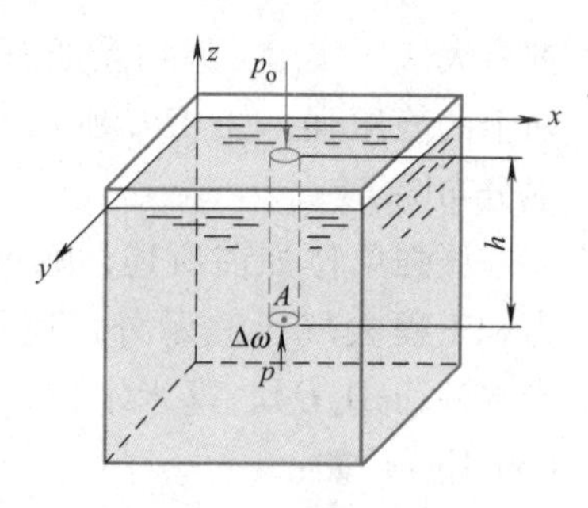

图 1-3　静止液体中的压强分布

式中　p——静止液体中任意点的压强，kN/m^2或 kPa；

p_0——表面压强，kN/m^2或 kPa；

γ——液体的重力密度，kN/m^3；

h——所研究点在自由表面下的深度，m。

式（1-8）是静水压强基本方程式，又称为静水力学基本方程式。式中 γ 和 p_0都是常数。方程表示静水压强与水深成正比的直线分布规律。方程式还表明，作用于液面上的表面压强 p_0是等值地传递到静止液体中每一点上。方程也适用于静止气体压强的计算，只是式中的气体重力密度 γ 很小，因此，在高差 h 不大的情况下，可忽略 γh 项，则 $p = p_0$。例如研究气体作用在锅炉壁上的静压强时，可以认为气体空间各点的静压强相等。

流体中压强相等的各点所组成的面为等压面，如液体与气体的交界面（自由表面）；处于平衡状态下的两种不同液体的分界面；静止、同种类、连续液体的水平面等都是等压面。

工程计算中，压强有不同的量度基准：

（1）绝对压强：是以完全真空为零点计算的压强，用 p_A表示。

（2）相对压强：是以大气压强为零点计算的压强，用 p 表示。

由上所述，相对压强与绝对压强的关系为：

$$p = p_A - p_a \tag{1-9}$$

某一点的绝对压强与大气压强相比较，可以大于大气压强，也可以小于大气压强，因此相对压强可以是正值也可以是负值。相对压强的正值称为正压（即压力表读数）；负值称为负压，这时流体处于真空状态，通常用真空度（或真空压强）来度量流体的真空程度。所谓真空度，是指某点的绝对压强不足一个大气压强的部分，用 p_k表示，即

$$p_k = p_a - p_A = -p \tag{1-10}$$

某点的真空度愈大，说明它的绝对压强愈小。真空度的最大值为 $p_k = p_a = 98kN/m^2$，即绝对压强为零，处于完全真空状态；真空度的最小值为零时，$p_k = 0$，即在一个大气压强下，真空度在 $p_k = 0 \sim 98kN/m^2$的范围内变动。

真空度实际上等于负的相对压强的绝对值。例如某点的绝对压强是 $40kN/m^2$，如用相对压强计，为 $p = 40 - 98 = -58kN/m^2$；采用真空度表示则为 $p_k = 98 - 40 = 58kN/m^2$，从关系式（1-9）、(1-10)亦可以看出，真空度有时叫做“负压”，就是这个缘故。

在建筑设备工程的水、气输送工程中，如水泵吸水管、虹吸管和风机吸风口等，经常遇到真空度的计算和量测。

在工程计算中，通常采用相对压强，如图 1-4所示，水池任一受压壁面 AB，内外

都有大气压作用，但相互抵消。实际作用于 AB 壁面上的静压强，如 ABC 所示，其图形称为相对压强分布图。

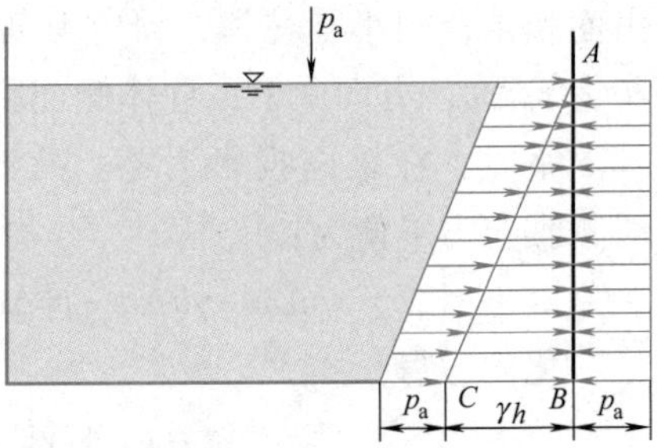

图1-4　水池壁相对压强分布图

压强单位如前所述，除可用单位面积上的压力和工程大气压表示外，还可用液柱高度表示：米水柱（mH_2O）、毫米水柱（mmH_2O）、毫米汞柱（mmHg），如：

$$h=\frac{p_a}{\gamma}=\frac{98kN/m^2}{9.8kN/m^3}=10mH_2O=10000mmH_2O$$

$$h_{Hg}=\frac{p_a}{\gamma_{Hg}}=\frac{98kN/m^2}{133.38kN/m^3}=73.56cmHg=735.6mmHg$$

上述三种压强单位的关系是：

1 个工程大气压$\approx 10mH_2O \approx 735.6mmHg \approx 98kN/m^2 \approx 98000Pa$。

除了流体静压强的计算外，工程上常遇到流体静压强的量测问题，如锅炉、制冷压缩机、水泵和风机等设备中均需测定压强。常用测压仪器有液柱测压计、金属压力表和真空表等。

第三节　流体运动的基本知识

一、流体运动的基本概念

（一）压力流与无压流

（1）压力流：流体在压差作用下流动时，整个流体周围都和固体壁相接触，没有自由表面。如供热工程中管道输送汽、水等，风道中气体输送，给水中液体输送等都是压力流。

（2）无压流：液体在重力作用下流动时，液体的部分周界与固体壁相接触，部分周界与气体接触，形成自由表面。如天然河流、明渠流等一般都是无压流。

（二）恒定流与非恒定流

（1）恒定流：流体运动时，流体中任一位置的压强、流速等运动要素不随时间变化的流动称为恒定流动，如图 1-5（a）所示。

（2）非恒定流：流体运动时，流体中任一位置的运动要素如压强、流速等随时间变化而变动的流动称为非恒定流，如图 1-5（b）所示。

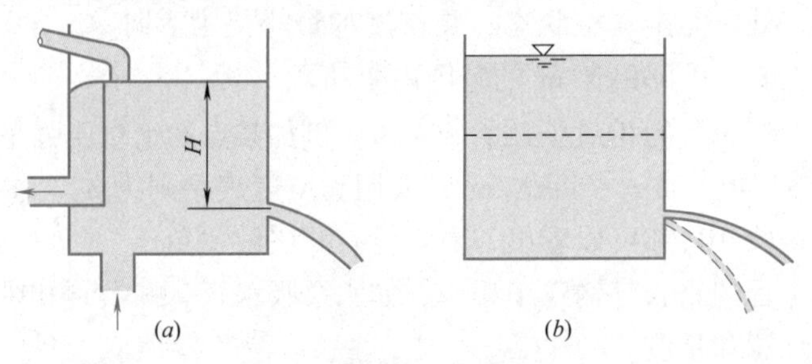

图1-5　恒定流与非恒定流

自然界中大都是非恒定流，工程中一般可以取为恒定流。

（三）流线与迹线

（1）流线：流体运动时，在流速场中画出某时刻的这样的一条空间曲线，它上面所有流体质点在该时刻的流速矢量都与这条曲线相切，这条曲线就称为该时刻的一条流线，见图1-6。

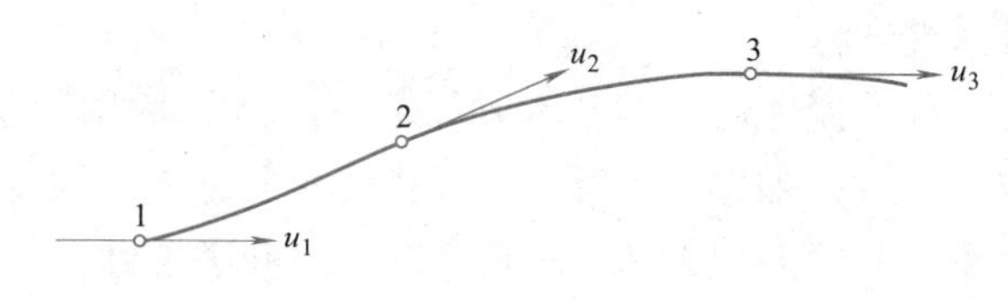

图1-6　流线

（2）迹线：流体运动时，流体中某一个质点在连续时间内的运动轨迹称为迹线。流线与迹线是两个完全不同的概念。非恒定流时流线与迹线不重合，在恒定流时流线与迹线相重合。

（四）均匀流与非均匀流

（1）均匀流：流体运动时，流线是平行直线的流动称为均匀流。如等截面长直管中的流动。

（2）非均匀流：流体运动时，流线不是平行直线的流动称为非均匀流。如流体在收缩管、扩大管或弯管中流动等。它又可分为：

渐变流：流体运动中流线接近于平行线的流动称为渐变流，如图1-7中的 *A* 区。

急变流：流体运动中流线不能视为平行直线的流动称为急变流，如图1-7中的 *B*、*C*、*D* 区。

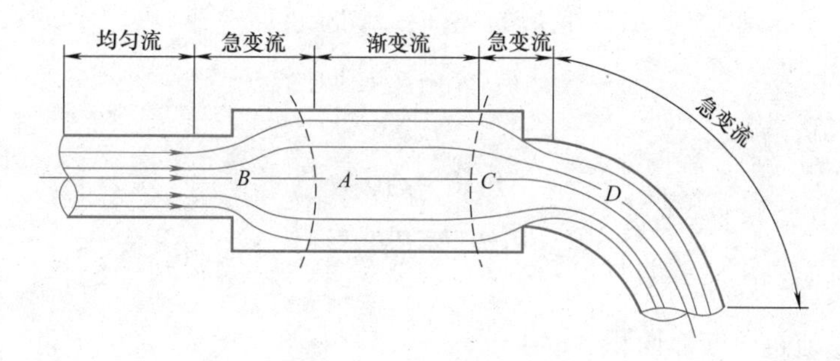

图1-7　均匀流与非均匀流

（五）元流、总流、过流断面、流量与断面平均流速

（1）元流：流体运动时，在流体中取一微小面积 $d\omega$，并在 $d\omega$ 面积上各点绘出并形成一股流束，称为元流。在元流内的流体不会流到元流外面，在元流外面的流体亦不会流进元流中去。由于 $d\omega$ 很小，可以认为 $d\omega$ 上各点的运动要素（压强与流速）相等。

（2）总流：流体运动时，无数元流的总和称为总流。

（3）过流断面：流体运动时，与元流或总流全部流线正交的横断面称为过流断面，用 $d\omega$ 或 ω 表示，单位为 m^2 或 cm^2。均匀流的过流断面为平面，非均匀流的过流断面为曲面，渐变流的过流断面可视为平面，见图1-8。

（4）流量：流体运动时，单位时间内通过过流断面的流体体积称为体积流量，用符号 Q 表示，单位是 m^3/s 或 L/s。一般流量指的是体积流量，有时用质量流量，质量流量表示单位时间内通过过流断面的流体质量，单位为 kg/s。

（5）断面平均流速：流体流动时，断面各点流速一般不易确定，当工程中又无必要确定时，可采用断面平均流速（v），断面平均流速为断面上各点流速的平均值。

二、恒定流的连续性方程

恒定流的连续性方程是流体运动的基本方程之一，应用极为广泛。

在恒定流中任取一元流，如图 1-9 所示，元流在 1-1 过流断面上的面积为 $d\omega_1$，流速为 u_1；在 2-2 过流断面上的面积为 $d\omega_2$，流速为 u_2。并考虑到：

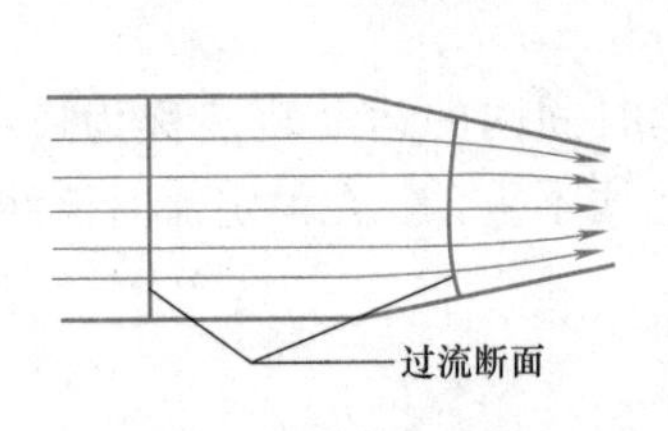

图1-8 流线与过流断面

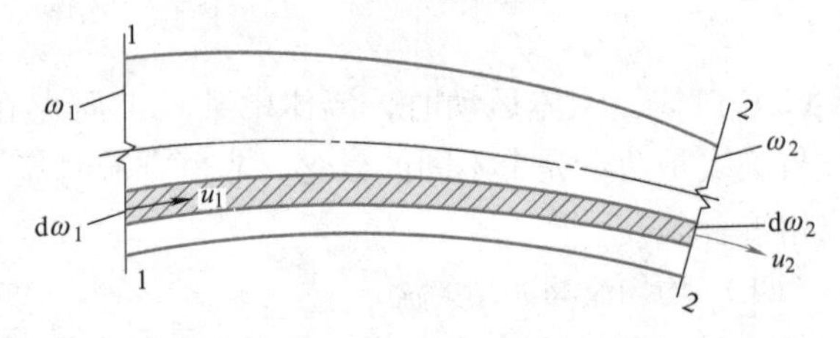

图1-9 恒定总流段

（1）由于流动是恒定流，元流形状及空间各点的流速不随时间变化。

（2）流体是连续介质。

（3）流体不能从元流的侧壁流入或流出。

因此，应用质量守恒定律，流进 $d\omega_1$ 断面的质量必然等于流出 $d\omega_2$ 断面的质量。令流进的流体密度为 ρ_1，流出的密度为 ρ_2，则在 dt 时间内流进与流出的质量相等：

$$\rho_1 u_1 d\omega_1 dt = \rho_2 u_2 d\omega_2 dt$$

或

$$\rho_1 u_1 d\omega_1 = \rho_2 u_2 d\omega_2$$

推广到总流，得：

$$\rho_1 Q_1 = \rho_2 Q_2 \tag{1-11}$$

或

$$\rho_1 \omega_1 v_1 = \rho_2 \omega_2 v_2 \tag{1-11a}$$

式中 ρ——密度，kg/m^3；

ω——总流过流断面面积，m^2；

v——总流的断面平均流速，m/s；

Q——总流的流量，m^3/s。

式（1-11）与式（1-11a）为总流连续性方程的普遍形式——质量流量的连续性方程。

当流体不可压缩时，流体的重度 γ 不变，上式得：

$$Q_1 = Q_2 \tag{1-12}$$

或

$$v_1\omega_1 = v_2\omega_2 \tag{1-12a}$$

式（1-12）与式（1-12a）系不可压缩流体的总流连续性方程——体积流量的连续性方程。方程表示流速与断面积成反比的关系，该式在实际工程中应用广泛。

三、恒定总流能量方程

能量守恒及其转化规律是物质运动的一个普遍规律。用此规律来分析流体运动，可以揭示流体在运动中压强、流速等运动要素随空间位置的变化关系——能量方程，从而为解决许多工程技术问题奠定基础。

（一）恒定总流实际液体的能量方程

1738年荷兰科学家达·伯努里（Daniel Bernoulli）根据功能原理建立了不考虑黏性作用的理想液体的能量方程，然后，考虑液体的黏性影响，推演出1-1和2-2断面间流段实际液体恒定总流的能量方程，亦即伯努里方程。如式（1-13）所示。

$$z_1+\frac{p_1}{\gamma}+\frac{\alpha_1 v_1^2}{2g}=z_2+\frac{p_2}{\gamma}+\frac{\alpha_2 v_2^2}{2g}+h_{\omega 1-2} \tag{1-13}$$

现参见图1-10对式中各项的意义解释如下：

z_1、z_2——过流断面1-1、2-2上单位重量液体位能，也称位置水头；

$\frac{p_1}{\gamma}$、$\frac{p_2}{\gamma}$——过流断面1-1、2-2上单位重量液体压能，也称压强水头；

$\frac{\alpha_1 v_1^2}{2g}$、$\frac{\alpha_2 v_1^2}{2g}$——过流断面1-1、2-2上单位重量液体动能，也称流速水头；

$h_{\omega 1-2}$——单位重量液体通过流段1-2的平均能量损失，也称水头损失。

公式（1-13）中的α——动能修正系数，是以断面平均流速v代替质点流速u计算动能所造成误差的修正。一般$\alpha=1.05\sim1.1$，为计算方便，常取$\alpha=1.0$。

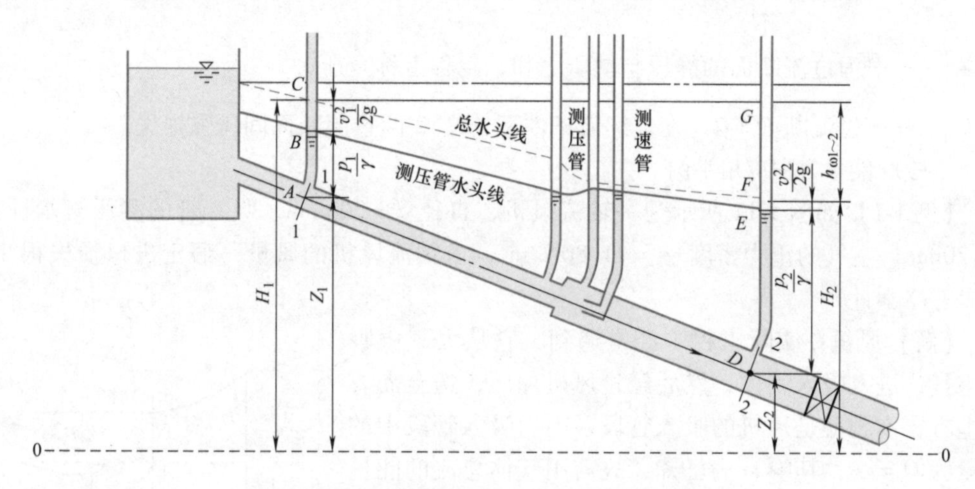

图1-10　圆管中有压流动的总水头线与测压管水头线

能量方程中每一项的单位都是长度，都可以在断面上用铅直线段在图中表示出来。这就可对方程各项在流动过程中的变化关系作更形象的描述（压强和流速可用测压管和测速管量测出来）。

如果把各断面上的总水头$H=\left(z+\frac{p}{\gamma}+\frac{\alpha v^2}{2g}\right)$顶点连成一条线，则此线称为总水头线，如图1-10中虚线所示。在实际水流中，由于水头损失$h_{\omega 1-2}$的存在，所以总水头线总是沿流程下降的倾斜线。总水头线沿流程的降低值$h_{\omega 1-2}$与沿程长度L的比值，称为总水头坡度或水力坡度，它表示沿流程单位长度上的水头损失，用 i 表示，即：

$$i=\frac{h_{\omega 1-2}}{L} \tag{1-14}$$

如果把各过流断面的测压管水头$\left(z+\frac{p}{\gamma}\right)$连成线，如图 1-10 中实线所示，称之为测压管水头线。测压管水头线可能上升，可能下降，可能水平，也可能是直线或是曲线。

（二）实际气体恒定总流的能量方程

对于不可压缩的气体，液体能量方程同样可以适用，由于气体重力密度很小，式中重力做功可以忽略不计。一般通风管道过流断面上的流速分布比较均匀，动能修正系数可采用$\alpha=1$，这样，实际气体总流的能量方程为：

$$\frac{p_1}{\gamma}+\frac{v_1^2}{2g}=\frac{p_2}{\gamma}+\frac{v_2^2}{2g}+h_{\omega 1-2} \tag{1-15}$$

或者写为

$$p_1+\frac{\gamma v_1^2}{2g}=p_2+\frac{\gamma v_2^2}{2g}+\gamma h_{\omega 1-2} \tag{1-15a}$$

实际气体总流的能量方程与液体总流的能量方程比较，除各项单位以压强来表达气体单位体积平均能量外，对应项意义基本相近，即：

式中 p——为过流断面相对压强，工程上称静压；

$\frac{\gamma v^2}{2g}$——工程上称动压；

$p+\frac{\gamma v^2}{2g}$——为过流断面的静压与动压之和，工程上称全压；

$\gamma h_{\omega 1-2}$——过流断面 1-2，在连续流条件下，1、2 两过流断面间压强损失。

（三）能量方程应用举例

【例 1-1】 如图 1-11 所示为一轴流风机，直径 $d=200$mm，吸入管的测压管水柱高 $h=20$mm，空气的重力密度 $\gamma_a=11.80\text{N/m}^3$，求轴流风机的风量（假定进口损失很小，可以忽略不计）。

【解】 风机在实际工程中经常遇到，它从大气中吸入空气，进入吸入管段，然后经过风机加压，送至需要的地方，本题就是风机的吸入管段，因为吸入管段中的流量为 $Q=\omega v$，其中 ω 为已知，故需用气体总流的能量方程求出流速 v。过流断面 1-1 取在距进口较远的大气中，流速很小，即$\frac{v_1^2}{2g}\approx 0$，1-1 断面上大气压强为已知，即相对压强 $p_1\approx 0$。2-2 过流断面取在水银测压计的渐变流断面上，则此断面上压强已知，相对压强为 p_2。

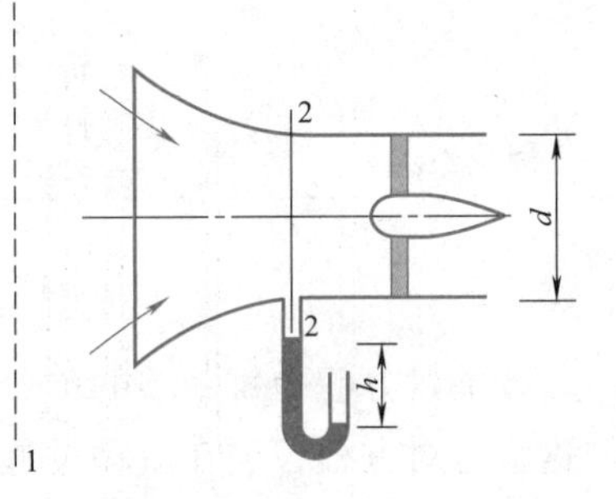

图1-11 轴流风机简图

此外，若能量方程基面取为轴流风机的水平中心轴线，气体能量方程表示为：

$$p_1+\gamma\frac{v_1^2}{2g}=p_2+\gamma\frac{v_2^2}{2g}+\gamma h_{\omega 1-2}$$

将上列各项数值代入上式，并且忽略过流断面1-1、1-2之间能量损失，在1-2之间为连续流条件下，可得

$$0+0=-196+11.80\times\frac{v_2^2}{2g}+\gamma h_{\omega 1-2}$$

所以

$$v_2=\sqrt{\frac{2\times 9.8\times 196}{11.80}}=18\text{m/s}$$

故

$$Q=v_2\omega_2=\frac{1}{4}\pi\times 0.2^2\times 18=0.565\text{m}^3/\text{s}$$

第四节　流动阻力和水头损失

一、流动阻力和水头损失的两种形式

按照流体的能量方程去解决各种实际工程技术问题，就得确定水头损失 $h_{\omega 1-2}$，本节的任务就是研究恒定流动时各种流态下的水头损失的计算。

（一） 沿程阻力和沿程水头损失

流体在长直管（或明渠）中流动，所受的摩擦阻力称为沿程阻力。为了克服沿程阻力而消耗的单位重量流体的机械能量，称为沿程水头损失 h_f。

（二） 局部阻力和局部水头损失

流体的边界在局部地区发生急剧变化时，迫使主流脱离边壁而形成漩涡，流体质点间产生剧烈地碰撞，所形成的阻力称局部阻力。为了克服局部阻力而消耗的重力密度流体的机械能量称为局部水头损失 h_j。

图1-12所示为某段给水管道，管道有弯头、突然扩大、突然缩小、闸门等。在管径不变的直管段上，只有沿程水头损失 h_f，测压管水头线和总水头线都是互相平行的直线。在弯头、突然扩大、突然缩小、闸门等水流边界面急骤改变处产生局部水头损失 h_j。

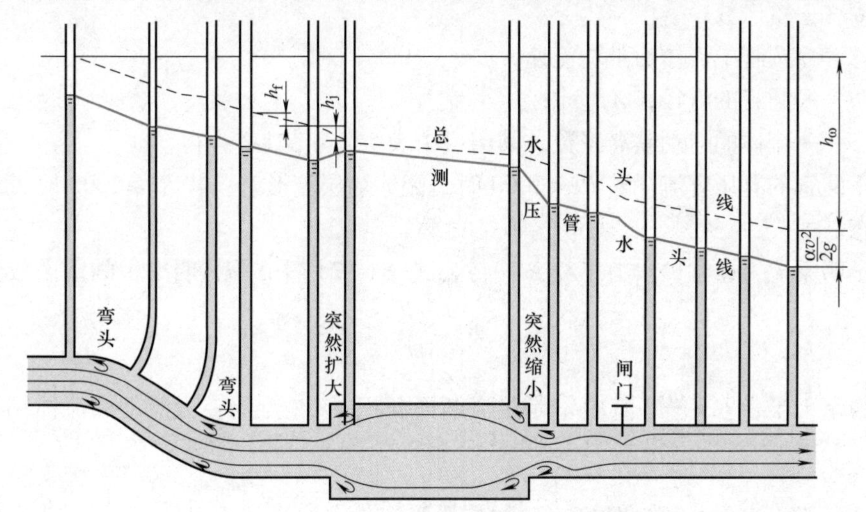

图1-12　给水管道沿程和局部水头损失

整个管道的总水头损失 $h_{\omega 1-2}$ 等于各沿程水头损失 h_f 与各局部水头损失 h_j 叠加之和：

$$h_{\omega 1-2} = \sum h_f + \sum h_j \tag{1-16}$$

二、流动的两种形态——层流和紊流

流体在流动过程中，呈现出两种不同的流动形态。如图 1-13（a）所示为一玻璃管中水的流动，若不断投加红颜色水于液体中，当液体流速较低时，将看到玻璃管内有股红色水流的细流，像一条线一样，如图 1-13（b）所示，水流是成层成束的流动，各流层间并无质点的掺混现象，这种水流形态为层流。如果加大管中水的流速、红颜色水随之开始动荡，成波浪形，如图 1-13（c）所示。继续加大流速，将出现红色水向四周扩散，质点或液团相互混掺，流速愈大，混掺程度愈烈，这种水流形态称为紊流，如图 1-13（d）所示。

判断流动形态，雷诺氏用无因次量纲分析方法得到无因次量——雷诺数 Re 来判别。

$$Re = \frac{vd}{\nu} \tag{1-17}$$

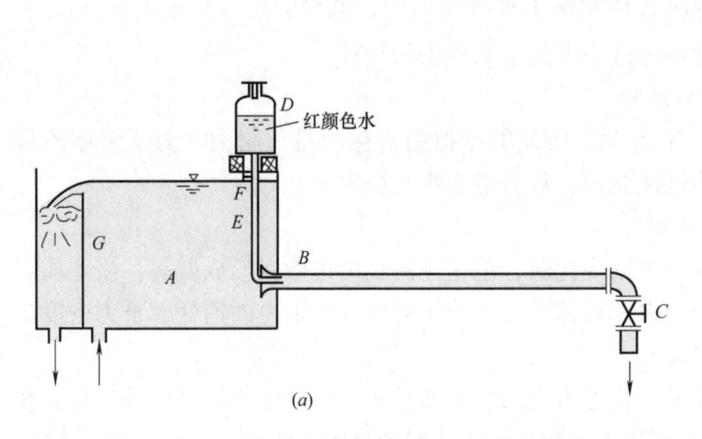

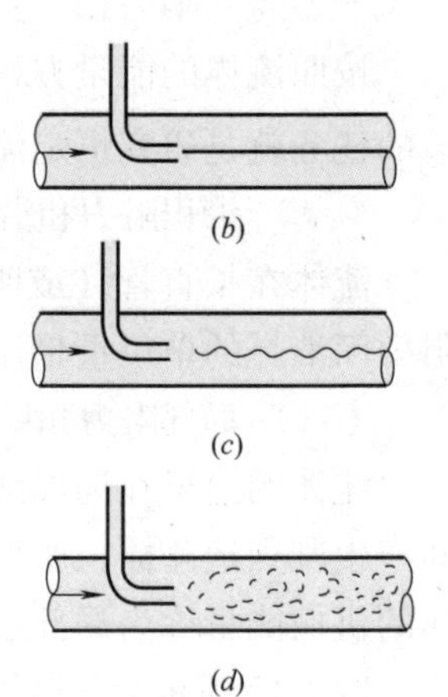

图 1-13 管中液流的流动形态

式中 Re——雷诺数；

v——圆管中流体的平均流速，m/s，cm/s；

d——圆管的管径，m，cm；

ν——流体的运动黏滞系数，其值可由表 1-1 与表 1-2 查得，m^2/s。

对于圆管的有压管流：若 $Re < 2000$ 时，流体为层流形态；若 $Re \geqslant 2000$ 时，流体为紊流形态。

对于明渠流，通常以水力半径 R 代替公式（1-17）中的 d，明渠中的雷诺数为：

$$Re = \frac{vR}{\nu} \tag{1-18}$$

因为水力半径 $R = \frac{\omega}{x}$，其中 ω 是过流断面面积；x 是湿周，为流动的流体同固体边壁在过流断面上接触的周边长度。例如有压管流的水力半径 $R = \frac{\omega}{x} = \frac{\frac{\pi d^2}{4}}{\pi d} = \frac{d}{4}$；对于矩

形断面的管道，其$R=\frac{ab}{2(a+b)}$。

若$Re<500$时，明渠流为层流形态；若$Re\geqslant 500$时，明渠流为紊流形态。

在建筑设备工程中，绝大多数的流体运动都处于紊流形态。只有在流速很小且管径很小或黏滞性很大的流体运动时（如地下水渗流、油管等）才可能发生层流运动。

三、沿程水头损失

对于紊流，目前采用理论和实验相结合的方法，建立半经验公式来计算沿程水头损失，公式普遍表达为：

$$h_f = \lambda \frac{L}{d}\frac{v^2}{2g} \tag{1-19}$$

式中　h_f——沿程水头损失，m；

λ——沿程阻力系数；

d——管径，m；

L——管长，m；

v——管中平均流速，m/s。

对于气体管道，则可将式（1-19）写成压头损失的形式，即

$$p_f = \gamma\lambda \frac{L}{d}\frac{v^2}{2g} \tag{1-20}$$

式中　p_f——压头损失，N/m^2。

对于非圆断面管渠，$d=4R$，所以式（1-20）变为：

$$h_f = \lambda \frac{L}{4R}\frac{v^2}{2g} \tag{1-21}$$

在实际工程中，有时是已知沿程水头损失h_f和水力坡度i，求解流速v的大小，为此，将式（1-21）整理得到：

$$v = \sqrt{\frac{8}{\lambda}}\sqrt{Ri} = C\sqrt{Ri} \tag{1-22}$$

式（1-22）称为均匀流流速公式或称谢才公式。式中$C=\sqrt{\frac{8}{\lambda}}$称为流速系数或谢才系数。该公式在明渠流中应用很广。

四、沿程阻力系数 λ 和流速系数 C 的确定

沿程阻力系数λ是反映边界粗糙情况和流态对水头损失影响的一个系数。层流中沿程阻力系数λ与雷诺数Re的关系$\lambda=f(Re)$；在紊流中λ与雷诺数及粗糙度之间的关系，在理论上至今没有完全解决。为了确定沿程阻力系数$\lambda=f\left(Re,\ \frac{\Delta}{d}\right)$的变化规律，尼古拉兹在圆管内壁用胶粘上经过筛分具有同一粒径的砂粒，制成人工均匀颗粒粗糙。然后对不同粗糙的管道进行实验，于1933年尼古拉兹发表了其反映圆管流动情况的实验结果，得出以下一些结论。

1. 层流区

当$Re<2300$时，λ与相对粗糙度$\left(\frac{\Delta}{d}或\frac{r}{\Delta}\right)$无关，并且$\lambda$和$Re$的关系符合$\lambda=\frac{64}{Re}$方

程，试验结果证实了圆管层流理论公式的正确性。同时，此试验亦证明绝对粗糙度Δ不影响临界雷诺数 $Re_0=2300$ 的数值。

2. 层流转变为紊流的过渡区

当 $2300<Re<4000$ 时，λ 值与相对粗糙度 $\left(\frac{\Delta}{d}或\frac{r}{\Delta}\right)$ 及 Re 有关。

3. 紊流区

$Re>4000$ 后形成，根据 λ 的变化规律，此区流动又可分为如下三个流区：

（1）水力光滑区。当 $Re>4000$ 时，沿程阻力系数 λ 与 Re 有关，而与相对粗糙度无关。反映此区的代表性方程为 $\lambda=\frac{0.3164}{Re^{1/4}}$。

（2）水力过渡区。接于水力光滑区之后，此区沿程阻力系数与雷诺数 Re 和相对粗糙度（Δ/d）都有关。

（3）阻力平方区。当 Re 增加到相当大时，λ 值仅与相对粗糙度有关，而与 Re 无关。此区的代表方程为 $\lambda=0.11\left(\frac{\Delta}{d}\right)^{0.25}$。此区的流动阻力与流速平方成正比，故称阻力平方区。

尼古拉兹实验全面揭示了不同流态下 λ 和 Re 数及相对粗糙度的关系和 λ 计算式的适用范围。

（一）沿程阻力系数 λ 的经验公式

1. 水力光滑区

$$Re<10^5 \text{时} \qquad \lambda=\frac{0.3164}{Re^{0.25}} \tag{1-23}$$

$$Re>10^5 \text{时} \qquad \frac{1}{\sqrt{\lambda}}=2\lg(Re\sqrt{\lambda})-0.8 \tag{1-24}$$

2. 水力过渡区

$$\lambda=\frac{1.42}{\left(\lg Re\frac{d}{\Delta}\right)^2} \tag{1-25}$$

在供热管道中可以采用以下近似公式：

$$d<200\text{mm 时，}\lambda=\frac{0.343}{\left(\frac{d}{\Delta}\right)^{0.125}Re^{0.17}} \tag{1-26}$$

$$d>200\text{mm 时，}\lambda=\frac{0.183}{\left(\frac{d}{\Delta}\right)^{0.087}Re^{0.134}} \tag{1-27}$$

3. 粗糙管区（阻力平方区）

$$\lambda=\frac{1}{\left(1.74+2\lg\frac{d}{2\Delta}\right)^2} \tag{1-28}$$

通风管道的综合经验公式：

$$\lambda = -2\lg\left(\frac{\Delta}{3.7d} + \frac{2.51}{Re\sqrt{\lambda}}\right) \tag{1-29}$$

供热工程的综合经验公式：

$$\lambda = 0.11\left(\frac{\Delta}{d} + \frac{68}{Re}\right)^{0.25} \tag{1-30}$$

当 Re 很大时，给水排水工程的钢管与铸铁管的经验公式：

$$\text{当}\ v \geqslant 1.2\text{m/s}\ \text{时},\ \lambda = \frac{0.021}{d^{0.3}} \tag{1-31}$$

$$\text{当}\ v < 1.2\text{m/s}\ \text{时},\ \lambda = \frac{0.0179}{d^{0.8}}\left(1 + \frac{0.867}{v}\right)^{0.3} \tag{1-32}$$

以上介绍的是计算 λ 值常用的经验公式。此外，也可以查用于工业管道的表，直接由 Re 大小查得 λ 值。

（二） 流速系数 C 经验公式

（1）曼宁公式：前面介绍的均匀流的流速公式（1-22），在给排水明渠中应用极广。公式中流速系数 C 的经验公式也较多，常用的有曼宁公式：

$$C = \frac{1}{n}R^{1/6} \tag{1-33}$$

式中 n——粗糙系数，视管壁渠材料粗糙而定（见表 1-3）。

（2）海澄—威廉公式：适用于常温下管径大于 50mm、流速小于 3m/s 的管中水流，为美、英给水工程上所采用的海澄—威廉公式

$$v = 0.85CR^{0.63}i^{0.54} \tag{1-34}$$

式中 v——管中平均流速，m/s；

C——流速系数，它是反映粗糙度的系数，可由表 1-4 选用；

R——水力半径，m；

i——水力坡度。

给排水工程中常用管渠材料 *n* 值 表 1-3

管渠材料	n	管渠材料	n
钢管、新的接缝光滑铸铁管	0.011	粗糙的砖砌面	0.015
普通的铸铁管	0.012	浆砌块石	0.020
陶土管	0.013	一般土渠	0.025
混凝土管	0.013 ~ 0.014	混凝土渠	0.014 ~ 0.017

***C* 值** 表 1-4

管渠材料	C	管渠材料	C
非常光滑的直管，石棉水泥	140	铆接钢管（用旧）	95
很光滑管、混凝土、粉平、铸铁	130	用旧水管、积垢情况很差	60 ~ 80
刨光木板，焊接钢管	120	鞍钢焊接黑铁和 DN15	93
缸瓦管（带釉），铆接钢管	110	DN20 ~ 100	127
铸铁（用旧），细砌砖工	100		

五、局部水头损失

在实际水力计算中，局部水头损失可以采用流速水头乘以局部阻力系数后得到，即

$$h_j = \zeta \frac{v^2}{2g} \tag{1-35}$$

式中　ζ——局部阻力系数，ζ 值多是根据管配件、附件的不同由实验测出，各种局部阻力 ζ 可查阅有关手册得到；

v——过流断面的平均流速；它应与 ζ 值相对应，除注明外，一般用阻力后的流速；

g——重力加速度。

以上分别讨论了沿程和局部水头损失的计算，从而解决了流体运动中任意两过流断面间的水头损失计算问题，即

$$h_\omega = \sum h_f + \sum h_j = \sum \lambda \frac{L}{d}\frac{v^2}{2g} + \sum \zeta \frac{v^2}{2g}$$

【例 1-2】 有一水煤气焊接钢管，长度 $L = 200$m，直径 $d = 100$mm。试求流量 $Q = 20$L/s、水温 15℃时，该管的沿程水头损失是多少？

【解】 采用谢维列夫公式计算沿程水头损失：

因为　$$v = \frac{Q}{\omega} = \frac{Q}{\frac{\pi d^2}{4}} = \frac{20000}{\frac{3.14}{4} \times 10^2} = 255\text{cm/s} = 2.55\text{m/s}$$

查表 1-1 得：　$$\nu = 1.14 \times 10^{-6}\text{m}^2/\text{s}$$

雷诺数：　$$Re = \frac{vd}{\nu} = \frac{255 \times 0.1}{1.14 \times 10^{-6}} = 223700 \gg 2000$$

故可知管中水流为紊流形态。

又因为 $v = 2.55\text{m/s} > 1.2\text{m/s}$，按公式（1-31）计算沿程阻力系数：

$$\lambda = \frac{0.021}{d^{0.3}} = \frac{0.021}{0.1^{0.3}} = \frac{0.021}{0.501} = 0.0419$$

所以　$$h_f = \lambda \frac{L}{d}\frac{v^2}{2g} = \frac{0.0419 \times 200}{0.1} \times \frac{2.55^2}{2 \times 9.81} = 27.77\text{mH}_2\text{O}$$

【例 1-3】 如图 1-14 所示一卧式压力罐 A，通过长度为 50m，直径 150mm 的铸铁管，向高架水箱 B 供应冷水，水温 10℃。已知 $h_1 = 1.0$m，$h_2 = 5.0$m。管路上有 3 个 90°圆弯头（$d/R = 1.0$），1 个球形阀，压力罐上压力表读数为 $98000\text{N/m}^2 = 10\text{mH}_2\text{O}$，求供水流量（设管路为中等新旧程度，$\Delta = 1.0$mm）。

【解】 由于流量未知，无法判定流动区域，只能采用试算法。先假定是充分紊流，由阻力平方区得：

$$\lambda = 0.11\left(\frac{\Delta}{d}\right)^{0.25} = 0.11\left(\frac{1.0}{150}\right)^{0.25} = 0.0315$$

查阅有关水力学计算手册得到：

$$\zeta_{进口} = 0.5;\quad \zeta_{弯头} \approx 0.3;\quad \zeta_{球阀} = 12;\quad \zeta_{出口} = 1.0;$$

则　$$\sum \zeta = \zeta_{进口} + 3 \times \zeta_{弯头} + \zeta_{球阀} + \zeta_{出口} = 14.4$$

所以断面 1-1 和 2-2 之间的总水头损失为：

$$h_{\omega 1-2}=\left(z_1+\frac{p_1}{\gamma}+\frac{\alpha_1 v_1^2}{2g}\right)-\left(z_2+\frac{p_2}{\gamma}+\frac{\alpha_2 v_3^2}{2g}\right)=(1+10+0)-(5+0+0)=6\text{m}$$

因为
$$h_{\omega 1-2}=\lambda\frac{L}{d}\frac{v^2}{2g}+\sum\zeta\frac{v^2}{2g}$$

$$6=\left(0.0315\times\frac{50}{0.150}+14.4\right)\frac{v^2}{2g}$$

所以
$$v=2.18\text{m/s}$$

$$Q=v\times\frac{\pi d^2}{4}=2.18\times\frac{3.14}{4}\times0.15^2=0.0384\text{m}^3/\text{s}=138\text{m}^3/\text{h}$$

最后，校核一下最初假定的流动区域是否属实，由表 1-1 查得：$\nu=1.308\times10^{-6}\text{m}^2/\text{s}$

故
$$Re=\frac{vd}{\nu}=\frac{218\times15}{1.308\times10^{-2}}=2.5\times10^5\gg2000$$

由此知流动确处于充分紊流形态，以上计算有效。

【例 1-4】 水泵的吸水管装置如图 1-15 所示。设水泵的最大许可真空度为 $\frac{p_k}{\gamma}=7\text{mH}_2\text{O}$，工作流量 $Q=8.3\text{L/s}$，吸水管直径 $d=80\text{mm}$，长度 $L=10\text{m}$，$\lambda=0.04$，弯头局部阻力系数：

$\zeta_{弯头}=0.7$，$\zeta_{底阀}=8$，求水泵的最大许可安装高度 H_S。

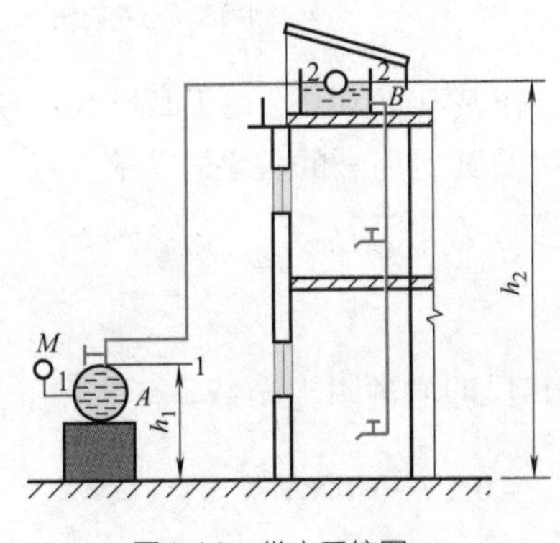

图 1-14 供水系统图

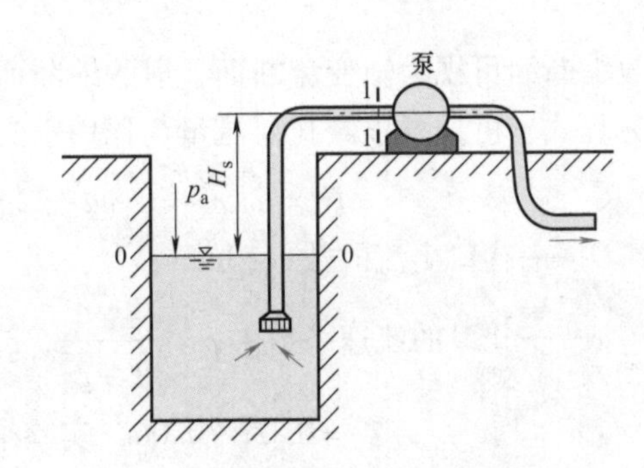

图 1-15 水泵吸水管装置图

【解】 以吸水井的水面为基准面，列断面 0-0 与 1-1 的能量方程式：

$$0+\frac{p_a}{\gamma}+0=H_s+\frac{p_1}{\gamma}+\frac{\alpha_1 v_1^2}{2g}+h_\omega$$

得
$$H_s=\frac{p_a-p_1}{\gamma}-\frac{a_1 v_1^2}{2g}-h_\omega$$

式中 $\frac{p_a-p_1}{\gamma}=\frac{p_k}{\gamma}$ 是水泵进口断面 1-1 处的真空度，在此，$\frac{p_k}{\gamma}=7\text{mH}_2\text{O}$；

$$V_1=\frac{Q}{\omega_1}=\frac{0.0083}{\frac{\pi}{4}\times(0.08)^2}=1.65\text{m/s}$$

$$h_{\omega}=\left(\gamma\frac{L}{d}+\zeta_{底阀}+\zeta_{弯头}\right)\frac{v_1^2}{2g}=\left(0.04\times\frac{10}{0.08}+8+0.7\right)\frac{1.65^2}{2\times9.81}=1.91\mathrm{mH_2O}$$

将以上各值代入前式，得：

$$H_s=7-\frac{1.65^2}{2\times9.81}-1.91=4.95\mathrm{m}$$

第五节 孔口、管嘴出流及两相流体简介

一、孔口出流

（一）薄壁圆形小孔口的液体自由出流

在水箱水面以下深度为 H 处的侧壁上开一个圆形小孔口，如图 1-16 所示，水箱中的水从四面八方向孔口汇集流入大气中，由于水流质点的惯性，当绕过孔口边缘时，流线不可能是折线，因此整个水股在溢出孔口时有继续向中心收缩的趋势，直到离开孔口大约为孔口直径的 1/2 距离处，过流断面达到最小，称为收缩断面，用 ω_c 表示。ω_c 与孔口面积 ω 的比值称为收缩系数 ε，在圆形孔口情况下，收缩系数 ε 为：

$$\varepsilon=\frac{\omega_c}{\omega}=0.63\sim0.64$$

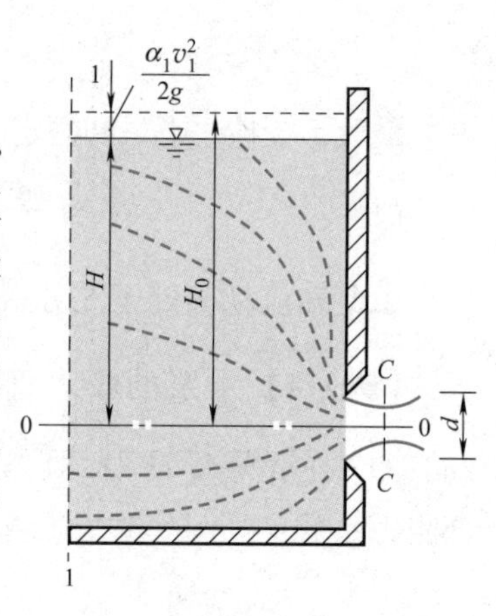

图1-16 小孔口出流

收缩断面可视为渐变流断面，以收缩断面形心作基准面 0-0，列 1-1 与 C-C 断面的能量方程式，可推求出经孔口流量与作用水头 H 以及其他因素的关系式为：

$$Q=\omega_c v_0=\varepsilon\omega\varphi\sqrt{2gH_0}=\mu_h\omega\sqrt{2gH_0} \tag{1-36}$$

式中 Q——孔口出流的数量，m/s；

φ——孔口的流速系数，$\varphi=\frac{1}{\sqrt{1+\zeta_0}}$，$\zeta_0$ 是孔口的局部阻力系数，

$\zeta_0=0.05\sim0.06$，实验结果 $\varphi=0.97\sim0.98$；

μ_h——孔口的流量系数，$\mu_h=\varepsilon\varphi=0.60\sim0.62$；

ω——孔口面积，$\mathrm{m^2}$；

H_0——孔口的作用水头，m，$H_0=H+\frac{\alpha v_1^2}{2g}$。

（二）淹没出流

如果孔口出流淹没于同类流体中，则称为淹没出流，如图 1-17 所示。孔口淹没出流的流量可用式（1-36）计算，但 $H_0=H_1-H_2$。流速系数和流量系数与自由出流之值相同。

对于气体的孔口流量公式也可用式（1-36）计算，其中只需把 H_0 变为 $\frac{\Delta p}{\gamma}$（γ 为气体的重力密度，Δp 为孔口前后的压强差）即可。

二、管嘴出流

在直径为 d 的圆形小孔口外部接一个长度 $L=(3\sim4)\,d$ 的圆柱形短管，称为圆柱形外管嘴，如图 1-18 所示。水流经过水箱侧壁转弯进入管嘴内部，同样也发生流线收缩现象，在收缩断面 ω_c 周围有一个环形面积的漩涡区，水股经过 C-C 断面以后又逐渐扩大，至管嘴出口时已经充满全管。过管嘴轴线作基准面 0-0，写出 1-1 与 2-2 断面的能量方程式，同样可得：

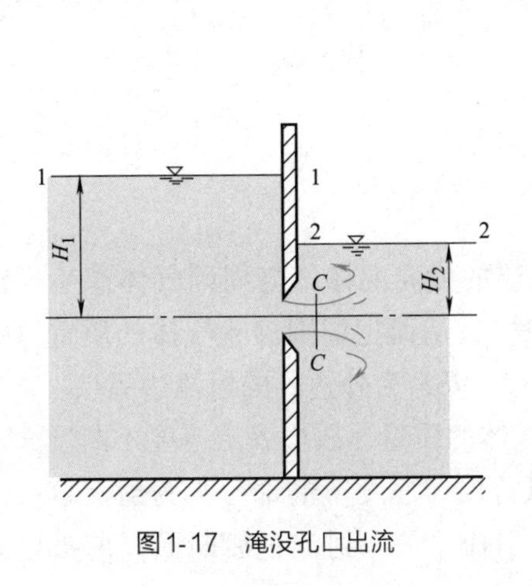

图 1-17　淹没孔口出流

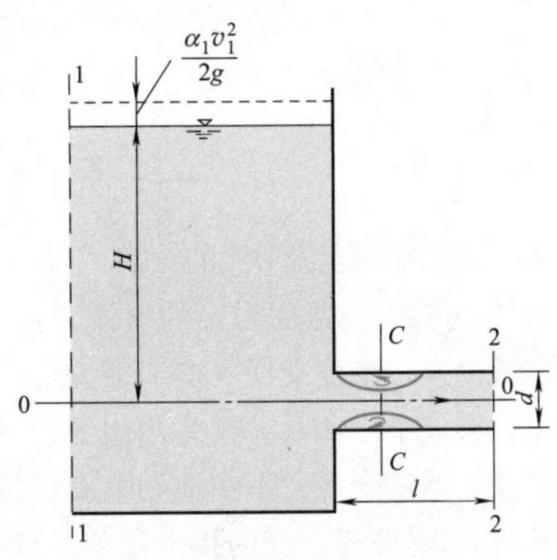

图 1-18　管嘴出流

$$Q=\omega v_2=\mu_j\omega\sqrt{2gH_0} \tag{1-37}$$

$$\mu_j=\frac{1}{\sqrt{1+\xi_j}}$$

式中　ξ_j——管嘴局部阻力系数。根据有关资料，直角锐缘进口的局部阻力系数

$$\xi_0=0.5，取\ \xi_j=\xi_0=0.5$$

工程上装置各种形式的管嘴以获得不同的流速和流量。例如，收缩锥形管嘴的流速系数大，用在要加大喷射流速的场合，水力喷砂和消防水枪等压力喷嘴都采用这种形状；渐扩形管嘴适用于使动能恢复为压能，加大流量等场合，如引射器的扩压管、水轮机的尾水管、扩散形送风口等；流线形管嘴用在既要求流量大又要求水头损失尽可能小的场合，如喷嘴流量计、风洞喷射口等。

第六节　气体射流简介

流体以较高的速度（属于紊流流态）经孔口、管嘴或条缝向无限空间的静止气体喷射称为无限空间射流；如果喷射到流动的流体中称为伴随射流；而喷射到有限空间中则称为受限射流。它们的流动特征是射流流体与周围流体相互作用形成射流边界层，边界层的发展变化就构成了射流运动，如图 1-19 所示。在有限空间中，由于固体边壁的影响，使边界层发展受到限制，于是便形成了受限射流的特殊运动规律。

在通风空调工程中，如空气淋浴、送风口等，都广泛应用射流原理，因此下面对气体紊流射流做一简单的介绍。

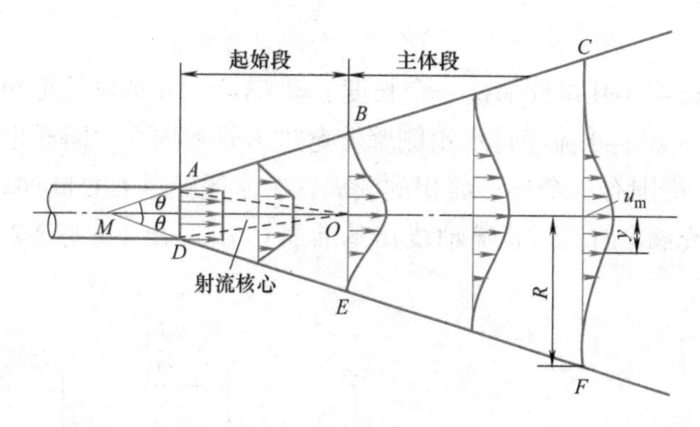

图1-19 气体射流

（一）无限空间紊流射流的特征

图1-19为一出口速度为v_0的射流，由于紊流的横向混掺，与周围气体产生了动量交换、热量变换、浓度交换（具有温差、浓差时），从而把周围静止气体的质量卷吸到射流中去，形成了以AO、DO为内边界，以ABC、DEF为外边界的射流边界层。

随着横向动量交换，不断地卷吸周围静止气体的质量，故边界层厚度不断增大，图中所示AOD不受外界空气的掺混影响，流速保持出口速度v_0的部分称为射流核心。射流核心消失的截面BOE称为过渡断面，就整个射流来说，射流过渡断面以前被称为射流起始段，射流过渡断面以后被称为主体段。

试验表明：射流的边界是直线扩散的圆锥面。圆锥的顶点M称为射流极点，圆锥的半顶角θ称为射流扩散角，θ可用下式计算：

$$\tan\theta = a\varphi \tag{1-38}$$

式中 θ——射流扩散角；

a——紊流系数，它是反映喷嘴速度不均匀程度的因子，由实验测定，计算时可参考表1-5；

φ——射流喷口的形状系数，圆断面射流：$\varphi=3.4$，平均射流：$\varphi=2.44$。

射流各断面的流速分布如图1-19所示，它说明了由于紊流混掺作用射流流量沿程不断增加，射流轴线流速沿程减小，断面流速分布沿轴线至边界由最大减小至零。若将各断面实验资料以无因次流速u/u_m（u_m为任一断面的轴心流速）和无因次距离y/R作为坐标来整理，发现边界层各断面的流速分布曲线都重合在一起，成为一条统一的无因次流速分布曲线。这一特点称为射流边界层断面流速分布相似性。而主体段的半经验公式为：

紊流系数 表1-5

喷嘴种类	a	喷嘴种类	a
带有收缩口的光滑卷边喷管	0.066	巴吐林喷管（有导风板）	0.12
圆柱形喷管	0.080	轴流风机（有导风板）	0.16
带有导风板或栅栏的喷管	0.090	轴流风机（两侧有网）	0.20
方形喷管	0.10	锐缘平面壁夹缝喷口	0.10

$$\frac{u}{u_{m}}=\left[1-\left(\frac{y}{R}\right)^{1.5}\right]^{2} \tag{1-39}$$

式中　y——横断面上任意点至轴心距离；

R——该断面射流半径；

u——y 点处的速度；

u_{m}——该断面的轴心速度。

实验还表明：射流中任意点上的压强均等于周围静止气体的压强。因此单位时间内通过射流各断面的动量相等。这一动力学特性将是进一步研究射流的基本原理。

（二）有限空间射流

在通风空调工程中，射流送风是在有限空间中进行的，如果房间围护结构（墙、顶棚、地面）限制了射流扩散，此时无限空间射流的规律不再适用，必须研究受限后的射流运动规律。目前有限空间射流理论尚不完善，多是根据实验数据整理的近似公式或无因次曲线应用于设计计算中。这里只对有限空间射流结构特征作一简单介绍。

图 1-20 表示有限空间射流结构，由于边壁限制了射流边界层的发展，射流半径及流量不是一直增加，而是增大到一定程度后反而逐渐减小，使其边界线呈橄榄形。橄榄形的边界外部与固体边壁间形成与射流方向相反的回流区，于是流线呈闭合状，这些闭合流线环绕的中心，就是射流与回流共同形成的涡旋中心 C。

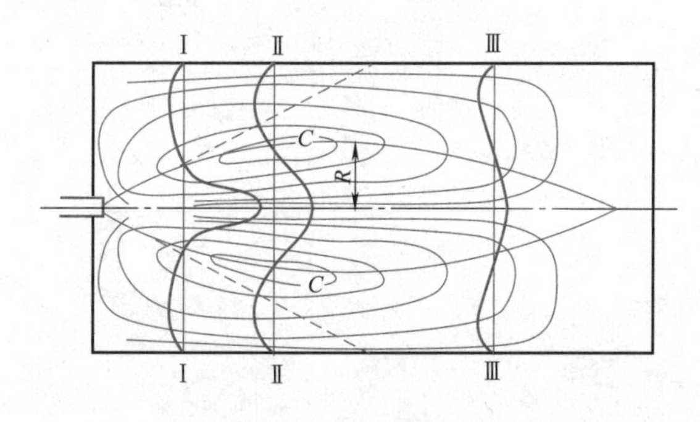

图1-20　有限空间射流

射流出口至断面Ⅰ-Ⅰ，因为固体边壁尚未妨碍射流边界层的扩展，各运动参数所遵循的规律与无限空间射流一样，称Ⅰ-Ⅰ为第一临界断面。

从Ⅰ-Ⅰ断面开始，射流边界层扩展受到影响，射流卷吸周围气体的作用减弱，因而射流半径和流量的增加速率逐渐减慢；与此同时射流中心速度减小的速率也变慢些。但总的趋势还是半径增大，流量增大。达到Ⅱ-Ⅱ断面即包含涡漩中心的断面时，射流各运动参数发生了根本转折。射流流线开始越出边界产生回流，射流主体流量开始沿程减少，仅在此断面上射流主体流量为最大，称Ⅱ-Ⅱ为第二临界断面。

由实验知：在Ⅱ-Ⅱ断面处回流的平均流速，回流流量都为最大。而射流半径则在Ⅱ-Ⅱ断面稍后一点达到最大值。从Ⅱ-Ⅱ断面以后，射流主体流量、回流流量、回流平均流速都逐渐减小。

射流结构与喷嘴安装的位置有关。如喷嘴安装在房间高度、宽度的中央处，射流结构上下对称，左右对称，射流主体呈橄榄体，四周为回流区。但实际送风多将喷嘴靠近顶棚安置，如安置在0.7H（H为房高）以上，即$h \geqslant 0.7H$时，射流将贴附于顶棚上，回流区全部集中在射流的下部与地板间。这种现象称为贴附射流。它是由于靠近顶棚处流速大，静压小，而射流下部流速小，静压大，这样，在压差的作用下使射流贴附在顶棚上。贴附射流完全可以看做为完整射流的一半，其规律与完整射流相同。

思考题与习题

1. 沿程水头损失、局部水头损失如何计算？在给水管道水力计算、空调管道设计计算中如何应用？
2. 什么因素影响流体的黏滞性？
3. 恒定流能量方程的意义如何在建筑设备工程设计计算中应用？
4. 什么是自由射流和受限射流？
5. 无限空间射流的动力学特征是什么？
6. 简述受限射流的结构。

第二章　传热学基本知识

从物理学中得知，热学是采用宏观方法研究热现象的理论。其中采用观察与实验方法得到的热能性质及其与其他能量转换的规律称为热力学；采用相同方法总结得到的热量传递过程规律则称为传热学。本章仅介绍建筑设备工程必须了解的热量传递的基本知识。由物理学知道，热量的传递有三种基本方式：热传导、热对流和热辐射。但在实际工程遇到的热传递现象，往往是两种或三种基本方式综合形成的。例如房屋墙壁在冬季散热的整个过程可分为三段，首先热由室内空气以对流换热方式和墙与室内物体间的辐射方式传给墙内表面；再由墙内表面以固体导热方式传递到墙外表面；最后由墙外表面以空气对流换热和墙与周围物体间的辐射方式把热传递到室外环境。所以，要了解传热过程的规律，就必须先分析三种基本传热方式。

第一节　热传导

热传导又称导热，是指物体温度不同的相邻部分无相对位移或温度不同物体直接接触时依靠分子、原子及自由电子等微观粒子热运动而发生的热量传递现象。导热是物质的属性，导热过程可以在固体、液体及气体中发生。但在引力场作用下，单纯的导热一般只发生在密实的固体中，因为在有温差时，液体和气体中难以维持单纯的导热。

一、大平壁导热

大平壁导热是导热的典型问题，工程上可以归结为温度仅沿一个方向变化、与时间无关的一维稳态导热过程，它是建筑围护结构热工计算的基本传热模型。

1. 单层大平壁导热

可以想像，当平壁内各部分温度不随时间变化，而处于稳定导热时，如图 2-1 所示，平壁内外两侧面的温度差 τ_1-τ_2（当 $\tau_1 > \tau_2$ 时）越大，平壁厚度 δ 越薄，壁的面积 F 越大，则在单位时间内通过此平壁的导热量就越多，可以列出平壁导热公式为

$$\left.\begin{aligned} Q &= \lambda \frac{\tau_1 - \tau_2}{\delta} F \\ \text{或}\quad q &= \frac{Q}{F} = \lambda \frac{\tau_1 - \tau_2}{\delta} \end{aligned}\right\} \tag{2-1}$$

式中　Q——单位时间由导热体传递的热量，称为热流量，J/s 或 W；

λ——比例系数，称为导热系数，其意义是当沿着导热方向每米长度上温度降低 1K 时，单位时间通过每平方米面积所传导的热量，W/（m · K）。

由式（2-1）可知导热系数 λ 是表征该材料导热能力的物理量。材料的导热系数越大，则表示其导热性越好。不同材料的导热系数是不同的；即使对于同一种材料，导热系数的数值也随所处状态的不同而有差异。各种材料的 λ 值在有关热工手册中可查到。

如果对式（2-1）写成一般的微分形式，就获得一维稳定导热的傅里叶定律表达式：

$$\left.\begin{aligned} Q &= -\lambda \frac{d\tau}{dx} \cdot F \\ \text{或} \quad q &= -\lambda \frac{d\tau}{dx} \end{aligned}\right\} \quad (2\text{-}2)$$

式中 $\frac{d\tau}{dx}$——沿 x 方向面积为 F 处的温度梯度。

其他符号意义与式（2-1）相同。

式中负号表示导热量和温度梯度方向相反。将式（2-2）分离变量后可得：

$$q dx = -\lambda d\tau \quad (2\text{-}3a)$$

将上式积分，并代入边界条件：当 $x=0$ 时，$\tau=\tau_1$；$x=x$ 时，$\tau=\tau_x$，则得：

$$q\int_0^x dx = -\lambda \int_{\tau 1}^{\tau x} d\tau$$

所以

$$qx = -\lambda(\tau_x - \tau_1)$$

即

$$\tau_x - \tau_1 = -\frac{qx}{\lambda}$$

或

$$\tau_x = -\frac{q}{\lambda}x + \tau_1 \quad (2\text{-}3)$$

由此可见，求解方程（2-3）后，就可求得平壁内部任意位置上的温度值。通常 $\left(-\frac{q}{\lambda}\right)$ 和 τ_1 均为常数，所以平壁中的温度分布为直线（见图2-1中 τ_1 到 τ_2 直线）。

应说明式（2-1）及（2-3a）仅适用于计算物体为单层无限大平面壁的热流量。在建筑工程计算中常会遇到多层平壁的导热问题。

2. 多层平壁

如房屋以红砖为主体砌成，墙壁内为白灰层，外抹水泥砂浆、瓷砖贴面等均为多层平壁。如三层平壁导热，两侧表面均能维持稳定温度 τ_1 和 τ_4，且各层之间结合严密，接触面温度分别为 τ_2 和 τ_3（见图2-2），在稳定情况，通过各层的热流量是相等的，以图2-2中三层平壁的每层可分别写出：

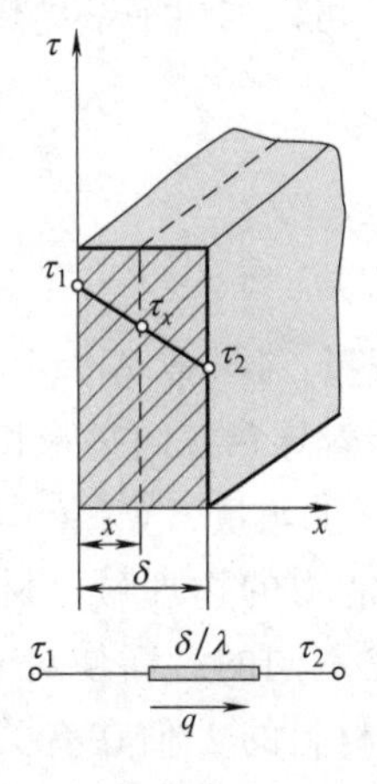

图2-1 平壁导热图

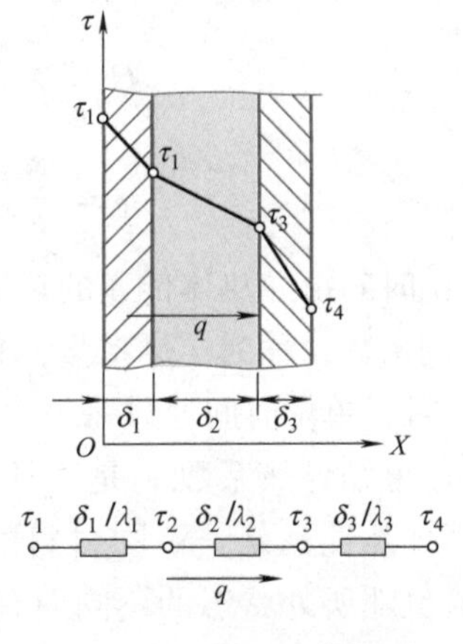

图2-2 多平壁导热

$$\left.\begin{aligned}Q=\lambda_1\frac{\tau_1-\tau_2}{\delta_1}\cdot F=\frac{\tau_1-\tau_2}{\delta_1/(\lambda_1\cdot F)}=\frac{1}{R_{\lambda,1}}(\tau_1-\tau_2)\\Q=\lambda_2\frac{\tau_2-\tau_3}{\delta_2}\cdot F=\frac{\tau_2-\tau_3}{\delta_2/(\lambda_2\cdot F)}=\frac{1}{R_{\lambda,2}}(\tau_2-\tau_3)\\Q=\lambda_3\frac{\tau_3-\tau_4}{\delta_3}\cdot F=\frac{\tau_3-\tau_4}{\delta_3/(\lambda_3\cdot F)}=\frac{1}{R_{\lambda,3}}(\tau_3-\tau_4)\end{aligned}\right\}\quad(2\text{-}4a)$$

式中 λ_1、λ_2、λ_3——各层平壁导热系数，W/（m·℃）；

δ_1、δ_2、δ_3——各层平壁厚度，m；

$R_{\lambda,1}$、$R_{\lambda,2}$、$R_{\lambda,3}$——各层平壁导热热阻，m^2·℃/W。

化简式（2-4a）可得：

$$\left.\begin{aligned}\tau_1-\tau_2=R_{\lambda,1}Q\\\tau_2-\tau_3=R_{\lambda,2}Q\\\tau_3-\tau_4=R_{\lambda,3}Q\end{aligned}\right\}\quad(2\text{-}4b)$$

把式（2-4b）各等式前后相加并整理可得：

$$Q=\frac{\tau_1-\tau_4}{R_{\lambda,1}+R_{\lambda,2}+R_{\lambda,3}}=\frac{\tau_1-\tau_4}{\sum_{i=1}^{3}R_{\lambda,i}}\ (\mathrm{W})\quad(2\text{-}4c)$$

式中 $\sum_{i=1}^{3}R_{\lambda,i}$——为三层平壁总热阻，$m^2$·℃/W。

对于 n 层平壁导热，则可直接写出：

$$Q=\frac{\tau_1-\tau_{n+1}}{\sum_{i=1}^{n}R_{\lambda,i}}\ (\mathrm{W})\quad(2\text{-}4)$$

【例 2-1】 某一供热锅炉炉墙由三层砌成，内层为耐火砖层厚 $\delta_1=230$mm，其导热系数 $\lambda_1=1.1$W/（m·K），最外层为红砖层厚 $\delta_3=240$mm，其导热系数 $\lambda_3=0.58$W/（m·K），内外层之间填石棉隔热层，厚 $\delta_2=50$mm，其导热系数 $\lambda_2=0.10$W/（m·K），已知炉墙最内和最外两表面温度 $\tau_1=500$℃和 $\tau_4=50$℃。求通过炉墙的导热热流量值。

【解】 依题意，先计算各层面导热热阻值，可得：

$$R_{\lambda,1}=\frac{\delta_1}{\lambda_1}=\frac{0.23}{1.1}=0.21\mathrm{m^2\cdot ℃/W}$$

$$R_{\lambda,2}=\frac{\delta_2}{\lambda_2}=\frac{0.05}{0.1}=0.5\mathrm{m^2\cdot ℃/W}$$

$$R_{\lambda,3}=\frac{\delta_3}{\lambda_3}=\frac{0.24}{0.58}=0.41\mathrm{m^2\cdot ℃/W}$$

代入式（6-4）可得单位面积热流量为：

$$\frac{Q}{F}=\frac{500-50}{0.21+0.50+0.41}=401.78\mathrm{W/m^2}$$

二、圆筒壁导热

在工程上常见的热力管道管壁的导热就属于圆筒壁导热，通常其长度远大于壁厚，沿轴向的温度变化可以忽略不计，而壁内温度仅沿径向发生变化，即一维稳态导热。

1. 单层圆筒壁导热

如求圆管的稳定导热热流量时，则式（2-1）应为：

$Q = -\lambda \dfrac{d\tau}{dr}2\pi rl$，通过分离变量积分等运算后，可得圆管稳定导热计算式为：

$$Q = \frac{2\pi\lambda l}{\ln\dfrac{d_2}{d_1}}(\tau_1 - \tau_2) \tag{2-5a}$$

或通过单位长度管状的热流量为：

$$q_1 = \frac{Q}{l} = \frac{\tau_1 - \tau_2}{\dfrac{1}{2\pi\lambda}\ln\dfrac{d_1}{d_2}} \tag{2-5b}$$

式中 l——管长，m；

d_1、d_2——管内径和外径，m。

与多层平壁一样，实际工程计算中经常会遇到是由不同材料构成的多层圆筒壁的导热问题。

2. 多层圆筒壁导热

如铝塑复合管供暖管道，内外管壁为塑料，中间夹铝质管材，有时外表面还包裹保温材料层和铝箔保护层等。如三层圆筒壁导热，两侧表面均能维持稳定温度 τ_1 和 τ_4，且各层之间结合严密，接触面温度分别为 τ_2 和 τ_3（参见图 2-2），在稳定情况，通过各层的热流量是相等的，其导热热流量也可以按总温差和总热阻来计算。

$$q = \frac{\tau_1 - \tau_4}{R_1 + R_2 + R_3} = \frac{\tau_1 - \tau_4}{\dfrac{1}{2\pi\lambda_1}\ln\dfrac{d_2}{d_1} + \dfrac{1}{2\pi\lambda_2}\ln\dfrac{d_3}{d_2} + \dfrac{1}{2\pi\lambda_3}\ln\dfrac{d_4}{d_3}} \tag{2-6a}$$

同理，对于 n 层圆筒壁导热，则可直接写出：

$$q = \frac{\tau_1 - \tau_{n+1}}{\sum\limits_{i=1}^{n} R_i} = \frac{\tau_1 - \tau_{n+1}}{\sum\limits_{i=1}^{n}\dfrac{1}{2\pi\lambda_i}\ln\dfrac{d_{i+1}}{d_i}} \tag{2-6b}$$

式中 R_i——第 i 层圆筒壁热阻，$m^2 \cdot ℃/W$。；

d_i、d_{i+1}——第 i 层圆筒壁的管内径和外径，m。

【例 2-2】一蒸汽管道，内、外直径分别为 150mm 和 159mm。为了减少热损失，在管外包有三层隔热保温材料：内层为 $\lambda_2 = 0.07W/(m^2 \cdot ℃)$，厚度 $\delta_2 = 5mm$ 的矿渣棉；中间层为 $\lambda_3 = 0.01W/(m^2 \cdot ℃)$，厚度 $\delta_3 = 80mm$ 的石棉白云石瓦状预制件；外层为 $\lambda_4 = 0.14W/(m^2 \cdot ℃)$，厚度 $\delta_4 = 5mm$ 的石棉硅藻土灰泥。已知，蒸汽管道钢材的导热系数 $\lambda_1 = 52W/(m^2 \cdot ℃)$，管道内表面和隔热保温层外表面温度分别为 170℃ 和 50℃，试求该蒸汽管道单位长度的散热量。

【解】由已知条件得到

$d_1 = 0.150m$，$d_2 = 0.159m$，$d_3 = 0.169m$，$d_4 = 0.329m$，$d_5 = 0.339m$。

计算各层单位管长圆筒壁的导热热阻：

蒸汽管壁

$$R_1 = \frac{1}{2\pi\lambda_1}\ln\frac{d_2}{d_1} = \frac{1}{2\pi \times 52}\ln\frac{0.159}{0.150} = 1.78 \times 10^{-4}\text{m} \cdot ℃/\text{W}$$

矿渣棉内层

$$R_2 = \frac{1}{2\pi\lambda_2}\ln\frac{d_3}{d_2} = \frac{1}{2\pi \times 0.07}\ln\frac{0.169}{0.159} = 1.39 \times 10^{-1}\text{m} \cdot ℃/\text{W}$$

石棉预制瓦

$$R_3 = \frac{1}{2\pi\lambda_3}\ln\frac{d_4}{d_3} = \frac{1}{2\pi \times 0.10}\ln\frac{0.329}{0.169} = 1.06\text{m} \cdot ℃/\text{W}$$

灰泥外层

$$R_4 = \frac{1}{2\pi\lambda_4}\ln\frac{d_5}{d_4} = \frac{1}{2\pi \times 0.14}\ln\frac{0.339}{0.329} = 3.4 \times 10^{-2}\text{m} \cdot ℃/\text{W}$$

根据公式（2-6b），该蒸汽管道单位长度的散热量为

$$q = \frac{\tau_1 - \tau_{n+1}}{\sum_{i=1}^{n} R_i} = \frac{\tau_1 - \tau_{n+1}}{\sum_{i=1}^{n}\frac{1}{2\pi\lambda_i}\ln\frac{d_{i+1}}{d_i}}$$

$$= \frac{175 - 50}{1.78 \times 10^{-4} + 1.39 \times 10^{-1} + 1.06 + 3.4 \times 10^{-2}}$$

$$= 97.3\text{W/m}$$

分析对比上述各层热阻的数值可以看出，蒸汽管壁的热阻远小于其他各绝热保温层的热阻，所以高温管道绝热保温是减少其散热损失的重要技术措施。

第二节　热对流和对流换热

一、热对流

温度不同的流体各部分之间发生相对位移，即依靠流体运动，把热量从高温处带到低温处的热传递现象，称为热对流，它是传热的另一种基本方式。所以热对流只能发生在流体中，与流体的流动有关。由于流体质点位移在改变空间位置时不可避免地要和周围流体相接触，同时又有温差存在，因而热对流的同时一定伴随着热传导。

二、对流换热

工程上遇到的实际传热问题，都是流动着的流体与温度不同的固体壁面直接接触时，它们之间所发生的热传递现象，称之为对流换热（也称放热）。例如室内外流动的空气与建筑围护结构壁面间的换热。与热对流不同的是，对流换热过程既有热对流作用，亦有导热作用，故已不再是基本传热方式。

对流换热又分为受迫对流和自然对流（或自由对流）换热。受迫对流是指流体在外力如风机、泵、水压头等的作用下，流过固体表面的运动。自然对流则是与固体邻接的较热（或较冷）的流体内各处温度不同引起密度的不同而产生的流动。

对流换热的计算是牛顿在1701年首先提出来的，称为牛顿冷却定律，其方程式为

或
$$\left.\begin{aligned} Q &= \alpha \cdot \Delta T \cdot F \\ q &= \alpha \cdot \Delta T \end{aligned}\right\} \tag{2-7a}$$

式中 Q——对流换热量，W；

F——与流体接触的壁面换热面积，m^2；

ΔT——流体和壁面之间的温差，K 或℃；

α——对流换热系数或放热系数，W/（m^2·K）。

α 表示在单位时间内，当流体与壁面温差为 1K 时，流体通过壁面单位面积所交换的热量。其大小表征对流换热的强弱。

式（2-7a）还可以写成热阻的形式

$$q = \frac{\Delta T}{\frac{1}{\alpha}} = \frac{\Delta T}{R} \tag{2-7b}$$

对流换热是靠导热和热对流两种基本传热方式的作用完成热量传递的，一切支配这两种作用的因素和规律，诸如流动的起因、流动状态、流体物性、物相变化、固体壁面的集合参数等都会影响换热过程，可见它是一个内涵复杂的物理现象。所以对流换热系数或放热系数 α 可认为是流体流动的状况（如层流、紊流及层流边界层等）、流体的物性、系统的几何形状和温差 ΔT 的函数。建筑围护结构内外表面的对流换热系数可参照表 2-1 和表 2-2 选取。

内表面对流换热系数 α 及内表面换热阻 R 值 表 2-1

内表面特征	α [W/（m^2·K）]	R（m^2·K/W）
墙、地面、表面平整的顶棚、屋盖和楼板以及带肋的顶棚，$h/s \leqslant 0.3$	8.72	0.11
有井形突出物的顶棚、屋盖和楼板，$h/s > 0.3$	7.56	0.13

注：表中 h 为肋高；s 为肋间净距。

外表面对流换热系数 α 及外表面换热阻 R 值 表 2-2

外表面状况		α [W/（m^2·K）]	R（m^2·K/W）
与室外空气直接接触的表面		23.26	0.04
不与室外空气直接接触的表面	阁楼楼板上表面	8.14	0.12
	不供暖地下室顶棚下表面	5.82	0.17

围护结构的外表面因受风力的影响，其换热系数比内表面高约一倍以上，空气流速越大，表面对流换热系数也越大；空气与围护结构表面之间的温度相差越大，表面对流换热系数也越大。

第三节 热辐射及辐射换热

一、热辐射的基本概念

1. 热辐射

发射辐射能是各类物质的固有特性。物质是由分子、原子、电子等基本粒子组成，当原子内部的电子受激和振动时，产生交替变化的电场和磁场，发出电磁波向空间传播。由于激发的方法不同，所产生的电磁波波长就不相同，它们投射到物体上产生的效应也不同。由于自身温度或热运动的原因而激发产生的电磁波传播，就称为热辐射。物体的温度愈高，辐射的能力愈强。温度相同而物体性质和表面情况不同，辐射能力也不同。

热辐射的本质决定了热辐射过程有如下三个特点：

（1）一切物体只要其物理温度高于绝对零度，就会不断地发射热射线。物体的热状态促使分子及原子中的电子不间断地振动和激发，它就不间断地转化本身的内热能，以电磁波（波长主要在 0.1 ~ 100μm）热射线形式，向周围空间辐射能量。当物体间有温差时，高温物体辐射给低温物体的能量大于低温物体辐射给高温物体的能量，因此总的结果是高温物体失去能量，低温物体得到能量。即使各个物体的温度相同，能量辐射仍在不停地进行，只是每一物体辐射出去的能量等于吸收的能量，从而处于动态平衡的状态。

（2）辐射换热过程伴随着能量形式的两次转化，即物体的部分内能转化为电磁波能发射出去，当它达到另一物体表面而被其吸收时，电磁波能又重新转换为内热能。

（3）辐射换热与导热、对流换热不同，它不依靠物质的接触而进行热量传递，如阳光能够穿越辽阔的低温太空向地面辐射，而导热和对流换热都必须由冷、热物体直接接触或通过中间介质相接触才能进行。

2. 热辐射的吸收、反射和透射

当热射线投射到物体上时，遵循着可见光的规律，其中部分被物体吸收，部分被反射，其余则穿透过物体。三者的百分比如以 α、ρ、τ 表示，则：

$$\alpha + \rho + \tau = 1$$

α、ρ 和 τ 分别称为物体的吸收率、反射率和透射率。如果物体全部吸收外来射线，即 $\alpha = 1$，则这种物体被定义为黑体；如果物体全部反射外来射线，即 $\rho = 1$，则这种物体被定义为白体；如果物体全部透过外来射线，即 $\tau = 1$，则这种物体被定义为透明体。绝大多数固体和液体，热辐射线不能透过，可以认为其透射率 $\tau = 0$，则 $\alpha + \rho = 1$。自然界中并不存在黑体、白体与透明体，它们只是实际物体热辐射性能的理想模型而已。

3. 黑体辐射力

试验和理论分析证明黑体的辐射能为：

$$E_0 = C_0 T^4 \tag{2-8}$$

式中　E_0——黑体单位时间内单位面积向外辐射时的能量，W/m^2，称为黑体的辐射力；

C_0——黑体的辐射常数：$5.67 \times 10^{-8} W/(m^2 \cdot K^4)$；

T——绝对温度，K。

式（2-8）称为斯蒂芬—玻耳兹曼定律，又称为四次方定律。为便于工程应用，上式可改写成以下形式：

$$E_0 = C_0 \left(\frac{T}{100}\right)^4 \tag{2-9}$$

4. 灰体辐射力

实际物体是很复杂的。人们引出灰体概念。灰体即为对投射来各种波长的射线均同等程度吸收的物体，也即其表面吸收率与波长无关的物体。大多数实际固、流体表面很接近灰体性质，因而人们把实际物体当作灰体处理，则实际物体的辐射力为：

$$E = C\left(\frac{T}{100}\right)^4$$

式中 C——被称为灰体实际物体的辐射系数，介于0~5.67之间。

引入物体的辐射率，上式也可写成：

$$E = \varepsilon \cdot C_0\left(\frac{T}{100}\right)^4 = \varepsilon \cdot E_0 \tag{2-10}$$

式中 ε——物体的辐射率，又称为黑度，数值在0~1之间，取决于物体的种类、表面状况和物体温度，由实验确定。

很显然，对黑体而言：$\alpha = \varepsilon = 1$、$C_0 = 5.67$。

而对灰体（实际固、流体表面）：$\alpha = \varepsilon < 1$；$C = \varepsilon C_0 < 5.67$

由上述可见，物体有好的吸收能力，就一定有好的辐射能力。在工程辐射换热计算中，只需辐射温差不过分悬殊，应用 $\alpha = \varepsilon$ 关系，不致造成太大的误差。

二、辐射换热

不同温度的两物体（或多个物体）间互相进行着热辐射和热吸收，由此引起相互间的热传递现象称为辐射换热。

最简单的情况是两大平面之间的辐射换热，如图2-3所示。设 Q_1、Q_2 分别为大平面1和2表面向对方发射出去的总热辐射热量（包括反射辐射），ε_1、ε_2 为其辐射率（黑度），T_1、T_2 为其温度，α_1、α_2 为其吸收率。

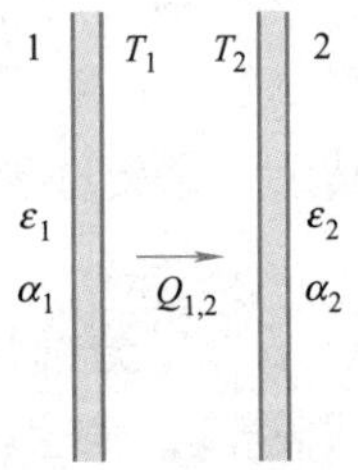

图2-3 两平面间热辐射传热图

按上述定义结合斯蒂芬—玻耳兹曼定律可知：

$$Q_1 = \varepsilon_1 C_0\left(\frac{T_1}{100}\right)^4 \cdot F + Q_2(1 - \alpha_1)$$

$$Q_2 = \varepsilon_2 C_0\left(\frac{T_2}{100}\right)^4 \cdot F + Q_1(1 - \alpha_2)$$

上面两式中 F 为大平面面积，Q_2（$1 - \alpha_1$）及 Q_1（$1 - \alpha_2$）为两大平面反射辐射。如果 $T_1 > T_2$，则所传递的热量为：

$$Q = Q_1 - Q_2$$

从前面两式求出 Q_1 及 Q_2，并代入 $\varepsilon_1 \cdot C_0 = C_1$，$\varepsilon_1 = \alpha_1$ 及 $\varepsilon_2 \cdot C_0 = C_2$，$\varepsilon_2 = \alpha_2$，经过运算可得出下列公式：

$$Q = \frac{1}{\frac{1}{C_1} + \frac{1}{C_2} - \frac{1}{C_0}}\left[\left(\frac{T_1}{100}\right)^4 - \left(\frac{T_2}{100}\right)^4\right]F \tag{2-11a}$$

式中 $\frac{1}{\frac{1}{C_1} + \frac{1}{C_2} - \frac{1}{C_0}} = \frac{C_0}{\frac{1}{\varepsilon_1} + \frac{1}{\varepsilon_2} - 1}$——大平面的系统辐射系数，用 C_n 表示：

或

$$\left.\begin{aligned} Q &= C_{\mathrm{n}}\left[\left(\frac{T_1}{100}\right)^4-\left(\frac{T_2}{100}\right)^4\right]F \\ q &= \frac{Q}{F} = C_{\mathrm{n}}\left[\left(\frac{T_1}{100}\right)^4-\left(\frac{T_2}{100}\right)^4\right] \end{aligned}\right\} \tag{2-11}$$

对于非大平面的较复杂的辐射换热，只要求出各系统的辐射系数，传递的热量就可以用式（2-11）求出。

【例 2-3】 设两大平行平壁间为空气层，平壁 1 的表面温度 $t_1 = 300℃$，冷平壁 2 的表面温度为 $t_2 = 50℃$，两平壁的辐射率为 $\varepsilon_1 = \varepsilon_2 = 0.85$，求此间层单位表面积的辐射换热量。

【解】 由题意知两大平行平壁面积大于其空气间层厚度，故其辐射换热量可应用式（2-11）计算。即：$q = \frac{Q}{F} = C_{\mathrm{n}}\left[\left(\frac{T_1}{100}\right)^4-\left(\frac{T_2}{100}\right)^4\right]$（$\mathrm{W/m^2}$）

根据已知条件得到：

$$C_{\mathrm{n}} = \frac{C_0}{\frac{1}{\varepsilon_1}+\frac{1}{\varepsilon_2}-1} = \frac{5.67}{\frac{1}{0.85}+\frac{1}{0.85}-1} = 4.19\mathrm{W/(m^2 \cdot K^4)}$$

$$T_1 = t_1 + 273 = 573\mathrm{K}$$

$$T_2 = t_2 + 273 = 323\mathrm{K}$$

所以

$$q = 4.19\left[\left(\frac{573}{100}\right)^4-\left(\frac{323}{100}\right)^4\right] = 4060\mathrm{W/m^2}$$

第四节　传热与换热器

一、传热

在实际工程中所发生的换热过程往往是由导热、对流和辐射同时作用的结果，所以是一个复合的换热过程。工程领域内经常遇到的是高温流体通过固体壁把热量传给低温流体。这种过程称为传热过程。例如有一墙壁如图 2-4 所示，其壁厚为 δ，面积为 F，墙壁一侧有温度 t_1 的热流体在流动，另一侧有温度 t_2 的冷流体在流动，其两侧的对流换热系数分别为 α_1 和 α_2（如有辐射，α 应是对流换热和辐射换热共同作用的结果），在流体和墙壁的温度不随时间变化的稳定传热情况下，则墙一侧表面的对流换热、墙壁的导热量以及墙另一侧表面的对流换热量，三者均应相等，所以根据式（2-1）及（2-7）可列出三个等式：

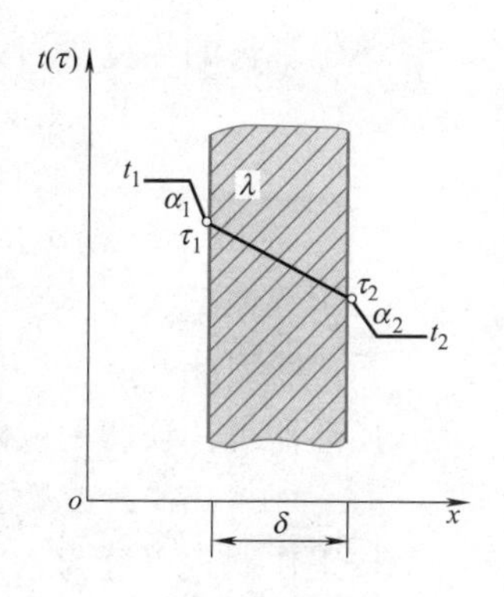

图2-4　通过墙壁的传热

$$q = \alpha_1(t_1 - \tau_1) \text{ 即} \frac{q}{\alpha_1} = t_1 - \tau_1$$

$$q = \frac{\lambda}{\delta}(\tau_1 - t_1) \text{ 即} \frac{q}{\lambda/\delta} = \tau_1 - \tau_2$$

$$q = \alpha_2(\tau_2 - t_2) \text{ 即} \frac{q}{\alpha_2} = \tau_2 - t_2$$

由于上面三个式子中 q 相等，相加可得：

$$q\left(\frac{1}{\alpha_1} + \frac{\delta}{\lambda} + \frac{1}{\alpha_2}\right) = t_1 - t_2$$

所以

$$q = \frac{t_1 - t_2}{\frac{1}{\alpha_1} + \frac{\delta}{\lambda} + \frac{1}{\alpha_2}} = K\ (t_1 - t_2)\ (\mathrm{W/m^2}) \tag{2-12}$$

式中

$$K = \frac{1}{\frac{1}{\alpha_1} + \frac{\delta}{\lambda} + \frac{1}{\alpha_2}} \quad [\mathrm{W/(m^2 \cdot K)}] \tag{2-13}$$

K 为传热系数，含义是当壁面两侧流体的温度差为 1K 时，单位时间内通过每平方米的壁面所传递的热量。K 值越大，传热量越多，因此 K 值表示了热流体的热量通过墙壁传给冷流体的能力。

当壁面积为 F（$\mathrm{m^2}$）时，总的传热量为：

$$Q = KF(t_1 - t_2) \tag{2-14}$$

式（2-14）不仅能计算冷、热流体通过平壁的传热，对于冷、热流体通过固体壁面的传热过程都是适用的。所不同的在于各种情况下传热系数计算式不一样，式（6-13）是平面壁单位面积的传热系数 K 值的计算式。

若长度为 l 的圆管壁，材料的导热系数为 λ，其内、外直径分别为 d_1、d_2，管壁内、外侧的表面总换热系数和介质平均温度分别为 α_1、α_2 和 t_1、t_2，同理，应用公式（2－7a）和（2－7b），圆管的传热系数计算式可写为：

$$K = \frac{1}{\frac{1}{\alpha_1 \pi d_1} + \frac{1}{2\pi\lambda}\ln\frac{d_2}{d_1} + \frac{1}{\alpha_2 \pi d_2}} \quad [\mathrm{W/(m^2 \cdot K)}] \tag{2-15}$$

单位管长的热流量为：

$$q = \frac{t_1 - t_2}{\frac{1}{\alpha_1 \pi d_1} + \frac{1}{2\pi\lambda}\ln\frac{d_2}{d_1} + \frac{1}{\alpha_2 \pi d_2}} = K\ (t_1 - t_2)\ (\mathrm{W/m}) \tag{2-16}$$

对于其他形状固体壁面的传热系数计算式，可在有关传热学书中找到。

二、换热器

换热器是实现两种或两种以上温度不同的流体相互换热的设备。

（一）换热器分类及特点

按工作原理可分为三类：（1）间壁式换热器——冷热两种流体被金属壁面隔开，而通过金属壁面进行热交换的换热器，如板式、壳管式和容积式换热器等。（2）混合式换热器——冷热两种流体直接接触进行混合而实现热交换的换热器，如淋水式、喷管式换热器等。（3）回热式换热器——换热面交替地吸收和放出热量：热流体流过，换热面温度升高，吸收并贮蓄热量，然后冷流体流过，换热面放出热量加热冷流体，如锅炉中回热式空气预热器、全热回收式空气调节器等。下面介绍在供热系统中得到广泛应用的板式、壳管式和容积式换热器的特点。

1. 板式换热器

图2-5是板式换热器的构造示意图。它是一种传热系数高，结构紧凑，适应性大，拆洗方便，节省材料的换热器。近年来，水—水式板式换热器在我国集中供热系统中得到广泛应用。但板片间流通截面窄，水质不好时形成水垢或污物沉积都容易堵塞；密封垫片耐温性能差时，容易渗漏和影响使用寿命。

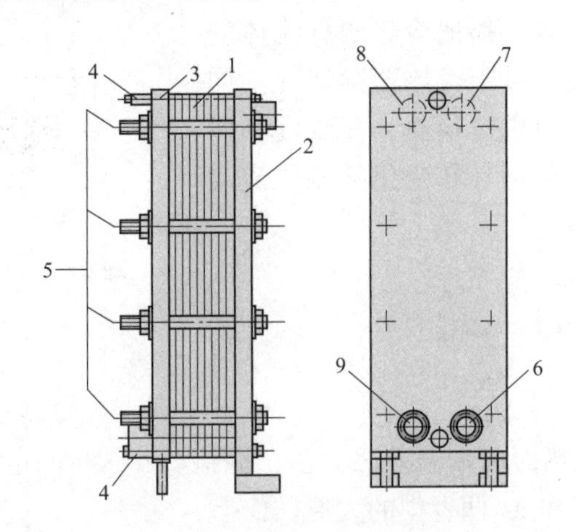

图2-5 板式换热器的构造示意图

1—传热板片；2—固定盖板；3—活动盖板；4—定位螺栓；5—压紧螺栓；6—被加热水进口；7—被加热水出口；8—加热水进口；9—加热水出口

2. 壳管式换热器

图2-6为波节型壳管式换热器构造示意图。它结构简单，造价低，流通截面较宽，易于清洗水垢；但其缺点是传热系数低，占地面积大。

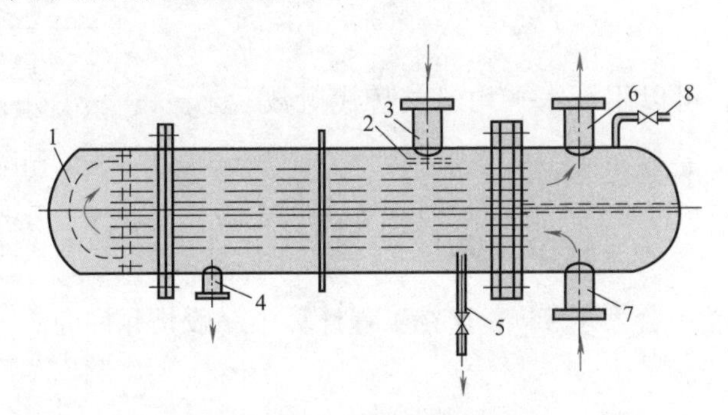

图2-6 壳管式换热器构造示意图

1—浮头；2—挡板；3—蒸汽入口；4—凝结水出口；5—汽侧排气管；6—被加热水出口；7—被加热水入口；8—水侧排气管

3. 容积式换热器

图2-7为容积式换热器构造示意图。这种换热器与储水箱结合在一起，其外壳大小可根据储水箱的容量确定。它兼起储水箱的作用，易于清除水垢，主要用于热水供应系统。但其传热系数比壳管式换热器低得多。

一个良好的换热器应具备传热系数高、结构可靠紧凑、满足承压的要求以及便于清洗检修等特点。了解每种换热器，应着重其主要优点和缺点。

（二）换热器传热计算

换热器传热计算的基本公式形式同公式（2-14），但在前述的传热计算中，如围护结构的热损失、蒸汽管道的热损失等，都把冷热两种流体的温差作为一个定值处理。对于换热器则情况不同了，冷热两流体沿传热面进行换热，其温度和两者的温差沿流向不断变化，且其变化随流体流动方式而异，如图 2-8 所示。

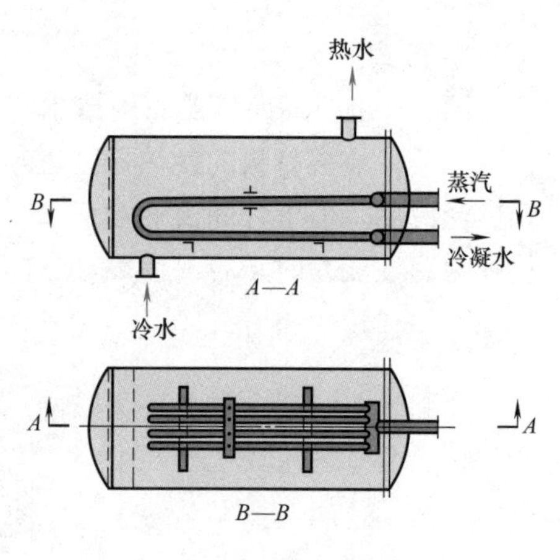

图2-7 容积式换热器构造示意图

平均温差 C 的计算式为：

$$\Delta t_{m}=\frac{\Delta t_{max}-\Delta t_{min}}{\ln\dfrac{\Delta t_{max}}{\Delta t_{min}}} \tag{2-17}$$

式中 Δt_{max}——换热面两端温差之大值，顺流时为 $\Delta t'$；逆流时取 $\Delta t'$ 和 $\Delta t''$ 两者中的大值，℃；

Δt_{min}——换热面两端温差之小值，℃。

由于平均温差计算式中有对数项，所以又称为对数平均温差。

换热器总换热量为：

$$Q=KF\Delta t_{m}=KF\frac{\Delta t_{max}-\Delta t_{min}}{\ln\dfrac{\Delta t_{max}}{\Delta t_{min}}} \tag{2-18}$$

当 $\dfrac{\Delta t_{max}}{\Delta t_{min}}\leqslant 2$ 时，可以用算术平均温差替代对数平均温差，换热器总换热量为：

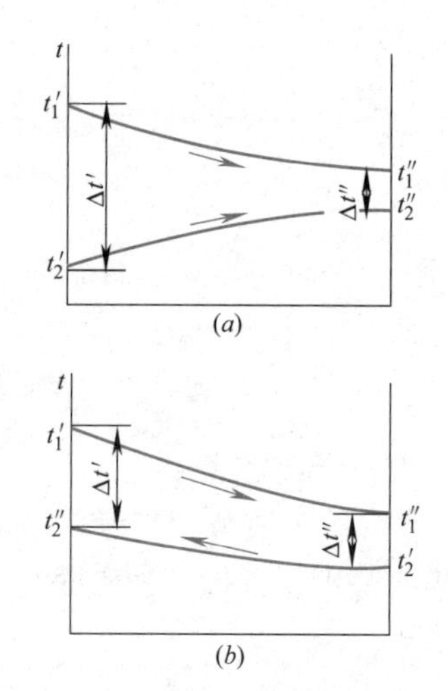

图2-8 流体温度随传热面变化示意图
（a）顺流；（b）逆流

$$Q=KF\Delta t_{m}\approx KF\frac{(t'_{1}+t''_{1})-(t'_{2}+t''_{2})}{2} \tag{2-19}$$

这样产生的误差不会大于4%，这在工程计算中一般是允许的。

思考题与习题

1. 物体的传热方式有哪几种？
2. 室内外热量传递包含哪些基本的传热过程？ 如何计算热量？
3. 换热器的平均温差如何计算？
4. 按工作原理分类换热器有哪些种类？

第三章　电（工）学基础

第一节　电学基本概念

一、电荷

我们常将“带电粒子”称为电荷，带正电的粒子叫正电荷（表示符号为 +），带负电的粒子叫负电荷（表示符号为 - ）。一般用 Q 或 q 来表示电荷所带的电荷量，电荷的单位是库伦，用符号 C 表示。

二、电场

电场存在于带电体周围，它是电荷之间相互作用的媒介。电场最基本的特性是对于处在其中的电荷产生电场力。

点电荷之间的作用力 F 可以用库仑定律求得

$$F=\frac{q_1q_2}{4\pi\varepsilon r^2}\quad(\mathrm{N})\tag{3-1}$$

式中　q_1、q_2——两个点电荷的电荷量，C；

r——两点电荷之间的距离，m；

ε——介电常数，与电介质的性质有关。

三、电场强度

作用于静止带电粒子上的力 F 与粒子电荷 q 之比为电场强度，简称场强，用符号 E 表示。电场强度是矢量，规定电场强度的方向与正电荷在该点受的电场力方向相同。

$$E=\frac{F}{q}\tag{3-2}$$

电场强度的单位用伏/米（V/m）表示。

四、电位

电荷在电场中会受到电场力的作用，通常把电场力将单位正电荷从某点移动到参考点（参考点的电位为零）所做的功叫该点的电位，单位用伏（V）表示。

五、电压

物体带电后具有一定的电位，电路中任意两点 a、b 间的电位值之差，叫做这两点之间的电压，记做 U_{ab}。U_{ab}的大小等于电场力把单位正电荷从 a 点移动到 b 点时所做的功。电压的方向一般规定为电位降低的方向为正，即从高电位点指向低电位点。

$$U_{ab}=\varphi_a-\varphi_b\tag{3-3}$$

式中　U_{ab}——电场中 a、b 两点间的电压，V；

φ_a、φ_b——a、b 两点的电位，V。

六、电流

金属导体中的自由电子在电场力的作用下，会向电场强度的反方向移动。电荷这种有规律的定向运动，就形成了电流。一般规定正电荷运动的方向就是电流的方向。

电路中电流的形成必须同时具备两个条件：（1）必须具有能够自由移动的电荷；

（2）导体两端存在电压。

电流的大小用单位时间内通过导体某一截面的电荷量的大小来衡量，在物理学中叫电流强度，工程上简称电流，用符号 I 表示。电流的单位用安培表示，符号为 A。

$$I = \frac{Q}{t} \tag{3-4}$$

式中 Q——通过导线某一截面的电荷量，C；

t——时间，s。

七、电能

电能是表示电流做多少功的物理量。电能的定义是电场力将单位正电荷从某点移动到另一点所做的功。

$$W = UIt \tag{3-5}$$

上式表示在 t 秒钟内电场力所做的功，也就是消耗在电阻 R 上的电能。电能的单位是焦耳（J）。

八、电动势

电动势是一个表征电源特征的物理量。电动势是电源将其他形式的能转化为电能的本领，在数值上，等于非静电力将单位正电荷从电源的负极通过电源内部移送到正极时所做的功。常用符号 E 表示，单位是伏（V）。

$$E = \frac{W}{q} \tag{3-6}$$

电动势与电压是容易混淆的两个概念。电动势是表示非静电力把单位正电荷从负极经电源内部移到正极所做的功；而电压则表示静电力把单位正电荷从电场中的某一点移到另一点所做的功与电荷量的比值。它们是完全不同的两个概念。

九、电路

电路就是电流流过的路径。一个完整的电路都是由电源、负载和中间环节三个部分组成。如图 3-1 所示为一个最简单的电路图。

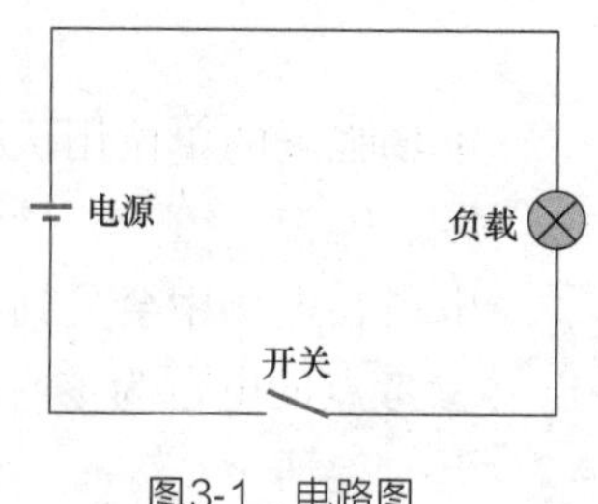

图3-1 电路图

十、电阻

导体中的自由电子在运动过程中，自由电子间的碰撞及自由电子与原子间的碰撞，阻碍电子的移动，对于这种导体所表现的能力就叫电阻，符号为 R，单位为欧姆（Ω）。

导体电阻的定义式为

$$R = \frac{U}{I} \tag{3-7}$$

电阻的大小由导体自身的结构特性决定

$$R = \rho \frac{L}{S} \tag{3-8}$$

式中 L——导体的长度，m；

S——导体的横截面积，m^2；

ρ——导体的电阻率，Ω · m。

十一、电导

物体传导电流的本领叫做电导。在直流电路里，电导的数值就是电阻值的倒数，用符号 G 来表示，单位是西门子，简称西，用 S 表示。

$$G=\frac{1}{R} \tag{3-9}$$

十二、功率

单位时间内产生或消耗的电能叫做电功率，简称功率，用 P 表示，单位瓦（W）。它表明了电能与非电能相互转换速率的大小。

$$P=\frac{W}{t} \tag{3-10}$$

电源的功率等于电源的电动势 E 与电流 I 的乘积

$$P=EI \tag{3-11}$$

负载的功率等于负载两端的电压和通过负载的电流的乘积

$$P=UI \tag{3-12}$$

第二节 电路的基本定律

一、欧姆定律

1. 部分电路欧姆定律

欧姆定律是分析和计算电路的最基本定律，它反映了电压、电流、电阻三者之间关系。导体中电流 I 的大小与加在导体两端的电压 U 成正比，与导体的电阻 R 成反比，这个关系称为欧姆定律。

如图 3-2 所示，在一闭合回路中的一段电路，如果不含电源，仅有负载，那么该段电路被称为部分电路，其欧姆定律的表达式为

$$I=\frac{U}{R} \tag{3-13}$$

公式中的 I、U、R 三个量必须属于同一段电路，且具有瞬时对应关系。

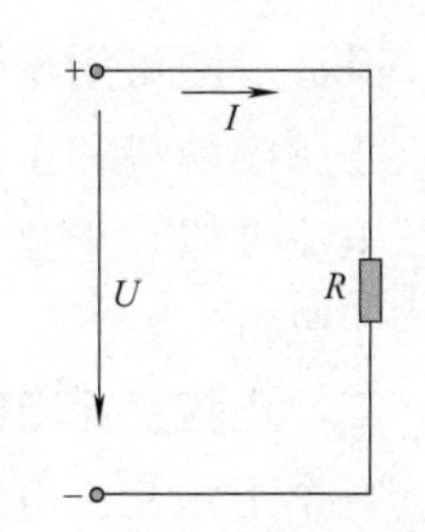

图3-2 部分电路欧姆定律

2. 全电路欧姆定律

图 3-3 是一闭合回路，r_0 是电源的内阻，R 是线路的负载。当连接导线的电阻忽略不计时，电流关系可表示为

$$I=\frac{E}{r_0+R} \tag{3-14}$$

这一关系称为全电路的欧姆定律，其定义为在闭合回路中，电流的大小与电源的电动势成正比，与整个电路的电阻成反比。

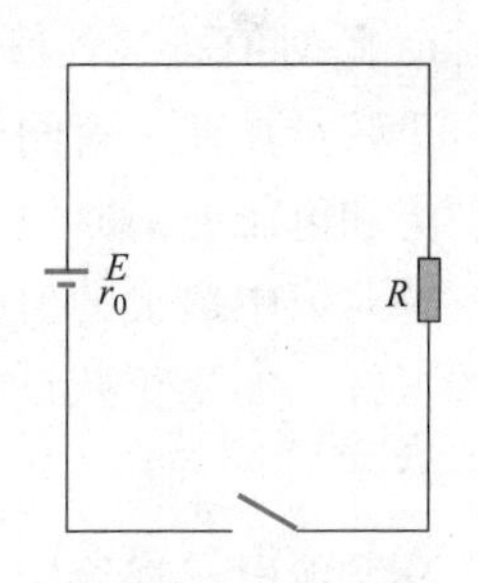

图3-3 全电路欧姆定律

二、基尔霍夫定律

基尔霍夫定律包括电流定律和电压定律。

1. 基尔霍夫电流定律（KCL）

基尔霍夫电流定律指出：在任一瞬时，流向某一节点的电流之和恒等于由该节点流出的电流之和。也可以表示为：在任一瞬时，流出任一节点的电流代数和恒等于零。

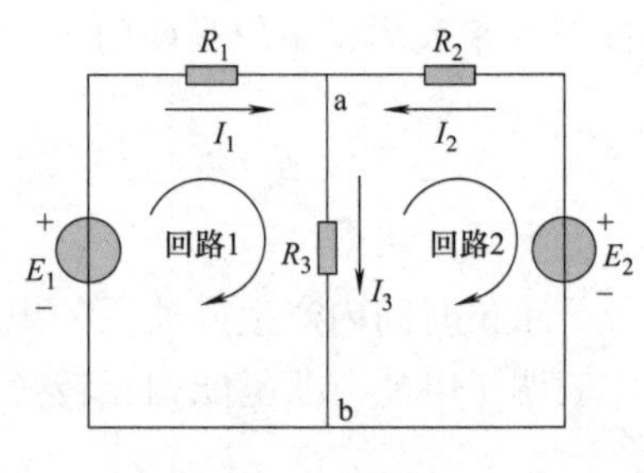

图3-4 电路图

根据 KCL，图 3-4 中节点 a 的电流关系满足：$I_1 + I_2 = I_3$

2. 基尔霍夫电压定律（KVL）

基尔霍夫电压定律指出：在任一瞬间，沿电路中的任一回路绕行一周，在该回路上电动势之和恒等于各电阻上的电压降之和。也可以表示为：在任何时刻，沿该回路的所有支路电压代数和等于零。

根据 KVL，图 3-4 中回路 1 和回路 2 分别满足下列关系：

回路 1：$E_1 = I_1R_1 + I_3R_3$ 或者 $I_1R_1 + I_3R_3 - E_1 = 0$

回路 2：$E_2 = I_2R_2 + I_3R_3$ 或者 $I_2R_2 + I_3R_3 - E_2 = 0$

第三节 正弦交流电路

一、正弦交流电

随时间按正弦规律周期性变化的交流电叫做正弦交流电。正弦交流电流某一时刻瞬时值的数学表达式为

$$i = I_m \sin(\omega t + \varphi) \tag{3-15}$$

其波形图可用正弦曲线来表示，如图 3-5 所示。

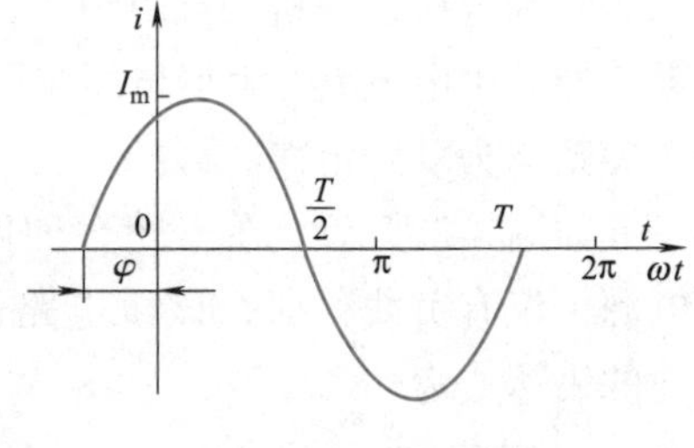

图3-5 正弦交流电波形

正弦电动势和正弦电压的数学表达式及波形图与正弦电流类似。正弦电流、电动势及电压等物理量统称为正弦量。

二、正弦交流电的三要素

一个正弦交流电知道了振幅、角频率（ω）和初相位（φ），那么正弦交流电就完全确定了，因此把这三个基本量称为正弦交流电的三要素。

1. 瞬时值、最大值和有效值

正弦量在任一瞬间的值称为瞬时值，用小写字母表示，如 i、e、u 分别表示电流、电动势和电压的瞬时值。

瞬时值中最大的值称为振幅或最大值，如 I_m、E_m、U_m 分别表示电流、电动势和电压的振幅。如果正弦量的有效值分别用 I、E、U 表示，那么它们和最大值的关系为

$$I_m = \sqrt{2}I \qquad E_m = \sqrt{2}E \qquad U_m = \sqrt{2}U$$

在交流电气设备中所给出的电压、电流均为有效值，平时接触到的交流电 220V 或 380V 均是指有效值。电工仪表测得的电压和电流值也都是有效值。

2. 周期、频率和角频率

正弦交流电完成一次循环变化所用的时间叫做周期，用字母 T 表示，单位为秒（s）。

在单位时间内交流电重复变化的周期数叫做频率，即表征交流电交替变化的速率，用字母 f 表示，其单位为赫兹（Hz）。由定义可知

$$f=\frac{1}{T} \tag{3-16}$$

我国电力的标准频率为50Hz，国际上多采用此标准，但美国、日本采用的标准为60Hz。

周期（T）、频率（f）和角频率（ω）三者之间的关系可以表示为

$$\omega=2\pi f=\frac{2\pi}{T} \tag{3-17}$$

3. 初相位及相位差

初相位是指在 $t=0$ 时的正弦交流电的相位，用 φ 来表示。两个不同初相位的交流电流可以表示为

$$i_1=I_{m1}\sin\ (\omega t+\varphi_1)$$
$$i_2=I_{m2}\sin\ (\omega t+\varphi_2)$$

实际上初相位与时间的起点选择有关，时间起点不同初相位也不同。

两个同频率交流电的相位之差叫相位差，用 $\Delta\varphi$ 来表示。两个同频率交流电的相位差就等于它们的初相位之差。

这里要注意的是：初相位的大小与时间起点的选择（计时时刻）密切相关，而相位差与时间起点的选择无关。

相位差为零的两个正弦交流电称为同相，相位差为 π 的两个正弦交流电称为反相，相位差为 $\pi/2$ 的两个正弦交流电称为正交。

三、正弦交流电的负载

1. 电阻

在正弦交流电路中，电阻两端的电压和电流的关系也符合欧姆定律。

对于一个电阻电路，如图3-6（a）所示。设流过电阻的瞬时电流为

$$i_R=I_m\sin\ (\omega t)$$

根据欧姆定律，则电阻两端的电压为

$$u_R=Ri_R=RI_m\sin\ (\omega t)\ =U_{Rm}\sin\ (\omega t)$$

对于纯电阻电路，当电压和电流的参考方向一致时，电流和电压同相。如图3-6（b）所示。

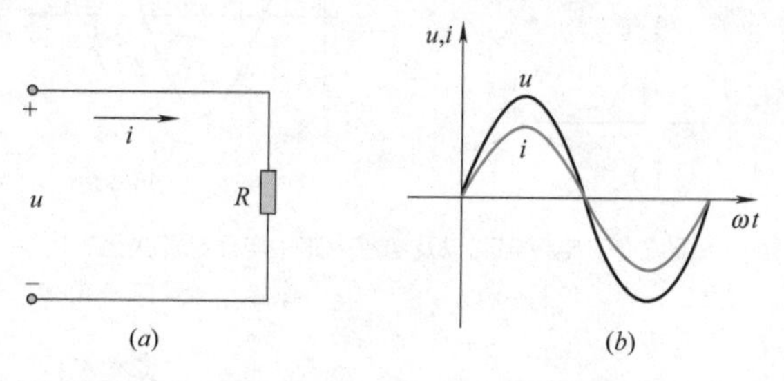

图3-6　电阻电路以及电阻电路中电压电流关系

2. 电感

电感器是用导线绕制的线圈，用以存储磁场能。当忽略它的电阻时，电感线圈可看成是一个只有电感 L 的理想元件。

（1）电感元件的磁通量与电流、电压的关系

电感元件的磁通量 ψ 与电流 i 的关系可以表示为：

$$\psi = iL \tag{3-18}$$

其中，i 为电流，是时间的函数。L 为常量，称为电感，单位是亨利，用 H 表示。

电感元件在某一瞬间的磁通量 ψ 与电压 u 的关系可以表示为：

$$du = \frac{d\psi}{dt} \tag{3-19}$$

（2）通过电感元件的电流与电压的关系

将一个电感线圈接入电路中，如图 3-7（a）所示，选定电压、电流的方向一致。设流过的电流 i_L 为 $i_L(t) = I_m\sin(\omega t)$，则电感两端的自感电压为

$$u_L(t) = L\frac{di_L(t)}{dt} = LI_{Lm}\omega\cos(\omega t) = LI_{Lm}\omega\sin(\omega t + \frac{\pi}{2}) = U_{Lm}\sin(\omega t + \frac{\pi}{2}) \tag{3-20}$$

写成有效值的形式为

$$U_L = I_L\omega L \tag{3-21}$$

在电感交流电路中，电压和电流的有效值或最大值之比叫做电感电抗，简称感抗，用 X_L 表示，单位为欧姆（Ω），即

$$\frac{U_L}{I_L} = \frac{U_{Lm}}{I_{Lm}} = X_L \tag{3-22}$$

感抗 X_L 是反映电感元件对交流电流阻力大小的一个物理量。它和电阻 R 相似，在交流电路中都起阻碍电流通过的作用。X_L 的大小与电感 L 和频率 f 的乘积成正比，即：

$$X_L = \omega L = 2\pi fL \tag{3-23}$$

$$U_L = I_LX_L \tag{3-24}$$

从式（3-20）可以看出，纯电感电路中，电压和电流的频率相同，电压的相位超前于电流 $\frac{\pi}{2}$，如图 3-7（b）所示。

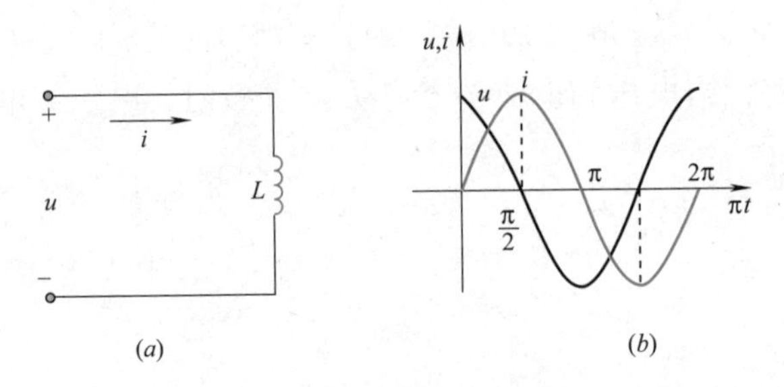

图3-7 电感电路以及电感电路中电压电流关系

3. 电容元件

在交流电路中，如果只用电容器做负载，而且电容器的绝缘电阻很大，介质损耗和

分布电感均可忽略不计，那么这样的电路就叫做纯电容电路。电容用 C 表示，单位为法拉（F）。

设电容储存的电量为 Q，两端的电压为 u_C，流过电容的电流为 i_C，选定电压电流的正方向一致，则有：

$$C=\frac{Q}{U} \tag{3-25}$$

$$I=\frac{Q}{t} \tag{3-26}$$

对于一个电容电路，如图 3-8（a）所示，假设电容两端的电压为 $u_C=U_{Cm}\sin\omega t$ 时，则流过电路中电流为：

$$i_C=\frac{\mathrm{d}q}{\mathrm{d}t}=\frac{\mathrm{d}\ (Cu_C)}{\mathrm{d}t}=CU_{Cm}\omega\cos\omega t=CU_{Cm}\omega\sin\left(\omega t-\frac{\pi}{2}\right) \tag{3-27}$$

写成有效值形式，即

$$I_C=U_C\omega C \tag{3-28}$$

令

$$X_C=\frac{1}{\omega C}=\frac{1}{2\pi fC} \tag{3-29}$$

则

$$I_C=\frac{U_C}{X_C} \tag{3-30}$$

式中，X_C 称为容抗，单位为 Ω。

从式（3-27）可以看出，纯电容电路中，电压和电流的频率相同，电流的相位超前于电压 $\frac{\pi}{2}$，如图 3-8（b）所示。

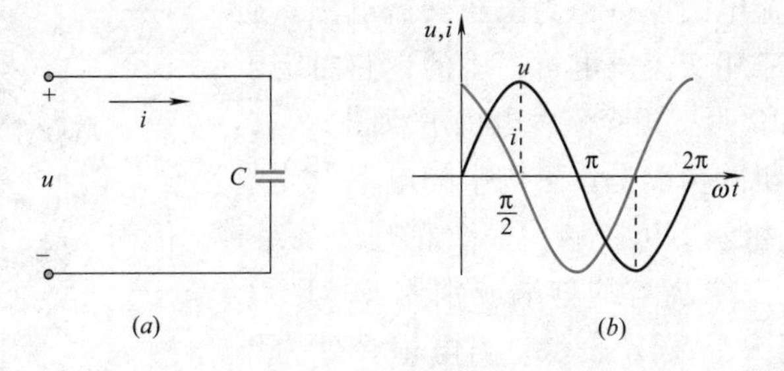

图3-8　电容电路以及电感电路中电压电流关系

四、电路元件的功率

交流电路中，任一瞬间电路元件上的电压与电流瞬时值的乘积，叫做该元件的瞬时功率。

由于瞬时功率随时间变化，不能给出一个确定的功率值，所以在工程上都是计算平均功率，即瞬时功率在一个周期内的平均值。

平均功率又叫有功功率，它是指电路中电阻所消耗的不可逆转的那部分功率。有功功率用大写英文字母 P 表示，单位为瓦特（W），其表达式为

$$P = UI\cos\varphi \tag{3-31}$$

式中，$\cos\varphi$ 称为功率因数，与时间无关，它反映了交流电路中不同性质元件上的变化规律。

在具有电感或电容的电路中，在半个周期内，把电源能量变成磁场（或电场）能量贮存起来，在另半个周期内，又把贮存的磁场（或电场）能量再返还给电源，只是进行这种能量的交换，并没有真正消耗能量，我们把这个交换的功率值称为无功功率。所谓的无功，并不是无用的电功率，只不过它的功率并不转化为机械能、热能而已。无功功率用字母 Q 表示，单位为乏（var），计算公式为：

$$Q = UI\sin\varphi \tag{3-32}$$

电工技术中，将单口网络端口电压和电流的有效值的乘积，称为视在功率，记为 S，单位为伏安（VA）。视在功率不表示交流电路实际消耗的功率，只表示电路可能提供的最大功率或电路可能消耗的最大有功功率。

$$S = UI \tag{3-33}$$

有功功率 P、无功功率 Q 和视在功率 S 就是直角三角形的三条边。S 为斜边，P、Q 就是把斜边正交分解出来的两个分量，满足 $P^2+Q^2=S^2$；功率因数 $\cos\varphi$ 就是 P/S，φ 为电压和电流之间的夹角。如图 3-9 所示。

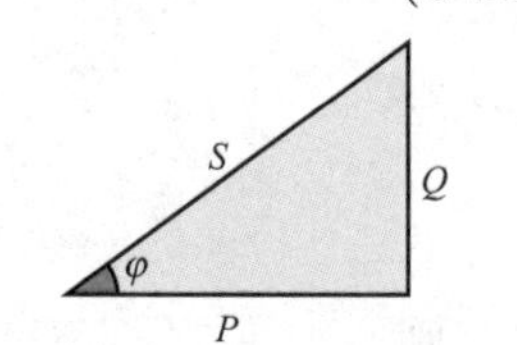

图3-9 P、Q、S 关系图

第四节 三相交流电路

三相交流电路是由三个频率相同、振幅相同、相位彼此相差 120°的正弦电动势作为供电电源的电路。

一、三相交流电源

能供给三相交流电的设备称为三相交流电源。通常三相交流电是由三相交流发电机产生的，它由定子和转子组成。图 3-10 为三相交流发电机示意图。

三相交流发电机的构成是在磁场中的电枢上放置了三个在空间彼此相差 120°、结构完全相同的绕组，一个绕组为一相。三个绕组的首端分别用 A、B、C 表示；末端分别用 X、Y、Z 表示。当电枢在外力作用下按逆时针方向旋转时，绕组开始切割磁力线，绕组中产生感应电动势，AX、BY、CZ 对应的电压瞬时值分别为：

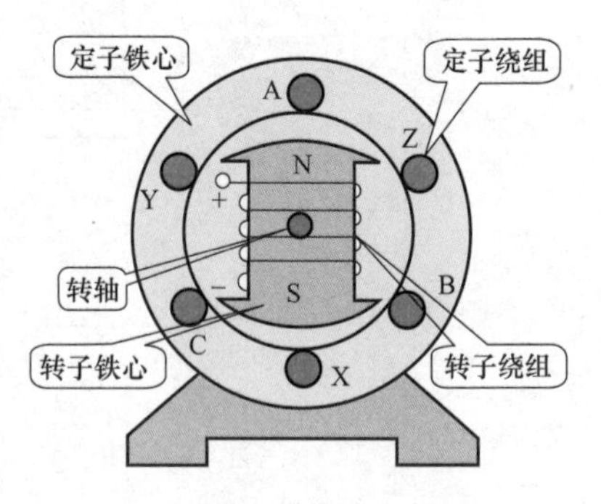

图3-10 三相交流发电机示意图

$$u_A = U_m\sin\omega t \tag{3-34}$$

$$u_B = U_m\sin(\omega t - 120^\circ) \tag{3-35}$$

$$u_C = U_m\sin(\omega t + 120^\circ) \tag{3-36}$$

三个正弦交流电压满足以下特点：最大值相等、频率相同、相位互差 120°。图 3－11所示为三相对称电压的相量图和波形图。根据电压瞬时值和波形图可知，三相对

称电压在任一瞬间的代数和等于零，即

$$u_A + u_B + u_C = 0 \tag{3-37}$$

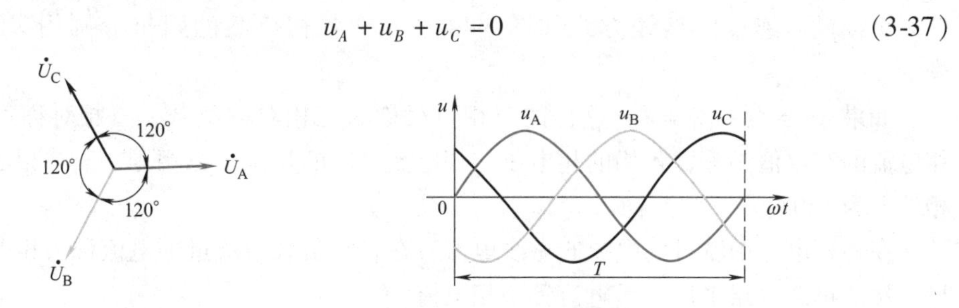

图3-11 三相对称电压的相量图和波形图

二、三相交流电源的接线方式

三相交流电源的接线方式有星形连接和三角形连接两种。

1. 星形（Y 形）连接接线方式

如图 3-12 所示，将三个绕组的末端 X、Y、Z 连在一起，由 A、B、C 三个始端引连接线，这种方式就叫星形连接。

星形连接时，三个末端连接在一起的点称为中性点或零点，用“N”表示。从中性点引出的连接线叫做中性线（零线），也用“N”表示。从始端引出的三根连接线叫做相线，用“L”表示。这种连接方式也称为三相四线制。

星形连接时可以得到两种电压：一种是相电压，即绕组的始端与末端之间的电压（如图中的 u_A、u_B、u_C）；另一种是线电压，即各绕组始端与始端之间的电压，也就是各相线之间的电压（如图中的 U_{AB}、U_{BC}、U_{CA}）。

根据三相对称线路的向量关系可以得出线电压与相电压有效值之间的关系满足

$$U_{线} = \sqrt{3}\,U_{相} \tag{3-38}$$

即，电源为星形连接时，线电压等于相电压的$\sqrt{3}$倍。

2. 三角形（Δ 形）连接接线方式

电源的三角形连接就是把第一个绕组的末端和第二个绕组的始端依次相连，如 X 接 B、Y 接 C、Z 接 A、连接成一个闭合回路，再从三个顶点引出三根相线向外送电，如图 3-13 所示。这种连接没有中性线，只有相线，这种连接方式也称为三相三线制。三个绕组连成三角形时，线电压就是相电压。

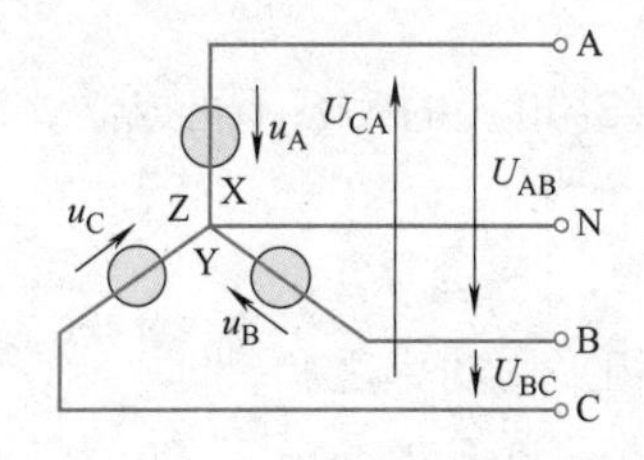

图3-12 三相对称电源的星形连接

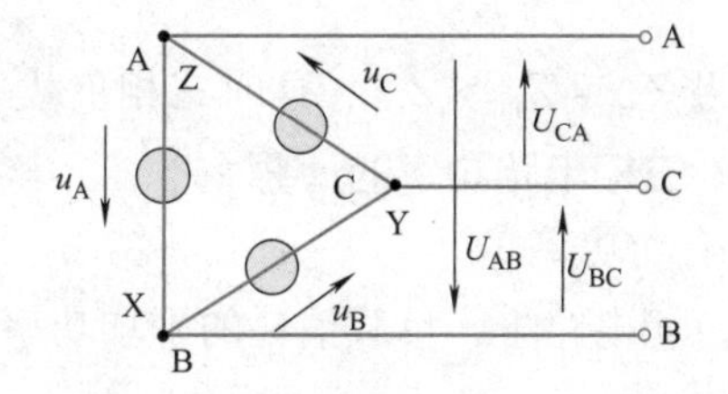

图3-13 三相对称电源的三角形连接

三、三相负载的接线方式

三相负载的接线方式也有星形接线和三角形接线两种形式。

1. 负载的星形连接方式

负载星形连接的接线方式如图 3-14 所示。各相负载的阻抗分别用 Z_A、Z_B、Z_C 表示。

如果 $Z_A=Z_B=Z_C=Z$，这样的三相负载称为三相对称负载。三相对称负载的三个相电流的有效值相等，各相的相电压与相电流之间的相位差也相等，三个相电流之间的相位差为 120°。

在各相电源中流过的电流叫做线电流，在各相负载中流过的电流称为相电流。对星形连接的负载电路来说，线电流等于相电流。

根据基尔霍夫电流定律，中性线电流 i_N 是三相电流之和，即

$$i_N=i_A+i_B+i_C \tag{3-39}$$

如果三相负载是对称的，那么三个相电流的向量和必定等于零，根据式（3-39），中性线里没有电流流过，这样可以把中性线去掉。

如果 $Z_A\neq Z_B\neq Z_C$，这样的三相负载称为三相不对称负载。对于三相不对称负载，三相负载电流的向量和不等于零，中性线有电流通过，中性线必须保持连接。

2. 负载的三角形连接方式

负载的三角形连接接线方式可用图 3-15 所示的电路来表示。

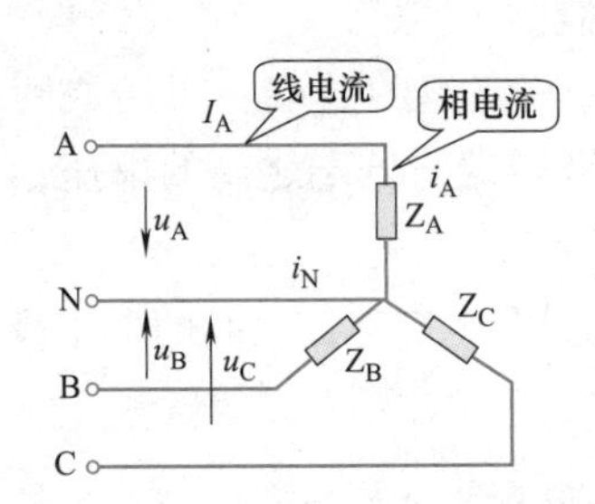

图3-14 三相负载的星形连接方式

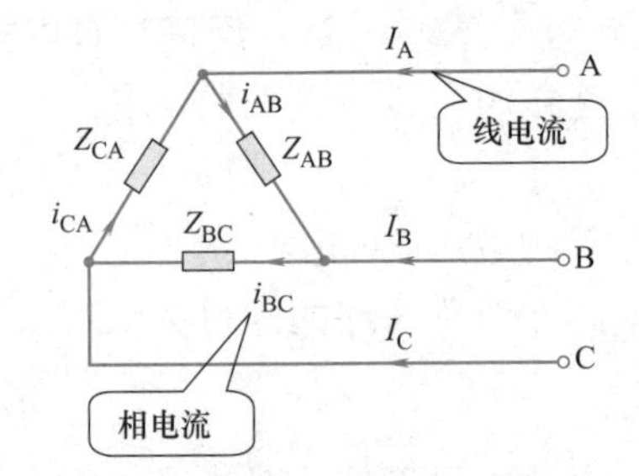

图3-15 三相负载的三角形连接方式

负载的三角形连接中，由于各相负载都直接跨在电源的相线之间，所以各相负载的相电压与电源的线电压相等。

当 $Z_{AB}=Z_{BC}=Z_{CA}$时，三相负载对称，三个相电流也是对称的，线电流在相位上比相应的相电流滞后 30°，有效值的其关系是：

$$I_{线}=\sqrt{3}I_{相} \tag{3-40}$$

如果 $Z_{AB}\neq Z_{BC}\neq Z_{CA}$，这时三相负载不对称。式（3-40）的关系不再成立。

四、三相电路功率的计算

1. 有功功率

在三相电路里，负载消耗的平均功率应该等于各相平均功率之和，即

$$P=P_A+P_B+P_C=U_AI_A\cos\varphi_A+U_BI_B\cos\varphi_B+U_CI_C\cos\varphi_C \tag{3-41}$$

式中 U_A、U_B、U_C——三相负载的相电压；

I_A、I_V、I_C——三相负载的相电流；

φ_A、φ_B、φ_C——相电压与相电流之间的相位差。

在对称的三相交流电路中，相电压、相电流及它们之间的相位差都对称，则三相负载功率可表示为

$$P = 3U_{A}I_{A}\cos\varphi_{A} = 3U_{B}I_{B}\cos\varphi_{B} = 3U_{C}I_{C}\cos\varphi_{C} \tag{3-42}$$

2. 无功功率

在三相电路里，负载消耗的无功功率应该等于各相无功功率之和，即

$$Q = Q_{A} + Q_{B} + Q_{C} = U_{A}I_{A}\sin\varphi_{A} + U_{B}I_{B}\sin\varphi_{B} + U_{C}I_{C}\sin\varphi_{C} \tag{3-43}$$

对称三相负载的无功功率为：

$$P = 3U_{A}I_{A}\sin\varphi_{A} = 3U_{B}I_{B}\sin\varphi_{B} = 3U_{C}I_{C}\sin\varphi_{C} \tag{3-44}$$

3. 视在功率

负载为三相不对称负载时，三相视在功率为：

$$S = \sqrt{P^2 + Q^2} \tag{3-45}$$

负载为三相对称负载时，三相视在功率为：

$$S = \sqrt{P^2 + Q^2} = 3U_{A}I_{B} = 3U_{B}I_{B} = 3U_{C}I_{C} \tag{3-46}$$

4. 功率因数

$$\cos\varphi = \frac{P}{S} \tag{3-47}$$

在对称负载的情况下，$\cos\varphi$ 是一相负载的功率因数。在不对称负载中，各相功率因数不同，三相负载的功率因数值无实际意义。

思考题与习题

1. 电路由哪几部分组成？各起什么作用？
2. 正弦交流电的三要素是什么？
3. 什么是线电压？什么是相电压？二者之间的关系是什么？
4. 三相对称负载的接线方式有几种？并说明每种接线方式中线电流和相电流的关系。
5. 什么是有功功率？什么是无功功率？什么是视在功率？三者之间有什么关系？

第二篇

建筑给水排水工程

第四章　室外给水排水工程概述

室外给水排水工程的主要任务是为城镇提供数量足够且符合一定水质标准的水，同时把使用后的水（污、废水）汇集并输送到适当地点净化处理，在达到对环境无害化的要求后排入水体，或经进一步净化后再利用。

建筑给水排水工程是给水排水工程学科的主干分支，是研究工业与民用建筑用水供应和污、废水的汇集、处置，及满足生活、生产需求，并创造卫生、安全、舒适的生活、生产环境的工程学科。

室外给水排水工程与建筑给水排水工程有着非常密切的关系。建筑给水排水工程上接室外给水工程，下连室外排水工程，处于水循环的中间阶段。它将城市给水管网送至用户如居住小区、工业企业、各类公共建筑和住宅等的水，在满足用水要求的前提下，分配到各配水点和用水设备，供人们生活、生产使用；同时将使用后因水质变化而失去使用价值的污废水汇集、处置，或排入市政管网进行回收，或排入建筑中水的原水系统以备再生回用。

第一节　室外给水工程概述

室外给水工程是为满足城镇居民生活或工业生产等用水需要而建造的工程设施，它所供给的水在水量、水压和水质方面应适合各种用户的不同要求。因此室外给水工程的任务是自水源取水，并将其净化到所要求的水质标准后，经输配水管网系统送往用户。

以地面水为水源的给水系统一般包括：取水工程、净水工程、输配水工程以及泵站等，图4-1为以地面水为水源的城市给水系统图。以地下水为水源的给水系统一般包括：取水构筑物（如井群、渗渠等）、净水工程（主要设施有清水池及消毒设备）、输配水工程，如图4-2所示。

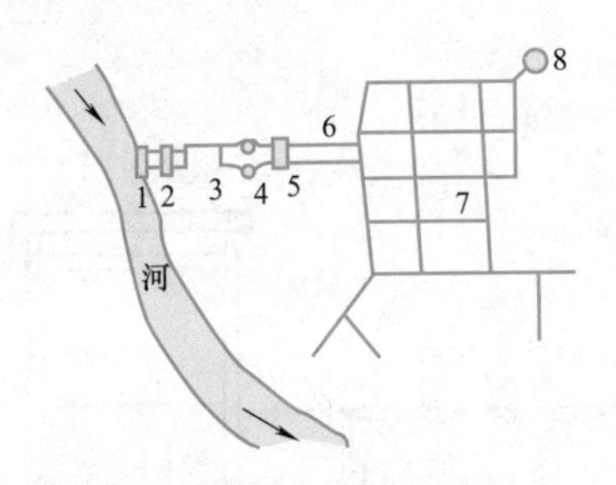

图4-1　地面水源给水系统图

1—取水构筑物；2——级加压泵站；

3—水净化构筑物；4—清水池；5—二级加压泵站；

6—输水管路；7—配水管网；8—水塔

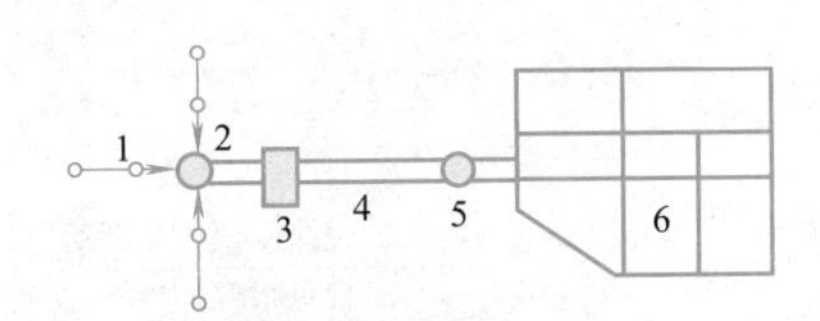

图4-2　地下水源给水系统

1—井群；2—集水井；3—加压泵站；

4—输水管；5—水塔；6—配水管网

一、水源及取水工程

给水水源可分为两大类，一类为地表水，如江水、河水、湖水、水库水及海水等。另一类为地下水，如井水、泉室、喀斯特溶洞水等。

一般说来，地下水的物理、化学及细菌性质等均比地面水好，地下水做水源具有经济、安全及便于维护管理等优点。因此，应首先考虑符合卫生要求的地下水作为饮用水的水源。但在取集地下水时，必须根据确切的水文地质资料，其取水量应小于允许开采量的原则，科学确定地下水源的允许开采量，否则将使地下水源遭受破坏，甚至引起陆沉。

取水工程要解决的是从天然水源中取（集）水的方法以及取水构筑物的构造形式等问题。水源的种类决定着取水构筑物的构造形式及净水工程的组成。

地下水取水构筑物的形式与地下水埋深、含水层厚度等水文地质条件有关。管井用于取水量大、含水层厚大于5m而底板埋藏深度大于15m的情况；大口井用于含水层厚度在5m左右，其底板埋深小于15m的情况；渗渠用于含水层厚度小于5m底板的情况。泉室适用于有泉水露层厚度小于5m的情况。如图4-3所示。

地表水取水构筑的形式很多，常见的有河床固定式、岸边缆车、浮船活动式取水构筑物以及在山区仅有山溪小河的地方取水，常用低坝、底栏栅等取水构筑物。图4-4为河床式取水构筑物。

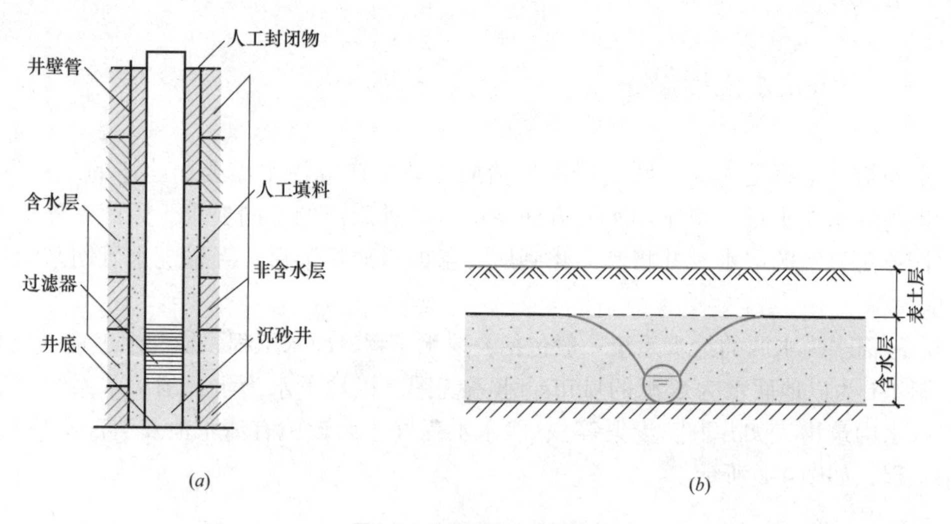

图4-3 地下水取水构筑物

（a）管井构造图；（b）渗渠示意图

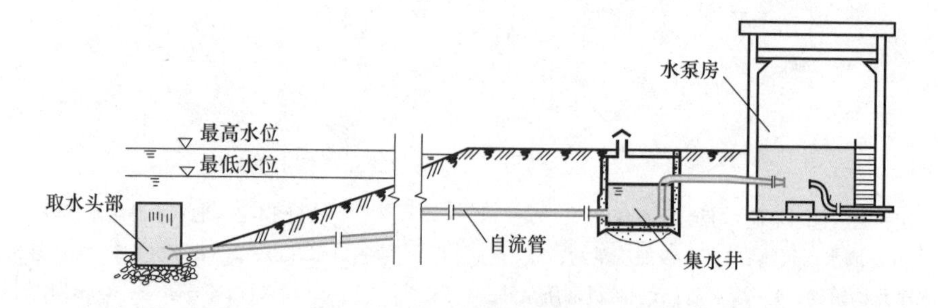

图4-4 河床式取水构筑物

二、水处理

水源水中往往含有各种杂质，如地下水常含有各种矿物盐类，地表水含有泥砂、水草腐殖质、溶解性气体、各种盐类、细菌及病原菌等。由于用户对水质都有一定的要求，故未经处理的水不能直接送往用户。水处理的任务就是解决水的净化问题。

水处理方法和净化程度应根据水源的水质和用户对水质的要求而定。生活饮用水净化须符合我国现行的《生活饮用水卫生标准》。

工业用水的水质标准和生活饮用水不完全相同，如锅炉用水要求水质具有较低的硬度；纺织工业对水中的含铁量限制较严；制药工业、电子工业则需要含盐量极低的脱盐水。因此，工业用水应按照生产工艺对水质的具体要求来确定相应的水质标准及净化工艺。

城市自来水厂不低于生活饮用水的水质标准。对水质有特殊要求的工业企业应单独建造生产给水系统。当用水量不大且允许自城市给水管网取水时，亦可用自来水为水源再行进一步的处理。

地表水的水处理工艺流程应根据水质和用户对水质的要求确定。一般以供给饮用水为目的工艺流程，主要包括沉淀、过滤及消毒三个部分。沉淀的目的在于除去水中的悬浮物质及胶体物质。由于细小的悬浮杂质沉淀甚慢，胶体物质不能自然沉淀，所以在原水进入沉淀池之前需投加混凝剂，以加速悬浮杂质的沉淀并达到除去胶体物质的目的。沉淀池的形式很多，常用的有平流式、竖流式、辐流式，以及斜板和斜管式的上向流、同向流沉淀池等，各类澄清池的使用也很普遍。

经沉淀后的水，浑浊度应不超过20mg/L。为达到饮用水水质标准所规定的浊度要求（即5mg/L）尚须进行过滤。常用的滤池有普通快滤池、虹吸滤池及无阀滤池等。

以地下水为生活饮用水源时，其水质能满足《生活饮用水卫生标准》时一般只需消毒即可。只有当水中锰、铁含量超标时应考虑除铁除锰。

在地表水处理过程中虽然大部分细菌被除去，但由于地表水的细菌含量较高，残留于处理水中的细菌仍为数甚多，并可能有病原菌传播疾病，故必须进行消毒处理。

消毒的目的：一是消灭水中的细菌和病原菌；二是保证净化后的水在输送到用户之前不致被再次污染。消毒的方法有物理法和化学法，物理法有紫外线、超声波、加热法等；化学法有加氯、臭氧法等。

图4-5为以地表水为水源的某自来水厂平面布置图。它是由生产构筑物、辅助构筑物和合理的道路布置等组成。生产构筑物指澄清池、虹吸滤池、清水池及泵站等。辅助构筑物指机修间、办公室、化验室、库房等。

三、输配水工程

输配水工程是解决如何把净化后的水输送到用水地区并分配到各用水点。输配水工程通常包括输水管道、配水管网、加压泵站、调节构筑物等。

允许间断供水的给水工程、多水源供水的给水工程或设有安全贮水池，可以只设一条输水管；不允许间断供水的给水工程一般应设两条或两条以上的输水管。输水管最好沿现有道路或规划道路敷设，符合城乡总体规划并应尽量避免穿越河谷、公路、山脊、沼泽、重要铁道及洪水泛滥淹没的地区。

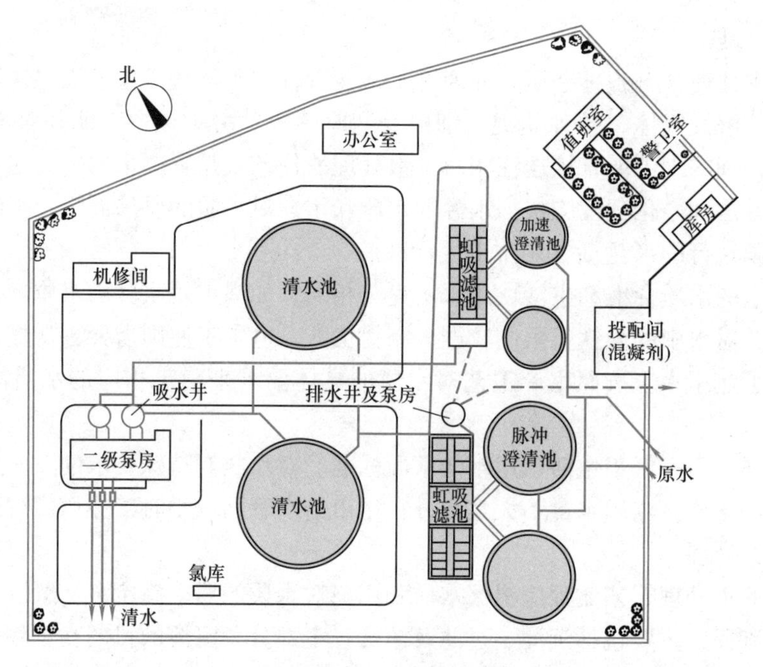

图4-5 地表水厂平面布置图

配水管网的任务是将输水管送来的水分配到用户。它是根据用水地区的地形及最大用户分布情况并结合城市规划来进行布置。配水干管的路线应通过用水量较大的地区，并以最短的距离向最大用户供水。在城市规划设计中应把最大用户置于管网之始端，以减少配水管的管径而降低工程造价。配水管网应均匀地布置在整个用水地区，其形式有环状与枝状两种。为了减少初期的建设投资，新建居民区或工业区可做成枝状管网，待扩建时再发展成环状管网。

水塔、高地水池和清水池是给水系统的调节设施，其作用是调节供水量与用水量之间的不平衡状况。水塔或高地水池能够把用水低峰时管网中多余的水储存起来，在用水高峰时再送入管网。这样可以保证管网压力的基本稳定，同时也使水泵能经常在高效率范围内运行。但水塔的调节能力非常有限，只有当小城镇或工业企业内部的调节水量较小，或仅需平衡水压时才适用。

清水池与二级泵站可以直接对给水系统起调节作用；清水池也可以同时对一、二级泵站的供水与送水起调节作用。取水泵站流量应包括输水管道沿途渗漏损失和水厂自用水量，一级泵站的设计流量是按最高日的平均时来考虑，二级泵站的设计流量是按最高日的最大时来考虑，并且是按用水量高峰出现的规律分时段进行分级供水。当二级泵站的送水量小于一级泵站的送水量时，多余的水便存入清水池。到用水高峰时，二级泵站的送水量就大于一级泵站的供水量，这时清水池中所储存的水和刚刚净化后的水便被一起送入管网。较理想的情况是不论在任何时段，供水量均等于送水量，这样可以大大减少调节容量而节省调节构筑物基建投资和能耗。

四、泵站

泵站是把整个给水系统连为一体的枢纽，是保证给水系统正常运行的关键。在给水系统中，通常把水源地取水泵站称为一级泵站，而把连接清水池和输配水系统的送水泵站称为二级泵站。泵房必须设置备用泵。

一级泵站的任务是把水源的水抽升上来，送至净化构筑物。

二级泵站的任务是把净化后的水，由清水池抽吸并送入配水管网供给用户。

泵站的主要设备有水泵及其引水装置，配套电机及配电设备和起重设备等。泵房建筑设计原则按照《室外给水设计规范》GB50013 中的规定执行，图 4-6 为一个设有平台的半地下室二级泵房平面及剖面图。

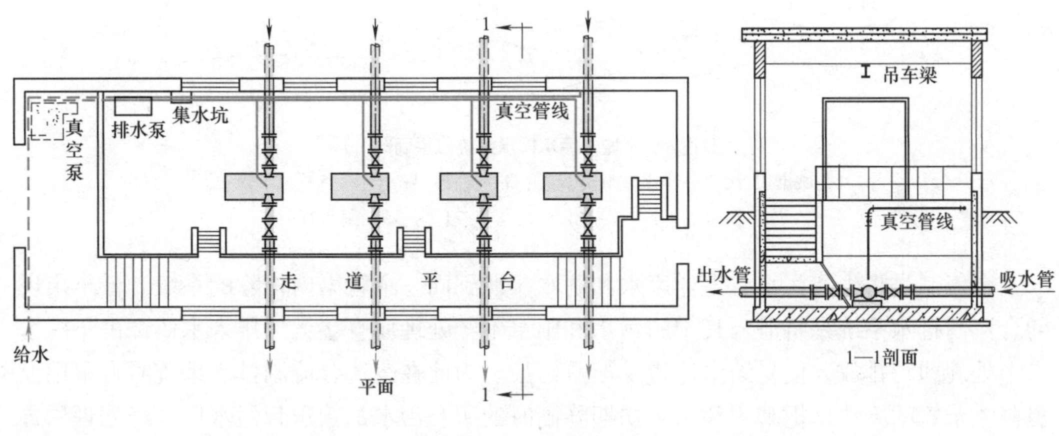

图4-6　半地下室泵房

第二节　室外排水工程概述

日常生活使用过的水叫生活污水，含有大量的有机物及细菌、病原菌、氮、磷、钾等污染物质。工业生产使用过的水叫工业废水，其中污染较轻的叫生产废水，污染较严重的叫生产污水。前者在使用过程中仅有轻微污染或温度升高，后者则含不同浓度的有毒有害及有用物质，成分随产品及生产工艺的不同而异。雨水虽较清洁，但降雨初期流经道路、屋面及工业企业时，因挟带流经地区的特有物质而受到污染，排泄不畅时还会形成水灾。城市污水是生活污水与工业废水泄入城市排水管道后形成的混合污水。所有这些污水，如不予任何控制而肆意排放，则势必造成对环境的污染和破坏，严重者将造成公害，既影响生产，又影响生活并危及人体健康。因此室外排水工程的基本任务是保护环境免受污染；促进工农业生产的发展；保证人体健康；维持人类生活和生产活动的卫生环境。其主要内容为：收集各种污水并及时输送到适当地点；设置处理厂（站）进行必要的处理。为系统地排除污水而建设的一整套工程设施称为排水系统，由排水管网和污水处理系统组成。管道系统是收集和输送废水的设施，即把废水从产生地输送到污水处理厂或出水口，包括排水设备、检查井、管渠、污水提升泵站等工程设施。污水处理系统是处理和利用废水的设施，包括城市及工业企业污水处理厂、站中的各种处理构筑物等工程设施。图 4-7 为城市污水排水系统总平面示意图。

排水系统的制度，一般分为合流制与分流制两种类型。

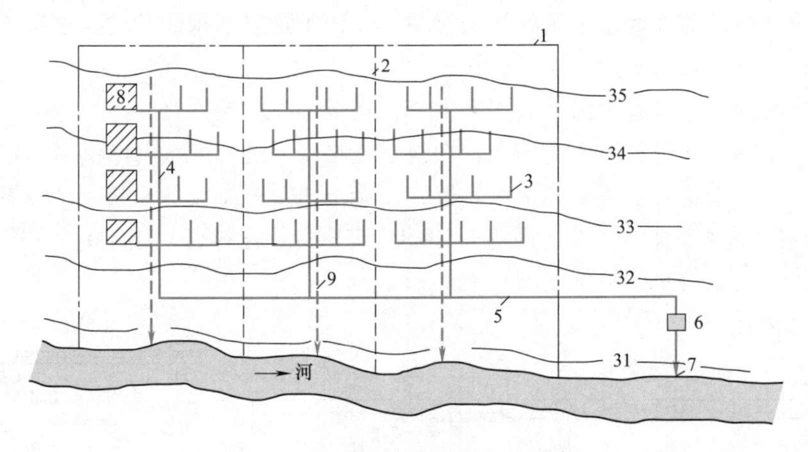

图4-7 城市污水排水系统总平面图

1—城市边界；2—排水流域分界线；3—支管；4—干管；5—主干管；
6—污水处理厂；7—出水口；8—工厂区；9—雨水管

合流制是将生活污水、工业废水和雨水排泄到同一个管渠内排除的系统。最早出现的合流制排水系统是将泄入其中的污水和雨水不经处理而直接就近排入水体。由于污水未经处理即行排放，使受纳水体遭受严重污染。为此在改造合流制排水系统时常采用设置截流干管的方法，把晴天和雨天初期降雨时的所有污水都输送到污水厂，经处理后再排入水体。当管道中的雨水径流量和污水量超过截流管的输水能力时，则有一部分混合污水自溢流井溢出而直接泄入水体。这就是截流式合流制排水系统，这种系统仍不能彻底消除对水体的污染，见图4-8（*a*）。

分流制排水系统是将生活污水、工业废水和雨水分别在两个或两个以上各自独立的管渠内排除的系统。排除生活污水、工业废水或城市污水的系统称为污水排水系统；排除雨水的系统称为雨水排水系统（图4-8*b*）。其优点是污水能得到全部处理，管道水力条件较好，可分期修建。主要缺点是降雨初期的雨水对水体仍有污染。我国新建城镇和工矿区宜

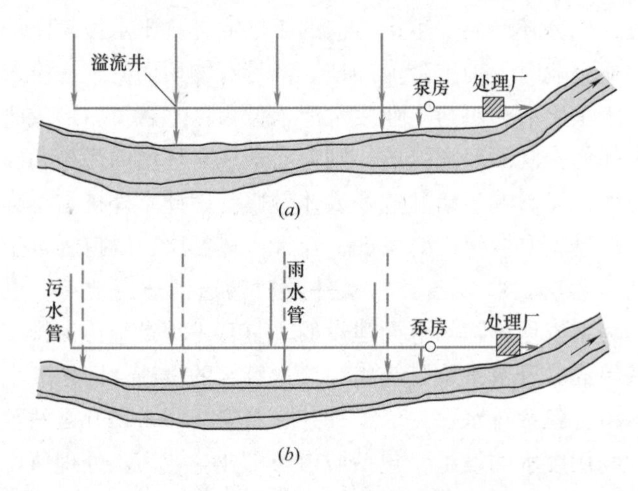

图4-8 合流制与分流制排水系统

（*a*）合流制；（*b*）分流制

采用分流制。对于分期建设的城市可先设置污水排水系统，待城市发展成型后，再增设雨水排水系统。在工业企业中不仅要采取雨、污分流的排水系统，而且要根据工业废水化学和物理性质的不同，分设几种排水系统，以利于废水的重复利用和有用物质的回收。

排水制度的选择应根据城镇及工矿企业的规划、环境保护的要求、污水利用情况、原有排水设施、水质、水量、地形、气候和水体等条件，从全局出发，在满足环境条件的前提下，通过技术经济比较综合考虑决定。新建的排水系统宜采用分流制，同一城镇的不同地区，也可采用不同的排水制度。

排水系统的布置形式与地形、竖向规划、污水厂的位置、土壤条件、河流情况以及污水的种类和污染程度等因素有关。在地势向水体方向略有倾斜的地区，排水系统可布置为正交截流式，即干管与等高线垂直相交，而主干管（截流管）敷设于排水区域的最低处，且走向与等高线平行。这样既便于干管污水的自流接入，又可以减小截流管的埋设坡度（图4-9*a*）。

在地势向水体方向有较大倾斜的地区，可采用平行式布置，即主干管与等高线垂直，而干管与等高线平行。这种布置虽然主干管的坡度较大，但可设置为数不多的跌水井来改善干管的水力条件（图4-9*b*）。

在地势高低相差很大的地区，且污水不能靠重力流汇集到同一条主干管时，可分别在高区和低区敷设各自独立的排水系统。

此外，还有分区式及放射式等布置形式，如图4-9（*c*）、（*d*）所示。

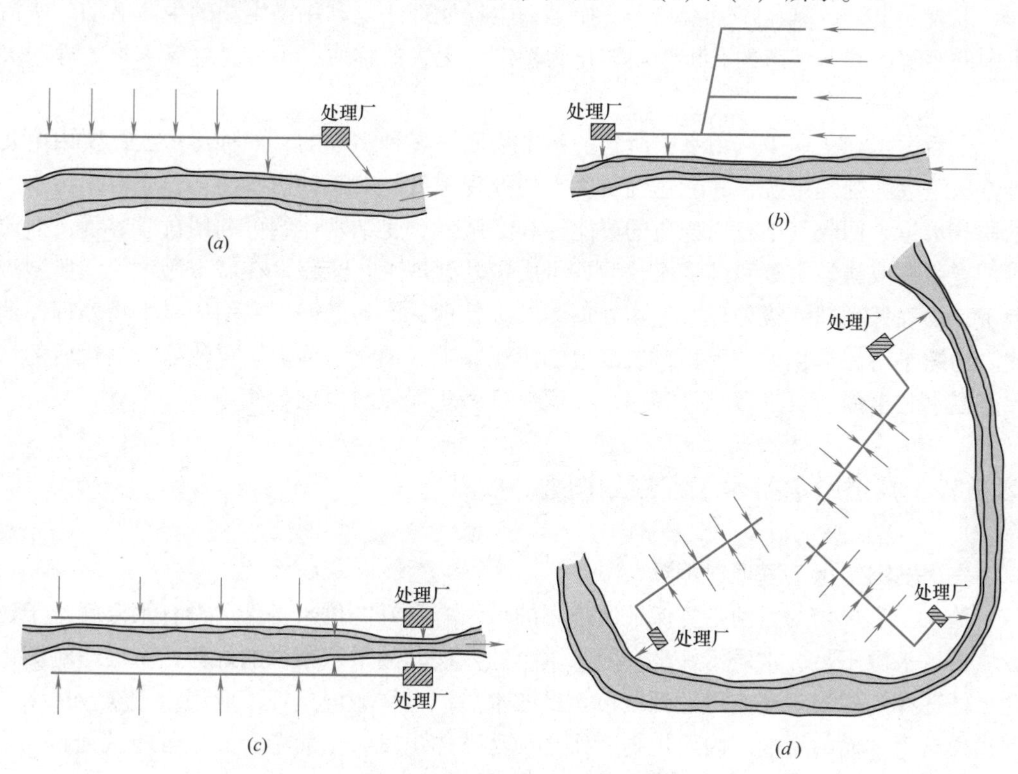

图4-9　排水管网主干管布置示意图

（*a*）正交截流式；（*b*）平行式；（*c*）分区式；（*d*）放射式

排水管网的布置应遵循下述原则：污水应尽可能以最短距离并以重力流的方式排泄到污水处理厂；管道应尽可能平行地面的自然坡度埋设，以减少管道埋深；地形平坦处的小流量管道应以最短路线与干管相接；当管道埋深达到最大允许值时，如再继续挖深则将增加施工的难度而不经济，应考虑设置污水泵站中途提升，但应力求减少泵站的数量；管道应尽量避免或减少穿越河道、铁路及其他地下构筑物；当城市为分期建设时，第一期工程的干管内应有较大的流量通过，以免因初期流速太小而影响管道的正常排水。为检查及清通排水管网，在管道坡度改变处、转弯处、管径改变以及支管接入等处应设置排水检查井。直线管段内排水检查井的距离与管径大小有关，就污水管而言，当管径 $D<700$mm 时，最大井距为 50m；当管径 $D=800\sim1500$mm 时，最大井距为 90m；当管径 1500mm $<D\leqslant$ 2000mm 时，最大井距为 120m。当 $D>2000$mm 时，井距可适当增大。

污水处理厂是处理和利用污水及污泥的一系列工艺构筑物与附属构筑物的综合体。城市污水处理厂一般设置在城市河流的下游地段，并与居民区或城市边界保持一定的卫生防护距离。

污水处理就是采用各种手段和技术，将污水中的污染物质分离出来，或将其转化为无害物质，从而使污水得到净化。污水处理技术按作用原理可分为物理法、化学法和生物法。物理处理法就是利用物理作用分离污水中的悬浮物质，如：筛滤、沉淀、气浮、过滤等；化学处理方法是利用化学反应的作用来分离、回收污水中的污染物质，如：中和、混凝、电解、氧化还原及离子交换等；生物处理法是利用微生物的生命活动，使污水中的溶解、胶体状态的有机物质转化为稳定、无害的物质，可分为好氧生物处理和厌氧生物处理两大类。

生活污水和工业生产污水中所含的污染物质是多种多样的，一种污水往往要用由几种方法组成的处理系统，才能达到所要求的处理程度。对某种污水而言，应根据污水的水质和水量、回收其中有用物质的可能性和经济性、受纳水体的可利用自净容量，并通过调查研究或科学实验和经济比较后方可决定其处理工艺流程。在城市污水处理典型流程中，物理处理即一级处理，生物处理为二级处理，而污泥处理采用厌氧生物处理即消化。为缩小污泥消化池的容积，二沉池的污泥在进入消化池前需进行浓缩。消化后的污泥经脱水和干燥后可进行综合利用，污泥气可做化工原料或燃料使用。

第三节 城镇给水排水工程规划概要

一、城镇给水工程规划概要

给水工程规划的目的是要保证所规划的城镇有良好的供水条件。没有水源就难于建设城市，水源不足、水质不好也会限制城市的发展。故供水条件的好坏，直接影响城市位置的选择。规划时还应考虑到城市大量取水后，对区域内其他工业用水、农业用水及河道通航等方面的影响。因而规划工作必须从整体出发，全面考虑，尽可能做到布局合理，切合实际，以确保城市规划的严肃性和可行性。

给水工程规划是给水工程专业设计的基础，是专业设计的指导性文件，是城市总体规划中的重要组成部分。其主要任务是：确定用水量定额；估算城市总用水量；确定给水水源；确定供水方案；选定水厂位置及净水工艺；确定管网布置形式；确定水源卫生防护的技术措施等。

城镇总用水量包括生活用水、工业用水和消防用水三大部分。可分别参照室外给水设计规范、单位产品水耗、建筑防火设计规范来确定用水定额并估算总用水量。

水源选择是给水工程规划中的首要任务，必须认真调查反复研究，制定各种方案详细比较，务必使选择的水源水量充沛、水质优良、安全可靠、经济合理。水源的位置，应与城镇总体规划相适应，城镇的各个发展阶段，均不应与水源地发生矛盾。

选择水源时，应根据城镇建设近、远期的规划要求，水文地质资料和取水点及其附近地区的卫生状况和地方病的发病情况等因素来选定在水质、水量及卫生防护方面均较理想的水源。取水点一般应设于城镇水系的上游。

各水源的选择次序一般按经济技术条件决定。如果水源的水量均能保持相同水平时，则先后次序可以是：地下水，流量未经调节的河水、湖水，流量经过调节的河水。

根据用水的要求可能有如下几种情况：

（1）生活用水优先选用地下水，其次为泉水、浅层水和深层水。

（2）工业用水的水质要求较高且用水量较小时，可考虑选用地下水。当地下水量不足时，且地表水在枯水期流量又很小，可以并用地下水和地表水，以资互相调剂。

（3）对水质要求不高和水量要求很大的工业用水，可就近采用地表水。

（4）在沿海城镇，淡水水源不足时，某些工业用水可用海水作为水源。

工业用水应有97%的保证率，生活用水的水源应有95%的保证率。

水源的卫生防护是保证水源水质的重要措施，也是水源选择工作的一个组成部分。如水源的卫生防护不当，则不论净水厂处理设备如何完善，也无法保证供给用户质量合格的用水。即使是水质再好的水源，如果不加防护或防护不当也可能变坏。故城镇给水水源必须设置卫生防护地带。

对地表水而言，取水点周围半径不小于100m的范围内，不得停靠船只、游泳、捕捞和从事一切可能污染水源的活动。在取水点上游1000m至下游100m的水域及其沿岸范围内，不得排入工业废水和生活污水；沿岸不得堆放废渣、设置有害化学物品的仓库或堆栈、设立装卸垃圾、粪便和有毒物品的码头；沿岸农田不得使用污水灌溉及施用有持久性和剧毒性农药；并不得从事放牧；不得修建渗水厕所、渗水坑或通过污水渠道；不得从事破坏深层土层的活动。

在地表水源取水点上游1000m以外排放工业废水和生活污水，应符合《工业企业设计卫生标准》的规定；医院污水需经处理和严格消毒后方准排放。严禁使用不符合饮用水质标准的水直接回灌地下水的含水层。

给水管网的布置应根据城镇地形、道路系统、发展方向、最大用户位置、水源位置以及其他各种管线的位置等予以妥善安排。

二、排水工程规划概要

排水工程规划是城镇总体规划中的重要组成部分。排水工程规划的目的是要保证所规划城镇具有良好的排水条件，务必使所规划的城镇排水系统方案切实可行并能同时满足社会效益、经济效益、环境效益等方面的要求。

排水工程规划的主要任务是：确定排水量定额和估算总排水量；确定排水制度、排水系统方案、设计规模及设计期限；确定污水和污泥的出路及其处理方法等。

排水工程的规划应遵循下列原则：

(1) 认真执行"全面规划，合理布局，综合利用，化害为利，依靠群众，大家动手，保护环境，造福人民"的环境保护方针。"全面规划，合理布局"是保护环境防患于未然的重要措施。只有在发展工农业生产的同时，安排好工业和农业、城镇和农村、生产和生活等各方面的关系，才能使环境保护与经济发展统一起来，并有可能预防和消除因发展经济而带来的环境污染。这将为污水的治理创造极为有利的条件。"综合利用，化害为利"是发展工业，消除环境污染的最有效途径；用"依靠群众，大家动手"搞好污水治理，就可以达到"保护环境，造福人民"的目的。

(2) 排水工程的规则应符合区域规划及城市和工业企业的总体规划，二者应协调一致，构成有机整体。

(3) 排水工程的规划设计应妥善安排所规划工程的建设分期，以充分发挥投资效益和工程效益。

(4) 对于城市和工业企业的原有排水工程设施，应从实际情况出发在满足环境保护的前提下，充分发挥其效能，有计划有步骤地加以改造，使其逐步纳入到规划所拟定的整体方案中去。

(5) 必须认真贯彻执行国家和地方有关部门制定的现行有关标准、规范或规定，必须实行把防治污染设施与主体工程同时设计、同时施工、同时投产的三同时规定。

在考虑城镇污水处理时，必须解决工业废水能否与城镇生活污水合并处理的问题。在世界工业发达的国家中，除了大型的集中的工业或工业区采用独立的污水处理设施外，大量的中小型工业企业倾向于采用将与生活污水相类似的生产污水直接排入城市排水管道，而特殊的生产污水则经无害化处理后直接排放或先经预处理后再送城镇污水厂进行合并处理的方法。工厂分别解决各自的特殊水质问题，使之与城镇污水的水质基本一致，既不损坏下水道，又不破坏生物处理过程而能被微生物所降解，同时也不降低污泥的利用价值。之后交由城镇污水处理厂合并处理。其优点是：建设费用省，处理效果好，占地面积小，管理水平高。由此可见，城镇生活污水与工业废水合并处理是可能的，但关键在于严格控制工业废水的水质。

污水处理厂的厂址选择原则如下：

(1) 厂址必须位于集中给水水源的下游，并应设在城镇、工厂区及生活区的下游和夏季主导风向的下风向。厂址应与城镇、工厂区、生活区及农村居民点保持300～500m的距离。

(2) 厂址应尽可能与回用处理后污水的主要用户靠近（当处理后污水主要供工业、城镇重复使用时），或靠近出水口尾渠（当处理后污水直接排入水体时）。

(3) 厂址不宜设在雨季易受淹没的低洼处。靠近水体的处理厂应不受洪水危害。厂址应设在工程地质条件较好的地方，以便于施工、降低造价。

(4) 要充分利用地形，应选择有适当坡度的地区，以满足污水处理构筑物高程布置的需要，并减少土方工程量。如地形允许，可采用污水不经水泵提升而自流进入处理构筑物的方案，以节省动力费用，降低处理成本。

（5）厂址选择应考虑远期发展的可能，留有扩建余地。并应尽可能少占农田和不占良田。

排水管网的布置应根据地形、排水制度、工程地质、水文地质、工厂和其他建筑物的分布情况、城市用地发展以及和其他管线工程的关系等因素，综合考虑而定。

图 4-10 是室外给水排水管网总平面图中的一个部分。给水自城镇给水干管引入后，在小区内以枝状管网接入用户，且在进户前均设闸门井。污水则在小区内集中后接入城镇排水管网，并排至污水处理厂处理。妥善地安排各种管道，并合理地确定它们之间的水平、垂直距离是总图设计的任务之一，不仅对节约投资、维护管理以及工程扩建等具有重要意义，而且也可依此大致决定各建筑物之间的间距。排水管道与其他管道跟建筑物之间的最小距离见表 4-1。

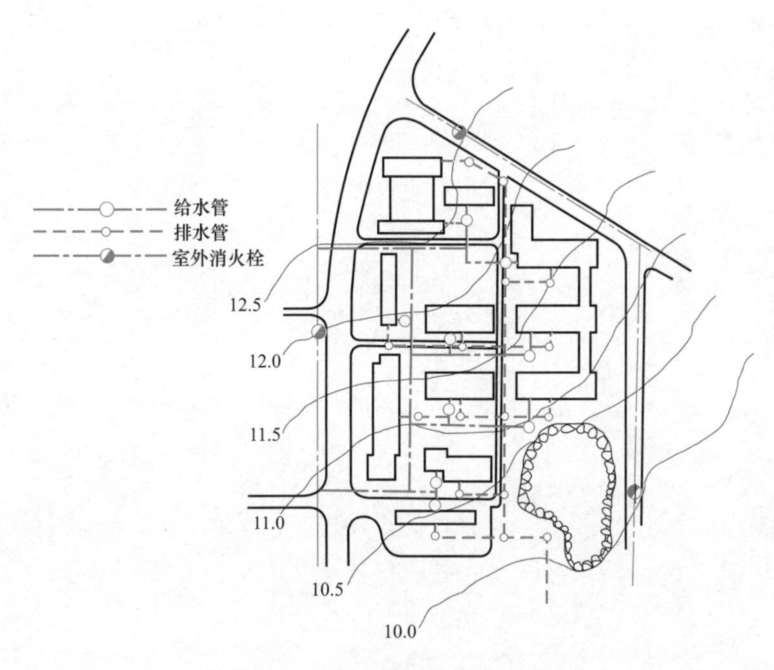

图4-10 室外给水排水管网总平面图

排水管与其他管道和构筑物的最小敷设距离 表 4-1

序号	管道名称	净距 （m）		序号	管道名称	净距 （m）	
		水平	垂直			水平	垂直
1	给水管 $DN\leqslant 200$	1.5	0.15	7	通信电缆（管式）	1.0	0.15
2	给水管 $DN>200$	3.0	0.15	8	电力电缆	1.0	0.50
3	燃气管（低压）	1.0	0.15	9	道路侧面边缘	1.5	
4	燃气管（中压）	1.5	0.15	10	铁轨	3.2	
5	热力管与压缩空气管	1.5	0.15	11	明渠沟底		0.5
6	通信电缆（铠装）	1.0	0.50	12	排水管	1.5	0.15

此外，在总图设计中尚需注意到，埋地管道一般布置在道路两侧，如不能满足水平间距的要求时也可布置在道路下面；在无保温措施的生活污水管道或水温和它接近的工业废水管道，其管内底可埋设在冰冻线以上0.15m，并应保证管道之最小覆土厚度；建筑小区内给水排水管道应平行于建筑物之轴线敷设，一般可以考虑给水管距轴线为5m，排水管距轴线为3m；有建筑分期的工程，第一期工程最好布置在地势较低处，即排水管的第一期工程可以从整个工程的下游段开始施工，以便为二期工程的顺利接管创造良好条件。

随着我国城镇现代化发展，立体交叉道路兴建列入规划内容，其规划应根据现场水文地质条件、立交桥形式和工程特点确定。一般均为独立排水系统，其出水口必须排放可靠。

思考题与习题

1. 城镇给水排水工程规划的基本原则、影响因素有哪些？
2. 污水处理厂厂址选择应考虑哪些因素？

第五章　建筑给水

第一节　给水系统组成与分类

一、建筑给水系统组成

建筑给水系统的功能是将水自室外给水管引入室内，并在保证满足用户对水质、水量、水压等要求的情况下，把水送到各个配水点（如配水龙头、生产用水设备、消防设备等）。

建筑给水系统由以下几个基本部分组成：

（1）引入管——由市政给水管道引入到小区给水管网的管段及穿过建筑物承重墙或基础，自室外给水管将水引入室内给水管网的管段；

（2）水表节点——水表装设于引入管上，在其附近装有阀门、放水口、电子传感器等，构成水表节点；

（3）给水管网——由水平干管、立管和支管等组成的管道系统；

（4）配水龙头或生产用水设备；

（5）给水附件——给水管路上的阀门、止回阀、减压阀等。

除上述基本部分外，按建筑物的性质、高度、消防的要求及室外管网供水压力等因素，建筑给水系统需附加一些其他设备，如：水泵、水箱、气压装置、贮水池及水表节点等。

二、给水系统分类

建筑给水系统按供水对象及其要求可以分为：

（1）生活给水系统：专供人们生活用水。水质应符合国家规定的饮用水质标准。

（2）生产给水系统：专供生产用水，如生产蒸汽、冷却设备、食品加工和造纸等生产过程中用水。水质按生产性质和要求而定。

（3）消防给水系统：专供消火栓和其他消防装置用水。

除上述三种系统外，还可根据所要求的水质、水压、水量和水温并考虑经济、技术和安全等方面的条件，组成不同的联合给水系统，如：生活-生产给水系统；生活-消防给水系统；生产-消防给水系统；生活-生产-消防给水系统等。

三、给水系统所需的压力

建筑给水系统中的压力是保证将所需的水量供到各配水点，并保证最不利配水点的配水龙头具有一定的作用水头。可由下式确定（参见图5-1）。

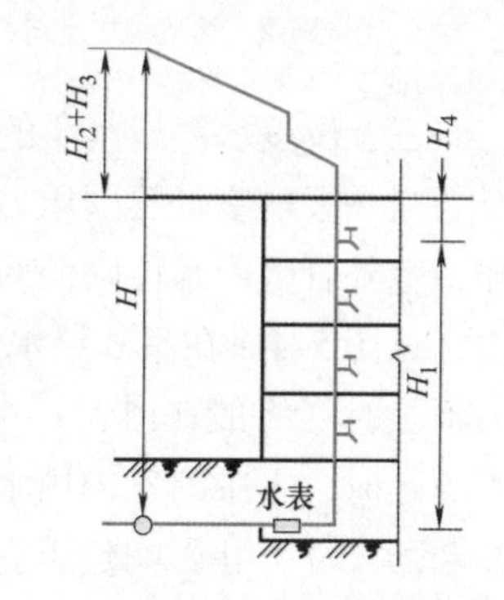

图5-1　建筑给水管网所需压力

$$H = H_1 + H_2 + H_3 + H_4 \tag{5-1}$$

式中　H——室内给水管网所需的压力，kPa；

H_1——室内给水引入管起点至最高最远配水点的几何高度，kPa；

H_2——计算管路的沿程水头损失与局部水头损失之和，kPa；

H_3——水流经水表时的水头损失，kPa；

H_4——计算管路最高最远配水点所需之流出水头，kPa。

为了在初步设计阶段能估算出室内给水管网所需的压力，对于民用建筑生活用水管网可按建筑层数，估算自地面算起的最小保证压力（参见表5-1）。

按建筑物的层数确定所需最小压力值 **表5-1**

建筑物层数	1	2	3	4	5	6
最小压力值（自地面算起）（kPa）	100	120	160	200	240	280

第二节 给水方式

建筑给水方式是根据建筑物的性质、高度、配水点的布置情况以及室内所需水压、室外管网水压和水量等因素而决定的。常用的给水方式有如下几种：

一、直接给水方式

此种给水方式是在室外管网的水压在任何时候都能满足室内管网最不利点所需水压，并能保证管网昼夜所需的流量时采用（参见图5-2）。

二、设水泵和水箱的给水方式

室外管网压力经常性或周期性不足，室内用水极不均匀时，可采用这种给水方式（参见图5-3）。水箱采用浮球继电器等装置自动启闭水泵，多在多层民用建筑中应用。

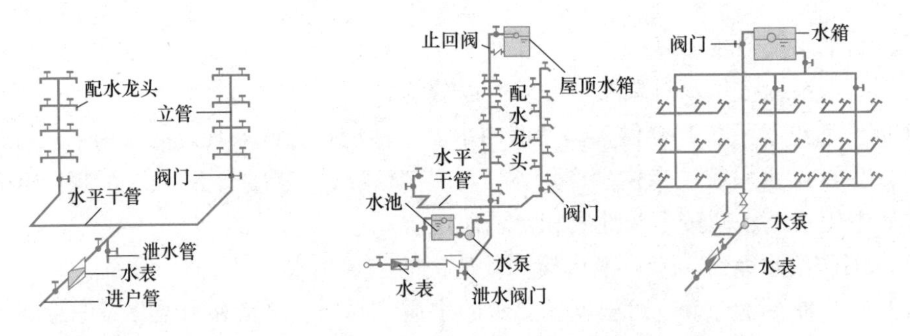

图5-2 直接给水方式

图5-3 水箱和水泵给水方式

三、仅设水箱或水泵的给水方式

当一天内室外管网压力大部分时间能满足要求，仅在用水高峰时刻，由于用水量增加，室外管网中水压降低而不能保证建筑的上层用水时，则可用只设水箱的给水方式解决，见图5-4。在室外给水管网中水压足够时向水箱充水（一般在夜间）；室外管网压力不足时（一般在白天）由水箱供水。其优点是：能贮备一定量的水，在室外管网压力不足时，不中断室内用水；缺点是：高位水箱重量大、位于屋顶，需加大建筑梁、柱的断面尺寸，并影响建筑立面处理。

若一天内室外给水管网压力大部分时间不足，且室内用水量较大而均匀，如生产车间局部增压供水，可采用单设水泵的给水方式。

四、气压给水设备

气压给水设备供水方式是一种集加压、贮存和调节供水于一体的供水方案。其工作流程是将水经水泵加压后充入有压缩空气的密闭罐体内，然后借罐内压缩空气的压力将水送到建筑物各用水点，图5-5所示为单罐变压式气压给水设备。这种方式适用于建筑不宜设置高位水箱的场所，如纪念性、艺术性建筑和地下建筑等。其缺点是耗能和造价高。

根据建筑用水要求，气压给水设备还有定压式、隔膜式等多种类型。

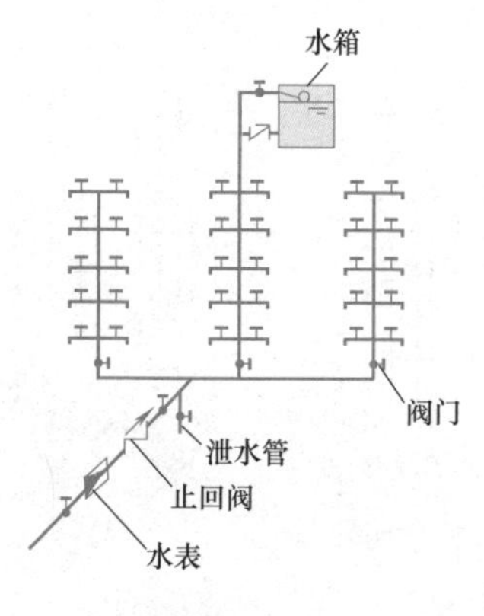

图5-4　水箱给水方式

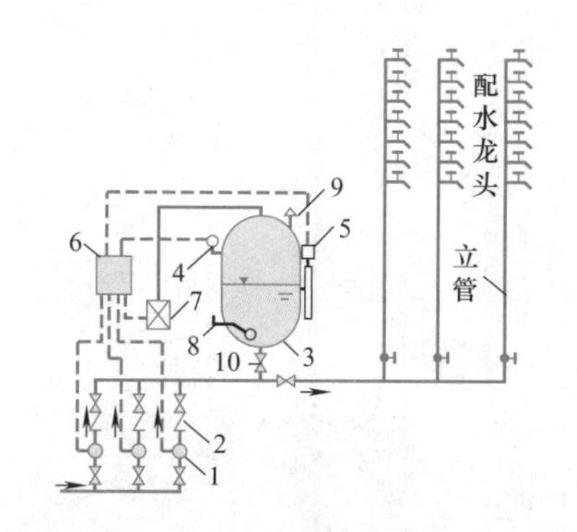

图5-5　气压给水设备

1—水表；2—止回阀；3—气压水罐；4—压力信号阀；5—液位信号器；6—控制器；7—补气装置；8—排气阀；9—安全阀；10—阀门

五、分区给水方式

在高层建筑与多层建筑供水管道系统中，当低层管道内静水压力过大，会导致超压出流、水击、振动、损坏管道和附件等问题，需要采取竖向分区的技术措施解决或避免。给水系统的竖向分区应根据建筑物用途、层数、使用要求、材料设备性能、维护管理、节约供水、能耗等因素综合确定。竖向分区压力应满足分区用水水压要求，并使各分区最低卫生器具配水点处的静水压不宜大于0.45MPa；使居住建筑的入户管给水压力不应大于0.35MPa；使卫生器具给水配件承受的最大工作压力不得大于0.6MPa。

图5-6（*a*）所示的上层设水箱供水方式中，下层管道与外网直连且利用外网水压供水，上层设水箱调节水量和水压。其特点是供水较可靠，系统较简单，投资较省，安装和维护简单，可充分利用外网水压，节省能源。

图5-6（*b*）所示为分区串联供水方式，各区设置水箱和水泵，水泵分散布置，自下区水箱抽水供上区用水。其特点是设备与管道较简单，投资较节省，能源消耗较小。但由于水泵设在上层，振动和噪声干扰较大，且设备分散造成维护管理不便，上区供水受下区制约。建筑高度超过100m的建筑，宜采用垂直串联供水方式。

图5-6(*c*)所示为分区设水箱并联供水方式，分区设置水箱和水泵，水泵集中布置在地下室内。其特点是各区独立运行互不干扰，供水可靠，水泵集中布置便于维护管理，管材耗用较多，投资较大，水箱占用建筑上层使用面积。图5-6(*d*)所示为分区设水箱减压供水方式，设置减压水箱，利用分区水箱减压，上区供水下区用水。其特点是设备与管道较简单，投资较节省，设备布置较集中，维护管理方便，下区用水受上区的

制约，能耗大。图 5-6（e）所示为分区无水箱并联供水方式，分区设置变速水泵或多台并联水泵，根据水泵出水量或水压，调节水泵转速或运行台数。图 5-6（f）所示为分区减压阀减压的供水方式，水泵统一加压，仅在顶层设置水箱，下区供水利用减压阀或减压孔板供水。其特点是供水可靠，设备与管材较少，投资省，设备布置集中，便于维护管理，不占用建筑上层使用面积，下区供水压力损失较大，能耗较大。

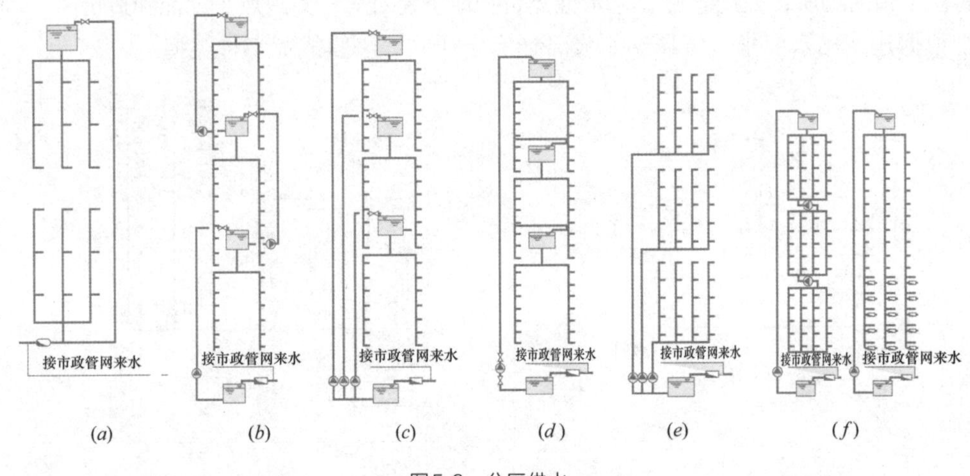

图5-6 分区供水

六、叠压给水方式

叠压供水是利用室外给水管网余压直接抽水再增压的二次供水方式。但需要设置特殊装置来保证市政管网水压力不低于规定的压力。设备主要由稳流调节罐、真空抑制器（吸排气阀）、压力传感器、变频水泵和控制柜组成，如图 5-7 所示。稳流调节罐与自来水管道相连接，起贮水和稳压作用；真空抑制器通过吸气可保证稳流调节罐内的压力不产生负压，通过排气可将稳流调节罐内的空气排出罐外，保证在正压时罐内是水。

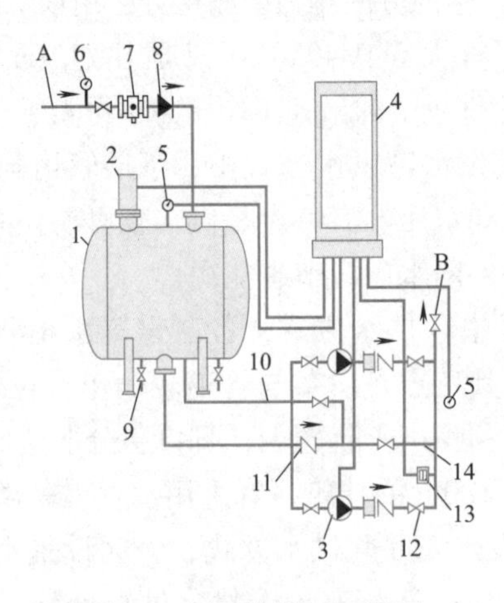

图5-7 叠压供水设备示意图

1—稳流补偿罐；2—真空抑制器；3—变频水泵；4—控制柜；5—压力传感器；6—负压表；7—过滤器；8—倒流防止器；9—排污阀；10—小流量保压管；11—止回阀；12—阀门；13—超压保护装置；14—旁通管；A—外网接口；B—用户接口

第三节　加压和贮水设备

在加压或贮水的给水方式中需要设置水泵和水箱。

一、离心式水泵（简称离心泵）

离心泵具有结构简单、体积小、效率高、运转平稳等优点，故在建筑设备工程中得到了广泛应用。

（一）离心泵的基本结构、工作原理及工作性能

在离心泵中，水靠离心力由径向甩出，从而得到很高的压力，将水输送到需要的地点。图 5-8 所示为离心泵装置。图 5-8 中，3 是水泵外壳，10 是泵轴，在轴穿过泵壳处设有填料函 11，以防漏水或透气。在轴上装有叶轮 1，它是离心泵的最主要部件，叶轮 1 上装有不同数目的叶片 2，当电动机通过轴带动叶轮回转时，叶片就搅动水做高速回转，4 是吸水管，5 是压水管，6 是拦污栅，起拦阻污物的作用。

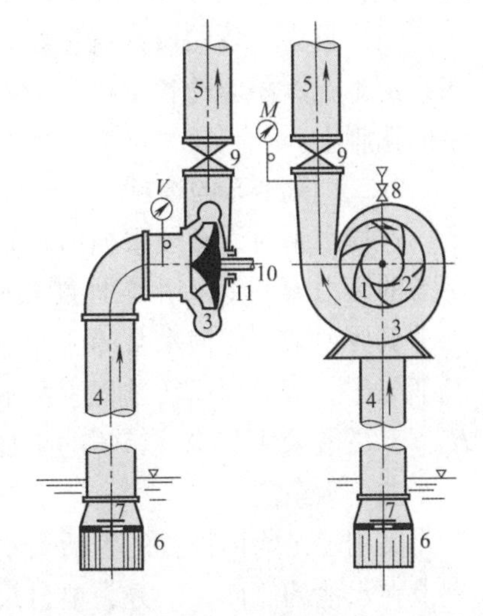

图5-8　离心泵装置

1—作轮；2—叶片；3—泵壳；4—吸水管；5—压水管；6—拦污栅；7—底阀；8—加水漏斗；9—阀门；10 泵轴；11—填料函；*M*—压力计；*V*—真空计

开动水泵前，要使泵壳及吸水管中充满水，以排除泵内空气。当叶轮高速转动时，在离心力的作用下，叶片槽道（两叶片间的过水通道）中的水从叶轮中心被甩向泵壳，使水获得动能与压能。由于泵壳的断面是逐渐扩大的，所以水进入泵壳后流速逐渐减小，部分动能转化为压能，因而水泵出口处的水便具有较高的压力，流入压水管。

在水被甩走的同时，水泵进口处形成负压，由于大气压力的作用，将吸水池中的水通过吸水管压向水泵进口（一般称为吸水），进而流入泵体。由于电动机带动叶轮连续回转，因此，离心泵是均匀连续地供水，即不断地将水压送到用水点或高位水箱。

离心式水泵的工作方式有“吸入式”和“灌入式”两种：泵轴高于吸水池水面的叫“吸入式”；吸水池水面高于泵轴的称为“灌入式”，这时不仅可省掉真空泵等抽气设备，而且也有利于水泵的运行和管理。一般说来，设水泵的室内给水系统多与高位水箱联合工作，为了减小水箱的容积，水泵的启停应采用自动控制，而“灌入式”最易满足此种要求。

在水泵中，水仅流过一个叶轮，即仅受一次增压，这种泵叫单级离心泵。为了得到较大的压力，在高层建筑的室内给水系统中常采用多级离心泵，这时，水依次流过数个叶轮，即受多次增压。

为了正确地选用水泵，必须知道水泵的基本工作参数。

离心泵的基本工作参数主要有：

（1）流量：在单位时间内通过水泵的水的体积，以符号 Q 表示，单位常用 L/s 或 m^3/h。

（2）扬程：当水流过水泵时，水所获得的比能增值，用符号 H 表示，单位是 kPa（mH_2O）。

（3）轴功率：水泵从电动机处所得到的全部功率，用符号 N 表示，单位是 kW。

当流量为水泵的设计流量时，效率为最高，这种工作状况称为水泵的设计工况，也叫额定工况，相应的各工作参数称为设计参数（额定参数），水泵的额定参数标明于水泵的铭牌上。

（二）离心泵的选择

选择水泵时，必须根据给水系统最大小时的设计流量 q 和相当于该设计流量时系统所需的压力 $H_{S.U}$，按水泵性能表确定所选水泵型号。

具体说来，应使水泵的流量 $Q \geqslant q$，使水泵的扬程 $H \geqslant H_{S.U}$，并使水泵在高效率情况下工作。考虑到运转过程中泵的磨损和能效降低，通常使水泵的 Q 及 H 稍大于 q 及 $H_{S.U}$，一般采用10%～15%的附加值。

二、水泵房

民用建筑物内设置的生活给水泵房不应毗邻居住用房或在其上层或下层，水泵机组宜设在水池的侧面、下方，单台泵可设于水池内或管道内，其运行的噪声应符合现行国家标准《民用建筑隔声设计规范》GB 10070 的规定。设置水泵的房间，应设排水设施；通风应良好，不得结冻。

水泵机组的布置应以管线最短、弯头最少，管路便于连接，布置力求紧凑为原则，并考虑到扩建和发展。水泵机组的布置应符合表5-2的规定。

水泵机组外轮廓面与墙和相邻机组间的间距　　表5-2

电动机额定功率（kW）	水泵机组外廓面与墙面之间的最小间距（m）	相邻水泵机组外廓面之间的最小间距（m）
≤22	0.8	0.4
>22～<55	1.0	0.8
≥55～≤160	1.2	1.2

注：1. 水泵侧面有管道时，外轮廓面计至管道外壁面。
2. 水泵机组是指水泵与电动机的联合体，或已安装在金属座架上的多台水泵组合体。

水泵基础高出地面的高度应便于水泵安装，不应小于0.1m；泵房内管道管外底距地面或管沟底面的距离，当管径≤150mm时，不应小于0.2m；当管径≥200mm时，不应小于0.25m。

泵房内宜有检修水泵的场地，检修场地尺寸宜按水泵或电机外形尺寸四周有不小于0.7m的通道确定，泵房内靠墙安装的落地式配电柜和控制柜前面通道宽度不宜小于1.5m；挂墙式配电柜和控制柜前面通道宽度不宜小于1.5m；泵房内宜设置手动起重设备。

建筑物内的给水泵房，应选用低噪声水泵机组；吸水管和出水管上应设置减振装置；水泵机组的基础应设置减振装置。应采用下列减振防噪措施：管道支架、吊架和管道穿墙、楼板处，应采取防止固体传声措施；必要时，泵房的墙壁和天花应采取隔音吸音处理。

三、高位水箱

在设水泵－水箱的给水方式及设水箱给水方式中，或是需要贮存事故备用水及消防贮备水量，或是有恒压供水（如浴室供水）要求时，都需设置高位水箱。

（一）有效容积

水箱有效容积应根据生活调节水量确定：由城镇给水管网夜间直接进水的高位水箱的生活用水调节容积，宜按用水人数和最高日用水定额确定；由水泵联动提升进水的水箱的生活用水调节容积，不宜小于最大用水时水量的50%。

用于中途转输的水箱，转输调节容积宜取转输水泵5～10min的流量。

（二）设置高度

水箱的设置高度应保证最不利配水点处有所需的流出水头，通常根据房屋高度、管道长度、管道直径以及设计流量等技术条件，经水力计算后确定。水箱的设置高度（以底板面计）应满足最高层用户的用水水压要求，当达不到要求时，宜采取管道增压措施。

高位水箱箱壁与水箱间墙壁及箱顶与水箱间顶面的净距应符合低位生活贮水池（箱）中的第2条有关规定，箱底与水箱间地面板的净距，当有管道敷设时不宜小于0.8m。

（三）水箱间及配管

水箱应设置在便于维护、光线和通风良好且不结冻的地方（如有可能冰冻，水箱应当保温）。一般布置在顶层或闷顶内。为了防止污染，水箱应设置盖板，盖板应设有通气孔，大型水箱盖板的通气口可兼做人孔。设置水箱房间净高不得低于2.2m，设置水箱的承重结构应为非燃烧体，室内温度不低于5℃。

水箱上应配置进水管、出水管、溢流管、泄水管及信号装置等。进水管管径根据不同的给水方式按水泵的供水量或给水管网设计流量确定。溢流管管径应比进水管管径大1～2号，溢流管上不得装设阀门。泄水管装在水箱底部，以便排出箱底沉泥及清洗水箱的污水。

四、(低位)贮水池

建筑物贮水池是贮存和调节水量的构筑物，其有效容积应按进水量与用水量变化曲线经计算确定，当资料不足时，宜按建筑物最高日用水量的20%～25%确定。

贮水池（箱）应设置在通风良好、不结冻的房间内。池（箱）体应采用独立结构形式，与其他用水水池（箱）并列设置时，应有各自独立的分隔墙，不得共用一幅分隔墙，隔墙与隔墙之间应有排水措施。池（箱）外壁与建筑本体结构墙面或其他池壁之间的净距，应满足施工或装配的要求，无管道的侧面，净距不宜小于0.7m；安装有管道的侧面，净距不宜小于1.0m，且管道外壁与建筑本体墙面之间的通道宽度不宜小于0.6m；设有人孔的池顶，顶板面与上面建筑本体板底的净空不应小于0.8m。贮水池内宜设有水泵吸水坑，吸水坑的大小和深度，应满足水泵或水泵吸水管的安装要求。

无调节要求的加压给水系统，可设置吸水井，吸水井的有效容积不应小于水泵3min的设计流量。

第四节 管道布置与敷设

一、引入管和水表节点

（一）引入管

引入管自室外管网将水引入室内。引入管应力求简短，确定位置时应考虑便于水表的安装和维护管理，要注意和其他地下管道协调和综合布置；宜结合室外给水管网的具体情况，由建筑最大用水量处接入，当建筑物内卫生器具分布比较均匀，则可从房屋中央引入。

引入管的数目根据房屋的使用性质及消防要求等因素而定。一般的室内给水管网只设一根引入管，对用水量大、设有消防给水系统，且不允许断水的大型或多层建筑，才设置两根或两根以上的引入管。

引入管的埋设深度主要根据城市或小区给水管网的埋深及当地的气候、水文地质条件和地面荷载而定。在寒冷地区，应埋设在冰冻线以下。

引入管穿越承重墙或基础时，应注意管道的保护。若基础埋深较浅，则管道可从基础底部穿过（见图5-9）；若基础埋深较深，则引入管将穿越承重墙或基础本体（见图5-10），此时应预留洞口，管顶上部净空不得小于建筑物的最大沉陷量，且不得小于0.15m。遇有湿陷性黄土地区，引入管可设在地沟内。

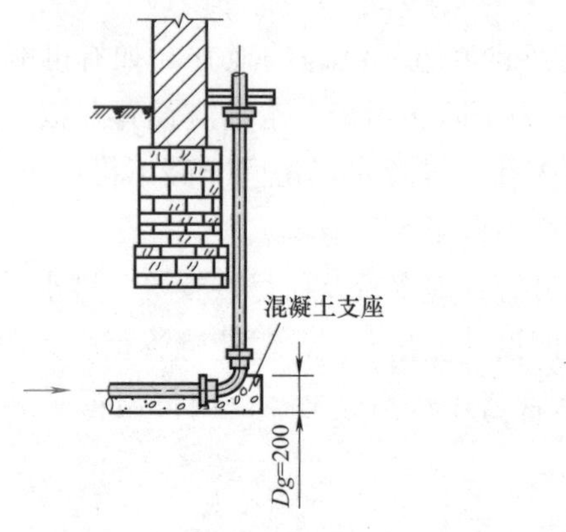

图5-9 引入管绕过基础

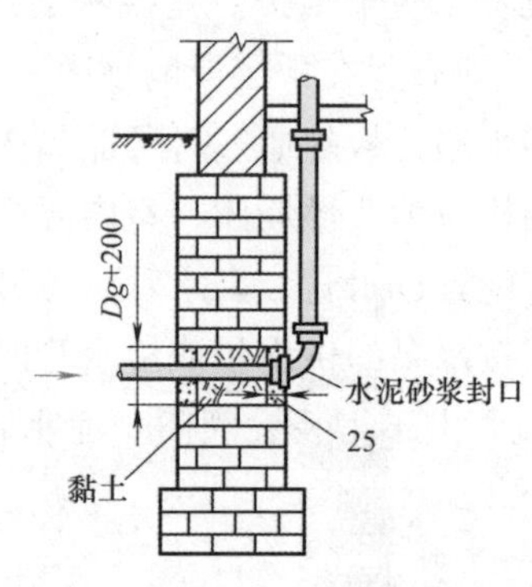

图5-10 引入管穿越基础

（二）水表节点

必须单独计算水量的建筑物应在引入管上或每户总支管上装设水表，引入管上装设水表时在水表前后应有阀门及放水阀，如图5-11所示。放水阀主要用于检修室内管路时，将系统内的水放空与检验水表的灵敏度。阀门的作用是关闭管段，以便修理或拆换水表。在生产厂房为保证供水安全，在引入管水表节点处设绕行管段，管段上设阀门，事故时开启，非事故时关闭。

水表节点在我国温暖地区可设在室外水表井中，井距建筑物外墙2m以上。在寒冷地区常设于室内的供暖房间。但应设电子传感装置，以供室外观察水表计量数据。

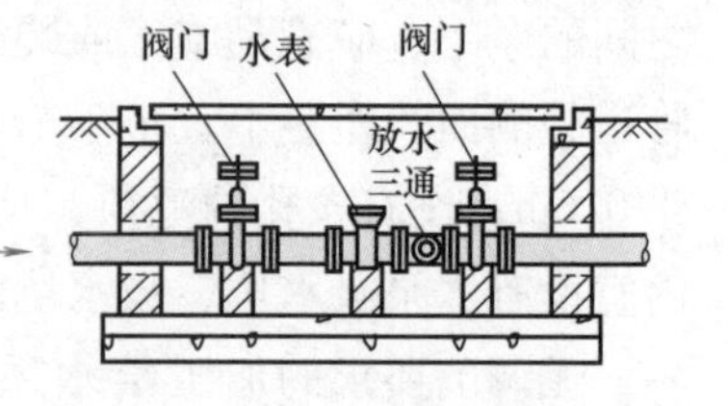

图5-11 水表节点示意图

建筑物的某部分或个别设备必须计算水量时，应在其配水管上装设水表。住宅建筑应装设分户水表。

二、管网布置和敷设

（一）管网布置

室内给水管网的布置与建筑物的性质、结构情况、用水要求及用水点的位置等有关。布置管道时，应力求管线简短，平行于梁、柱沿壁面或顶棚作直线布置，不妨碍美观，且便于安装及检修。下行上给式的水平干管，通常布置于底层走廊内，走廊地下或地下室中。上行下给式的干管，一般沿最高的顶棚布置。

室内给水管道不应穿越变配电房、电梯机房、通信机房、大中型计算机房、计算机网络中心、音像库房等遇水会损坏设备和引发事故的房间，并应避免在生产设备、配电柜上方通过。不得布置在遇水会引起燃烧、爆炸的原料、产品和设备的上面。不得敷设在烟道、风道、电梯井内、排水沟内。给水管道不宜穿越橱窗、壁柜，给水管道不得穿过大便槽和小便槽，且立管离大、小便槽端部不得小于0.5m。给水管道不宜穿越伸缩缝、沉降缝、变形缝。如必须穿越时，应设置补偿管道伸缩和剪切变形的装置。给水管道应避免穿越人防地下室，必须穿越时应按《人民防空地下室设计规范》GB 50038的要求设防护阀门等措施。

埋地管道应避免布置在可能被重物压坏或设备振坏之处。管道不得穿越生产设备基础。

（二）管道敷设

根据建筑物的性质及要求，给水管道的敷设有明装和暗装两种。明装的优点是便于安装、修理和维护，造价低；缺点是影响房间的美观和整洁。暗装的优点是不影响房间的整洁美观；缺点是施工复杂，检修不便。

明装时，室内管道尽量沿墙、梁、柱、顶棚、地板或桁架敷设。塑料给水管道明设时，立管应布置在不易受撞击处，如不能避免时，应在管外加保护措施；不得布置在灶台上边缘；明设的立管距灶台边缘不得小于0.4m，距燃气热水器边缘不宜小于0.2m，达不到此要求时，应有保护措施。

暗设时，给水管道不得直接敷设在建筑物结构层内，敷设在垫层或墙体管槽内的给水管管材宜采用塑料、金属与塑料复合管材或耐腐蚀的金属管材，且不得有卡套式或卡环式接口。敷设在垫层或墙体管槽内的给水支管的外径不宜大于25mm。

在某些建筑物内，管道种类较多（如有热水管、暖气管、蒸汽管等），给水管可和其他管道同沟敷设，但给水管宜敷设在热水管和蒸气管的下方、排水管上方。管道穿越墙壁、楼板时，应预留管洞。给水管道每隔适当距离，应采用固定配件（如支、吊架等）加以固定。

三、管道防护

给水管道应有防腐、防冻、防结露、防漏、防振和防热胀冷缩等技术措施。

明装和暗装的金属管道都要采取防腐措施。当管道结露会影响环境，引起装饰、物品等受损害时，应做防结露保冷层。环境温度与管内水温差值大时应通过计算在管道上设伸缩补偿装置，应尽量利用管道自身的折角补偿温度变形。敷设在有可能冻结的房间、地下室及管井、管沟等地方的给水管道应有防冻措施。明设的给水立管穿越楼板时，应采取防水措施。

给水管道穿越地下室或地下构筑物的外墙处，穿越屋面有可靠的防水措施时，可不设套管；穿越钢筋混凝土水池（箱）的壁板或地板连接管道时，应设置防水套管。

在室外明设的给水管道，应避免受阳光直接照射，塑料给水管还应有有效保护措施。在结冻地区管道应做保温层，保温层的外壳应密封防渗。

第五节 水质污染防护措施

供饮用、烹饪、盥洗、洗涤、沐浴等用途的生活用水，其水质应满足《生活饮用水卫生标准》GB 5749 的规定。供直接饮用和烹饪用水的直饮水，其水质应满足《饮用净水水质标准》CJ 94 的要求。供冲厕、绿化、洗车或路面等生活杂用水，其水质应满足《城市污水再生利用 城市杂用水水质》GB/T 18920 和《城市污水再生利用 景观环境用水水质》GB/T 18921 的要求。工业用水水质标准种类繁多，通常根据生产工艺要求制定，在使用时应满足相应工艺要求。

建筑生活给水系统中，供水水质污染的主要原因包括：（1）贮水池（箱）设计不当，维护管理不到位，贮水停留时间过长。（2）生活饮用水因管道内产生虹吸、背压回流而受污染，即非饮用水或其他液体流入生活给水系统。（3）贮水池（箱）制作材料或防腐涂料选择不当，以及给水系统管道材质选择不当。

一、贮水池（箱）

建筑内的生活用水池（箱）宜设在专用房间内，其上层不应设厕所、浴室、盥洗间、厨房、污水处理间等。建筑物内的生活饮用水水池（箱）体，应采用独立结构形式，不得利用建筑物的本体结构作为水池（箱）的壁板、底板及顶盖。

供单体建筑的生活饮用水池（箱）应与其他用水的水池（箱）分开设置，不得接纳消防管道试压水、泄压水等回流水或溢流水。贮水更新周期不得超过 48h，否则应设置水消毒处理装置。

贮水池（箱）的人孔、通气管、溢流管应有防止生物进入水池（箱）的措施，进水管宜在水池（箱）的溢流水位以上接入；进出水管布置不得产生水流短路，必要时应设导流装置；泄水管和溢流管的排水应符合有关规定。

埋地式生活饮用水贮水池周围 10m 以内，不得有化粪池、污水处理构筑物、渗水井、垃圾堆放点等污染源；周围 2m 以内不得有污水管和污染物。当达不到此要求时，应采取防污染的措施。

二、防止回流污染

1. 各给水系统（生活给水、直饮水、生活杂用水等）应自成系统，不得串接，城镇给水管道严禁与自备水源的供水管道直接连接。

严禁生活饮用水管道与大便器（槽）、小便斗（槽）采用非专用冲洗阀直接连接冲洗，饮用水管道不应布置在易受污染处。生活饮用水管道应避开毒物污染区，当条件限制不能避开时，应采取防护措施。

不允许非饮用水管从贮水设备中穿过，防止饮用水管道与非饮用水管道误接，非饮用水管道上的放水口应有明显标志，避免误用和误饮。

2. 卫生器具和用水设备、构筑物等的生活饮用水管配水件出水口，不得被任何液体或杂质所淹没；出水口高出承接用水容器溢流边缘的最小空气间隙，不得小于出水口直径的2.5倍。

生活饮用水水池（箱）的进水管口的最低点高出溢流边缘的空气间隙应等于进水管管径，但不应小于25mm，最大可不大于150mm。当进水管从最高水位以上进入水池（箱），管口为淹没出流时，应采取真空破坏器等防虹吸回流措施。不存在虹吸回流的低位生活饮用水贮水池，其进水管不受本条限制，但进水管仍宜从最高水面以上进入水池。

从生活饮用水管网向消防、中水和雨水回用水等其他用水的贮水池（箱）补水时，其进水管口最低点高出溢流边缘的空气间隙不应小于150mm。溢流管、泄空管不能与污水管直接连接，均应设空气隔断装置。

3. 从室外生活饮用水管道上直接供引入管、水泵的吸水管、有压容器或密闭容器注水的进水管时，应在适当部位设置倒流防止器。建筑物内生活饮用水管道系统上，单独接出消防用水管道或是从生活饮用水贮水池抽水的消防水泵出水管，应设置倒流防止器。

生活饮用水管道系统上接至对健康有危害物质等有害有毒场所或设备时，应设置倒流防止设施，从建筑物内生活饮用水管道上直接接出消防（软管）卷盘时，应在这些用水管道上设置真空破坏器。

三、设备、管材

生活给水设备、管材的选择原则是安全、可靠和卫生，同时兼顾经济性，卫生性能应满足国家有关部门的规定。水池（箱）材质、衬砌材料和内壁涂料，不得影响水质。

第六节　给水系统设计计算简介

一、用水定额

用水量定额是指在某一度量单位内（单位时间、单位产品等）被居民或其他用水所消费的水量。对于生活饮用水，用水定额是指居民每人每天所消费的水量，它随各地的气候条件、生活习惯、生活水平及卫生设备的设置情况而各不相同。对于生产用水，用水定额主要根据生产工艺过程、设备情况和地区条件等因素决定。

各类建筑的生活用水定额及小时变化系数见表5-3～表5-5。

住宅最高日生活用水定额及小时变化系数　　表5-3

住宅类型		卫生器具设置标准	用水定额［L/（人·d）］	小时变化系数 K_h
普通住宅	Ⅰ	有大便器、洗涤盆	85～150	3.0～2.5
	Ⅱ	有大便器、洗脸盆、洗涤盆、洗衣机、热水器和沐浴设备	130～300	2.8～2.3
	Ⅲ	有大便器、洗脸盆、洗涤盆、洗衣机、集中热水供应（或家用热水机组）和沐浴设备	180～320	2.5～2.0
别墅		有大便器、洗脸盆、洗涤盆、洗衣机、洒水栓、家用热水机组和沐浴设备	200～350	2.3～1.8

注：1. 当地主管部门对住宅生活用水定额有具体规定的，应按当地规定执行。
2. 别墅用水定额中含庭院绿化用水和汽车洗车用水。

宿舍、旅馆和公共建筑生活用水定额及小时变化系数　表 5-4

序号	建筑物名称	单位	最高日生活用水定额（L）	使用时数（h）	小时变化系数 K_h
1	宿舍 Ⅰ类、Ⅱ类 Ⅲ类、Ⅳ类	 每人每日 每人每日	 150～200 100～150	 24 24	 3.0～2.5 3.5～3.0
2	招待所、培训中心、普通旅馆 设公用盥洗室 设公用盥洗室、淋浴室、 设公用盥洗室、淋浴室、洗衣室 设单独卫生间、公用洗衣室	 每人每日 每人每日 每人每日 每人每日	 50～100 80～130 100～150 120～200	24	3.0～2.5
3	酒店式公寓	每人每日	200～300	24	2.5～2.0
4	宾馆客房 旅客 员工	 每床位每日 每人每日	 250～400 80～100	24	2.5～2.0
5	医院住院部 设公用盥洗室 设公用盥洗室、淋浴室 设单独卫生间 医务人员 门诊部、诊疗所 疗养院、休养所住房部	 每床位每日 每床位每日 每床位每日 每人每班 每病人每次 每床位每日	 100～200 150～250 250～400 150～250 10～15 200～300	 24 24 24 8 8～12 24	 2.5～2.0 2.5～2.0 2.5～2.0 2.0～1.5 1.5～1.2 2.0～1.5
6	养老院、托老所 全托 日托	 每人每日 每人每日	 100～150 50～80	 24 10	 2.5～2.0 2.0
7	幼儿园、托儿所 有住宿 无住宿	 每儿童每日 每儿童每日	 50～100 30～50	 24 10	 3.0～2.5 2.0
8	公共浴室 淋浴 浴盆、淋浴 桑拿浴（淋浴、按摩池）	 每顾客每次 每顾客每次 每顾客每次	 100 120～150 150～200	 12 12 12	2.0～1.5
9	理发室、美容院	每顾客每次	40～100	12	2.0～1.5
10	洗衣房	每 kg 干衣	40～80	8	1.5～1.2
11	餐饮业 中餐酒楼 快餐店、职工及学生食堂 酒吧、咖啡馆、茶座、卡拉 OK 房	 每顾客每次 每顾客每次 每顾客每次	 40～60 20～25 5～15	 10～12 12～16 8～18	1.5～1.2
12	商场 员工及顾客	每 m^2 营业厅面积每日	5～8	12	1.5～1.2
13	图书馆	每人每次	5～10	8～10	1.5～1.2
14	书店	每 m^2 营业厅面积每日	3～6	8～12	1.5～1.2
15	办公楼	每人每班	30～50	8～10	1.5～1.2

续表

序号	建筑物名称	单位	最高日生活用水定额（L）	使用时数（h）	小时变化系数 K_h
16	教学、实验楼 中小学校 高等院校	 每学生每日 每学生每日	 20 ~ 40 40 ~ 50	 8 ~ 9 8 ~ 9	 1.5 ~ 1.2 1.5 ~ 1.2
17	电影院、剧院	每观众每场	3 ~ 5	3	1.5 ~ 1.2
18	会展中心（博物馆、展览馆）	每 m^2 展厅面积每日	3 ~ 6	8 ~ 16	1.5 ~ 1.2
19	健身中心	每人每次	30 ~ 50	8 ~ 12	1.5 ~ 1.2
20	体育场（馆） 运动员淋浴 观众	 每人每次 每人每场	 30 ~ 40 3	 4 4	 3.0 ~ 2.0 1.2
21	会议厅	每座位每次	6 ~ 8	4	1.5 ~ 1.2
22	航站楼、客运站旅客，展览中心观众	每人次	3 ~ 6	8 ~ 16	1.5 ~ 1.2
23	菜市场地面冲洗及保鲜用水	每 m^2 每日	10 ~ 20	8 ~ 10	2.5 ~ 2.0
24	停车库地面冲洗水	每 m^2 每次	2 ~ 3	6 ~ 8	1.0

注：1. 除养老院、托儿所、幼儿园的用水定额中含食堂用水，其他均不含食堂用水。
2. 除注明外，均不含员工生活用水，员工用水定额为每人每班 40 ~ 60L。
3. 医疗建筑用水中已含医疗用水。
4. 空调用水应另计。

工业企业建筑生活、淋浴用水定额　　表 5-5

用途	用水定额［L/（班·人）］	小时变化系数 K_h	备注
管理人员、车间工人生活用水	30 ~ 50	2.5 ~ 1.5	每班工作时间以 8h 计
淋浴用水[①]	40 ~ 60		延续供水时间宜取 1h 计

注：①淋浴用水定额详见《工业企业设计卫生标准》GBZ1。

二、生活用水量

（一）最高日生活用水量

最高日生活用水量是指在设计规定年限内用水最多一日的用水量，按式（5-2）计算：

$$Q_d = mq_d \tag{5-2}$$

式中　Q_d——最高日用水量，L/d；

m——用水单位数，人或床位数等，工业企业建筑为每班人数；

q_d——最高日生活用水定额，L/（人·d）、L/（床·d）或 L/（人·班）。

（二）最大小时用水量

最大小时用水量是指最高日最大用水时段内的小时用水量，按式（5-3）计算：

$$Q_h = K_h \cdot Q_p = K_h \frac{Q_d}{T} \tag{5-3}$$

式中 Q_h——最大时用水量，L/h；

Q_p——平均时用水量，L/h；

T——建筑物的用水时间，工业企业建筑为每班用水时间，h；

K_h——小时变化系数。

三、设计秒流量

建筑物中的用水情况根据实测发现在一昼夜间是不均匀的，在设计室内给水管网时，必须考虑到这种“逐时逐秒”变化情况，以求得最不利时刻的最大用水量。建筑给水管道的设计流量就是设计秒流量，它是确定各管段管径、计算管道水头损失、确定给水系统所需压力的主要依据。

（一）当量

设计秒流量需根据建筑物内卫生器具类型数量和这些器具满足使用情况的用水量确定。为了便于计算，引用“卫生器具当量”这一术语。“卫生器具当量”定义为某一卫生器具流量值为当量“基数 1”，其他卫生器具的流量值与其比值，即为其他卫生器具各自的当量值，其他某一卫生器具流量包括给水流量和排水流量。具体到卫生器具给水当量基数 1 的某一卫生器具给水流量，我国取 0.2L/s，其他各种类型卫生器具给水当量值见表 5-6。

卫生器具的给水额定流量、当量、连接管公称管径和最低工作压力　　表 5-6

序号	给水配件名称	额定流量（L/s）	当量	公称管径（mm）	最低工作压力（MPa）
1	**洗涤盆拖布盆、盥洗槽** 单阀水嘴 单阀水嘴 混合水嘴	 0.15～0.20 0.30～0.40 0.15～0.20（0.14）	 0.75～1.00 1.50～2.00 0.75～1.00（0.70）	 15 20 15	0.050
2	**洗脸盆** 单阀水嘴 混合水嘴	 0.15 0.15（0.10）	 0.75 0.75（0.50）	 15 15	0.050
3	**洗手盆** 单阀水嘴 混合水嘴	 0.10 0.15（0.10）	 0.50 0.75（0.50）	 15 15	0.050
4	**浴盆** 单阀水嘴 混合水嘴(含带淋浴转换器)	 0.20 0.24（0.20）	 1.00 1.20（1.00）	 15 15	 0.050 0.050～0.070
5	**淋浴器** 混合阀	 0.15（0.10）	 0.75（0.50）	 15	 0.050～0.100
6	**大便器** 冲洗水箱浮球阀 延时自闭式冲洗阀	 0.10 1.20	 0.50 6.00	 15 25	 0.020 0.100～0.150
7	**小便器** 手动或自动自闭式冲洗阀 自动冲洗水箱进水阀	 0.10 0.10	 0.50 0.50	 15 15	 0.050 0.020

续表

序号	给水配件名称	额定流量（L/s）	当量	公称管径（mm）	最低工作压力（MPa）
8	小便槽穿孔冲洗管(每米长)	0.05	0.25	15~20	0.015
9	净身盆冲洗水嘴	0.10（0.07）	0.50（0.35）	15	0.050
10	医院倒便器	0.20	1.00	15	0.050
11	实验室化验水嘴（鹅颈） 单联 双联 三联	 0.07 0.15 0.20	 0.35 0.75 1.00	 15 15 15	 0.020 0.020 0.020
12	饮水器喷嘴	0.05	0.25	15	0.050
13	洒水栓	0.40 0.70	2.00 3.50	20 25	0.050~0.100 0.050~0.100
14	室内地面冲洗水嘴	0.20	1.00	15	0.050
15	家用洗衣机水嘴	0.20	1.00	15	0.050

注：1. 表中括弧内的数值系在有热水供应，单独计算冷水或热水时使用。
2. 当浴盆上附设淋浴器时，或混合水嘴有淋浴器转换开关时，其额定流量和当量只计水嘴，不计淋浴器，但水压应按淋浴器计。
3. 家用燃气热水器，所需水压按产品要求和热水供应系统最不利配水点所需工作压力确定。
4. 绿地的自动喷灌应按产品要求设计。
5. 卫生器具给水配件所需额定流量和最低工作压力有特殊要求时，其数值按产品要求确定。

（二）设计秒流量

给水管道设计秒流量计算方法分为以下三种。

1. 住宅建筑

住宅生活给水管道设计秒流量采用概率法，按式（5-4）计算。

$$q_g = 0.2 \cdot U \cdot N_g \tag{5-4}$$

式中 q_g——计算管段的设计秒流量，L/s；

U——计算管段的卫生器具给水当量同时出流概率，%；

N_g——计算管段的卫生器具给水当量总数；

0.2——1个卫生器具给水当量的额定流量，L/s。

根据数理统计结果，计算管段卫生器具给水当量的同时出流概率按式（5-5）计算：

$$U = 100 \times \frac{1 + \alpha_c (N_g - 1)^{0.49}}{\sqrt{N_g}} \% \tag{5-5}$$

式中 α_c——对应于不同卫生器具的给水当量平均出流概率（U_0）的系数，见表5-7。

建筑物的卫生器具给水当量最大用水时的平均出流概率参考值见表5-8。

2. 分散用水型公共建筑

宿舍（Ⅰ、Ⅱ类）、旅馆、宾馆、酒店式公寓、医院、疗养院、幼儿园、养老院、办公楼、商场、图书馆、书店、客运站、航站楼、会展中心、中小学教学楼、公共厕所

α_c 与 U_0 的对应关系 表 5-7

U_0（%）	$\alpha_c \times 10^{-2}$	U_0（%）	$\alpha_c \times 10^{-2}$
1.0	0.323	4.0	2.816
1.5	0.697	4.5	3.263
2.0	1.097	5.0	3.715
2.5	1.512	6.0	4.629
3.0	1.939	7.0	5.555
3.5	2.374	8.0	6.489

最大用水时的平均出流概率参考值 表 5-8

建筑物性质	U_0 参考值	建筑物性质	U_0 参考值
普通住宅Ⅰ型	3.4~4.5	普通住宅Ⅲ型	1.5~2.5
普通住宅Ⅱ型	2.0~3.5	别墅	1.5~2.0

等建筑，其生活给水设计秒流量按式（5-6）计算：

$$q_g = 0.2\alpha\sqrt{N_g} \tag{5-6}$$

式中 α——根据建筑物用途确定的系数，见表 5-9；综合楼建筑的 α 值应按加权平均取值。

其他符号同式（5-4）。

根据建筑物用途而定的系数（α）值 表 5-9

建筑物名称	α 值
幼儿园、托儿所、养老院	1.2
门诊部、诊疗所	1.4
办公楼、商场	1.5
图书馆	1.6
书店	1.7
学校	1.8
医院、疗养院、休养所	2.0
酒店式公寓	2.2
宿舍（Ⅰ、Ⅱ类）、旅馆、招待所、宾馆	2.5
客运站、航站楼、会展中心、公共厕所	3.0

当计算值小于该管段上一个最大卫生器具给水额定流量时，应采用一个最大的卫生器具给水额定流量作为设计秒流量；当计算值大于该管段上按卫生器具给水额定流量累加所得流量值时，应按卫生器具给水额定流量累加所得流量值采用。

有大便器延时自闭冲洗阀的给水管段，大便器延时自闭冲洗阀的给水当量均以 0.5 计，计算得到 q_g 附加 1.20L/s 的流量后，为该管段的给水设计秒流量。

3. 密集用水型公共建筑

宿舍（Ⅲ、Ⅳ类）、工业企业的生活间、公共浴室、职工食堂或营业餐馆的厨房、体育场馆、剧院、普通理化实验室等建筑，其生活给水管道的设计秒流量按式（5-7）

计算：

$$q_g = \sum q_0 \cdot n_0 \cdot b \tag{5-7}$$

式中 q_g——计算管段的给水设计秒流量，L/s；

q_0——同类型的一个卫生器具给水额定流量，L/s；

n_0——同类型卫生器具数；

b——卫生器具的同时给水百分数,%，见表5-10。

当计算值小于管段上一个最大卫生器具给水额定流量时，应采用一个最大的卫生器具给水额定流量作为设计秒流量；大便器自闭冲洗阀应单列计算，当单列计算值小于1.2L/s时，以1.2L/s计；大于1.2L/s时，以计算值计。

宿舍（Ⅲ、Ⅳ类）、工业企业生活间、公共浴室、剧院、体育场馆等卫生器具同时给水百分数（%） 表5-10

卫生器具名称	宿舍（Ⅲ、Ⅳ类）	工业企业生活间	公共浴室	影剧院	体育场馆
洗涤盆（池）	—	33	15	15	15
洗手盆	—	50	50	50	70（50）
洗脸盆、盥洗槽水嘴	5~100	60~100	60~100	50	80
浴盆	—	—	50	—	—
无间隔淋浴器	20~100	100	100	—	100
有间隔淋浴器	5~80	80	60~80	60~80	60~100
大便器冲洗水箱	5~70	30	20	50（20）	70（20）
大便槽自动冲洗水箱	100	100	—	100	100
大便器自闭式冲洗阀	1~2	2	2	10（2）	5（2）
小便器自闭式冲洗阀	2~10	10	10	50（10）	70（10）
小便器（槽）自动冲洗水箱	—	100	100	100	100
净身盆	—	33	—	—	—
饮水器	—	30~60	30	30	30
小卖部洗涤盆	—	—	50	50	50

注：1. 表中括号内的数值系电影院、剧院的化妆间、体育场馆的运动员休息室使用。
2. 健身中心的卫生间，可采用本表体育场馆运动员休息室的同时给水百分率。

四、管网水力计算简介

室内给水管网水力计算的目的，在于确定各管段的管径及此管段通过设计流量时的水头损失。

1. 管径的确定

确定给水管道设计秒流量后，根据下式可求得管径d：

$$q = \frac{\pi}{4} d^2 v \tag{5-8}$$

式中 q——管段设计秒流量，m^3/s；

v——管段中的流速，m/s；

d——管径，m。

室内生活给水管道的控制流速可按下述数值选用：DN15~20mm 选用流速 $v \leqslant$

1. 0m/s；DN25～40mm 选用流速 $v \leqslant 1.2$m/s；DN50～70mm 选用流速 $v \leqslant 1.5$m/s。干管噪声控制要求较高时，应适当降低流速；生活或生产给水管道内的流速不宜大于 2m/s；消防给水管道的流速不宜大于 2. 5m/s。

管径的选定应从技术上和经济上两方面来综合考虑。从经济上看，当流量一定时，管径愈小管材愈省。室外管网的压力 H_0 愈大，愈应用较小的管径，以便充分利用室外的压力。但管径太小时，流速过大，在技术上是不允许的，因为由于流速过大，在管网中引起水锤时能损坏管道并造成很大的噪声，同时使给水系统中龙头的出水量和压力互相干扰，极不稳定。

2. 管网水头损失的计算

管网的水头损失为管网中新确定的计算管路的沿程水头损失和局部损失之和。

管路沿程水头损失的计算式是：

$$i = 105 C_{\mathrm{h}}^{-1.85} d_i^{-4.87} q_{\mathrm{g}}^{1.85} \tag{5-9}$$

$$h_{\mathrm{g}} = iL \tag{5-10}$$

式中 i——单位管长的沿程水头损失，kPa/m；

d_i——管道计算内径，m；

q_{g}——给水设计流量，$\mathrm{m^3/s}$；

C_{h}——海澄—威廉系数，各种塑料管、内衬（涂）塑管：$C_{\mathrm{h}}=100$；铜管、不锈钢管：$C_{\mathrm{h}}=130$；内衬水泥、树脂的铸铁管：$C_{\mathrm{h}}=130$；普通钢管、铸铁管：$C_{\mathrm{h}}=100$；

L——计算管道长度，m；

h_{g}——计算管道沿程水头损失，kPa。

管路的局部水头损失，宜采用管（配）件当量长度法或按管件连接状况以管路沿程水头损失百分数估算。

水表水头损失当选定产品型号时应按该产品生产厂家提供的资料进行计算。若未确定产品型号时，可进行估算，即小区引入管水表在生活用水工况时，宜取 0. 03MPa，校核消防工况时，宜取 0. 05MPa。

思考题与习题

1. 简述建筑内部生活给水系统设计的步骤和方法。
2. 如何确定高位水箱、贮水池的容积?
3. 建筑生活给水设计秒流量的计算方法有几种? 各适用于什么情况?
4. 建筑生活给水系统中， 供水水质污染的主要原因及防止措施是什么?
5. 简述建筑给水系统的组成和压力计算的方法。
6. 建筑给水管道布置与敷设的基本要求有哪些?
7. 叠压给水方式的原理和特点是什么?

第六章　建筑消防

建筑消防灭火设施有消火栓灭火系统、消防炮灭火系统、自动喷水灭火系统、水喷雾灭火系统、细水雾灭火系统、泡沫灭火系统、洁净气体灭火系统、干粉灭火系统、建筑灭火器等。

第一节　火灾类型、建筑物分类及危险等级

一、火灾分类

可燃物与氧化剂作用发生的伴有火焰、发光和（或）发烟现象的放热反应称为燃烧。可燃物、氧化剂和温度（引火源）是火灾发生的必要条件。火灾是由于燃烧所造成的灾害，根据可燃物的性质、类型和燃烧特性，火灾可分为五类（表6-1）。

火灾分类　　表6-1

火灾类型	燃烧物
A类火灾	固体物质火灾，如木材、棉麻等有机物质
B类火灾	可燃液体或可熔化固体物质火灾，如汽油、柴油等
C类火灾	气体火灾，如甲烷、天然气等
D类火灾	金属火灾，如钾、钠、镁等
E类火灾	物体带电燃烧火灾

二、灭火机理

燃烧的充分条件包括一定的可燃物浓度、一定的氧气含量、一定的点火能量和不受抑制的链式反应。灭火就是采取一定的技术措施破坏燃烧条件，使燃烧终止反应的过程。灭火的基本原理是冷却、窒息、隔离和化学抑制，前三种主要是物理过程，后一种为化学过程。

水基灭火剂的主要灭火机理是冷却和窒息等，冷却功能是灭火的主要作用。消火栓灭火系统、消防炮灭火系统、自动喷水灭火系统、水喷雾灭火系统和细水雾灭火系统等，均是以水为灭火剂的灭火系统。消火栓灭火系统、消防水炮灭火系统和自动喷水灭火系统灭火机理主要是冷却，可扑灭A类火灾；水喷雾灭火系统和细水雾灭火系统，具有冷却、窒息、乳化、稀释等灭火作用，可扑灭A、B和E类火灾。

泡沫灭火机理主要是隔离作用，同时伴有窒息作用，可扑灭A、B类火灾。泡沫灭火系统分为低、中、高三种泡沫系统：低倍数泡沫的发泡倍数是20倍以下，中倍数泡沫的发泡倍数是21～200之间，高倍数泡沫的发泡倍数是201～1000之间。

常见气体灭火系统有：七氟丙烷（HFC-227ea）灭火系统、混合惰性气体（IG-541）灭火系统、二氧化碳灭火系统等。气体具有化学稳定性好、易储存、腐蚀性小、

不导电、毒性低、蒸发后不留痕迹的优点，适用于扑救多种类型的火灾。气体系统灭火机理因灭火剂而异，一般是由冷却、窒息、隔离和化学抑制等机理组成，可扑灭A、B、C和E类火灾。

干粉灭火剂是一种利用干粉基料和添加剂组成的干化学灭火剂，具有干燥和易流性，可在一定气体压力作用下喷成粉雾状而灭火。干粉灭火剂通常可分为物理灭火和化学灭火两种功能，以磷酸铵盐和碳酸氢盐灭火剂为主。磷酸铵盐适合扑灭A、B、C、E类火灾；碳酸氢盐适合于扑灭B、C类火灾或带电的B类火灾，钾原子俘获自由基半径大，其灭火效果比碳酸氢钠更好。物理灭火主要是干粉灭火剂吸收燃烧产生的热量，使显热变成潜热，燃烧反应温度骤降，不能维持持续反应所需的热量，中止燃烧反应、火焰熄灭。化学灭火机理分为均相和非均相化学灭火，均相灭火机理是燃烧所产生的自由基与碳酸氢盐受热分解的产物碳酸盐反应生成氢氧化物，非均相化学灭火机理是碳酸氢盐受热分解，以Na_2O或金属Na气体形态出现，进入气相，中断火焰中自由基链式传递，火焰熄灭。

蒸汽灭火系统可利用惰性气体，且含高热量的蒸汽在与燃烧物质接触时，稀释了燃烧范围内空气中的含氧量，缩小燃烧范围，降低燃烧强度。该系统是由蒸汽源、输配汽干管、支管、配汽管道、伸缩补偿器等组成，可用于扑灭燃油和燃气锅炉房、油泵房、重油罐区等场所的火灾。

三、建筑物分类

按使用性质建筑物可分为厂房、仓库、民用建筑三类。根据建筑构件的燃烧性能和耐火极限，民用建筑物和厂房（仓库）的耐火等级分为一、二、三和四级。

建筑高度是指建筑物室外地面到其檐口或屋面面层的高度（屋顶上的水箱间、电梯机房、排烟机房以及楼梯出口小间等不计入建筑高度）。按建筑高度建筑物可分为多层建筑和高层建筑。多层民用建筑是指9层及9层以下居住建筑（包括首层设置商业服务网点的住宅），建筑高度不大于24m的其他民用建筑，建筑高度超过24m的单层公共建筑；高层民用建筑是指10层及10层以上的住宅（包括首层设置商业服务网点的住宅），建筑高度超过24m的2层以及2层以上的公共建筑。

多层厂房（仓库）是指建筑高度不大于24m的仓库和厂房，建筑高度超过24m的单层仓库和厂房；高层厂房（仓库）是指建筑高度超过24m的2层以及2层以上的仓库和厂房；高架仓库是指货架高度超过7m且机械操作或自动化控制的货架库房。

建筑物火灾危险等级表明火灾危险性大小、火灾发生频率、可燃物数量、单位时间内释放的热量、火灾蔓延速度以及扑救难易程度。按《高层民用建筑设计防火规范》分为一类和二类高层建筑（表6-2）。

一类和二类高层建筑 表6-2

名称	一类	二类
居住建筑	高级住宅 19层及19层以上的普通住宅	10~18层的普通住宅

续表

名称	一类	二类
公共建筑	1. 医院 2. 高级旅馆 3. 建筑高度超过50m或每层建筑面积超过1000m^{3}的商业楼、展览楼、综合楼、电信楼、财贸金融楼 4. 建筑高度超过50m或每层建筑面积超过1500m^{3}的商住楼 5. 中央级和省级（含计划单列市）广播电视楼 6. 网局级和省级（含计划单列市）电力调度楼 7. 省级（含计划单列市）邮政楼、防灾指挥调度楼 8. 藏书超过100万册的图书馆、书库 9. 重要的办公楼、科研楼、档案楼 10. 建筑高度超过50m的教学楼和普通的旅馆、办公楼、科研楼、档案楼等	1. 除一类建筑以外的商业楼、展览楼、综合楼、电信楼、财贸金融楼、商住楼、图书馆、书库 2. 省级以下的邮政楼、防灾指挥调度楼、广播电视楼、电力调度楼 3. 建筑高度不超过50m的教学楼和普通的旅馆、办公楼、科研楼、档案楼等

第二节 消火栓给水系统

消防给水由室外消防给水系统、室内消防给水系统共同组成。室外消防给水系统的主要形式是室外消火栓给水系统，其主要作用是作为室内外消防设备的消防水源。室内消火栓给水系统是室内消防给水系统的主要类型之一。

一、消火栓给水系统设置场所

（一）室外消火栓给水系统

室外消火栓是城镇、居住区、建（构）筑物最基本的消防设施，在城市、居住区、工厂、仓库等的规划和建筑设计时，必须同时设计消防给水系统，民用建筑、厂房（仓库）、储罐（区）、堆场应设室外消火栓。

耐火等级不低于二级且建筑体积不超过3000m^{3}的戊类厂房或居住区人数不超过500人，且建筑物不超过二层的居住区，可不设消防给水。

（二）室内消火栓给水系统

在下列建筑物中设置室内消火栓给水系统：高层厂房（仓库）和民用建筑；超过7层的住宅应设置室内消火栓系统，当有困难时，可只设置干式消防竖管和不带消火栓箱的*DN*65的室内消火栓；超过5层或体积超过10000m^{3}的办公楼、教学楼、非住宅类居住建筑等民用建筑；体积大于5000m^{3}的车站、码头、机场的候车（船、机）楼以及展览建筑、商店、旅馆、病房楼、门诊楼、图书馆等；特等、甲等剧场，超过800个座位的其他等级的剧场和电影院等，超过1200个座位的礼堂、体育馆等；建筑占地面积大于300m^{2}的厂房（仓库），建筑面积大于300m^{2}的人防工程或地下建筑。

国家级文物保护单位的重点砖木或木结构的古建筑，宜设置室内消火栓。

耐火等级为一、二级且停车数超过5辆的汽车库，停车数超过5辆的停车场以及Ⅰ、Ⅱ、Ⅲ类修车库，应设消防给水系统。建筑内有消防给水系统，停车数小于上述规定时亦应设置消火栓。

除城市交通四类隧道和行人或通行非机动车辆的三类隧道外，其他城市交通隧道应设置消防给水系统。

在建筑面积大于200m^{2}的商业服务网点、设有室内消火栓的人员密集公共建筑等场所，应（宜）设置消防软管卷盘或轻便消防水龙。

可不设置室内消火栓的场所有：存有与水接触能引起燃烧爆炸物品的建筑物内；室内没有生产、生活给水管道，室外消防用水取自储水池且建筑体积小于等于5000m^{3}的其他建筑；耐火等级为一、二级且可燃物较少的单层、多层丁、戊类厂房（仓库），耐火为三、四级且建筑体积小于等于3000m^{3}的丁类厂房和建筑体积小于等于5000m^{3}的戊类厂房（仓库），粮食仓库、金库。

二、室内消火栓给水系统组成及供水方式

（一）组成

室内消火栓给水系统由水枪、水带、消火栓、管网、水源等组成，当室外管网压力不足时需设置消防水泵。

水枪是灭火的主要工具，其作用在于收缩水流，增加流速，产生击灭火焰的充实水柱。水枪喷口直径有13、16、19mm。水带常用直径有50、65mm两种，两端分别与水枪及消火栓连接（图6-1）。消火栓直径有50、65mm两种，高层建筑消火栓的栓口直径应为65mm，水带长度不应超过25m，水枪喷嘴口径不应小于19mm。

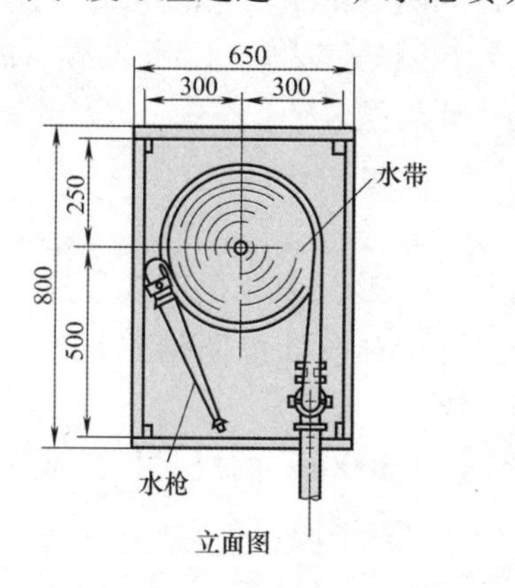

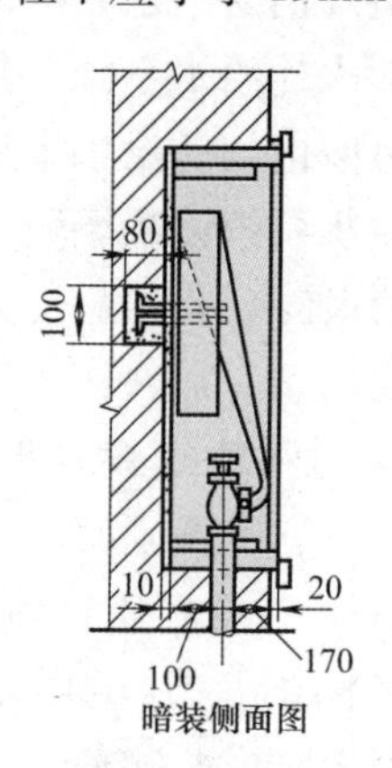

图6-1 消防箱

（二）供水方式

室内消火栓给水系统有高压给水系统和临时高压给水系统。常见供水方式如下。

1. 高压给水系统（图6-2）

室外给水管网的水量和水压能满足最不利点灭火设施的需要，可不设高位消防水箱。

2. 临时高压给水系统（图6-3）

室外给水管网的水量或水压在平时不能满足灭火设施需要，当火灾发生需消防供水时，临时启动消防水泵加压供水，应设高位消防水箱。高层建筑屋顶应设一个装有压力显示装置的供平时检查使用的消火栓，采暖地区可设在顶层出口处或水箱间内。多层建筑平屋顶宜设屋顶消火栓。

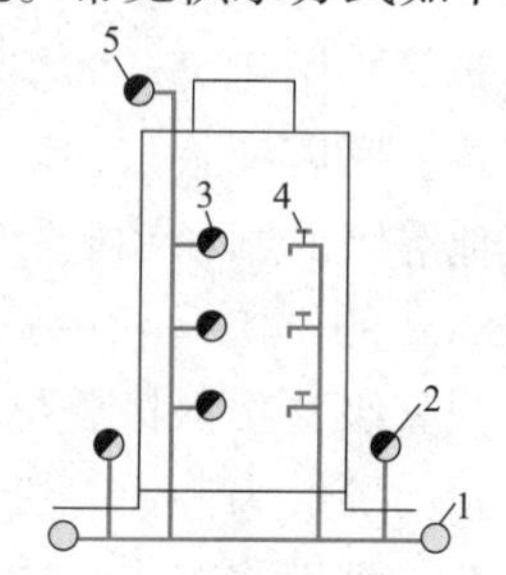

图6-2 高压给水系统

1—室外给水环状管网；2—室外消火栓；3—室内消火栓；4—生活用水点；5—检验用消火栓

3. 高层建筑消防给水系统竖向分区

高层建筑消防给水系统分区原则：消火栓栓口的静水压力不应超过 1.0MPa；消防给水系统最高压力在运行时不应超过 2.4MPa。常见有四种分区形式：水泵并联、水泵串联、减压阀或减压水箱竖向分区方式（图 6-4～图 6-6）。

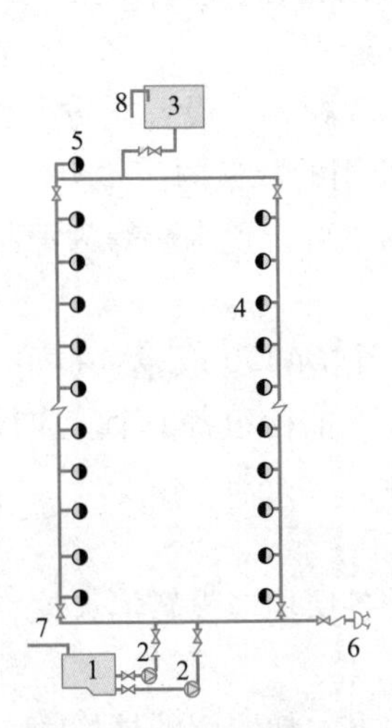

图6-3 临时高压给水系统

1—消防水池；2—消防水泵；3—消防水箱；
4—消火栓；5—屋顶消火栓；6—水泵接合器；
7—水池进水管；8—水箱进水管

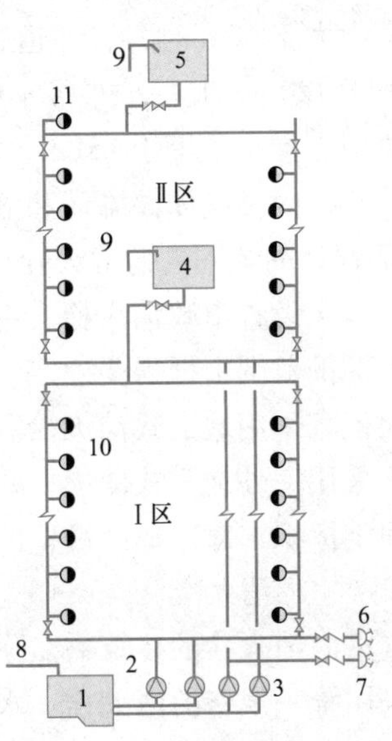

图6-4 并联分区消防给水方式

1—水池；2—Ⅰ区消防水泵；3—Ⅱ区消防泵；
4、5—高位水箱；6、7—水泵接合器；8—水池进水管；
9—水箱进水管；10—消火栓；11—检查用消火栓

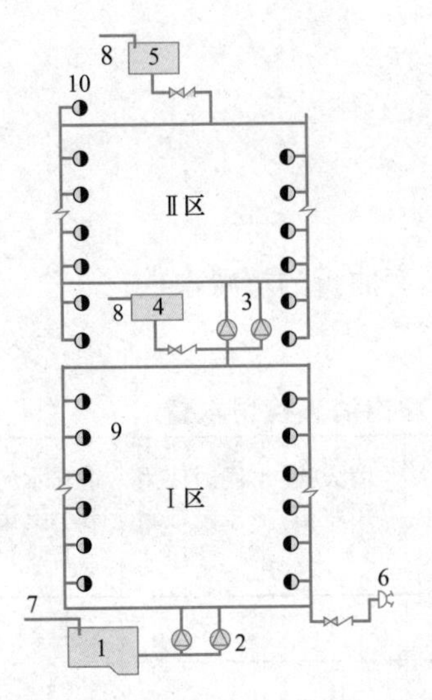

图6-5 串联分区消防给水方式

1—水池；2—Ⅰ区消防水泵；3—Ⅱ区消防泵；
4、5—高位水箱；6—水泵接合器；7—水池进水管；
8—水箱进水管；9—消火栓；10—检查用消火栓

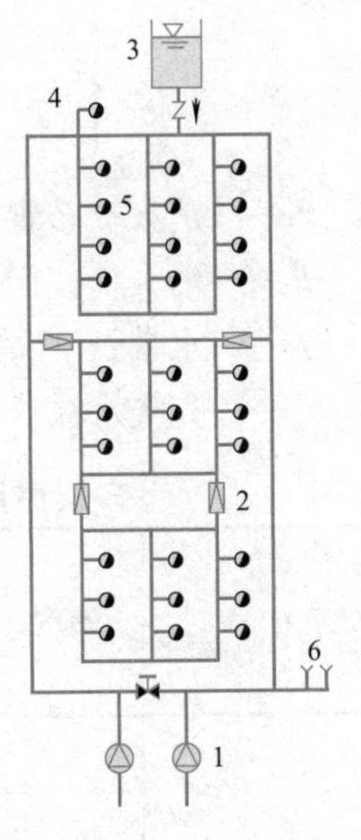

图6-6 减压阀分区消防给水方式

1—消防水泵；2—减压阀；3—高位水箱；
4—检查用消火栓；5—消火栓；
6—水泵接合器

三、消火栓的设置与布置

（一）室外消火栓

消火栓应沿道路、建筑周围的消防车道均匀布置；应设置在便于消防车使用的地点，但不宜布置在建筑物一侧。消火栓距路边不应大于2m，距房屋外墙不宜小于5m。当道路宽度大于60m时，宜在道路两边设置消火栓，并宜靠近十字路口。消火栓的间距不应大于120m，其保护半径不应大于150m；在市政消火栓保护半径150m以内，当室外消防用水量小于等于15L/s时，可不设置室外消火栓。

甲、乙、丙类液体储罐区和液化石油气储罐区的消火栓，应设置在防火堤或防护墙外。距罐壁15m范围内的消火栓，不应计算在该罐可使用的数量内。

寒冷地区设置市政消火栓、室外消火栓确有困难的，可设置水鹤等为消防车加水的设施，其保护范围根据需要确定。

消火栓宜采用地上式消火栓。地上式消火栓应有1个*DN*150或*DN*100和2个*DN*65的栓口。采用室外地下式消火栓时，应有*DN*100和*DN*65的栓口各1个。应设置相应的永久性固定标识。寒冷地区设置的消火栓应有防冻措施。

（二）室内消火栓

设置室内消火栓的建筑物，除无可燃物的设备层外各层均应设置消火栓，同一建筑物内应采用统一规格的消火栓、水枪和水带。

消火栓应布置在建筑物的明显易见、使用便利的地方，如耐火的楼梯间、走廊及出入口处。

室内消火栓的配置，应保证表6-3中规定的水柱股数同时达到室内任何地点。当要求有一股水柱到达室内任何角落且消火栓双排布置时，其布置间距（见图6-7）可按下式计算：

$$S=\sqrt{2}R=1.4R \tag{6-1}$$

$$R=0.9L+S_k\cos 45° \tag{6-2}$$

式中 S——消火栓布置间距，m；

R——消火栓作用半径，m；

L——水带长度，0.9是考虑到水带转弯曲折的折减系数；

S_k——充实水柱长度，m。

多层民用建筑和工业建筑物室内消火栓用水量 表6-3

建筑名称	高度、层数、体积或座位数	消火栓用水量（L/s）	同时使用水枪数量（支）	每支水枪最小流量（L/s）	每根竖管最小流量（L/s）
厂房	高度≤24m、体积≤10000m³	5	2	2.5	5
	高度≤24m、体积>10000m³	10	2	5	10
	高度>24m至50m	25	5	5	15
	高度>50m	30	6	5	15

续表

建筑名称	高度、层数、体积或座位数	消火栓用水量(L/s)	同时使用水枪数量(支)	每支水枪最小流量(L/s)	每根竖管最小流量(L/s)
库房	高度≤24m、体积≤5000m³	5	1	5	5
	高度≤24m、体积>5000m³	10	2	5	10
	高度>24m至50m	30	6	5	15
	高度>50m	40	8	5	15
科研楼、试验楼	高度≤24m、体积≤10000m³	10	2	5	10
	高度≤24m、体积>10000m³	15	3	5	10
车站、码头、机场建筑物和展览馆等	5001~25000m³	10	2	5	10
	25001~50000m³	15	3	5	10
	>50000m³	20	4	5	15
商店、病房楼、教学楼等	5001~25000m³	5	2	2.5	5
	25001~50000m³	10	2	5	10
	>50000m³	15	3	5	10
剧院、电影院、俱乐部、礼堂、体育馆等	801~1200	10	2	5	10
	1201~5000座	15	3	5	10
	5001~10000座	20	4	5	15
	>10000座	30	6	5	15
住宅	7~9层	5	2	2.5	5
其他建筑	≥6层或体积≥10000m³	15	3	5	10
国家级文物保护单位的重点砖木或木结构的古建筑	体积≤10000m³	20	4	5	10
	体积>10000m³	25	5	5	15

注：1. 丁、戊类高层工业建筑室内消火栓的用水量可按本表减少10L/s，同时使用水枪数量可按本表减少2支。

2. 消防软管卷盘或轻便消防水龙及住宅楼梯间中的干式消防立管上设置的消火栓，可不计入消防用水量。

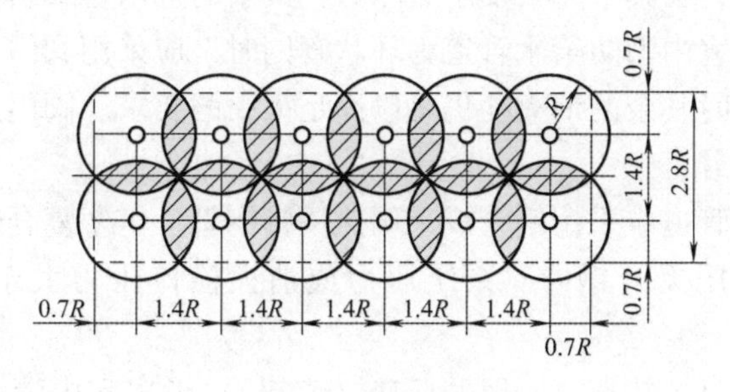

图6-7 消火栓布置间距

18层及18层以下单元式住宅，18层及18层以下且每层不超过8户、建筑面积不超过650m² 的塔式住宅，消火栓宜设置在楼梯间的首层和各层楼层休息平台上，当设两根消防竖管有困难时，可设一根竖管（采用双阀双出口型消火栓）。干式消火栓竖管应在首层靠出口部位设置便于消防车供水的快速接口和止回阀。

消防电梯前室应设消火栓，该消火栓可作为普通室内消火栓使用并计算在室内消火栓布置数量内。

室内消火栓应设置在位置明显且易于操作的部位。大房间或大空间的消火栓应首先考虑设置在疏散门的附近；车库内消火栓设置位置不应影响汽车的通行和车位的设置；剧院、礼堂等的消火栓应布置在舞台口两侧和观众厅内，在休息室内不宜设消火栓，以利发生火灾时人员疏散；冷库内的消火栓应设置在常温穿堂或楼梯间内。

严寒地区非采暖库房的室内消火栓可采用干式系统，但在进水管道上应设快速启闭装置，管道最高处应设排气阀。

高层厂房（仓库）和高位消防水箱静压不能满足最不利点消火栓水压要求的其他建筑，应在每个室内消火栓处设置直接启动消防水泵的按钮，并应有保护设施。

设有屋顶直升机停机坪的公共建筑，应在停机坪出入口处或非用电设备机房处设消火栓，且距停机坪的距离不应小于5m。

四、消防管网及附件的设置要求

（一）室外消防管网

室外消防给水管道的最小直径不应小于*DN*100，应布置成环状，当室外消防用水量小于15L/s时，可布置成枝状。向环状室外消防给水管网输水的进水管不应少于两条，并宜从两条市政给水管道引入，当其中一条进水管发生故障时，其余进水管应仍能保证全部用水量。环状管道应用阀门分成若干独立段，每段内消火栓的数量不宜超过5个，环状管网的节点处宜设置必需的阀门。室外消防管道宜采用球墨铸铁管、钢丝网骨架塑料复合管和加浸防腐的钢管等管材。

（二）室内消防管网

室内消防竖管直径不应小于*DN*100。当室内消火栓数不超过10个且室外消防用水量不大于15L/s时可采用支状管网。高层建筑、人防工程、汽车库及修车库消火栓数大于10个、多层建筑消火栓数大于10个且室外消防用水量大于15L/s时，室内消防给水管道应布置成环状；室内消防给水环状管网的进水管和区域高压或临时高压给水系统的引入管不应少于2条，当其中一根发生故障时，其余的进水管或引入管应能保证消防用水量和水压的要求。室内消防给水管道为环状管网时，应采用阀门分成若干独立段。阀门的设置应保证检修时其余的消火栓仍可以满足灭火的要求。阀门应保持常开，并应有明显的启闭标志或信号。

室内消火栓系统管道应采用钢管或采用热浸锌钢管、钢塑复合管。当系统工作压力大于1.2MPa时宜采用无缝钢管。系统压力或消火栓口压力大于规定值时，应设减压阀。

设置室内消火栓且层数超过4层的厂房（库房）、设置室内消火栓且层数超过5层的公共建筑、高层民用建筑和高层厂房（库房）应设水泵接合器。水泵接合器应设在室外便于消防车使用和接近的地点，距人防工程出入口不宜小于5m，距室外消火栓或消防水池的距离宜为15～40m。水泵接合器数量应按室内消防用水量经计算确定，每个水泵接合器的流量宜按10～15L/s计算，水泵接合器数量不宜小于两个。

五、消火栓给水系统设计用水量

建筑的全部消防用水量应为其室内外消防用水量之和。

（一）室外消防用水量（城市、居住区）

城市、居住区的室外消防用水量与人口数量、建筑密度、建筑物规模等因素有关。城市、居民区在同一时间内发生的火灾次数根据人口数量确定，不应小于表6-4的规定。

城市、居住区同一时间内的火灾次数和一次灭火用水量　表6-4

人数 N（万人）	同一时间内的火灾次数（次）	一次灭火用水量（L/s）	人数 N（万人）	同一时间内的火灾次数（次）	一次灭火用水量（L/s）
≤1.0	1	10	$30<N\leq40$	2	65
$1.0<N\leq2.5$	1	15	$40<N\leq50$	3	75
$2.5<N\leq5$	2	25	$50<N\leq60$	3	85
$5<N\leq10$	2	35	$60<N\leq70$	3	90
$10<N\leq20$	2	45	$70<N\leq80$	3	95
$20<N\leq30$	2	55	$80<N\leq100$	3	100

（二）室内消火栓用水量

1. 多层民用建筑和工业建筑物室内消火栓用水量

多层民用建筑和工业建筑物室内消火栓用水量参见表6-3。

建筑物内同时设置室内消火栓系统、自动喷水灭火系统、水喷雾灭火系统、泡沫灭火系统或固定消防炮灭火系统时，其室内消防用水量应按需要同时开启的上述系统用水量之和计算；当上述多种消防系统需要同时开启时，室内消火栓用水量可减少50%，但不得小于10L/s。

消防用水与其他用水合用的室内管道，当其他用水达到最大小时流量时，应仍能保证供应全部消防用水量。

2. 高层民用建筑室外、室内消火栓给水系统用水量

高层建筑的消防用水总量应按室内外消防用水量之和计算。高层建筑内设有消火栓、自动喷水、水幕、泡沫等灭火系统时，其室内消防用水量应按需要同时开启的灭火系统用水量之和计算。高层民用建筑室外、室内消火栓给水系统用水量见表6-5的规定。

六、消防水池、消防水箱及消防水泵

（一）消防水池

市政给水管道或天然水源不能满足消防用水量，或市政给水管道为枝状或只有1条进水管时，应设置消防水池。

消防水池有效容积可按下式计算：

$$V_f=3.6\,(Q_n+Q_w-Q_b)\cdot T_b \tag{6-3}$$

式中　V_f——消防水池的有效容积，m^3；

Q_n——室内消防用水量，L/s；

Q_w——室外给水管网不能保证的室外消防用水量，L/s；

高层民用建筑室内外消火栓给水系统的用水量 表6-5

高层建筑类别	建筑高度(m)	消火栓用水量(L/s)		每根竖管最小流量(L/s)	每支水枪最小流量(L/s)
		室外	室内		
普通住宅	≤50	15	10	10	5
	>50	15	20	10	5
1. 高级住宅 2. 医院 3. 二类建筑的商业楼、展览楼、综合楼、财贸金融楼、电信楼、商住楼、图书馆、书库 4. 省级以下的邮政楼、防灾指挥调度楼、广播电视楼、电力调度楼 5. 建筑高度不超过50m的教学楼和普通的旅馆、办公楼、科研楼、档案楼等	≤50	20	20	10	5
	>50	20	30	15	5
1. 高级旅馆 2. 建筑高度超过50m或每层建筑面积超过1000m² 的商业楼、展览楼、综合楼、财贸金融楼、电信楼 3. 建筑高度超过50m或每层建筑面积超过1500m² 的商住楼 4. 中央和省级（含计划单列市）广播电视楼 5. 网局级和省级（含计划单列市）电力调度楼 6. 省级(含计划单列市)邮政楼、防灾指挥调度楼 7. 藏书超过100万册的图书馆、书库 8. 重要的办公楼、科研楼、档案楼 9. 建筑高度超过50m的教学楼和普通的旅馆、办公楼、科研楼、档案楼等	≤50	30	30	15	5
	>50	30	40	15	5

注：1. 建筑高度不超过50m，室内消火栓用水量超过20L/s，且设有自动喷水灭火系统的建筑物，其室内外消防用水量可按本表减少5L/s。
2. 增设的消防软管卷盘设备，其用水量可不计入消防用水量。

Q_b——在火灾延续时间内室外给水管网可连续补充给消防水池的进水量，L/s；

T_b——火灾延续时间，h；高层民用建筑（商业楼、展览楼、综合楼，以及一类建筑的财贸金融楼、图书馆、重要档案楼、科研楼和高级宾馆）应按3.0h计算；低层、多层民用建筑不应小于2.0h。

总容量超过500m³ 时，应分成两个能独立使用的消防水池。

（二）消防水箱

设置临时高压给水系统的建筑物应设置消防水箱（包括气压水罐、水塔、分区给水系统的分区水箱）。消防水箱应储存10min的消防用水量，有效容积可按下式计算：

$$V_x = 0.6Q_x \tag{6-4}$$

式中 V_x——消防水箱内储存的消防用水量，m³；

Q_x——室内消防用水总量，L/s；

0.6——单位换算系数。

高层民用建筑消防水箱有效容积：一类公共建筑不应小于 $18m^3$；二类公共建筑和一类居住建筑不应小于 $12m^3$；二类居住建筑不应小于 $6m^3$。并联给水方式的分区消防水箱容量应与高位消防水箱相同。

工业建筑和多层民用建筑消防水箱应储存 10min 的消防用水量。当室内消防用水量小于等于 25L/s，经计算水箱消防储水量大于 $12m^3$ 时，仍可采用 $12m^3$；当室内消防用水量大于 25L/s 时，经计算消防水箱所需消防储水量大于 $18m^3$ 时，仍可采用 $18m^3$。

消防水箱应布置在建筑物的最高部位，依靠重力自流供水。其设置高度应保证最不利点消火栓静水压力，当建筑高度不超过 100m 时，高层建筑最不利点消火栓静水压力不应低于 0.07MPa；当建筑高度超过 100m 时，高层建筑最不利点消火栓静水压力不应低于 0.15MPa。

当消防水箱不能满足上述静水压力要求时，应设置增压设施。增压水泵的出水量，对消火栓给水系统不应大于 5L/s；对自动喷水灭火系统不应大于 1L/s。气压水罐的调节水容量宜为 450L。

（三）消防水泵及泵房

消防水泵的设计流量不应小于该消火栓给水系统的设计灭火用水量。当消防给水管网与生产、生活给水管网合用时，其流量不小于生产、生活最大小时用水量与消防设计用水量之和。消防水泵的扬程，应满足各系统最不利点灭火设备所需水压。

独立建造的消防水泵房，其耐火等级不应低于二级。附设在建筑物内的消防水泵房，应采用耐火极限不低于 2.0h 的隔墙和 1.5h 的楼板与其他部位隔开。消防泵房的门应采用甲级防火门。并应有与本单位消防队直接联络的通信设备（设在楼层的耐火等级为二级的泵房除外）。消防泵房应选择在远离要求安静房间的位置，并应采用适宜的消声隔振措施。消防泵房应设置排水、供暖、起重、通风、照明、通信等设施。

第三节　自动喷水灭火系统

自动喷水灭火系统是一种能自动喷水并自动地发出火警信号的消防系统，为了及时扑灭初期火灾，在火灾危险性较大的建筑物内常设置自动喷水灭火系统。根据系统的作用形式和特点将自动喷水灭火系统分为：湿式灭火系统、干式灭火系统、预作用系统、雨淋系统、水幕系统和自动喷水-泡沫联用系统等几种形式。

一、系统分类

（一）湿式自动喷水灭火系统

如图 6-8 所示，系统由闭式喷头、湿式报警阀、报警装置、管系和供水设施等组成。日常系统报警阀上下管道内均充满有压水，在发生火情，室温升高到设定值时，喷头自动被打开而喷水。这种系统具有灭火速度快、安装简单，适用于室温经常保持在 4~70℃的场所。

（二）干式自动喷水灭火系统

干式喷水灭火系统由自动喷头、干式报警阀、报警装置、管系、充气设备和供水设施组成（图 6-9）。这种类型系统日常报警阀上部管系内充满压力气体，适用于室温低于4℃或高于70℃的场所。因其发生火灾时系统灭火速度较慢，不宜用于火事燃烧速度快的场所。

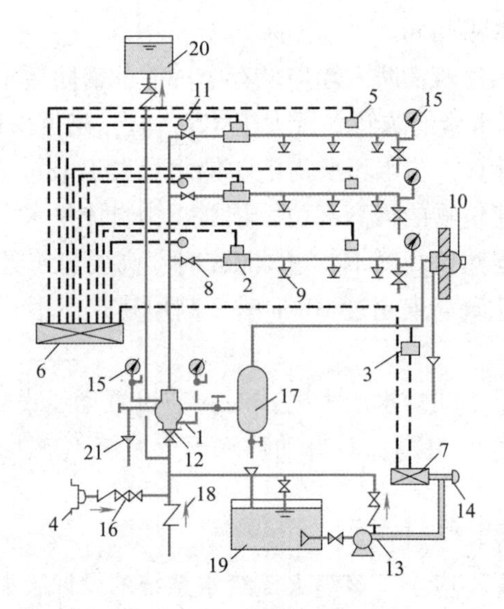

图6-8　湿式自动喷水灭火系统

1—湿式报警阀；2—水流指示器；3—压力继电器；4—水泵接合器；5—感烟探测器；6—火灾收信机；7—电气自控箱；8—减压孔板；9—闭式喷头；10—水力警铃；11—火灾探测器；12—闸阀；13—水泵；14—按钮；15—压力表；16—安全阀；17—延迟器；18—止回阀；19—水池；20—高位水箱；21—排水漏斗

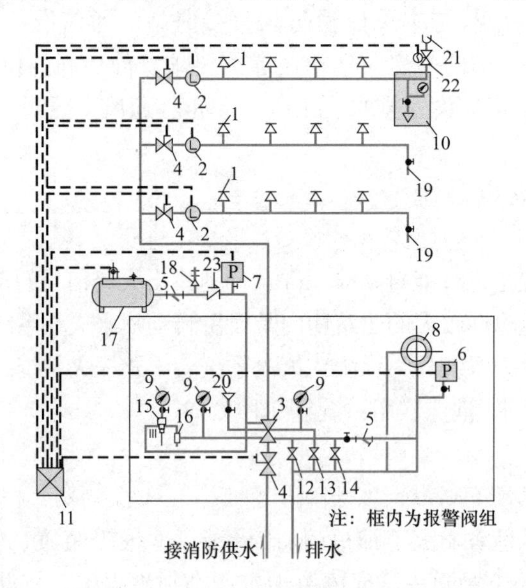

图6-9　干式自动喷水灭火系统

1—闭式喷头；2—水流指示器；3—干式报警阀；4—信号阀；5—过滤器；6、7—压力开关；8—水力警铃；9—压力表；10—末端试水装置；11—火灾报警控制器；12—泄水阀；13—试验阀；14—自动滴水球阀；15—加速器；16—抗洪装置；17—空压机；18—安全阀；19—试水阀；20—注水口；21—快速排气阀；22—电动阀；23—止回阀

（三）预作用自动喷水灭火系统

预作用喷水灭火系统是由火灾探测器、闭式喷头、预作用阀、报警装置、管系、供水设施等组成。当安装闭式喷头场所发生火灾时，闭式喷头受热到一定规定值会开启，同时火灾探测器会传感信号到火灾信号控制器而自动开启预作用阀，压力水会很快由喷头喷出。这类系统不受安装场所温度限制，不会因误喷而造成水灾。

（四）雨淋喷水灭火系统

雨淋喷水灭火系统是由火灾探测器、开式喷头、雨淋阀、报警装置、管系和供水设施等组成（图6-10）。当装置开式喷头场所发生火灾时，火灾报警装置会自动报警同时雨淋阀自动开启而在管系内充水灭火。这类系统适用于火灾蔓延速度快、危险性大的场所。

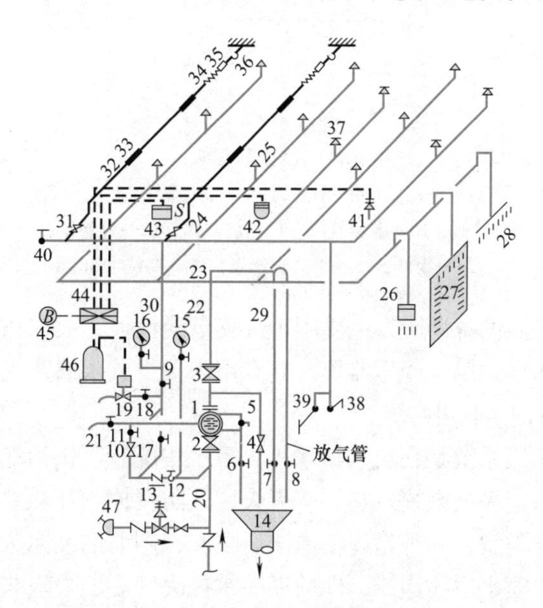

图6-10　雨淋灭火系统

1—雨淋阀；2、3、4—闸阀；5、6、7、8、9—截止阀；10—小孔闸阀；11、12—截止阀；13—止回阀；14—漏斗；15、16—压力表；17、18—截止阀；19—电磁阀；20—供水干管；21—水嘴；22、23、24—配水管；25—开式喷头；26—淋水器；27—淋水环；28—水幕；29—溢流管；30—传动管；31—传动阀门；32—钢丝绳；33—拉紧弹簧；34—易熔锁封；35—拉紧连接器；36—钢丝绳钩子；37—闭式喷头；38—手动开关；39—长柄手动开关；40—截止阀；41、42、43—探测器；44—收信机；45—报警装置；46—自控箱；47—水泵结合器

（五）水幕系统

水幕系统是由开式水幕喷头、控制阀、管系、火灾探测器、报警设备及供水设施等组成（图6-11），作用是防止火焰蹿过门、窗等孔洞蔓延，也可在无法设置防火墙的地方用于防火隔断。比如，在同一厂房内由于生产类别不同或工艺过程要求不允许设置防火墙时，可采用水幕设备作为阻火设施；在剧院舞台口上方设置水幕，阻止舞台火势向观众厅蔓延。

（六）水喷雾系统

水喷雾系统与雨淋喷水系统类同，除采用喷雾喷头外，其他组成部分与雨淋系统相同。在水压作用下利用雾喷头将水流分解成细小雾状水滴后喷向燃烧物质表面，适用于存

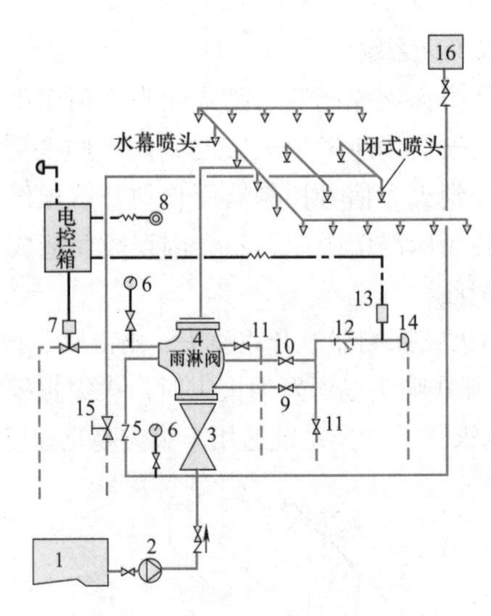

图6-11 水幕系统

1—水池；2—水泵；3—闸阀；4—雨淋阀；5—止回阀；6—压力表；7—电磁阀；8—按钮；9—试警铃阀；10—警铃管阀；11—放水阀；12—过滤器；13—压力开关；14—警铃；15—手动快开阀；16—高位水箱

放或使用易燃液体和电器设备场所，主要用于火灾危险性大、火灾扑救难度大的设施，如柴油机发电机房、燃油锅炉房、变压器等，具有用水量少、水渍造成损失小的优点。

（七）自动喷水－泡沫联用系统

自动喷水－泡沫联用系统是在自动喷水灭火系统中配置可供给泡沫混合液的设备，既可喷水又可喷泡沫的固定灭火系统。它具有灭火、预防及控制和暴露防护的功能。系统根据喷水先后可分为两种类型：一种是先喷泡沫后喷水，即前期喷泡沫灭火，后期喷水冷却防止复燃。另一种是先喷水后喷泡沫，即前期喷水控火，后期喷泡沫强化灭火效果。

二、系统主要组件

自动喷水灭火系统由喷头、报警装置、管网、加压贮水设备和火灾探测器等组成。

（一）喷头类型

闭式喷头可用于湿式系统、干式系统、预作用系统。在喷头的喷口处设有定温封闭装置，当环境温度达到其动作温度时，该装置可自动开启。为防误动作选择喷头时，要求喷头的公称动作温度比使用环境的最高温度要高30℃。

开式喷头是不安装感温元件的喷头，用于雨淋系统。水幕喷头不直接用于灭火，用于水幕系统。可喷出一定形状的幕帘起阻隔火焰穿透、吸热和隔烟等作用。

水喷雾喷头用于水喷雾系统，自动喷水－泡沫联用系统。可使一定压力的水经过喷头后，形成雾状水滴并按一定的雾化角度喷向设定的保护对象以达到冷却、抑制和灭火目的。

特殊喷头如快速反应洒水喷头用于对启动时间有要求的场所，启动时间短可及时喷水灭火；大水滴洒水喷头适用于高架库房等火灾危险等级高的场所，喷出的大水滴具有较大的冲击力；扩大覆盖面洒水喷头可降低系统造价，单个喷头的保护面积可达30～36m^2。

（二）报警装置

报警阀的作用是开启和关断管网的水流，传递控制信号至控制系统并启动水力警铃直接报警。湿式报警阀用于湿式自动喷水灭火系统；干式报警阀用于干式自动喷水灭火系统；干—湿式报警阀用于干式和湿式交替应用的自动喷水灭火系统；雨淋式报警阀用于雨淋式、预作用式、水幕式、水喷雾式自动喷水灭火系统。

水流报警装置有水力警铃、水流指示器和压力开关。水流指示器是用于自动喷水灭火系统中将水流信号转换成电信号的一种报警装置，其最大工作压力为1.2MPa，一般有20～30s的延迟时间才会报警。压力开关是一种压力型水流探测开关，安装在延迟器和水力警铃之间的报警管路上，报警阀开启后，压力开关在水压的作用下接通电触点，发出电信号。

延迟器为罐式容器，安装于报警阀与水力警铃（或压力开关）之间，其作用是防止因水源压力波动引起误报警，一般延迟时间在15～90s之间可调。

（三）供水设备和管道及设计参数

供水设备包括水泵、气压供水设备、水池和高位水箱、水泵接合器等。采用临时高压给水系统的自动喷水灭火系统，宜设置独立的消防水泵（喷淋系统），并应设置备用泵。当与消火栓系统合用消防水泵时，系统管道应在报警阀前分开。

采用临时高压给水系统的自动喷水灭火系统，应设高位消防水箱，其储水量应按有关规范规定确定。消防水箱的供水应满足系统最不利点处喷头的最低工作压力和喷水强度，其设置高度不能满足系统最不利点处喷头的最低工作压力时，系统应设置增压稳压设施。无法设置高位消防水箱时，系统应设气压供水设备。

自动喷水灭火系统应设水泵接合器，其数量应按系统的设计流量确定，每个水泵接合器的流量宜按10～15L/s计算。

自动喷水灭火系统的管材应使用热镀锌钢管、钢塑复合管或PVC－C塑料管。

（四）火灾危险等级及设计基本参数

自动喷水灭火系统设置场所的火灾危险等级，根据其用途、容纳物品的火灾荷载及室内空间条件等因素进行划分（见表6-6），其设计基本参数见表6-7。

自动喷水灭火系统设置场所火灾危险等级划分　　表6-6

<table>
<tr><th>设置场所危险等级</th><th>轻危险级</th><th>中危险级</th><th>严重危险级</th><th>仓库危险级</th></tr>
<tr><td rowspan="3">等级</td><td rowspan="3">不分级</td><td>Ⅰ</td><td>Ⅰ</td><td>Ⅰ</td></tr>
<tr><td>Ⅱ</td><td>Ⅱ</td><td>Ⅱ</td></tr>
<tr><td>—</td><td>—</td><td>Ⅲ</td></tr>
</table>

民用建筑和工业厂房的系统设计参数　　表6-7

<table>
<tr><th colspan="2">火灾危险等级</th><th>净空高度
（m^2）</th><th>喷水强度
［L/（min·m^2）］</th><th>作用面积
（m^2）</th><th>喷头工作压力
（MPa）</th></tr>
<tr><td colspan="2">轻危险级</td><td rowspan="5">≤8</td><td>4</td><td rowspan="3">160</td><td rowspan="5">1.0</td></tr>
<tr><td rowspan="2">中危险级</td><td>Ⅰ</td><td>6</td></tr>
<tr><td>Ⅱ</td><td>8</td></tr>
<tr><td rowspan="2">严重
危险级</td><td>Ⅰ</td><td>12</td><td rowspan="2">260</td></tr>
<tr><td>Ⅱ</td><td>16</td></tr>
</table>

第四节 灭火器及其他灭火方法

一、灭火器

（一）危险等级及适用条件

建筑灭火器配置场所的危险等级，根据其使用性质、人员密集程度、用电用火情况、可燃物数量、火灾蔓延速度、扑救难易程度等因素确定。

根据灭火器内填充的灭火剂性质不同可分为5类，如图6-12所示。

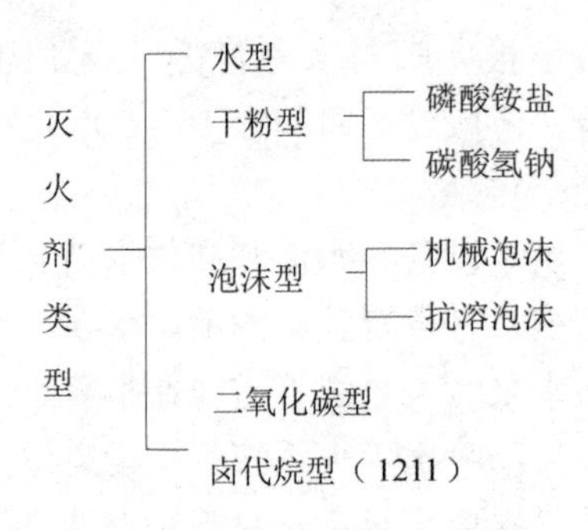

图6-12 灭火剂分类

建筑灭火器的适用条件见表6-8。

建筑灭火器的适用条件 表6-8

火灾类别	水型	干粉型		泡沫型		二氧化碳型	卤代烷1211型
		磷酸铵盐	碳酸氢钠	机械泡沫	抗溶泡沫		
A类火灾	适用于水能冷却并穿透固体燃烧物质而灭火，并可有效防止复燃	适用于粉剂能附着在燃烧物的表面层，起到窒息火焰作用	不适用于碳酸氢钠对固体可燃物无粘附作用，只能控火，不能灭火	适用于具有冷却和覆盖燃烧物表面与空气隔绝的作用	—	不适用于灭火器喷出的二氧化碳无液滴，全是气体，对A类火灾基本无效	适用于具有扑灭A类火灾的效能
B类火灾	不适用于水射流冲击油面，会激溅油火，致使火势蔓延，灭火困难	适用于干粉灭火剂能快速窒息火焰，具有中断燃烧过程的连锁反应的化学活性		适用于非极性溶剂和油品火灾，覆盖燃烧物表面，使其与空气隔绝	适用于扑救极性溶剂火灾	适用于二氧化碳靠气体堆积在燃烧物表面，稀释并隔绝空气	适用于洁净气体灭火剂能快速窒息火焰，抑制燃烧连锁反应，而中止燃烧
C类火灾	不适用于灭火器喷出的细小水流对气体火灾作用很小，基本无效	适用于喷射干粉灭火剂能迅速扑灭气体火焰，具有中断燃烧过程的连锁反应的化学活性		不适用于泡沫对可燃液体的平面灭火有效，但扑救可燃气体火灾基本无效		适用于二氧化碳窒息灭火，不留残渍、不损坏设备	适用于洁净气体灭火剂能抑制燃烧连锁反应，而中止燃烧
E类火灾	不适用	适用	适用于带电的E类火灾	不适用		适用于带电E类火灾	适用

（二） 设置要求

灭火器应设置在位置明显和便于取用的地点，且不得影响安全疏散。对有视线障碍的灭火器设置点，应设置指示其位置的发光标志。灭火器的摆放应稳固，其铭牌应朝外。手提式灭火器宜设置在灭火器箱内或挂钩、托架上，其顶部离地面高度不应大于1.50m；底部离地面高度不宜小于0.08m。

灭火器不宜设置在潮湿或强腐蚀性的地点，当必须设置时，应有相应的保护措施。灭火器设置在室外时，应有相应的保护措施。灭火器不得设置在超出其使用温度范围的地点。

灭火器配置的设计与计算应按计算单元进行。灭火器最小需配灭火级别和最少需配数量的计算值应进位取整。一个计算单元内配置的灭火器数量不得少于2具。灭火器设置点的位置和数量应根据灭火器的最大保护距离确定，并应保证最不利点至少在1具灭火器的保护范围内。每个设置点的灭火器数量不宜多于5具。当住宅楼每层的公共部位建筑面积超过100m^{2}时，应配置1具1A的手提式灭火器；每增加100m^{2}时，增配1具1A的手提式灭火器。

A类火灾场所设置的灭火器，其最大保护距离应符合表6-9的规定。

A类火灾场所设置的灭火器最大保护距离　　表6-9

灭火器形式 / 危险等级	手提式灭火器（m）	推车式灭火器（m）
严重危险级	15	30
中危险级	20	40
轻危险级	25	50

B、C类火灾场所设置的灭火器，其最大保护距离应符合表6-10的规定。

B、C类火灾场所设置的灭火器最大保护距离　　表6-10

灭火器形式 / 危险等级	手提式灭火器（m）	推车式灭火器（m）
严重危险级	9	18
中危险级	12	24
轻危险级	15	30

D类火灾场所，目前无适用的定型产品。

E类火灾场所，通常伴随A类或B类火灾而同时存在，可参考A类或B类火灾场所设置灭火器的要求，但不能低于其规定的要求。

二、泡沫灭火系统

（一） 系统分类及适用条件

泡沫灭火系统分类见图6-13。

低倍数泡沫灭火系统适用于加工、储存、装卸、使用甲（液化烃除外）、乙、丙类液体场所的火灾。但不适用于船舶、海上石油平台等场所设置的泡沫灭火系统的设计。

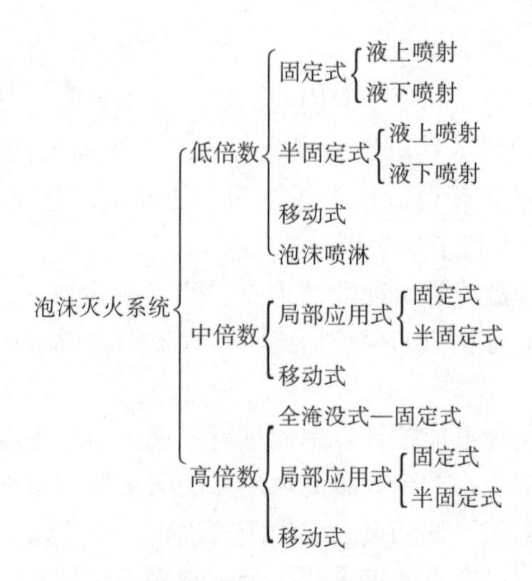

图6-13 泡沫灭火系统分类

高倍数、中倍数泡沫灭火系统适用于：木材、纸张、橡胶、纺织品等 A 类火灾；汽油、煤油、柴油、工业苯等 B 类火灾；封闭的带电设备场所的火灾；控制液化石油气、液化天然气的流淌火灾。但不得用于：硝化纤维、炸药等在无空气的环境中仍能迅速氧化的化学物质与强氧化剂火灾；钾、钠、镁、钛和五氧化二磷等活泼性的金属及化学物质火灾；未封闭的带电设备火灾。

（二） 泡沫灭火剂

泡沫灭火剂是指与水混溶并通过化学反应或机械方法产生灭火泡沫的灭火药剂。它一般由发泡剂、泡沫稳定剂、降粘剂、抗冻剂、助溶剂、防腐剂及水组成。

按泡沫液的性质，泡沫灭火剂分为：1）化学泡沫灭火剂：由发泡剂、泡沫稳定剂、添加剂和水组成。有蛋白泡沫型、氟蛋白泡沫型、水成膜泡沫型、抗溶泡沫型等。主要用于充填 100L 以下的小型泡沫灭火器。2）空气泡沫灭火剂：泡沫液与水通过专用混合器合成泡沫混合液，经泡沫发生器与空气混合产生泡沫。适用于大型泡沫灭火系统。

按泡沫液发泡倍数，泡沫灭火剂分为：低倍数泡沫（发泡倍数一般在 20 倍以下），中倍数泡沫（发泡倍数一般在 21 ~ 200 倍之间），高倍数泡沫（发泡倍数在 201 ~ 1000 倍之间）。

按用途泡沫灭火剂分为：普通泡沫灭火剂，适用于扑救 A 类火灾、B 类非极性液体火灾；抗溶泡沫灭火剂，适用于扑救 A 类火灾、B 类极性液体火灾。

三、气体灭火系统

（一） 分类及设置条件

气体灭火系统可扑救电气火灾、液体火灾或可熔化的固体火灾、灭火前可切断气源的气体火灾、固体表面火灾。不能用于扑救的火灾：电器火灾、含氧化剂的化学制品及混合物（如硝化纤维、硝酸钠等）、活泼金属（钾、钠、镁、钛、镐、铀等）、金属氢氧化物（氢氧化钾、氢氧化钠等）、能自行分解的化学物质（如过氧化氢、联氨等）。按气体种类分类见图 6-14。

按照气体种类分类
- 氮气灭火系统 (IG－100)
- 二氧化碳灭火系统
- 七氟丙烷灭火系统 (HFC－227ea)
- 三氟甲烷灭火系统 (IG－541)
- 混合气体灭火系统 (HFC－23)

图6-14 气体灭火系统的分类

设置气体灭火系统的场所见表6-11。

设置气体灭火系统场所 表6-11

	设置场所	备注
《建筑设计防火规范》	1. 国家、省级或人口超过100万的城市广播电视发射塔楼内的微波机房、分米波机房、米波机房、变配电室和不间断电源（UPS）室； 2. 国际电信局、大区中心、省中心和一万路以上的地区中心内的长途程控交换机房、控制室和信令转接点室； 3. 两万线以上的市话汇接局和六万门以上的市话端局内的程控交换机房、控制室和信令转接点室； 4. 中央及省级治安、防灾和网局级及以上的电力等调度指挥中心内的通信机房和控制室； 5. 主机房建筑面积大于等于140m²的电子计算机房内的主机房和基本工作间的已记录磁（纸）介质库； 6. 中央和省级广播电视中心内建筑面积不小于120m²的音像制品仓库； 7. 国家、省级或藏书量超过100万册的图书馆内的特藏库；中央和省级档案馆内的珍藏库和非纸质档案库；大、中型博物馆内的珍品仓库；一级纸绢质文物的陈列室； 8. 其他特殊重要设备室	当有备用主机和备用已记录磁（纸）介质，且设置在不同建筑中或同一建筑中的不同防火分区内时，第5条规定的部位亦可采用预作用自动喷水灭火系统
《高层民用建筑设计防火规范》	1. 可燃油油浸电力变压器、充可燃油的高压电容器和多油开关室宜设水喷雾或气体灭火系统； 2. 主机房建筑面积不小于140m²的电子计算机房中的主机房和基本工作间的已记录磁、纸介质库； 3. 省级或超过100万人口的城市，其广播电视发射塔楼内的微波机房、分米波机房、米波机房、变、配电室和不间断电源（UPS）室； 4. 国际电信局、大区中心，省中心和一万路以上的地区中心的长途通信机房、控制室和信令转接点室； 5. 二万线以上的市话汇接局和六万门以上的市话端局程控交换机房、控制室和信令转接点室； 6. 中央及省级治安、防灾和网、局级及以上的电力等调度指挥中心的通信机房和控制室； 7. 其他特殊重要设备室； 8. 高层建筑的下列房间应设置气体灭火系统，但不得采用卤代烷1211、1301灭火系统： a. 国家、省级或藏书量超过100万册的图书馆的特藏库； b. 中央和省级档案馆中的珍藏库和非纸质档案库； c. 大、中型博物馆中的珍品库房； d. 一级纸、绢质文物的陈列室； e. 中央和省级广播电视中心内，面积不小于120m²的音像制品库房	当有备用主机和备用已记录磁、纸介质且设置在不同建筑中，或同一建筑中的不同防火分区内时，第2条中指定的房间内可采用预作用自动喷水灭火系统

（二） 二氧化碳灭火系统

CO_2 具有灭火性能好、热稳定性及化学稳定性好、灭火后不污损保护物等优点。灭火机理包括：（1）窒息作用：CO_2 被喷放出来后，分布于燃烧物周围，稀释周围空气中的氧含量，使燃烧物产生的热量减小，当小于热散失率时燃烧就会停止；（2）冷却作用：CO_2 灭火剂被喷放出来后由液相迅速变为气相，会吸收周围大量的热量，使周围温度急剧下降。

CO_2 灭火剂适于扑救：气体火灾，甲、乙、丙类液体火灾和一般固体物质火灾；油浸变压器室、充油高压电容器室、多油开关室、发电机房等；通信机房、大中型电子计算机房、电视发射塔的微波室、精密仪器室、贵重设备室；图书馆、档案库、文物资料室、图书馆的珍藏室等；加油站、油泵间、化学试验室等。

按贮罐内压力分为：低压二氧化碳灭火系统，储存容器储存压力 2MPa；高压二氧化碳灭火系统，储存容器储存压力不小于 15MPa。

按应用形式分为：全淹没灭火系统，二氧化碳设计浓度不应小于灭火浓度的 1.7 倍，并不得低于 34%；二氧化碳的喷放时间不应大于 1min 。当扑救固体深位火灾时，喷放时间不应大于 7min，并应在前 2min 内使二氧化碳的浓度达到 30%。局部应用灭火系统：二氧化碳储存量，应取设计用量的 1.4 倍与管道蒸发量之和。二氧化碳喷射时间不应小于 0.5min 。对于燃点温度低于沸点温度的液体和可熔化固体的火灾，二氧化碳的喷射时间不应小于 1.5min 。

高压二氧化碳灭火系统有全淹没和局部应用两种形式。按使用方法不同又可分为：组合分配系统和单元独立系统。CO_2 灭火系统由探测、报警控制装置、灭火装置（储气瓶、驱动装置、功能阀等）、管网和喷嘴等组成，见图 6-15。

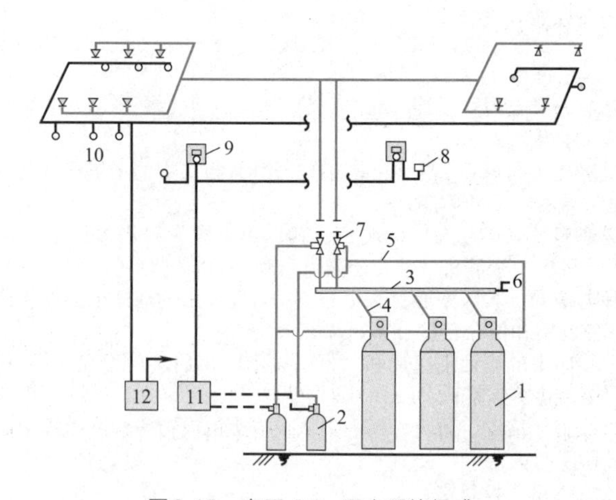

图6-15 高压 CO_2 灭火系统组成

1—CO_2 储瓶；2—启动用气瓶；3—总管；4—连接管；5—操作管；6—安全阀；7—选择阀；8—报警器；9—手动启动装置；10—探测器；11—控制盘；12—检测盘

（三） 七氟丙烷灭火系统

七氟丙烷灭火剂分子式为 CF_3CHFCF_3，代号 HFC－227ea。其灭火原理是灭火剂喷洒在火场周围时，因化学作用惰化火焰中的活性自由基，使氧化燃烧的链式反应中断从而达到灭火目的。它具有无色、无味、不导电、无污染的特点。对臭氧层的耗损潜能值（ODP）为零，其毒副作用比卤代烷灭火剂更小，是卤代烷灭火剂替代物之一。七氟丙烷灭火剂效能高，速度快，对设备无污损。设计灭火浓度为8%～10%，储存压力为2.4MPa和4.2MPa两种。

七氟丙烷灭火系统适用于计算机房、配电房、电信中心、图书馆、档案馆、珍品库、地下工程等A类表面火灾，B、C类火灾及电器设备火灾。

七氟丙烷灭火系统主要由储气瓶、瓶头阀、启动气瓶、启动瓶阀、液体单向阀、气体单向阀、安全阀、压力信号器、喷嘴、管道系统等组成。组合分配系统示意见图6-16。

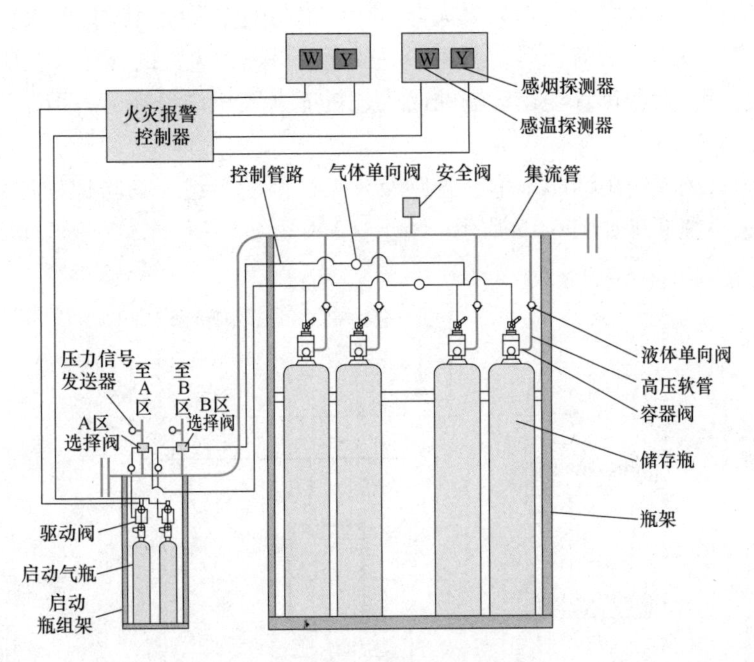

图6-16　七氟丙烷组合分配灭火系统

四、固定消防炮灭火系统

（一）分类及适用条件

消防炮是以射流形式喷射灭火剂的装置，灭火剂水、泡沫混合液流量大于16L/s，或干粉喷射率大于7kg/s。按其喷射介质分为：消防水炮、消防泡沫炮和消防干粉炮。按安装形式分为：固定炮、移动炮等。按控制方式分为：手控炮、电控炮、液控炮、气控炮等。

消防炮因其流最大（16～1333L/s），射程远（50～230m），主要用来扑救石油化工企业、炼油厂、贮油罐区、飞机库、油轮、油码头、海上钻井平台和贮油平台等可燃易燃液体集中、火灾危险性大、消防人员不易接近的场所的火灾。同时，当工业与民用建筑某些高大空间、人员密集场所无法采用自动喷水灭火系统时，也需设置固定消防炮等灭火系统。

以下场所应设置固定消防炮等灭火系统：建筑面积大于3000m^2且无法采用自动喷

水灭火系统的展览厅、体育馆观众厅等人员密集场所；建筑面积大于5000m^{2}且无法采用自动喷水灭火系统的丙类厂房。泡沫炮系统适用于甲、乙、丙类液体、固体可燃物火灾场所；干粉炮系统适用于液化石油气、天然气等可燃气体火灾场所；水炮系统适用于一般固体可燃物火灾场所。

下列场所的固定消防炮灭火系统宜选用远控炮系统：有爆炸危险性的场所；有大量有毒气体产生的场所；燃烧猛烈，产生强烈辐射热的场所；火灾蔓延面积较大，且损失严重的场所；高度超过8m，且火灾危险性较大的室内场所；发生火灾时，灭火人员难以及时接近或撤离特定消防炮位的场所。

（二）消防水炮灭火系统

消防水炮灭火系统是以水作为灭火介质，以消防炮作为喷射设备的灭火系统，工作介质包括清水、海水、江河水等，适用于一般固体可燃物火灾的扑救，主要应用在石化企业、展馆仓库、大型体育场馆、输油码头、机库（飞机维修库）、船舶等火灾重点保护场所。

消防水炮灭火系统由消防水炮、管路及支架、消防泵组、消防炮控制系统等组成。消防水炮灭火系统原理如图6-17所示。

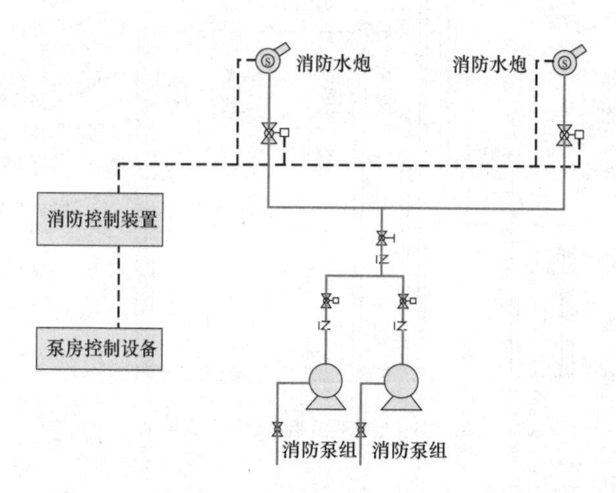

图6-17　消防水炮灭火系统原理图

（三）消防泡沫炮灭火系统

消防泡沫炮灭火系统是以泡沫混合液作为灭火介质，以消防炮作为喷射设备的灭火系统，工作介质包括蛋白泡沫液、水成膜泡沫液等。适用于甲、乙、丙类液体、固体可燃物火灾的扑救。在石化企业、展馆仓库、输油码头、机库船舶等火灾重点保护场所有着广泛的应用。

消防泡沫炮灭火系统由消防泡沫炮、管路及支架、消防泵组、泡沫液贮罐、泡沫液混合装置、消防炮控制系统等组成。

消防泡沫炮灭火系统原理如图6-18所示。

（四）消防干粉炮灭火系统

消防干粉炮灭火系统是以干粉作为灭火介质，以消防干粉炮作为喷射设备的灭火系

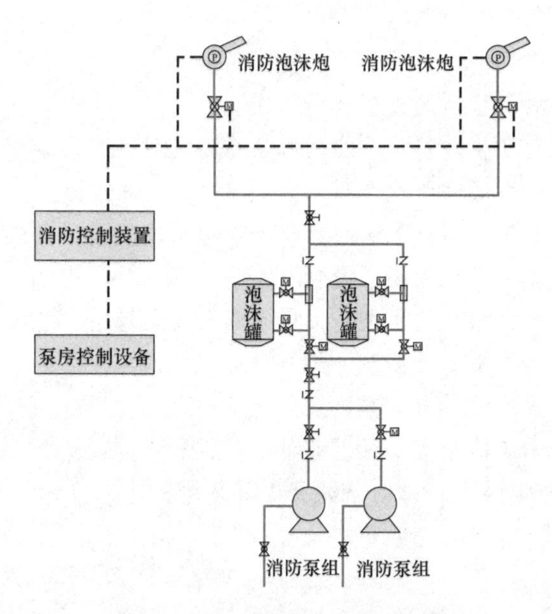

图6-18 消防泡沫炮灭火系统原理图

统。适用于液化石油气、天然气等可燃气体火灾的扑救。在石化企业、油船油库、输油码头、机场机库等火灾重点保护场所有着广泛的应用。

消防干粉炮灭火系统由消防干粉炮、管路及支架、干粉贮罐、干粉产生装置、消防炮控制系统等组成，如图6-19所示。火灾发生时，开启氮气瓶组。氮气瓶组内的高压氮气经过减压阀减压后进入干粉贮罐。其中，部分氮气被送入贮罐顶部与干粉灭火剂混合，另一部分氮气被送入贮罐底部对干粉灭火剂进行松散。随着系统压力的建立，混合有高压气体的干粉灭火剂积聚在干粉炮阀门处。当管路压力达到一定值时，开启干粉炮阀门，固气两相的干粉灭火剂高速射流被射向火源，切割火焰、破坏燃烧链，从而起到迅速扑灭或抑制火灾的作用。消防炮能够做水平或俯仰回转以调节喷射角度，从而提高灭火效果。

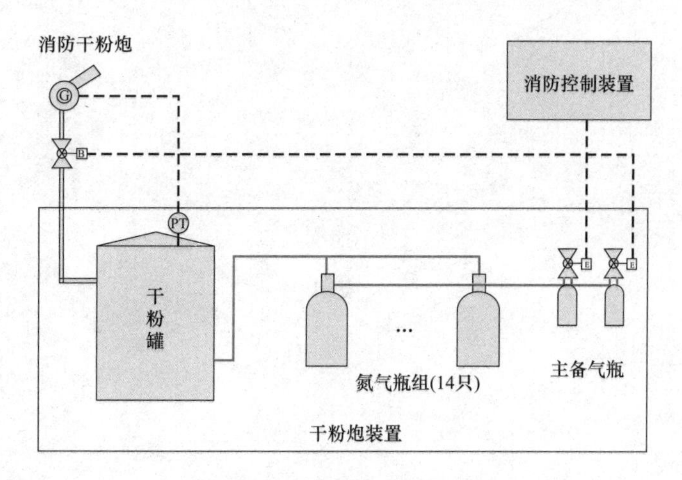

图6-19 消防干粉炮灭火系统原理

思考题与习题

1. 建筑消防系统的类型及其设置场所有哪些?
2. 从火灾危险性角度将建筑物分类的方法有哪几种?
3. 简述室内消火栓系统的组成及供水方式。
4. 如何确定消防水箱、消防水池的容积及消防水箱的设置高度?
5. 室外消火栓的作用与设置要求是什么?
6. 简述自动喷水灭火系统的类型、工作原理及设置场所。
7. 喷头的类型及其作用有哪些?
8. 简述灭火器配置的设计与计算方法。
9. 简述气体灭火系统的分类及设置条件。
10. 简述固定消防炮灭火系统的分类及适用条件。

第七章　建筑排水

第一节　排水系统的分类

建筑排水系统的任务是排除居住建筑、公共建筑和生产建筑内的污水。按所排除的污水性质，建筑排水系统可分为：

1. 生活污水管道：排除人们日常生活中所产生的洗涤污水和粪便污水等。此类污水多含有有机物及细菌。

2. 生产污（废）水管道：排除生产过程中所产生的污（废）水。因生产工艺种类繁多，所以生产污水的成分很复杂。有些生产污水被有机物污染，并带有大量细菌；有些含有大量固体杂质或油脂；有些含有强的酸、碱性；有些含有氰、铬等有毒元素。对于生产废水中仅含少量无机杂质而不含有毒物质，或是仅升高了水温的（如一般冷却用水、空调制冷用水等），经简单处理就可循环或重复使用。

3. 雨水管道：排除屋面雨水和融化的雪水。

上述三种污水是采用合流还是分流排出，要视污水的性质、室外排水系统的设置情况及污水的综合利用和处理情况而定。一般来说，生活粪便污水不与室内雨水道合流，冷却系统的废水则可排入室内雨水道；被有机杂质污染的生产污水，可与生活粪便污水合流；至于含有大量固体杂质的污水、浓度较大的酸性污水和碱性污水及含有毒物或油脂的污水，则不仅要考虑设置独立的排水系统，而且要经局部处理达到国家规定的污水排放标准后，才允许排入城市排水管网。

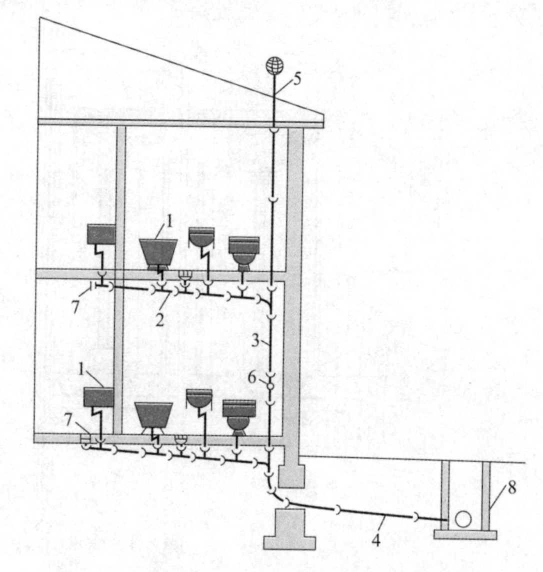

图7-1　室内排水系统

1—卫生器具；2—横支管；3—立管；4—排出管；5—通气管；6—检查口；7—清扫口；8—检查井

第二节　排水系统的组成

建筑排水系统一般由卫生器具、排水管、通气管、清通设备及某些特殊设备等部分组成。如图 7-1 所示。

一、卫生器具

卫生器具是室内排水系统的起点，接纳各种污水排入管网系统。污水从器具排出口经过存水弯和器具排水管流入横支管。

卫生器具是用来满足日常生活中洗浴、洗涤等卫生要求以及收集排除生活、生产中产生的污水的一种设备。卫生器具要求不透水、耐腐蚀、表面光滑易于清洗，由陶瓷、搪瓷生铁、塑料、水磨石、不锈钢等材料制造。

（一） 便溺用卫生器具

坐式大便器有冲洗式、虹吸式和干式坐便器。水冲洗的坐式大便器本身构造包括存水弯，多装设在家庭、宾馆、旅馆、饭店等建筑内。冲洗设备的一般多用低水箱，如图 7-2 所示。干式大便器是一种通过空气循环作用消除臭味并将粪便脱水处理，很适合用于无条件用水冲洗的特殊场所。

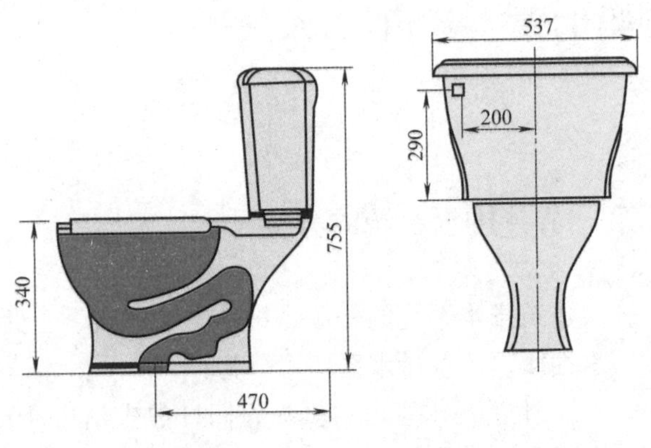

图7-2 低水箱坐式大便器图

蹲式大便器多装设在公共卫生间、旅馆等建筑内。多使用高水箱进行冲洗，其构造及安装见图 7-3。

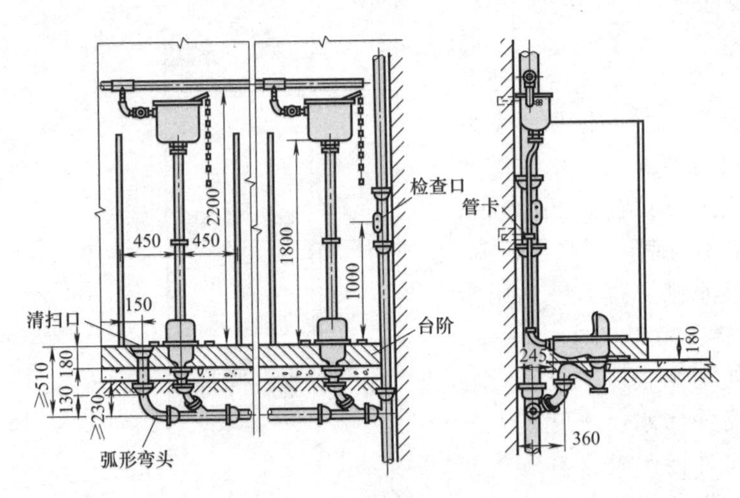

图7-3 高水箱蹲式大便器

小便器装设在公共男厕所中，有挂式和立式两种。挂式小便器悬挂在墙上，如图 7-4（a）所示；立式小便器装置在对卫生设备要求较高的公共建筑，如展览馆、大剧院、宾馆等公共厕所男厕所内，多为两个以上成组装置，如图 7-4（b）所示。小便器可采用自动冲洗水箱或自闭式冲洗阀冲洗，每只小便器均应设存水弯。

冲洗设备是便溺卫生器具中的一个重要设备，必须具有足够的水压、水量以便冲走污物，保持清洁卫生。冲洗设备可分冲洗水箱和冲洗阀。冲洗水箱多应用虹吸原理设计制作，具有冲洗能力强、构造简单、工作可靠且可控制、自动作用等优点。利用冲洗水箱作为冲洗设备，由于储备了一定的水量，因而可减少给水管径。冲洗阀形式较多，一般均直接装在大便器的冲洗管上，距地板面高 0.8m。按动手柄，冲洗阀内部的通水口

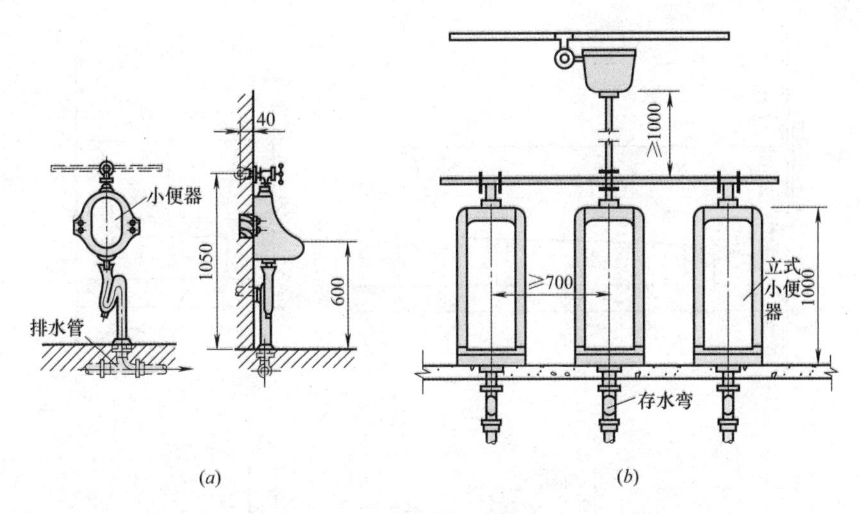

图7-4　小便器
（a）挂式；（b）立式

被打开，于是强力水流经过冲洗管进入便器进行冲洗。

（二）盥洗、沐浴用卫生器具

洗脸盆形状有长方形、半圆形及三角形等。按架设方式可分为墙架式、柱脚式和台式，如图7-5所示。盥洗槽通常设置在集体宿舍及工厂生活间内，多用水泥或水磨石制成，造价较低。

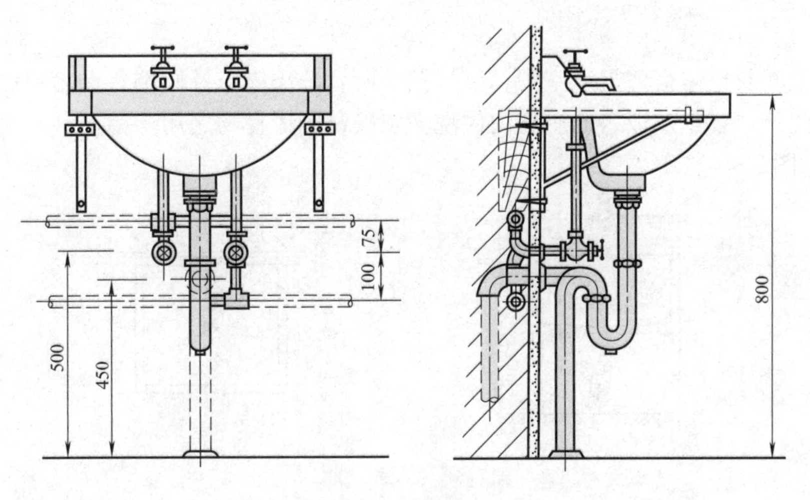

图7-5　洗脸盆

浴盆设在住宅、宾馆、旅馆、医院等建筑物的卫生间内，设有冷、热水龙头或混合龙头以及固定的莲蓬头或软管莲蓬头，见图7-6。

淋浴器占地少、造价低、清洁卫生，因此在工厂生活间及集体宿舍等公共浴室中被广泛采用。淋浴室的墙壁和地面需用易于清洗和不透水材料如水磨石或水泥建造。图7-7为淋浴器安装图。

（三）洗涤用卫生器具

洗涤用卫生器具主要有污水盆、洗涤盆、化验盆等。通常污水盆装置在公共建筑的

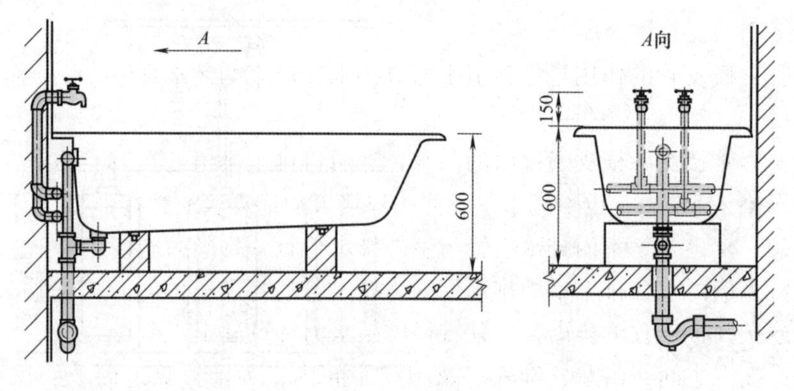

图7-6 浴盆

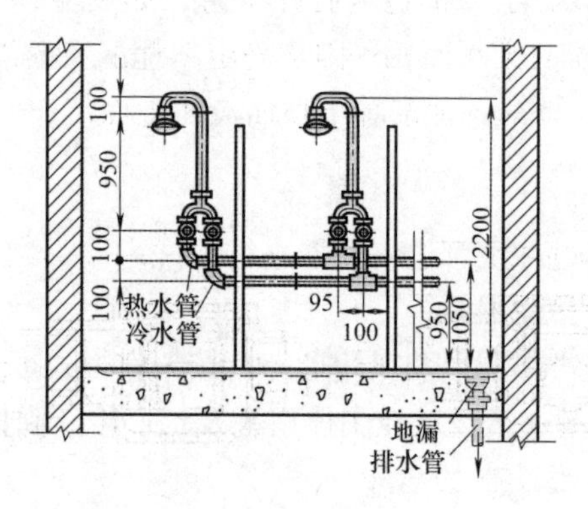

图7-7 淋浴器

厕所、卫生间及集体宿舍盥洗室中，供打扫厕所、洗涤拖布及倾倒污水之用；洗涤盆装置在居住建筑、食堂及饭店的厨房内供洗涤碗碟及菜蔬食物之用。污水盆及洗涤盆安装见图 7-8、图 7-9。

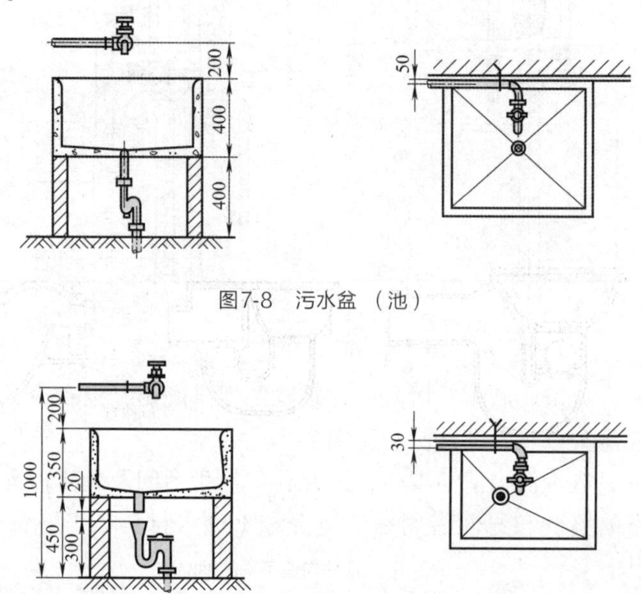

图7-8 污水盆（池）

图7-9 洗涤盆（池）

二、排水管道及附件

横支管：横支管的作用是把各卫生器具排水管流来的污水排至立管。横支管应具有一定的坡度。

立管：立管接受各横支管排出的污水，然后再排至排出管。为了保证污水畅通，立管管径不得小于50mm，也不应小于任何一根接入的横支管的管径。

排出管：排出管是室内排水立管与室外排水检查井之间的连接管段，它接受一根或几根立管流来的污水并排至室外排水管网。排出管的管径不得小于与其连接的最大立管的管径，连接几根立管的排出管，其管径应由水力计算确定。

地漏：在卫生间、浴室、洗衣房及工厂车间内，为了排除地面上的积水须装置地漏。地漏一般为铸铁制成，本身都包含有存水弯，如图7-10所示。地漏的选用应根据使用场所的特点和所承担的排水面积等因素确定。地漏一般设置在地面最低处，地面做成0.005~0.01坡度坡向地漏，地漏箅子顶面应比地面低5~10mm。

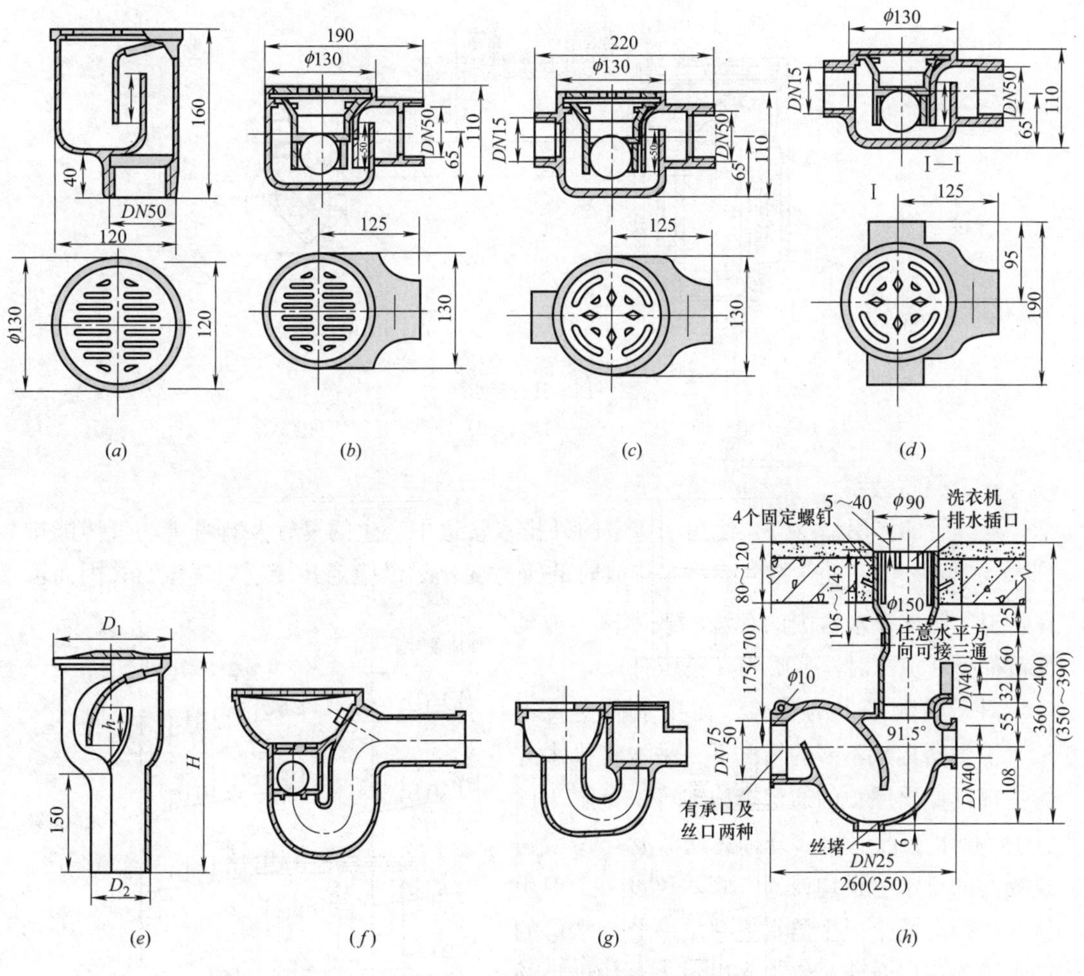

图7-10 几种构造不同的地漏

(a) 垂直单向出口地漏；(b) 单通道地漏；(c) 二通道地漏；(d) 三通道地漏；(e) 高水封地漏；(f) 防倒流地漏；(g) 可清通地漏；(h) 多功能地漏

存水弯：是一种弯管，在里面存有一定深度的水即水封。水封可防止排水管网中产生的臭气、有害气体或可燃气体通过卫生器具进入室内。因此每个卫生器具的排出支管上均需装设存水弯（附设有存水弯的卫生器具除外）。存水弯的水封深度一般不小于50mm。常用的存水弯形式如图7-11所示。

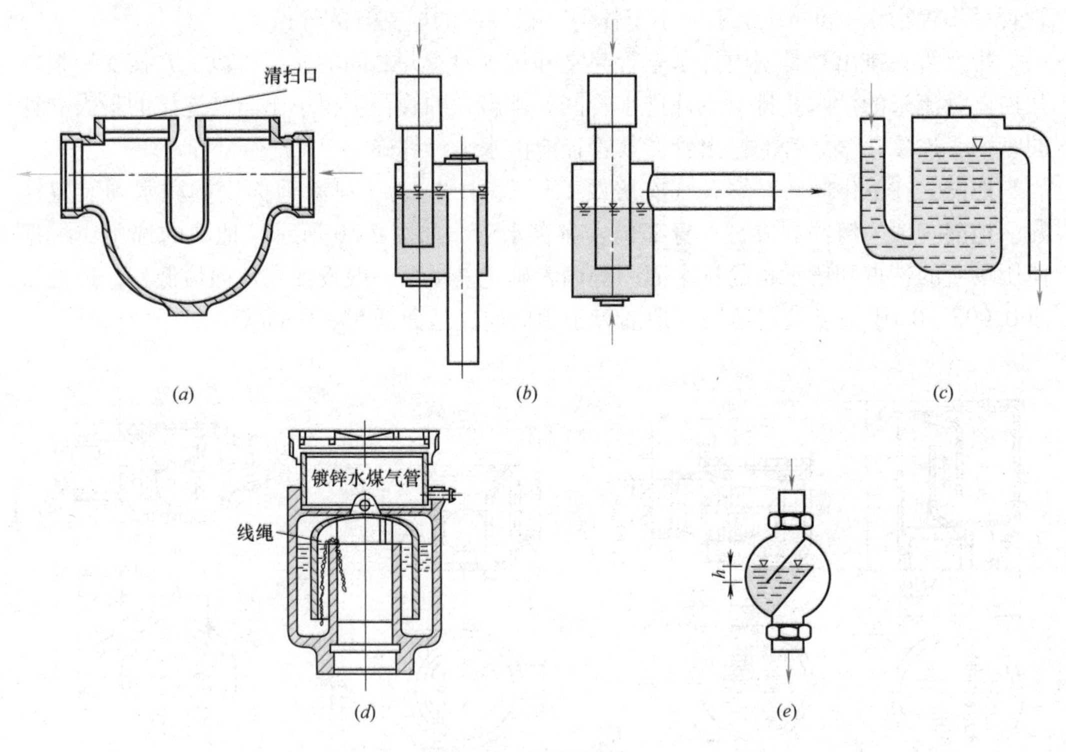

图7-11 几种存水弯

(a) U形；(b) 瓶式；(c) 筒式；(d) 钟罩式；(e) 间壁式

三、通气管系

通气管的作用是：(1) 使污水在室内外排水管道中产生的臭气及有毒害的气体能排到大气中去；(2) 使管系内在污水排放时的压力变化尽量稳定并接近大气压力，因而可保护卫生器具存水弯内的存水不致因压力波动而被抽吸（负压时）或喷溅（正压时）。

对于层数不多的建筑，在排水横支管不长、卫生器具数不多的情况下，采取将排水立管上部延伸出屋顶的通气措施即可，见图7-12(a)。排水立管上延部分称为通气管。一般建筑物内的排水管道均设通气管。仅设一个卫生器或虽接有几个卫生器具但共用一个存水弯的排水管道，以及建筑物内底层污水单独排除的排水管道，可不设通气管。

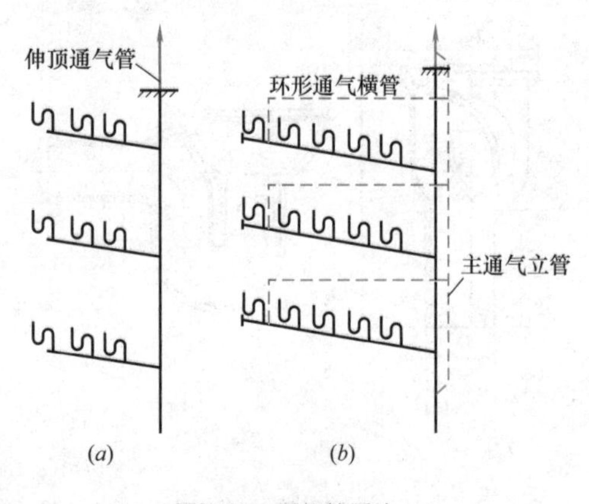

图7-12 通气管系统

(a) 伸顶通气管；(b) 专用通气管

对于层数较多及高层建筑，由于立管较长

而且卫生器具设备数量较多，可能同时排水的机会多，更易使管道内压力产生波动而将器具水封破坏。故在多层及高层建筑中，除了伸顶通气管外，还应设环形通气管或主通气立管等，如图 7-12(*b*) 所示。当层数在 10 层及 10 层以上且承担的设计排水流量超过排水立管允许负荷时，应设置专用通气立管，如图 7-13 所示，排水立管与专用通气立管每隔两层设共轭管相连接。对于使用要求较高的建筑和高层公共建筑亦可设置环形通气管、主通气立管或副通气立管，如图 7-14 所示。对卫生、安静要求较高的建筑物内，生活排水管道宜设器具通气管。

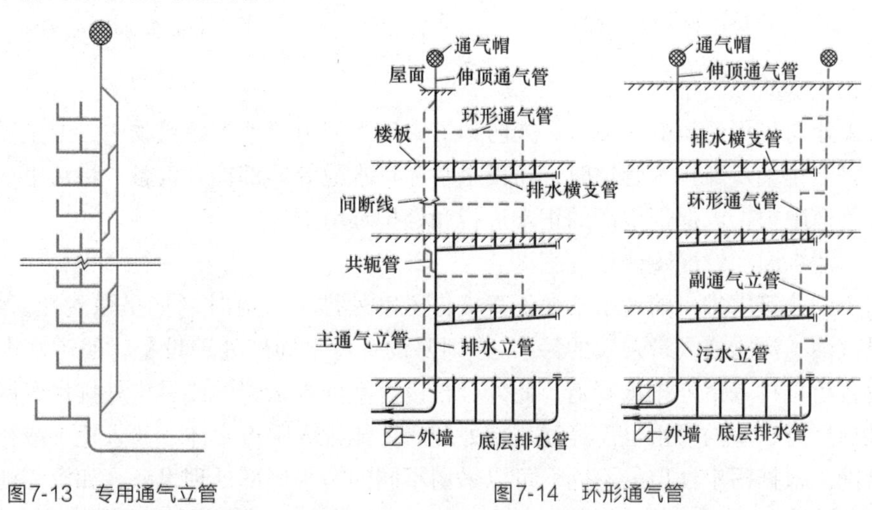

图7-13　专用通气立管　　图7-14　环形通气管

通气管的管径一般与排水立管管径相同或减小一级，但在最冷月平均气温低于 -2℃ 的地区，且在没有采暖的房间内，从顶棚以下 0.15～0.2m 起，其管径应较立管管径大 50mm，以免管中结冰霜而缩小或阻塞管道断面。

四、清通设备

为了疏通排水管道，在室内排水系统中需设置如下三种清通设备：

(1) 检查口：设在排水立管上及较长的水平管段上，图 7-15 所示为一带有螺栓盖板的短管，清通时将盖板打开。其装设规定为立管上除建筑最高层及最低层必须设置外，当立管水平拐弯或有乙字弯时，在该层立管拐弯处和乙字弯的上部应设检查口，可每隔二层设置一个，若为二层建筑，可在底层设置。检查口的设置高度一般距地面 1m，并应高于该层卫生器具上边缘 0.15m。

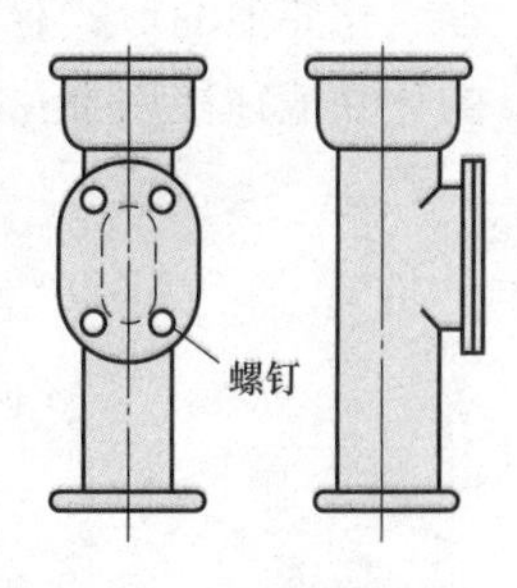

图7-15　检查口

(2) 清扫口：当悬吊在楼板下面的污水横管上有二个及二个以上的大便器或三个及三个以上的卫生器具时，宜在横管的起端设置清扫口，如图 7-16 所示。也可采用带螺栓盖板的弯头、带堵头的三通配件做清扫口。

(3) 检查井：对于不散发有害气体或大量蒸汽的工业废水的排水管道，在管道转弯、变径处和坡度改变及连接支管处，可在建筑物内设检查井，如图 7-17 所示。在直线管段上，排除生产废水时，检查井的距离不宜大于 30m；排除生产污水时，检查井的距离不宜大于 20m。对于生活污水排水管道，在建筑物内不宜设检查井。

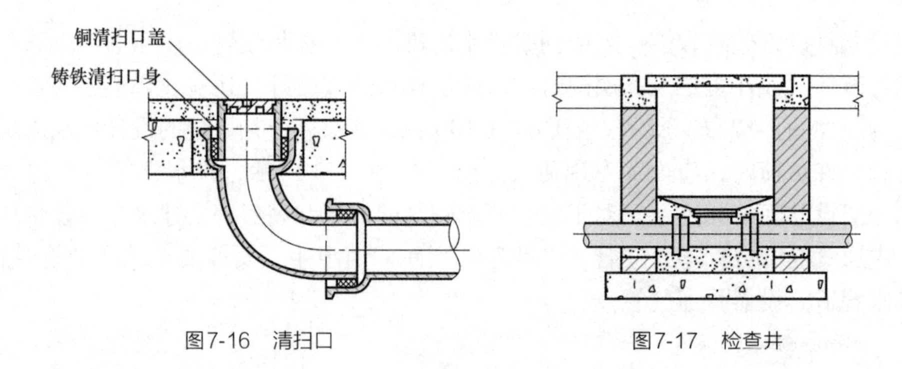

图7-16 清扫口　　图7-17 检查井

五、污水抽升设备

在工业与民用建筑的地下室、人防地道和地下铁道等地下建筑物中，卫生器具的污水不能自流排至室外排水管道时，需设水泵和集水池等局部抽升设备，将污水抽送到室外排水管道中去，以保证生产的正常进行和保护环境卫生。

六、污水局部处理设备与设施

当个别建筑内排出的污水不允许直接排入室外排水管道时（如呈强酸性、强碱性、含多量汽油、油脂或大量杂质的污水），则要设置污水局部处理设备，使污水水质得到初步改善后再排入室外排水管道，此外，当设有室外排水管网或有室外排水管网但没有污水处理厂时，室内污水也需经过局部处理后才能排入附近水体、渗入地下或排入室外排水管网。根据污水性质的不同，可以采用不同的污水局部处理设备，如沉淀池、隔油池、化粪池、中和池及其他含毒污水等局部处理设备。最常见的是化粪池。

化粪池的主要作用是使粪便沉淀并发酵腐化，污水在上部停留一定时间后排走，沉淀在池底的粪便污泥经消化后定期清掏。由于化粪池处理污水的程度很不完善，所排出的污水仍具有恶臭。化粪池可采用砖、石或钢筋混凝土等材料砌筑。

化粪池的形式有圆形和矩形两种，通常采用矩形化粪池。为了改善处理条件，较大的化粪池往往用带孔的间壁分为 2 ~ 3 隔间，如图 7-18 所示。

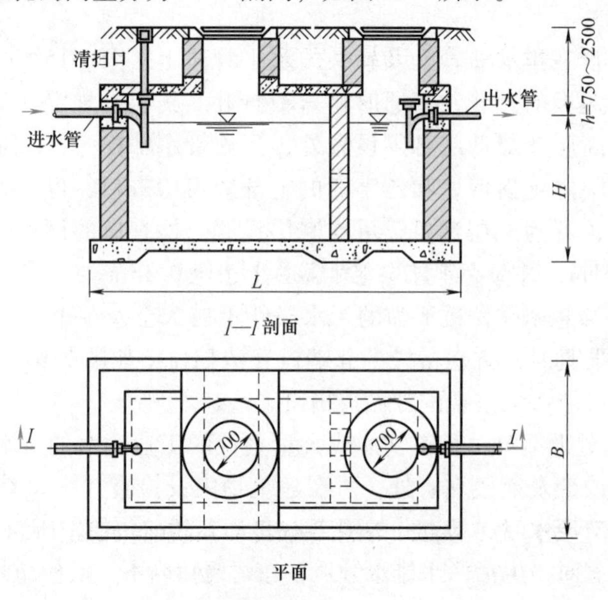

图7-18 化粪池

化粪池多设置在居住小区内建筑物背面靠近卫生间的地方，因在清理掏粪时不卫生、有臭气，不宜设在人们经常停留活动之处。化粪池池壁距建筑物外墙不宜小于5m，如受条件限制时，可酌情减少，但不得影响建筑物基础。化粪池距离地下水取水构筑物不得小于30m。池壁、池底应防止渗漏。

第三节　管道布置与敷设

建筑排水管道的布置与敷设应符合排水畅通、水力条件好；使用安全可靠，不影响室内环境卫生；施工安装、维护管理方便；总管线短，工程造价低；占地面积小，美观等设计要求。

一、改善管内水力条件，保障排水畅通

排水管道系统应能将卫生器具排出的污、废水以最短距离迅速排出室外，尽量避免管道转弯；排水立管宜靠近排水量最大的排水点。

为避免管道堵塞，室内管道的连接应符合下列规定：卫生器具排水管与排水横支管垂直连接时，宜采用90°斜三通；横管与立管连接时，宜采用45°斜三通或45°斜四通和顺水三通或顺水四通；立管与排出管端部连接时，宜采用两个45°弯头、弯曲半径不小于4倍管径的90°弯头或90°变径弯头；立管应避免在轴线偏置；当受条件限制时，宜用乙字管或两个45°弯头连接；支管、立管接入横干管时，应在横干管管顶或其两侧45°范围内，采用45°斜三通接入。

为保证水流畅通，室外排水管的连接应符合下列要求：排水管与排水管之间应设检查井连接。若由于排出管较密集无法直接连接检查井时，可采用管件连接后接入检查井，但应设置清扫口；室外排水管除有水流跌落差外，宜采用管顶平接；排出管管顶标高不得低于室外接户管管顶标高；连接处的水流偏转角不得大于90°。当排水管管径不大于300mm且跌落差大于0.3m时，可不受角度的限制。当建筑物沉降可能导致排出管倒坡时，应采取防倒坡措施。

二、应符合安全、环境等方面的基本要求

排水管道不得敷设在对生产工艺或卫生有特殊要求的生产厂房内，以及食品及贵重商品仓库、通风小室、电气机房和电梯机房内；不得穿越住宅客厅、餐厅，并不宜靠近与卧室相邻的内墙；不宜穿越橱窗、壁柜；不得穿越生活饮用水池部位的上方；不得穿越卧室；不得布置在遇水会引起燃烧、爆炸或损坏的原料、产品和设备上面。

不得布置在食堂、饮食业厨房的主副食操作、烹调和备餐的上方，以防排水横管渗漏或结露滴水造成食品被污染的事故。当受条件限制不能避免时，排水横支管设计成同层排水，改建的建筑设计应在排水支管下方设防水隔离板或排水槽。

排水管道外表面如有可能结露时，应根据建筑物性质和使用要求采取防结露措施；排水管穿过地下室外墙或地下构筑物的墙壁处，应采取防水措施。厨房与卫生间的排水立管应分别设置。

三、保证管道不受外力、腐蚀、热烤等破坏，系统运行稳定可靠

排水管道不得穿过沉降缝、伸缩缝、变形缝、烟道和风道，当排水管道必须穿越沉

降缝、伸缩缝、变形缝时，应考虑采用橡胶密封管材（球形接头、可变角接头和伸缩节）和管件优化组合，以适应建筑变形、沉降后的管坡度满足正常排水的要求。排水埋地管不得布置在可能受重物压坏处或穿越生产设备基础；排水管道在穿越楼层设套管且立管底部架空时，应在立管底部设支墩或其他固定措施。地下室与排水横管转弯处也应设置支墩或固定措施。

塑料排水管应符合以下要求：塑料排水立管应避免布置在易受机械撞击处，如不能避免时应采取保护措施；塑料排水管应远离热源，当不能避免，并导致管道表面温度大于60℃时，应采用隔热措施。塑料排水立管与家用灶具边缘净距不得小于0.4m；塑料排水管道应根据管道的伸缩量设置伸缩节，宜设在汇合配件处（如三通）。当排水管道采用橡胶密封配件时，可不设伸缩节；室内外埋地管可不设伸缩节，以避免由于立管或横支管伸缩使横支管或器具排水管产生错向位移，保证排水管道运行。建筑塑料排水管穿越楼层、防火墙、管道井井壁时，应根据建筑物的性质、管径和设置条件以及穿越部位防火等级等要求设置阻火装置。

四、防止污染室内环境卫生

用于贮存饮用水、饮料、食品等卫生要求高的设备和容器，其排水管不得与污、废水管道系统直接连接，应采用间接排水，即卫生设备或容器的排水管与排水系统之间应有存水弯隔气，并留有空气间隙。间接排水口最小空气间隙可采用：$DN \leqslant 25$，取50mm；$DN = 32 \sim 50$，取100；$DN > 50$，取150。饮料用贮水箱的间接排水口最小空气间隙不得小于150mm。

以下容器和设备的配管应采用间接排水：生活饮用水贮水箱（池）的泄水管和溢流管；开水器、热水器排水；医疗灭菌消毒设备的排水；蒸发式冷却器、空调设备冷凝水的排水；贮存食品或饮料的冷藏库房的地面排水和冷风机融霜水盘的排水。

设备间接排水宜排入邻近的洗涤盆、地漏。如不可能时，可设置排水明沟、排水漏斗或容器。间接排水的漏斗或容器不得溅水、溢流，并应布置在容易检查、清洁的位置。

排水立管最低排水横支管与立管连接处距排水立管管底垂直距离不得小于表7-1的规定，单根排水立管的排出管宜与排水立管相同管径。当不能满足要求时，底层排水支管应单独排至室外检查井或采取有效的防反压措施。

最低横支管与立管连接处至立管管底的最小垂直距离　　表7-1

立管连接卫生器具的层数	最小垂直距离（m）	
	仅设伸顶通气	设通气立管
≤4	0.45	按配件最小安装尺寸确定
5～6	0.75	
7～12	1.20	
13～19	3.00	0.75
≥20	3.00	1.20

注：单根排水立管的排出管宜与排水立管相同管径。

（1）排水支管连接在排出管或排水横干管时，连接点距立管底部下游的水平距离不得小于1.5m。否则，底层排水支管应单独排至室外检查井或采取有效的防反压措施。

在距排水立管底部1.5m距离之内的排出管、排水横管有90°水平转弯管段时，底层排水支管应单独排至室外检查井或采取有效的防反压措施。

（2）排水横支管接入横干管竖直转向管段时，连接点应距转向处不得小于0.6m。

（3）当排水立管采用内螺旋管时，排水立管底部宜采用长弯变径接头，排出管管径宜放大一号。

（4）室内排水沟与室外排水管道连接处，应设置水封装置，以防室外管道中有毒气体通过明沟窜入室内。

五、方便施工安装和维护管理

废水中可能夹带纤维或有大块物体时，应在排水管道连接处设置格栅或带网筐地漏。应按规范规定设置检查口或清扫口。

排水管道宜在地下或楼板填层中埋设，或在地面上、楼板下明设，如建筑有要求时，可在管槽、管道井、管窿、管沟或吊顶、架空层内暗设，但应便于安装和检修。在气温较高、全年不结冻的地区可沿建筑物外墙敷设。

第四节 排水管道设计计算简述

一、排水量标准

每人每日排出的生活污水量和用水量一样，是与气候、建筑物卫生设备完善程度以及生活习惯等因素有关。生活污水排水量标准和时变化系数，一般采用生活用水量标准和时变化系数。生产污（废）水排水量标准和时变化系数应按工艺要求确定。各种卫生器具的排水量、当量、排水管管径见表7-2。

卫生器具排水的流量、当量和排水管的管径 表7-2

序号	卫生器具名称	卫生器具类型	排水流量（L/s）	排水当量	排水管管径（mm）
1	洗涤盆、污水盆（池）		0.33	1.00	50
2	餐厅、厨房洗菜盆（池）	单格洗涤盆（池） 双格洗涤盆（池）	0.67 1.00	2.00 3.00	50 50
3	盥洗槽（每个水嘴）		0.33	1.00	50~75
4	洗手盆		0.10	0.30	32~50
5	洗脸盆		0.25	0.75	32~50
6	浴盆		1.0	3.0	50
7	淋浴器		0.15	0.45	50
8	大便器	冲洗水箱 自闭式冲洗阀	1.5 1.2	4.5 3.6	100 100
9	医用倒便器		1.5	4.5	100
10	小便器	自闭式冲洗阀 感应式冲洗阀	0.1 0.1	0.3 0.3	40~50 40~50

续表

序号	卫生器具名称	卫生器具类型	排水流量（L/s）	排水当量	排水管管径（mm）
11	大便槽	≤4 个蹲位 >4 个蹲位	2.5 3.0	7.5 9.0	100 150
12	小便槽（每米长）	自动冲洗水箱	0.17	0.5	
13	化验盆（无塞）		0.2	0.6	40～50
14	净身器		0.1	0.3	40～50
15	饮水器		0.05	0.15	25～50
16	家用洗衣机		0.5	1.5	50

注：家用洗衣机下排水软管直径为30mm，上排水软管内径为19mm。

二、排水设计流量

在决定室内排水管的管径及坡度之前，首先必须确定各管段中的排水设计流量。对于某个管段来讲，它的设计流量和它所接入的卫生器具的类型、数量、同时使用百分数及卫生器具排水量有关，与一个排水当量相当的排水量为0.33L/s。

建筑内部排水管道的排水设计流量应为该管段的瞬时最大排水流量，即排水设计秒流量，有平方根法和同时使用百分数法两种计算方法。

1. 住宅、宿舍（Ⅰ、Ⅱ类）、旅馆、宾馆、酒店式公寓、医院、疗养院、幼儿园、养老院、办公楼、商场、图书馆、书店、客运中心、航站楼、会展中心、中小学校教学楼、食堂或营业餐厅等建筑，其生活排水管道设计秒流量应按下式计算：

$$q_p = 0.12\alpha\sqrt{N_p} + q_{max} \tag{7-1}$$

式中 q_p——计算管段排水设计秒流量，L/s；

N_p——计算管段卫生器具排水当量总数；

q_{max}——计算管段上最大一个卫生器具的排水流量，L/s；

α——根据建筑物用途而定的系数，按表5-9选取。

当计算结果大于该管段上所有卫生器具排水流量的累加值时，应将该管段所有卫生器具排水流量的累加值作为该管段排水设计秒流量。

2. 宿舍（Ⅲ、Ⅳ类）、工业企业生活间、公共浴室、洗衣房、职工食堂或营业餐厅的厨房、实验室、影剧院、体育场馆等，其建筑生活排水管道设计秒流量，应按下式计算：

$$q_p = \sum q_0 n_0 b \tag{7-2}$$

式中 q_p——计算管段排水设计秒流量，L/s；

q_0——同类型的卫生器具一个卫生器具的排水流量，L/s；

n_0——同类型卫生器具的个数；

b——卫生器具同时排水百分数，冲洗水箱大便器按12%计算，其他卫生器具同给水，按表5-10选用。

当计算的排水流量小于一个大便器的排水流量时，应按一个大便器的排水流量作为该管段的排水设计秒流量。

三、水力计算

排水管道水力计算的目的是确定排水管的管径和敷设坡度。

（一）横管

对于横干管和连接多个卫生器具的横支管，在逐段计算各管段的设计秒流量后，通过水力计算来确定各管段的管径和坡度。横向排水管道按圆管均匀流公式计算：

$$q_p = A \cdot v \tag{7-3}$$

$$v = \frac{1}{n} R^{\frac{2}{3}} \cdot I^{\frac{1}{2}} \tag{7-4}$$

式中　q_p——计算管段排水设计秒流量，m^3/s；

A——管道在设计充满度的过水断面，m^2；

v——流速，m/s；

R——水力半径，m；

I——水力坡度，采用排水管的坡度；

n——管道的粗糙系数，铸铁管取 0.013，混凝土管、钢筋混凝土取 0.013 ~ 0.014，塑料管取 0.009，钢管取 0.012。

设计管径时可根据排水设计秒流量按设计手册查用。

管道充满度是指管道内水深 h 与管径 d 的比值。在重力流的排水管中，污水为非满流，管道上部未充满水流的空间用于排走污废水中的有害气体、容纳超负荷流量。

建筑排水管道的最小坡度和最大充满度宜按表 7-3 、表 7-4 的确定。

建筑物内生活排水铸铁管道的最小坡度和最大设计充满度　　表 7-3

管径（mm）	通用坡度	最小坡度	最大设计充满度
50	0.035	0.025	0.5
75	0.025	0.015	
100	0.020	0.012	
125	0.015	0.010	
150	0.010	0.007	0.6
200	0.008	0.005	

建筑排水塑料管排水横管最小坡度、通用坡度和最大设计充满度　　表 7-4

外径（mm）	通用坡度	最小坡度	最大设计充满度
50	0.025	0.012	0.5
75	0.015	0.007	
110	0.012	0.004	
125	0.010	0.0035	
160	0.007	0.003	0.6
200	0.005	0.003	
250	0.005	0.003	
315	0.005	0.003	

为了排水通畅，防止管道堵塞，保障室内环境卫生，建筑排水管的最小管径应符合以下要求：大便器的排水管最小管径不得小于100mm；建筑物排出管的最小管径不得小于50mm；医院污物洗涤盆（池）和污水盆（池）的排水管径不得小于75mm；小便槽或连接3个及3个以上小便器，其污水支管的管径不宜小于75mm；浴池的泄水管宜为100mm。

（二） 立管

排水立管的最大设计排水能力应按表7-5确定。立管管径不得小于所连接的横支管管径。多层住宅厨房的立管管径不宜小于75mm。

生活排水立管最大设计排水能力 表7-5

排水立管系统类型			最大设计排水能力（L/s）				
			排水立管管径（mm）				
			50	75	100（110）	125	150（160）
伸顶通气	立管与横支管连接配件	90°顺水三通	0.8	1.3	3.2	4.0	5.7
		45°斜三通	1.0	1.7	4.0	5.2	7.4
专用通气	专用通气管75mm	结合通气管每层连接			5.5		
		结合通气管隔层连接		3.0	4.4		
	专用通气管100mm	结合通气管每层连接			8.8		
		结合通气管隔层连接			4.8		
主、副通气立管+环形通气管					11.5		
自循环通气	专用通气形式				4.4		
	环形通气形式				5.9		
特殊单立管	混合器				4.5		
	内螺旋管+旋流器	普通型		1.7	3.5		8.0
		加强型			6.3		

注：排水层数在15层以上时宜乘0.9的系数。

第五节 屋面雨水排水

降落在建筑物屋面的雨水和融化的雪水，必须妥善地予以迅速排除，以免造成屋面积水、漏水，影响生活及生产。屋面雨水的排除方式，一般可分为外排水和内排水两种。根据建筑结构形式、气候条件及生产使用要求，在技术经济合理的情况下，屋面雨水应尽量采用外排水。

一、外排水系统

（一）檐沟外排水（水落管外排水）

对一般的居住建筑、屋面面积较小的公共建筑及单跨的工业建筑，雨水多采用屋面檐沟汇集，然后流入外墙的水落管排至屋墙边地面或明沟内。若排入明沟，再经雨水口、连接管引到雨水检查井，如图 7-19 所示。水落管多用排水塑料管或镀锌铁皮制成，截面为矩形或半圆形，其断面尺寸约为 100mm×80mm 或 120mm×80mm；也有用石棉水泥管的，但其下段极易因碰撞而破裂，故使用时，其下部距地 1m 高应考虑保护措施（多有水泥砂浆抹面）。工业厂房的水落管也可用塑料管及排水铸铁管，管径为 100mm 或 150mm。水落管的间距在民用建筑约为 12～16m，在工业建筑约为 18～24m。

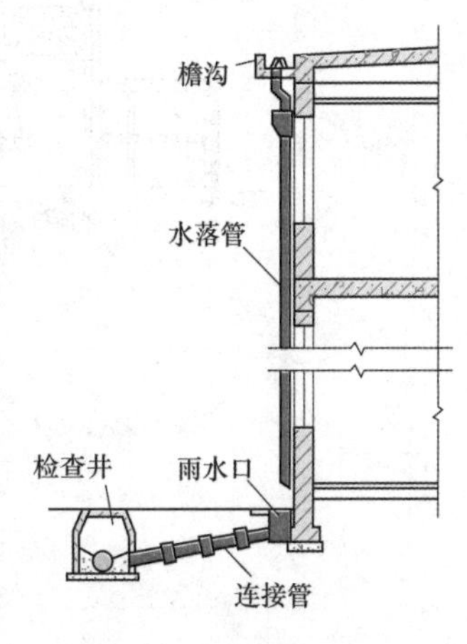

图7-19 檐沟外排水

（二）长天沟外排水

在多跨的工业厂房，常采用长天沟外排水的方式，其优点是可消除厂房内部检查井冒水的问题，且具有节约投资、节省金属、施工简便（不需搭架空装悬吊管道等）以及为厂区雨水系统提供明沟排水或减少管道埋深等优点。但若设计不善或施工质量不佳，将会发生天沟渗漏的问题。

图 7-20 是长天沟布置示意，天沟以伸缩缝为分水线坡向两端，其坡度不小于 0.005，天沟伸出山墙 0.4m。关于雨水斗及雨水立管的构造与安装，如图 7-21 所示。在寒冷地区，设置天沟时雨水立管也可设在室内。

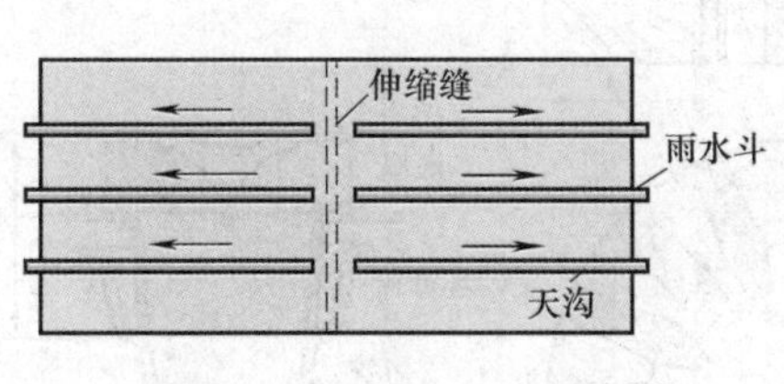

图7-20 长天沟布置示意

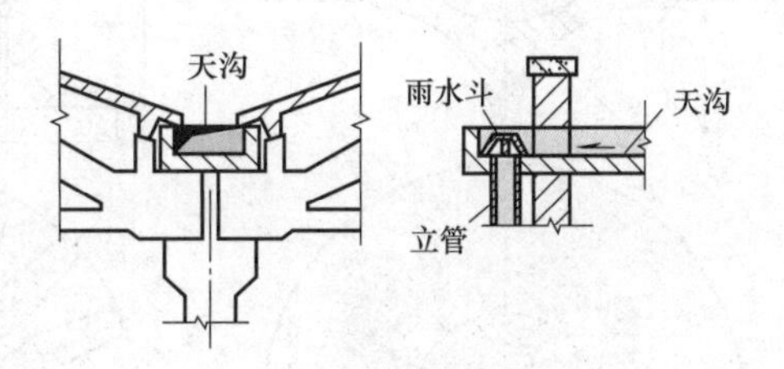

图7-21 天沟与雨水管连接

二、内排水系统

对于大面积建筑屋面及多跨的工业厂房，当采用外排水有困难时可采用内排水系统。

（一）内排水系统的组成

内排水系统由雨水斗、悬吊管、立管、地下雨水沟管及清通设备等组成。图 7-22 为内排水系统构造示意图。

当车间内允许敷设地下管道时，屋面雨水可由雨水斗经立管直接流入室内检查井，再由地下雨水管道流至室外检查井，但可能造成检查井冒水，应尽量设计成由雨水斗经悬吊管、立管、排出管流至室外检查井的形式。在冬季不甚寒冷的地区，或将悬吊管引出山墙，立管设在室外，固定在山墙上，类似天沟外排水的处理方法。

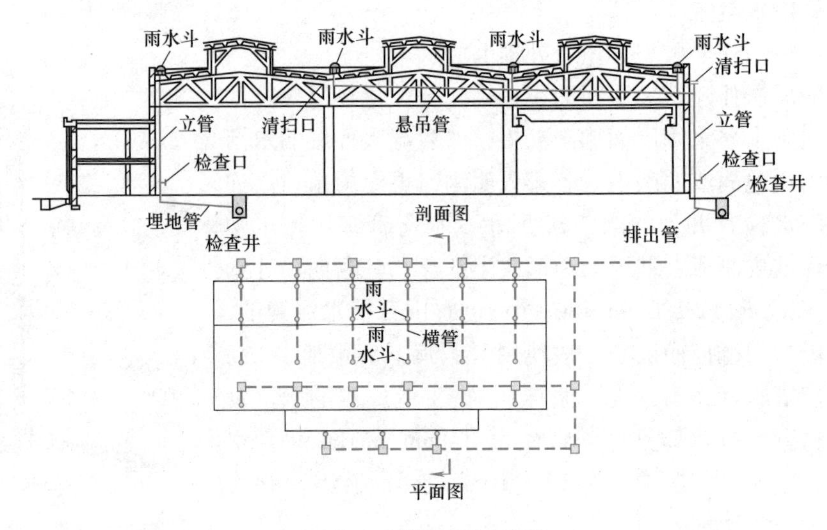

图7-22 内排水系统示意图

（二）系统的布置和安装

1. 雨水斗

雨水斗的作用是迅速地排除屋面雨雪水，并能将粗大杂物拦阻下来。为此，要求选用导水通畅，水流平稳，通过流量大，天沟水位低，水流中掺气量小的雨水斗。目前我国常用的雨水斗有65型、79型等，图7-23为雨水斗组合图。

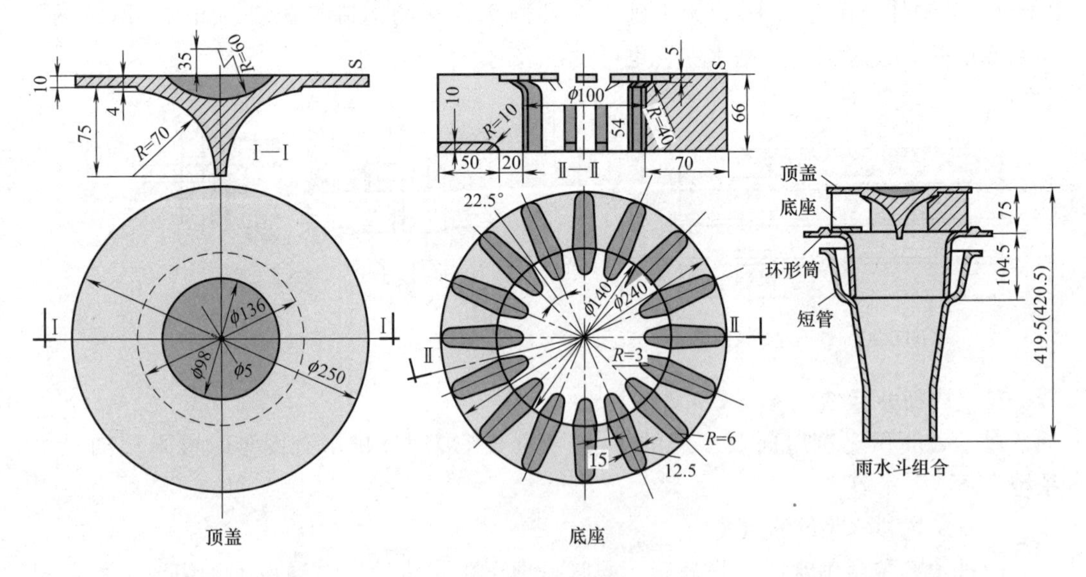

图7-23 雨水斗组合

雨水斗布置的位置要考虑集水面积比较均匀和便于与悬吊管及雨水立管的连接，以确保雨水能通畅流入。布置雨水斗时，应以伸缩缝或沉降缝作为屋面排水分水线，否则应在该缝的两侧各设一个雨水斗。雨水斗的位置不要太靠近变形缝，以免遇暴雨时，天沟水位涨高，从变形缝上部流入车间内。雨水斗的间距除按计算决定外，还应由建筑物构造（如柱子布置等）特点而决定。在工业厂房中，间距一般采用12、18、24m，通常采用100mm口径的雨水斗。

2. 悬吊管

在工业厂房中，悬吊管常固定在厂房的桁架上，方便于经常性的维修清通，悬吊管需有不小于0.003的管坡，坡向立管。悬吊管管径不得小于雨水斗连接管的管径。当管径小于或等于150mm，长度超过15m时，或管径为200mm，长度超过20m时均应设置检查口。悬吊管应避免从不允许有滴水的生产设备的上方通过。悬吊管在实际工作中为压力流，因此管材宜采用内壁较光滑的带内衬的承压铸铁管、承压塑料管、钢塑复合管等。

3. 立管

雨水立管一般宜沿墙壁或柱子明装。立管上应装设检查口，检查口中心至地面的高度一般为1m。立管管径应由计算确定，但不得小于与其连接的悬吊管的管径。雨水立管管材一般按压力流管材选用。在可能受到振动的地方采用焊接钢管，焊接接口。

4. 地下雨水管道

地下雨水管道接纳各立管流来的雨水及较洁净的生产废水并将其排至室外雨水管道中去。厂房内地下雨水管道大都采用暗管式，其管径不得小于与其连接的雨水立管管径，也不得大于600mm，因为管径太大时，埋深会增加，与旁支管连接亦困难。埋地管常用混凝土管或钢筋混凝土管，也可采用陶土管或石棉水泥管、塑料管等。

在车间内，当敷设暗管受到限制或采用明沟有利于生产工艺时，地下雨水管道也可采用有盖板的明沟排水。

（三）屋面雨水排水系统的计算简介

屋面雨水排水系统的水力计算目标是在系统布置完成后，合理选定管径和坡度。根据实验观察雨水在系统管道内的流态，在系统管径确定的条件下，随着降雨量逐渐增多，管内处于负压到正压水气两相流态到单相重力流和压力流状态的变化。工程上水力计算是选择雨水管系统内形成的重力流或压力流的降雨量作为依据，这种状况下的降雨量即作为设计雨水流量，其计算式为：

$$q_y = \frac{q_i \Psi F_w}{10000} \tag{7-5}$$

式中　q_y——设计雨水量，L/s；

q_i——设计暴雨强度，L/(s·hm^2)，可按我国水利部门提供的当地或相邻地区暴雨强度计算式确定；

Ψ——径流系数，与屋面及小区地面情况有关；

F_w——汇水面积，m^2。

上式中q_i是根据降雨到大面积自然地面形成径流进行数理统计得到的数据，应用到小面积屋面的雨水径流状况有差异。在选定设计降雨历时、重现期、各种屋面及小区地面雨水径流系数、雨水汇水面积计算方法、建筑屋面雨水管系设计流态时，按《建筑给水排水设计规范》规定具体查阅。

思考题与习题

1. 常用的卫生器具的类型，冲洗设备有哪些？

2. 简述建筑排水系统的组成。

3. 通气管系统的作用是什么？有哪些类型？每种类型的特点和使用场所是什么？

4. 某11层住宅楼，每户卫生间内设有1个坐便器、1个浴盆和1个洗脸盆，采用合流制排水。1层单独排水，2~11层为一个排水立管系统。卫生洁具的排水当量和排水量分别为：坐便器 $N=6$，$q=2L/s$；浴盆 $N=3$，$q=1L/s$；洗脸盆 $N=0.75$，$q=0.25$。该排水立管底端的设计秒流量是多少？

5. 某一座养老院建筑，卫生间排水横支管上接了1个洗脸盆（$N=0.75$，$q=0.25L/s$）和1个淋浴器（$N=0.45$，$q=0.15L/s$）。该排水横支管设计秒流量为多少？

6. 建筑排水管道布置与敷设的基本要求有哪些？

7. 简述建筑排水管道水力计算的步骤与方法。

8. 简述屋面雨水排水的方式及其组成。

9. 简述屋面雨水排水系统的设计计算方法。

第八章 热水及饮水供应

第一节 建筑热水供应系统及方式

一、热水供应系统的组成

建筑热水供应系统主要供给生产、生活用户洗涤及盥洗用热水，应能保证用户随时可以得到符合设计要求的水量、水温和水质。

热水供应系统，通常由下列几部分组成：加热设备——锅炉、炉灶、太阳能热水器、各种热交换器等；热媒管网——蒸汽管或过热水管、凝结水管等；热水储存水箱——开式水箱或密闭水箱，热水储水箱可单独设置也可与加热设备合并；热水输配水管网与循环管网；其他设备和附件——循环水泵、各种器材和仪表、管道伸缩器等。

建筑热水供应系统的选择和组成主要根据建筑物用途，热源情况，热水用水量大小，用户对水质、水温及环境的要求等确定。

生活所用热水的水温一般为25~60℃，考虑到水加热器到配水点系统中不可避免的热损失，水加热器的出水温度一般不高于75℃。水温过高，则管道容易结垢，也易发生人体烫伤事故；水温过低则不经济。

热水供应水质的要求：生产用热水应按生产工艺的不同要求制定；生活用热水水质，除应符合国家现行的《生活饮用水水质标准》要求外，冷水的碳酸盐硬度不宜超过5.4~7.2mg/L，以减少管道和设备结垢，提高系统热效率。

二、热水供应系统的供水方式

系统方式是指由工程实践总结出来的多种布置方案。只有掌握了热水系统各种方式的优缺点及适用条件，才能根据建筑物对热水供应的要求及热源情况选定合适的系统。

按照热水供应范围系统方式可分为下述几种：

（一）局部热水供应系统

图8-1（*a*）是利用炉灶炉膛余热加热水的供应方式。这种方式适用于单户或单个房间（如卫生所的手术室）需用热水的建筑。它的基本组成有加热套筒或盘管、储水箱及配水管等三部分。选用这种方式要求卫生间尽量靠近设有炉灶的房间（如设有炉灶的厨房、开水间等）方可使此类型装置及管道紧凑、热效率高。

图8-1（*b*）、（*c*）为小型单管快速加热和汽水直接混合加热的方式。在室外有蒸汽管道、室内仅有少量卫生器具使用热水时，可以选用这种方式。小型单管快速加热用的蒸汽可利用高压蒸汽亦可利用低压蒸汽。采用高压蒸汽时，蒸汽的表压不宜超过0.25MPa，以避免发生意外的烫伤人体事故。混合加热一定要使用低于0.07MPa的低压锅炉。这两种局部热水系统的缺点是调节水温困难。

图8-1（*d*）为管式太阳能热水器供应热水的方式。它是利用太阳照向地球表面的辐射热，把保温箱内盘管（或排管）中的低温水加热后送到贮水箱（罐）以供使用。

这是一种节约燃料，不污染环境的热水供应方式。在冬季日照时间短或阴雨天气时效果较差，需要备有其他热源和设备使水加热。太阳能热水器的管式加热器和热水箱可分别设置在屋顶上或屋顶下，亦可设在地面上，如图 8-1（*e*）、（*f*）、（*g*）、（*h*）所示。

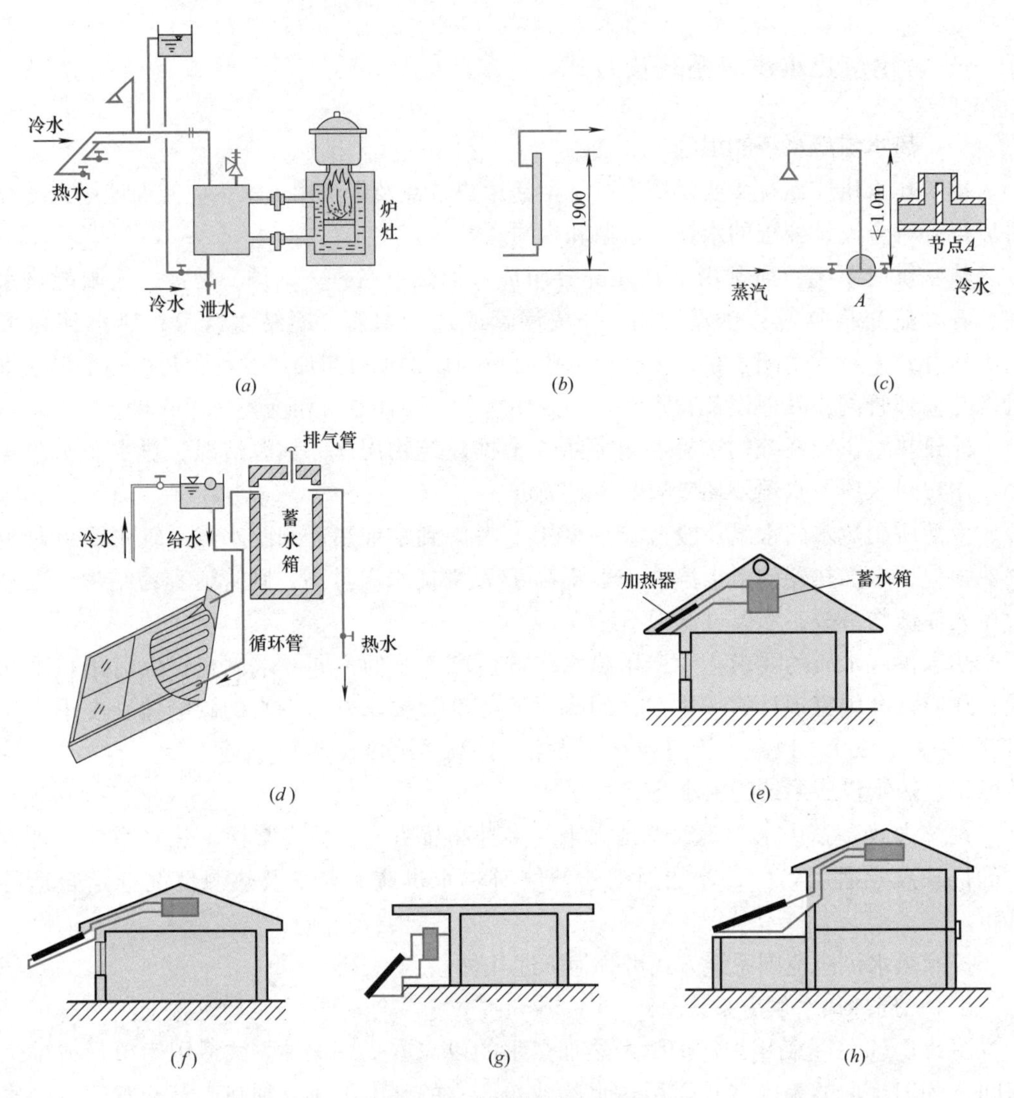

图8-1 局部热水供应方式

（*a*）炉灶加热；（*b*）小型单管快速加热；（*c*）汽-水直接混合加热；（*d*）管式太阳能热水装置；（*e*）管式加热器在屋顶；（*f*）管式加热器充当窗户遮棚；（*g*）管式加热器在地面上；（*h*）管式加热器在单层屋顶上

（二）集中热水供应系统

图 8-2 为几种集中热水供应方式，其中图（*a*）为干管下行上给式全循环管网方式。其工作原理为：锅炉生产的蒸汽经蒸汽管送到水加热器中的盘管（或排管）把冷水加热，从加热器上部引出配水干管把热水输到用水点。为了保证热水温度而设置热水循环干管和立管。在循环干管（亦称回水管）末端用循环水泵把循环水引回水加热器继续加热，排管中的蒸汽凝结水经凝结水管排至凝结水池。凝结水池中的凝结水用凝结水泵

再送至锅炉继续加热使用。有时为了保证系统正常运行和压力稳定，而在系统上部设置给水箱。这时，管网的透气管可以接到水箱上。这种方式一般分为两部分，一部分是由锅炉、水加热器、凝结水泵及热媒管道等组成，称为热水供应第一循环系统。输送、分配热水是由配水管道和循环管道等组成，称为热水供应第二循环系统。

第一循环系统的锅炉和加热器在空间上有条件时，最好放在供暖锅炉房内，以便集中管理。

第二循环系统上部如果采用给水箱，应当在建筑物最高层上部设计水箱的位置。热水系统的给水箱一般宜设置在热水供应中心处。给水箱应有专门房间，亦可以和其他设备如供暖膨胀水箱等设置在同一房间。给水箱的容积应经计算决定。

图 8-2（*b*）为干管上行下给式全循环管网方式，一般适用在 5 层以上，并且对热水温度的稳定性要求较高的建筑。这种系统因配、回水管高差大，往往可以不设循环水泵而能自然循环（必须经过水力计算）。这种方式的缺点是维护和检修管道不便。

图 8-2（*c*）为干管下行上给半循环管网方式，适用于对水温的稳定性要求不高的 5 层以下建筑物，这种方式比下行上给式全循环方式节省管材。

图 8-2（*d*）为不设循环管道的上行式管网方式，适用于浴室、生产车间等建筑物内。其优点是节省管材。缺点是每次使用热水前，需要排泄管中的冷水。

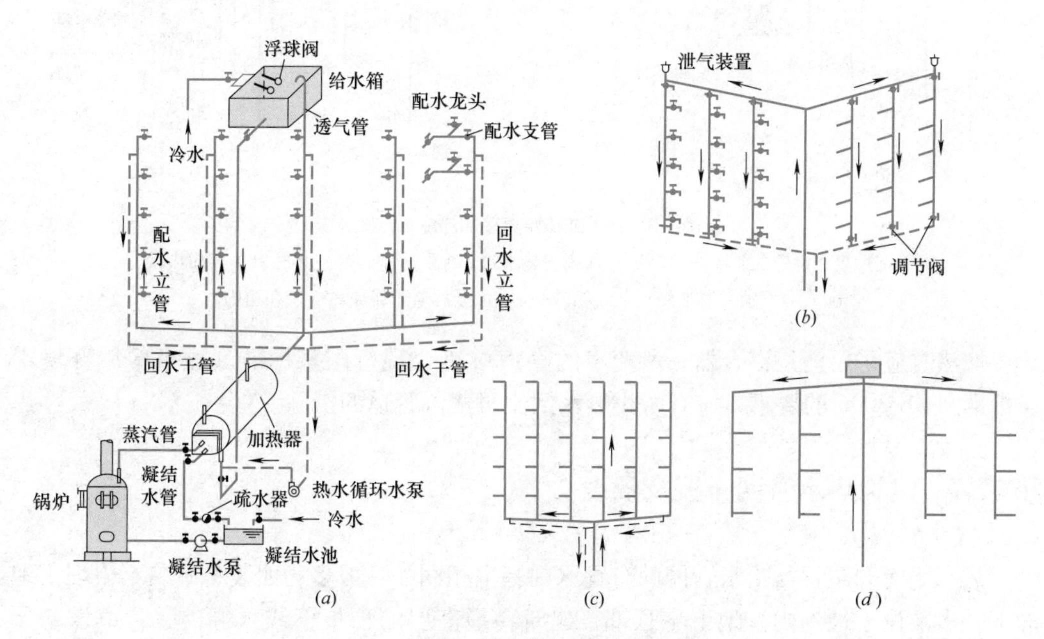

图8-2　集中热水供应方式
（*a*）下行上给式全循环管网；（*b*）上行下给式全循环管网；
（*c*）下行上给式半循环管网；（*d*）上行下给式管网

除上述几种方式以外，在定时供应热水系统中，也有采用不设循环管的干管下行上给管网方式。

上述集中热水供应方式中均为热媒与被加热水不直接混合。在条件允许时亦可采用热媒与被加热水直接混合或热源直接传热加热冷水，如图 8-3 所示。

图 8-3（*a*）、（*b*）为热水锅炉把水加热；（*c*）、（*d*）、（*e*）是用蒸汽和冷水混合加热，加热水箱兼起贮水作用。被用来和冷水混合加热的蒸汽，不得含有杂质、油质及有害物质。这种加热方式的优点是迅速，设备容积小。缺点是噪声大，凝结水不能回收，适用于有蒸汽供应的生产车间的生活间或独立的公共浴室。

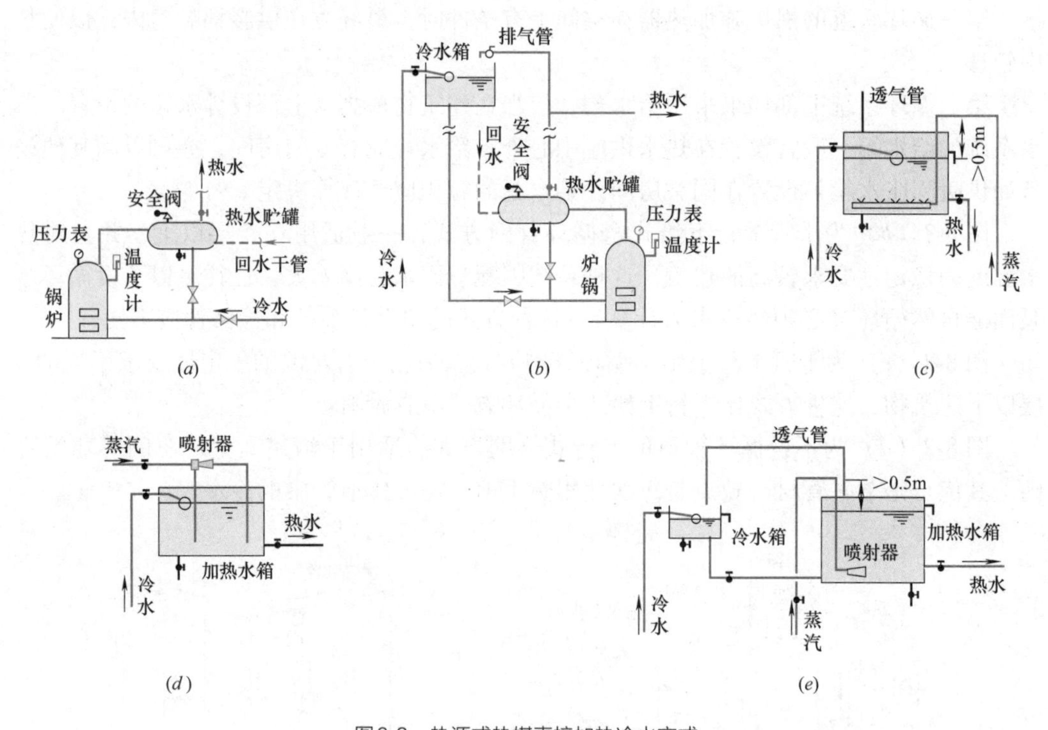

图8-3 热源或热媒直接加热冷水方式

（*a*）热水锅炉配贮水罐；（*b*）冷水箱、热水锅炉配贮水罐；（*c*）多孔管蒸汽加热；（*d*）蒸汽喷射器加热（装在箱外）；（*e*）蒸汽喷射器加热（装在箱内）

加热时应采用消声混合器，所产生的噪声应符合现行国家标准《城市区域环境噪声标准》GB 3096 的要求。应有防止热水倒流至蒸汽管道的措施。

第二节 建筑热水管网布置及敷设

热水管网的布置与给水管网的布置原则基本相同，一般多为明装，暗装不得埋于地面下，多敷设于地沟内、地下室顶部、建筑物最高层的顶板下或顶棚内、管道设备层内。设于地沟内的热水管应尽量与其他管道同沟敷设，地沟断面尺寸要与同沟敷设的管道统一考虑后确定。热水立管明装时，一般布置于卫生间内，暗装一般都设于管道井内。管道穿过墙和楼板时应设套管。穿过卫生间楼板的套管应高出室内地面 5 ~ 10cm，以避免地面积水从套管渗入下层。配水立管始端与回水立管末端以及多于五个配水龙头的支管始端，均应设置阀门，以便于调节和检修。为了防止热水倒流或窜流，在水加热器或贮水罐、机械循环的第二循环系统回水管、直接加热混合器的冷、热水供水管上，都应装设止回阀。所有热水横管均宜有不小于 0.003 的坡度，便于排气和泄水。为了避免热胀冷缩对管件或管道接头的破坏作用，热水干管应考虑自然补偿管道或装设足够的管道补偿器。在上行式配水干管的最高点应根据系统的要求设置排气装置，如自动放气阀、集气罐、排气管或膨胀水箱。管网系统最低点还应设置（1/5～1/10）d 的泄水阀或丝堵，以便检修时排泄系统的积水。

当下行上给式系统设有循环管道时，其回水管可在最高点以下约 0.5m 处与配水立管连接，以使热水中析出的气体不至于被循环水带回加热器或锅炉中。立管与水平干管的连接方法如图 8-4 所示。这样可以消除管道受热伸长时的各种影响。

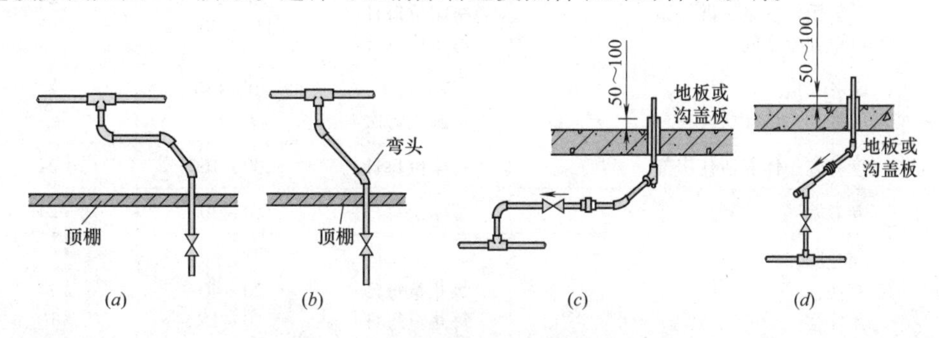

图8-4 热水立管与水平干管的连接方式

热水配水干管、贮水罐、水加热器一般均需保温，以减少热量损失。保温材料有石棉灰、泡沫混凝土、蛭石、硅藻土、矿渣棉等。管道保温层厚度要根据管道中热媒温度、管道保温层外表面温度及保温材料的性质确定。

第三节 建筑热水管网计算简述

一、热水用水量定额

热水用水量定额有两种：(1) 按热水用水单位所消耗的热水量及其所需水温而制定，如每人每日的热水消耗量及所需水温，洗涤每千克干衣所需的水量及水温等，此定额见表 8-1；(2) 按照卫生器具一次或一小时热水用水量和所需水温而制定（见表 8-2）。

热水用水定额（计算温度 t＝60℃） 表 8-1

序号	建筑物名称	单位	最高日用水定额（L）	使用时间（h）
1	住宅 有自备热水供应和沐浴设备 有集中热水供应和沐浴设备	 每人每日	 40～80 60～100	24
2	别墅	每人每日	70～110	24
3	单身职工宿舍、学生宿舍、招待所 培训中心、普通旅馆 设公用盥洗室 设公用盥洗室、淋浴室 设公用盥洗室、淋浴室、洗衣室 设单独卫生间、公用洗衣室	 每人每日 每人每日 每人每日 每人每日	 25～40 40～60 50～80 60～100	24 或定时供应

续表

序号	建筑物名称	单位	最高日用水定额（L）	使用时间（h）
4	宾馆客户 旅客 员工	 每床位每日 每人每日	 120～160 40～50	24
5	医院住院部 设公用盥洗室 设公用盥洗室、淋浴室 设单独卫生间	 每床位每日 每床位每日 每床位每日	60～100 70～130 110～200	24
	医务人员 门诊部、诊疗所	每人每班 每病人每次	70～130 7～13	8
	疗养院、休养所住房部	每床位每日	100～160	24
6	养老院	每床位每日	50～70	24
7	幼儿园、托儿所 有住宿 无住宿	 每儿童每日 每儿童每日	 20～40 10～15	 24 10
8	公共浴室 淋浴 淋浴、浴盆 桑拿浴（淋浴、按摩池）	 每顾客每次 每顾客每次 每顾客每次	 40～60 60～80 70～100	12
9	理发室、美容院	每顾客每次	10～15	12
10	洗衣房	每千克干衣	15～30	8
11	餐饮厅 营业餐厅 快餐店、职工及学生食堂 酒吧、咖啡厅、茶座、卡拉 OK 房	 每顾客每次 每顾客每次 每顾客每次	 15～20 7～10 3～8	 10～12 12～16 8～18
12	办公楼	每人每班	5～10	8
13	健身中心	每人每次	15～25	12
14	体育场（馆） 运动员淋浴	 每人每次	 17～26	4
15	会议厅	每座位每次	2～3	4

注：1. 热水温度按60℃计。
2. 表内所列用水定额均已包括在最高日用水量。
3. 本表以60℃热水水温为计算温度，卫生器具的使用水温见表8-2。

卫生器具的一次和小时热水用水定额及水温 表8-2

序号	卫生器具名称	一次用水量（L）	小时用水量（L）	使用水温（℃）
1	住宅、旅馆、别墅、宾馆、酒店式公寓 带有淋浴器的浴盆 无淋浴器的浴盆 淋浴器 洗脸盆、盥洗槽水嘴 洗涤盆（池）	 150 125 70～100 3 —	 300 250 140～200 30 180	 40 40 37～40 30 50

续表

序号	卫生器具名称	一次用水量（L）	小时用水量（L）	使用水温（℃）
2	集体宿舍、招待所、培训中心淋浴器 有淋浴小间 无沐浴小间 盥洗槽水嘴	 70～100 — 3～5	 210～300 450 50～80	 37～40 37～40 30
3	餐饮业 洗涤盆（池） 洗脸盆：工作人员用 顾客用 淋浴器	 — 3 — 40	 250 60 120 400	 50 30 30 37～40
4	幼儿园、幼儿所 浴盆：幼儿所 托儿所 淋浴器：幼儿园 托儿所 盥洗槽水嘴 洗涤盆（池）	 100 30 30 15 15 —	 400 120 180 90 25 180	 35 35 35 35 30 50
5	医院、疗养院、休养所 洗手盆 洗涤盆（池） 淋浴器 浴盆	 — — — 125～150	 15～25 300 200～300 250～300	 35 50 37～40 40
6	公共浴室 浴盆 淋浴器：有淋浴小间 无淋浴小间 洗脸盆	 125 100～150 — 5	 250 200～300 450～540 50～80	 40 37～40 37～40 35
7	办公楼　洗手盆	—	50～100	35
8	理发室　美容院　洗脸室	—	35	35
9	实验室 洗脸盆 洗手盆	 — —	 60 15～25	 50 30
10	剧场 淋浴器 演员用洗脸盆	 60 5	 200～400 80	 37～40 35
11	体育场馆　淋浴器	30	300	35
12	工业企业生活间 淋浴器：一般车间 脏车间 洗脸盆盥洗槽水嘴：一般车间	40 60 3 5	360～540 180～480 90～120	37～40 40 30
13	净身器	10～15	120～180	30

注：一般车间指现行《工业企业设计卫生标准》中规定的3、4级卫生特征车间，脏车间指该标准中规定的1、2级卫生特征的车间。

二、系统计算简介

热水系统计算包括第一循环系统计算及第二循环系统计算。前者内容是选择热源，确定加热设备类型和热媒管道的管径；后者内容包括确定配水及回水管道的直径，选择附件和器材等。现就第二循环系统管道计算要点作一介绍：

（1）确定配水干管，立管及支管的直径，其计算方法与建筑给水管道计算方法完全相同。仅在选择卫生器具给水额定流量时，应当选择一个阀开的配水龙头，使用热水管网水力计算表计算管道沿程水头损失。热水管中流速不宜大于1.2m/s。

（2）循环管道的直径，一般可按照对应的配水管管径小1号来确定。

第四节 管道直饮水系统

根据供水水温、水处理方法，管道直饮水供应系统可分为冷饮水、开水供应系统。管道直饮水系统的原水是指未经过深度净化处理的生活饮用水或任何与生活饮用水水质相近的水。管道直饮水系统的产品水是指原水经深度净化、消毒等集中处理后供给用户的直接饮用水。管道直饮水系统就是指原水经过深度净化处理达到标准后，通过管道供给人们直接饮用的供水系统。开水计算温度应按100℃计算。

一、供水方式

为了卫生安全和防止污染，管道直饮水系统必须独立设置，不得与市政或建筑供水系统直接相连。

管道直饮水系统中建筑物内部和外部供回水管网的形式应根据居住小区总体规划和建筑物性质、规模、高度以及系统维护管理和安全运行等条件确定，经技术经济综合比较后确定采取集中供水系统或分片区供水系统或在一幢建筑物中设一个或多个供水系统，以保证供水和循环回水的合理和安全性。

管道直饮水系统的供水方式，宜采用调速泵组直接供水或处理设备置于屋顶的水箱重力式供水系统。其目的是避免采用高位水箱贮水难以保证循环效果和直饮水水质的问题，同时，采用变频机组供水还有设备集中、便于管理控制的优点。

高层建筑的管道直饮水系统应竖向分区，有条件时分区的范围宜比生活给水分区小一点，以利于节水。各分区最低处配水点的静水压：住宅不宜大于0.35MPa；办公楼不宜大于0.40MPa，且最不利配水点处的水压应满足用水水压的要求。可采用减压阀分区方法，因饮水水质好，减压阀前可不加截污器。

二、水质与水量

管道直饮水主要用于居民饮用、煮饭烹饪，个人日用水定额随经济水平、生活习惯、水费、水嘴水流特性、当地气温等因素的变化而不同。日本的优质水系统的用量中，用于饮用的为1~3L/(人·日)、饮用和烹饪用量为3~6L/(人·日)；德国居民平均日用水量约为128L，4%用于饮用和做饭，约合5.12L。我国饮水定额及小时变化系数见表8-3，北方地区可按低限取值，南方经济发达地区可按高限取值。

根据建筑物的性质和地区的条件，饮水定额及小时变化系数应按表8-3确定。

饮水定额及小时变化系数 表 8-3

建筑物名称	单位	饮水定额（L）	小时变化系数 K_h
热车间	每人每班	3～5	1.5
一般车间	每人每班	2～4	1.5
工厂生活间	每人每班	1～2	1.5
办公楼	每人每班	1～2	1.5
宿舍	每人每日	1～2	1.5
教学楼	每学生每日	1～2	2.0
医院	每病床每日	2～3	1.5
影剧院	每观众每场	0.2	1.0
招待所、旅馆	每客人每日	2～3	1.5
体育馆（场）	每观众每场	0.2	1.0

注：小时变化系数系指饮水供应时间内的变化系数。

设有管道直饮水的建筑，其最高日管道直饮水定额可按表 8-4 采用。

最高日直饮水定额 表 8-4

用水场所	单位	最高日直饮水定额
住宅楼	L/(人·日)	2.0～2.5
办公楼	L/(人·班)	1.0～2.0
教学楼	L/(人·日)	1.0～2.0
旅馆	L/(床·日)	2.0～3.0

注：1. 此定额仅为饮用水量；
2. 经济发达地区的居民住宅楼可提高至 4～5 L/(人·日)；
3. 最高日管道直饮水定额亦可根据用户要求确定。

三、水处理

管道直饮水系统应对原水进行深度净化处理。深度净化处理是指对原水所进行的进一步处理过程，深度净化处理的方法和工艺应能去除有机污染物（包括“三致”物质和消毒副产物）、重金属、细菌、病毒、其他病原微生物和病原原虫。

水处理工艺流程的选择应依据原水水质，经技术经济比较确定，处理后的出水应达到水质指标。水处理工艺流程应合理、优化，满足布置紧凑、节能、自动化程度高、管理操作简便、运行安全可靠和制水成本低等要求。

目前，宜采用膜技术作为管道直饮水系统的深度净化处理方法。膜处理技术又分成微滤（MF）、超滤（UF）、纳滤（NF）和反渗透膜（RO）四种，各种膜技术都有明确的适用范围，在深度净化工艺选择时，应根据处理后的水质标准、原水水质条件进行选择，选择时还应考虑工作压力、产品水的回收率等因素。

由于膜处理的特殊要求，在工艺设计中还需设置必要的预处理、后处理单元和膜的清洗设施。根据不同的膜处理，应相应配套预处理、后处理和膜的清洗设施。

预处理、膜处理和后处理工艺的选用和组合及出水水质应符合国家现行标准《饮用净水水质标准》CJ 94 的规定。

四、管材、管道及设备

管道直饮水系统所采用的管材、管件、设备、辅助材料应符合国家现行有关标准，卫生性能应符合现行国家标准《生活饮用水输配水设备及防护材料的安全性评价标准》GB/T 17219 的规定。饮水管道应选用耐腐蚀、内表面光滑、符合食品级卫生要求的薄壁不锈钢管、薄壁铜管、优质塑料管。系统中宜采用与管道同种材质的管件及附配件。开水管道应选用许用工作温度大于100℃的金属管材。

管道直饮水应设循环管道，保证干管和立管中饮水的有效循环。以避免长时间滞留在管网中的饮水在管道接头、阀门等局部不光滑处由于细菌繁殖或微粒集聚等因素，而产生水质污染和恶化的后果。管道直饮水系统循环管道中的供、回水管网应同程布置，目的是保证整个系统的循环效果。循环水量是指循环系统中周而复始流动着的水量，其值应根据系统工作制度与循环时间要求确定。管道直饮水系统循环管网内水的停留时间不应超过 12h。室内分户计量水表应采用直饮水水表。开水器的通气管应引至室外。开水系统的配水水嘴宜为旋塞式。开水器应装设温度计和水位计，开水锅炉应装设温度计，必要时还应装设沸水箱或安全阀。开水器的排水管道不宜采用塑料排水管。开水间应设给水管和地漏。当中小学校、体育场馆等公共建筑设饮水器时，应符合下列要求：1）以温水或自来水为源水的直饮水，应进行过滤和消毒处理；2）应设循环管道，循环回水应经消毒处理；3）饮水器的喷嘴应倾斜安装并设有防护装置，喷嘴孔的高度应保证排水管堵塞时不被淹没；4）应使同组喷嘴压力一致；5）饮水器应采用不锈钢、铜镀铬或瓷质、搪瓷制品，其表面应光洁易于清洗。

思考题与习题

1. 建筑热水供应系统的分类及适用条件是什么？
2. 常用的建筑热水供应系统供水方式有哪些？
3. 建筑热水管网布置与敷设的基本要求是什么？
4. 简述管道直饮水系统的供水方式。
5. 如何确定管道直饮水系统的水质与水量？

第九章　小区给水排水、中水及雨水利用

第一节　居住小区给水排水

一、居住小区给水系统

居住小区是指人口在 15000 以下的居住组团和居住小区。居住小区给水系统的任务是从城镇给水管网（或自备水源）取水，按各建筑物对水量、水压、水质的要求，将水输送并分配到各建筑物给水引入点处。按使用目的，小区给水系统可分为生活用水、消防用水、生活－消防合用及管道直饮水供水系统。应综合利用各种资源，宜实行分质给水，充分利用再生水、雨水等非传统水源；优先采用循环和重复利用给水系统。

（一）组成及供水方式

小区给水系统由小区（给水）引入管、管网（干管、支管、建筑引入管等）、室外消火栓、加压设施、调节与贮水构筑物（水塔、水池）、管道附件、阀门井、洒水栓等组成。当小区内的某些建筑物设有管道直饮水系统、并经技术经济比较后确定采用集中处理方式时，小区还需考虑设置直饮水处理和管道供应系统。

小区的室外给水系统，其水量应满足小区内全部用水的要求，其水压应满足最不利配水点的水压要求。按供水方式，小区给水系统可分为市政给水管网直接供水、小区二次加压供水、混合供水系统及重力供水系统等。小区的室外给水管网宜布置成环状网，或与城镇给水管连接环状网。环状给水管网与城镇给水管的连接管不宜少于两条。

小区的室外给水系统应尽量利用城镇给水管网的水压直接供水。当城镇给水管网的水压、水量不足时，应设置贮水调节和加压装置。图 9-1 所示为市政给水管网直接供水的生活给水系统；图 9-2 为一种直供与加压混合供水的生活给水系统（枝状）。从市政给水管网引进的低压给水管道，直接供给各建筑物低区的生活用水；小区集中设置的加压供水设施供给各建筑物高区的生活用水。

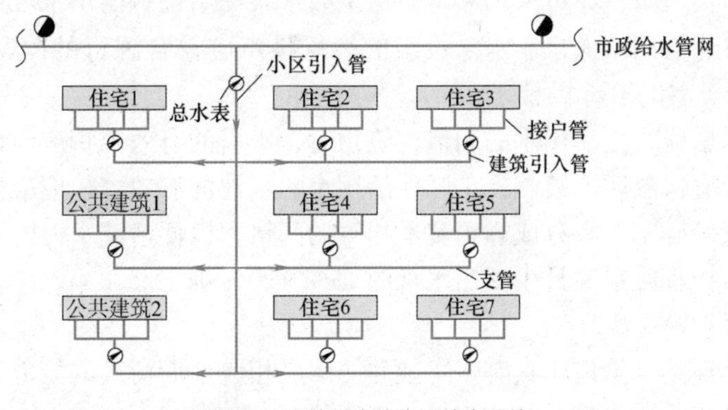

图9-1　直接供水的生活给水系统

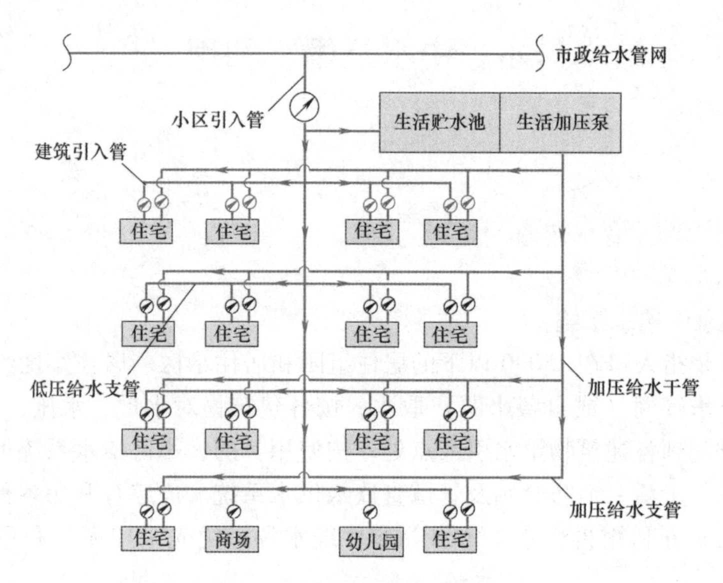

图9-2 小区竖向分区生活给水系统

（二）用水量

小区总用水量包括：居民生活用水量（Q_1）、公共建筑用水量（Q_2）、绿化用水量（Q_3）、水景和娱乐设施用水量（Q_4）、道路和广场用水量（Q_5）、公用设施用水量（Q_6）及未预见水量及管网漏失水量（Q_7）等，消防用水量不计入正常用水量，仅用于校核管网计算。

小区的最高日生活用水量为：

$$Q_d = (1.10 \sim 1.15)(Q_1 + Q_2 + Q_3 + Q_4 + Q_5 + Q_6) \tag{9-1}$$

式中 Q_d——最高日生活用水量，L/d；

Q_i——各住宅最高日生活用水定额，L/(人·d)。

（三）加压设施

小区的加压给水系统应根据小区的规模、建筑高度和建筑物的分布等因素确定加压站的数量、规模和水压。小区的给水加压泵站，当给水管网无调节设施时，宜采用调速泵组或额定转速泵编组运行供水，以节约电耗。一般情况下生活给水加压泵多采用调速泵组供水方式；当小区给水系统服务人数多、用水较均匀、小时变化系数较低或管网有一定容量的调节措施时，亦可采用额定转速工频水泵编组运行的供水方式。小区独立设置的水泵房，宜靠近用水大户。水泵机组的运行噪声应符合现行的国家标准《城市区域环境噪声标准》GB 3096 的要求。

小区采用水塔作为生活用水的调节构筑物时，水塔的有效容积应经计算确定。有冻结危险的水塔应有保温防冻措施。小区生活用水贮水池的有效容积应根据生活用水调节量和安全贮水量等确定，宜分成容积基本相等的两格，以便清洗水池时不停止供水。生活用水调节量可按小区最高日生活用水量的15%～20%确定。

（四）管道布置及敷设

小区室外埋地给水管道应具有耐腐蚀并能承受相应地面荷载的能力，可采用塑料给水管、有衬里的铸铁给水管。管内壁的防腐材料应符合现行的国家有关卫生标准的要求。当必须使用钢管时应采用经可靠防腐处理的钢管。

小区给水管道应沿小区内道路敷设，宜平行于建筑物敷设在人行道、慢车道或草地下；管道外壁距建筑物外墙的净距不宜小于1m，且不得影响建筑物的基础。室外给水管道的覆土深度，应根据土壤冰冻深度、车辆荷载、管道材质及管道交叉等因素确定。管顶最小覆土深度不得小于土壤冰冻线以下0.15m，行车道下的管线覆土深度不宜小于0.7m。

室外管线应进行综合设计，生活给水管道不宜与输送易燃、可燃或有害的液体或气体的管道同管廊（沟）敷设。室外给水管道与其他地下管线、建筑物、乔木之间的最小净距，应符合规范规定。敷设在室外综合管廊（沟）内的给水管道，宜在热水、热力管道下方，冷冻管和排水管的上方。给水管道与各种管道之间的净距，应满足安装操作的需要，且不宜小于0.3m。

在室外明设的给水管道，应避免受阳光直接照射，塑料给水管还应有有效保护措施；在结冻地区应做保温层，保温层的外壳应密封防渗。室外给水管道上的阀门，宜设置阀门井或阀门套筒。

二、居住小区排水系统

（一）生活污水排水系统

小区排水系统应采用生活排水与雨水排水系统分成两个独立的排水系统的分流制。

小区排水管道的平面布置应根据小区规划、地形标高、排水流向、各建筑物接户管（出户管）及市政排水管接口的位置，按管线短、埋深小、尽可能自流排出的原则确定，定线时还应考虑到小区的扩建发展情况，以免日后改拆管道，造成施工及管理上的返工浪费。

排水管道宜沿道路和建筑物的周边呈平行布置，路线最短，减少转弯，并尽量减少相互间及与其他管线、河流及铁路间的交叉。排水干管应靠近主要排水建筑物，并布置在连接支管较多的一侧。排水管道应尽量远离生活饮用水给水管道。管道与铁路、道路交叉时，应尽量垂直于路的中心线。管道应尽量布置在道路外侧的人行道或草地的下面。不允许布置在铁路的下面和乔木的下面。

小区排水管道的最小覆土深度应根据道路的行车等级、管材受压强度、地基承载力、室内排出管的埋深、土壤冰冻深度、管顶所受动荷载情况等因素经计算确定。小区干管和小区组团道路下的管道覆土深度不宜小于0.7m；生活排水接户管的埋设深度，不得高于土壤冰冻线以上0.15m，且覆土深度不宜小于0.3m；当采用埋地塑料管道时，排出管埋设深度可不高于土壤冰冻线以上0.50m。在地下水位较高的地区，埋地管道和检查井还应考虑采取有效的防渗技术措施。

排水管材应根据排水性质、成分、温度、地下水侵蚀性、外部荷载、土壤情况和施工条件等因素因地制宜就地取材。重力流排水管宜选用埋地塑料管，混凝土管或钢筋混凝土管。排至小区污水处理装置的排水管宜采用塑料排水管。穿越管沟、河道等特殊地段或承压的管段可采用钢管或铸铁管，若采用塑料管应外加金属套管（套管直径较塑料管外径大200mm）。当排水温度大于40℃时应采用金属排水管或耐高温的塑料管。输送腐蚀性污水的管道可采用塑料管。

排水管道应在与室内排出管连接处设排水检查井，检查井间的管段应为直线，排水管道或排水检查井中心至建筑物外墙的距离不宜少于2.5～3m。小区生活排水检查井应优先采用塑料排水检查井。检查井的内径应根据所连接的管道管径、数量和埋设深度确定。生活排水管道的检查井内应有导流槽。

当小区排水管道不能以重力自流排入市政排水管道时，应设置污水泵房。污水泵房应建成单独构筑物，并应有卫生防护隔离带，有良好的通风条件并靠近集水池。污水泵房与居住建筑和公用建筑应有一定距离，水泵机组噪声对周围环境有影响时应采取消声、隔振措施，泵房周围应考虑较好的绿化。污水泵房设计应按《室外排水设计规范》GB 50014 执行。

（二）雨水排水系统

1. 雨水排水系统的组成

雨水排水系统由雨水口、连接管、检查井（跌水井）、管道等组成。

小区内雨水口的布置应根据地形、建筑物位置沿道路布置。一般布置在道路交汇处和路面最低处、建筑物单元出入口与道路交界处、建筑雨水落水管附近、小区空地、绿地的低洼处及地下坡道入口处等。雨水口连接管的长度不宜超过25m，连接管上串联的雨水口不宜超过3个。单箅雨水口连接管最小管径为200mm，坡度为0.01，管顶覆土厚度不宜小于0.7m。检查井一般设在管道（包括接户管）的交接处和转弯处、管径或坡度的改变处、跌水处、直线管道上每隔一定距离处。

室外雨水管道宜采用双壁波纹塑料管、加筋塑料管、钢筋混凝土管等，穿越管沟等特殊地段采用钢管或铸铁管。室外雨水管道布置应按管线短、埋深小、自流排出的原则确定，宜沿道路和建筑物的周边呈平行布置，宜路线短、转弯少，并尽量减少管线交叉。雨水干管应靠近主要排水构筑物，并布置在连接支管较多的一侧。管道尽量布置在道路外侧的人行道或草地的下面，不应布置在乔木的下面。应尽量远离生活饮用水管道，与给水管的最小净距应为0.8～1.5m。管道在车行道下时，管顶覆土厚度不得小于0.7m，否则，应采取防止管道受压破损的技术措施。

2. 下沉广场或下沉地面雨水排水系统

室外下沉的花园、绿地、广场、道路等低洼处积水时若有流进室内的可能，则应设水泵提升排水，短时积水不会造成危害时，可采用重力排水，雨水口可接入室外雨水检查井。需水泵提升排水的下沉广场，雨水应收集到雨水集水池，用污水泵排除到小区的室外雨水管网中。集水池应设在建筑物外。下沉广场设有建筑入口时，广场地面应比室内地面低15cm以上，否则，广场雨水径流应按50年重现期计算。

雨水排水泵的流量应按排入集水池的设计雨水量确定，排水泵不应少于2台，不宜大于8台，紧急情况下可同时使用，雨水排水泵应有不间断的动力供应。下沉式广场地面排水集水池的有效容积，不应小于最大一台排水泵30s的出水量。

第二节 建筑中水

建筑中水是指以室内生活污废水为原水，收集并经过水质处理达到杂用水水质要求后，再由中水供水管网送至中水用水点，可用于冲厕、绿化、浇洒道路、施工、消防等，如图9-3所示。

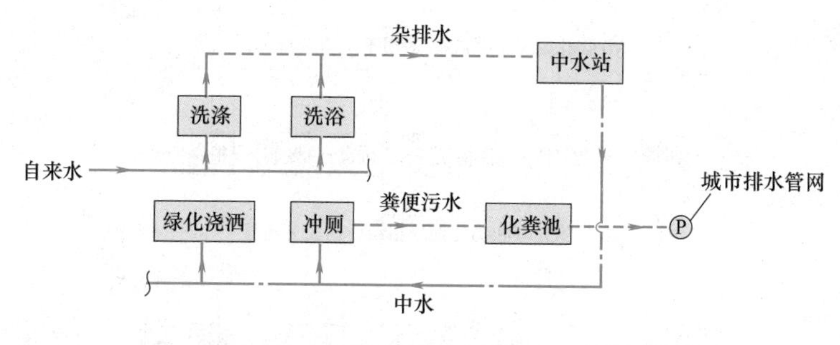

图9-3 完全分流系统

（一）原水与中水水质

建筑物中水系统的原水选取顺序为：卫生间、公共浴室的盆浴和淋浴等的排水；盥洗排水；空调循环冷却水系统排污水；冷凝水；游泳池排污水；洗衣排水；厨房排水；冲厕排水。建筑物中水系统的原水往往不是单一水源，多为上述几种原水的组合。建筑屋面雨水也可作为中水水源或其补充。综合医院污水含有较多病菌，作为中水水源时须经消毒处理，产生的中水仅可用于独立的不与人直接接触的系统。传染病医院、结核病医院污水含有多种传染病菌、病毒，放射性废水会对人体造成伤害，因此都不得作为中水水源。

中水水质标准根据中水回用用途进行分类。中水用做城镇杂用水（如：冲厕、道路清扫、城市绿化、车辆冲洗、建筑施工等），其水质应符合现行《城镇杂用水水质控制指标》的规定；中水用做景观环境用水，其水质应符合《景观环境用水的再生水水质控制指标》的规定。当中水同时满足多种用途时，其水质应按最高水质标准确定。

（二）中水处理

中水处理工艺应根据中水原水的水质、水量和中水的水质、水量及使用要求等因素，经过水量平衡、进行技术经济比较后确定，宜采用耗能低、效率高、经过实验或实践检验的新工艺流程。

（1）以优质杂排水或杂排水作为中水原水时，原水有机物浓度较低，可采用以物化处理为主或采用生物处理和物化处理相结合的工艺流程，如图9-4所示。

（2）以含粪便污水的排水作为中水原水时，因中水原水中有机物或悬浮物浓度高，宜采用两段生物处理与物化处理相结合的工艺流程，如图9-5所示。

中水处理站的位置应根据建筑总体规划、中水原水的收集地点、中水用水的位置、环境卫生和管理维护要求等因素确定，尽可能避免气味和噪声的不良影响。以生活排水为原水的地面处理站与公共建筑和住宅的距离不宜小于15m，建筑物内的中水处理站宜设在建筑物的最底层，建筑群（组团）的中水处理站宜设在其中心建筑的地下室或裙房内，小区中水处理站按规划要求独立设置，处理构筑物宜为地下式或封闭式。中水处理站设计应设适应处理工艺要求的采暖、通风、换气、照明、给水排水设施，地面设有集水坑，不能重力排出时设潜污泵压力排水。

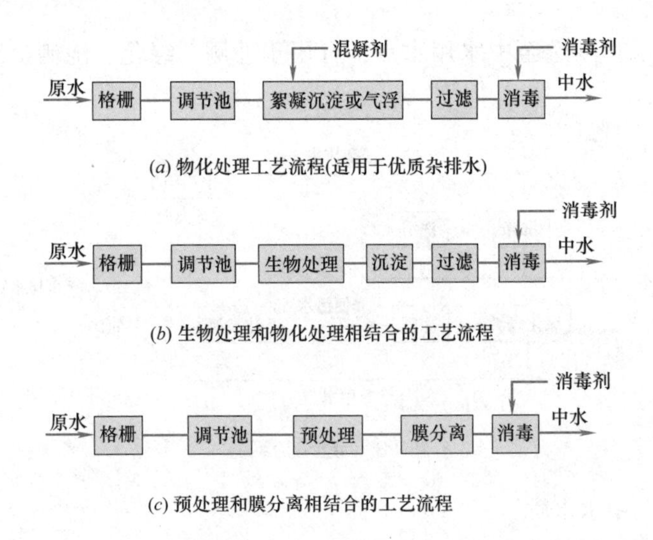

图9-4 以物化处理为主或采用生物处理和物化处理相结合的工艺流程

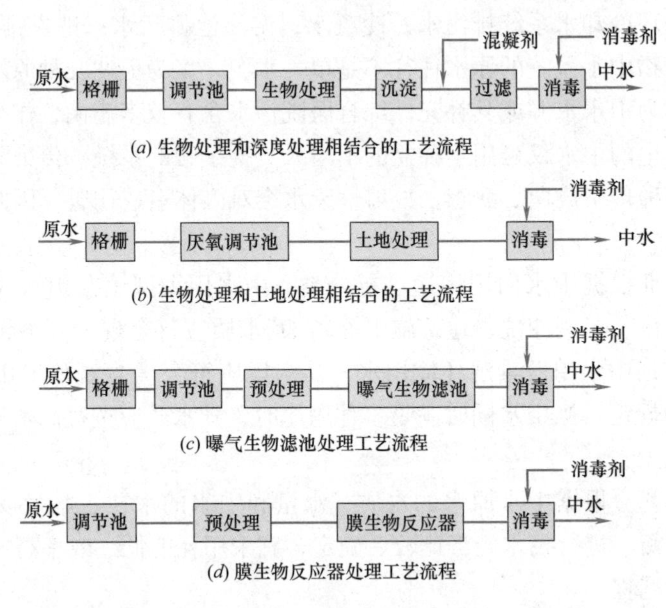

图9-5 两段生物处理与物化处理相结合的工艺流程

处理构筑物及处理设备应布置合理、紧凑，满足构筑物的施工、设备安装、运行调试、管道敷设及维护管理的要求，还应考虑最大设备的进出要求。顶部有人孔的构筑物或设备，其人孔上方应有不小于0.8m的净空。

第三节 建筑与小区雨水利用

建筑与小区雨水利用是水综合利用中的一种新的系统工程，对于实现雨水资源化、节约用水、修复水环境与生态环境、减轻城市洪涝有十分重要的意义。设有雨水利用系统的建筑和小区，仍应设有雨水外排措施，当实际雨水量超过雨水利用设施的蓄水能力时，多余的雨水形成径流或溢流可通过雨水外排系统排出。

（一）系统类型及选用

雨水利用包括雨水入渗、收集回用、调蓄排放三种类型，在一个建设项目中雨水利用可采用以上三种系统中的一种，也可以是其中两种系统的组合。当采用两种雨水利用系统的组合形式时，总利用规模（利用的总雨水量）应满足设计要求，各系统雨水利用量的比例应根据降雨量、降雨时间分布、下垫面（降雨受水面的总称，包括屋面、地面、水面等）的入渗能力、供用水条件等因素经技术经济比较后确定。

雨水入渗系统是通过雨水收集设施把雨水引至渗透设施，使雨水分散并被渗透到地下，将雨水转化为土壤水，对涵养地下水、抑制暴雨径流的作用显著。地面上一部分雨水能够就地自然入渗，不需配置雨水收集设备，其他场地的雨水入渗系统由收集设施和渗透设施组成。雨水入渗系统还有削减外排雨水径流总量的作用。年均降雨量小于400mm的城市，可采用雨水入渗系统。

雨水收集回用系统是收集雨水、对所储存的雨水进行水质净化处理，达到相应的水质标准后可用于景观用水、绿化用水、循环冷却系统补水、汽车冲洗用水、路面地面冲洗用水、冲厕用水、消防用水等。雨水收集回用系统由雨水收集、储存、水质处理设施及回用水管网等组成。收集回用系统还有削减外排雨水径流总量的作用，宜用于年均降雨量大于400mm的地区。相对于地面雨水，屋面雨水的污染程度较小，是雨水收集回用系统优先考虑的水源，大型屋面的公共建筑或设有人工水体的小区，屋面雨水宜采用收集回用系统。当收集回用系统的回用水量或储水能力小于屋面的收集雨量时，屋面雨水的利用可选用回用与入渗相结合的方式。收集回用系统的回用雨水严禁进入生活饮用水给水系统。

雨水调蓄排放系统是通过雨水储存调节设施来减缓雨水排放的流量峰值、延长雨水排放时间。调蓄排放系统由雨水收集、储存和排放管道等设施组成。雨水调蓄排放系统具有快速排除场地地面雨水、削减外排雨水高峰流量的作用，但没有削减外排雨水总量的作用。调蓄排放系统宜用于有防洪排涝要求的场所。

（二）水质

建筑与小区的雨水径流水质的波动较大，受城市地理位置、下垫面性质、建筑材料、降雨量、降雨强度、降雨时间间隔、气温、日照等诸多因素的综合影响，应以实测资料为准。屋面雨水经初期径流弃流后的水质，无实测资料时可采用如下经验值：$COD_{Cr}=70\sim100mg/L$，$SS=20\sim40mg/L$，色度10～40度。

处理后的雨水水质根据用途确定，当处理后的雨水同时用于多种用途时，其水质应按最高水质标准确定。雨水回用供水管网中低水质标准水不得进入高水质标准水系统。建筑或小区中同时设有雨水和中水的合用系统时，原水不宜混合，出水可在清水池混合。

（三）水量与设计规模

雨水降雨量应根据当地近期10年以上降雨量资料确定。雨水经处理后用于绿化、道路及广场浇洒、车库地面冲洗、车辆冲洗、循环冷却水补水、景观水体补水量等用途时，各项最高日用水量按照现行国家标准《建筑给水排水设计规范》GB 50015中的有关规定执行。景观水体补水量根据当地水面蒸发量和水体渗透量综合确定。

建设用地在开发之前处于自然状态，其地面的径流系数较小，一般不超过0.2～0.3。

经硬化、绿化后地面的径流系数会增大，雨水排放总量和高峰流量都大幅度增加。雨水外排系统的设计流量应按第七章雨水设计流量公式计算。

如果采用了雨水利用设施，其入渗、处理回用、储水设施能分别削减外排雨水径流总量和高峰流量。雨水利用系统的设计重现期不得小于1年，宜按两年确定，且应使建设用地外排雨水设计量不大于开发建设前的水平或规定值，即雨水利用系统的设计规模至少应能够承担建设用地开发后所增加的外排雨水径流总量。

（四）收集系统

雨水利用系统的三种类型中，均需设置屋面收集或地面收集组成的雨水收集系统。

屋面雨水收集系统由雨水斗、集水沟和弃流装置等组成，并应有溢流措施。屋面雨水收集系统应独立设置，严禁与建筑污、废水排水管道连接，阳台雨水不应接入屋面雨水立管。严禁在室内设置敞开式检查口或检查井。

地面雨水收集系统主要是收集硬化地面上的雨水和从屋面引流至地面的雨水。当收集的雨水排至地面雨水渗透设施（如：下凹绿地、浅沟洼地等）时，雨水应经过地面组织径流或者是明沟的方式进行收集和输送；当收集的雨水排至地下雨水渗透设施（如：渗透管渠、浅沟渗渠组合入渗）时，雨水应经过雨水口、雨水管道进行收集和输送。

屋面和地面的初期雨水径流中污染物浓度高、水量小，雨水利用时应考虑舍弃这部分水量，以减少对后续设施的影响。按照安装方式，弃流装置分为管道式、屋顶式和埋地式。埋地弃流装置又有弃流井、渗透弃流装置等。屋面雨水收集系统的弃流装置宜设于室外，当设在室内时应采用密闭装置，以防装置堵塞，向室内灌水。地面雨水收集系统设置雨水弃流设施时，可集中或分散设置。

（五）雨水储存

常见的雨水贮存设施有景观水体、钢筋混凝土水池、形状各异的成品水池或水罐等。雨水贮存有效容积不宜小于集水面重现期1~2年的雨水设计总量扣除设计初期径流弃流量。当资料具备时，贮存设备的有效容积可根据逐日用水量经模拟计算确定。以景观水体作为雨水贮存设施时，其水面和水体溢流水位之间的容量可作为贮存容积。

雨水蓄水池（罐）宜设在室外地下。室外地下蓄水池（罐）的人孔或检查口应设置防止人员落入水中的双层井盖，应设溢流排水措施。设在室内且溢流水位低于室外地面时，应设置自动提升设备排除溢流雨水，溢流提升设备的排水标准应按50年降雨重现期5min降雨强度设计，并不得小于集雨屋面设计重现期降雨强度，同时应设溢流水位报警装置。蓄水池兼做自然沉淀池时，还应满足进水端均匀布水、出水端避免扰动沉积物、不使水流短路的要求。

（六）雨水调蓄设施

雨水调蓄排放系统由雨水收集管网、调蓄池及排水管道组成，调蓄设施宜布置在汇水面下游，降雨设计重现期宜取两年。调蓄池应尽量利用天然洼地、池塘、景观水体等地面设施。条件不具备时可采用地下调蓄池，可采用溢流堰式和底部流槽式。

调蓄池容积可采用下式计算：

$$V=\max\left[\frac{60}{1000}(Q-Q')\,t_{m}\right] \tag{9-2}$$

式中 V——调蓄池容积，m^3；

t_m——调蓄池蓄水时间，min，不大于120min；

Q——调蓄池上游设计流量，L/s；

Q'——设计排水流量，L/s，按下式计算：

$$Q' = \frac{1000W}{t'} \tag{9-3}$$

W——调蓄池的有效容积，m^3；

t'——排空时间，s，宜按6～12h计。

思考题与习题

1. 简述居住小区给水系统的组成及供水方式。
2. 如何确定居住小区给水用水量？
3. 简述居住小区生活污水及雨水排水系统的组成。
4. 简述中水水质及中水处理的方法。
5. 简述建筑与小区雨水利用系统类型及选用方法。

第三篇

供热、供燃气、通风及空气调节

第三篇

第十章　供暖及供燃气

第一节　供暖方式、热媒及系统分类

供暖是用人工方法通过消耗一定的能源向室内供给热量，使室内保持生活或工作所需温度的技术、装备、服务的总称。供暖系统由热媒制备（热源）、热媒输送和热媒利用（散热设备）三个主要部分组成。热媒是热能的载体，工程上指传递热能的媒介物，如热水、蒸汽。热源是供暖热媒的来源或能从中吸取热量的任何物质、装置或天然能源。散热设备是把热媒的部分热量传给室内空气的放热设备。

一、供暖方式及其选择

（一）供暖方式

1. 集中供暖与分散供暖

根据供暖系统三个主要组成部分的相互位置关系来分，供暖方式可分为集中供暖方式和分散供暖方式。

（1）集中供暖：热源和散热设备分别设置，用热媒管道相连接，由热源向各个房间或各个建筑物供给热量的供暖方式，称为集中供暖。典型的例子是以热水或蒸汽作为热媒的供暖系统、楼用燃气炉供暖和楼用热泵供暖等。

（2）分散供暖：热源、热媒输送和散热设备在构造上合为一体的就地供暖方式，称为分散供暖。典型的例子有户用烟气供暖（火炉、火墙和火炕等），电热供暖（电炉、电热油炉、电热膜和发热电缆等）、燃气供暖（燃气红外线辐射器、燃气热风机和户式燃气壁挂炉等）和户式空气源热泵供暖等。虽然电能和燃气通常由远处输送到室内来，但热量的转化和利用都是在散热设备上实现的。

2. 全面供暖与局部供暖

根据供暖系统能否使供暖房间全室达到一定温度要求，供暖方式又可分为全面供暖方式与局部供暖方式。

（1）全面供暖：为使整个供暖房间保持一定温度要求而设置的供暖方式，称为全面供暖。

（2）局部供暖：为使室内局部区域或局部工作地点保持一定温度要求而设置的供暖方式，称为局部供暖。

3. 连续供暖与间歇供暖

根据供暖系统能否使供暖房间室内平均温度全天均能达到设计温度要求，供暖方式还可分为连续供暖方式与间歇供暖方式。

（1）连续供暖：对于全天使用的建筑物，使其室内平均温度全天均能达到设计温度的供暖方式，称为连续供暖。

（2）间歇供暖：对于非全天使用的建筑物，仅在使用时间内使室内平均温度达到设计温度，而在非使用时间内可自然降温的供暖方式，称为间歇供暖。

4. 值班供暖

在非工作时间或中断使用的时间内，为使建筑物保持最低室温要求而设置的供暖方式，称为值班供暖。值班供暖室温一般为5℃。

（二）供暖方式的选择

供暖方式的选择，应根据建筑物规模、所在地区气象条件、能源状况及政策、节能环保和生活习惯等要求，通过技术经济比较确定。

1. 累年日平均温度稳定低于或等于5℃的日数大于或等于90天的地区，宜设置供暖设施，并宜采用集中供暖。

2. 符合下列条件之一的地区，宜设置供暖设施；其幼儿园、养老院、中小学校、医疗机构等建筑宜采用集中供暖：

（1）累年日平均温度稳定低于或等于5℃的日数为60~89天；

（2）累年日平均温度稳定低于或等于5℃的日数不足60天，但累年日平均温度稳定低于或等于8℃的日数大于或等于75天。

3. 居住建筑的集中供暖系统应按连续供暖进行设计。

4. 设置供暖的公共建筑和工业建筑，当其位于严寒地区或寒冷地区，且在非工作时间或中断使用的时间内，室内温度必须保持在0℃以上，而利用房间蓄热量不能满足要求时，应按5℃设置值班供暖。当工艺或使用条件有特殊要求时，可根据需要另行确定值班供暖所需维持的室内温度。

5. 设置供暖的工业建筑，如工艺对室内温度无特殊要求，且每名工人占用的建筑面积超过$100m^2$时，不宜设置全面供暖，应在固定工作地点设置局部供暖。当工作地点不固定时，应设置取暖室。

二、集中供暖的热媒及其选择

集中供暖系统的常用热媒（也称为热介质）是水和蒸汽。集中供暖系统的热媒，应根据建筑物的用途、供热情况和当地气候特点等条件，经过技术和经济条件比较来确定，并应遵循下述设计原则：

（1）民用建筑集中供暖应采用热水做热媒。

（2）工业建筑，当厂区只有供暖用热或以供暖用热为主时，宜采用高温水做热媒；当厂区供热以工艺用蒸汽为主时，在不违反卫生、技术和节能要求的条件下，可采用蒸汽做热媒。

（3）利用余热或天然热源供暖时，供暖热媒及其参数可根据具体情况确定。

三、供暖系统的分类

按供暖系统使用热媒的不同，将常见供暖系统可分为热水供暖系统和蒸汽供暖系统。（1）以热水做热媒的供暖系统，称为热水供暖系统；（2）以蒸汽做热媒的供暖系统，称为蒸汽供暖系统。

按供暖系统中使用的散热设备不同，常见供暖系统又可分为散热器供暖系统和热风供暖系统。（1）以各种对流散热器或辐射对流散热器作为室内散热设备的热水或蒸汽供暖系统，称为散热器供暖系统。对流散热器是指全部或主要靠对流传热方式而使周围空气受热的散热器；辐射对流散热器是以辐射传热为主的散热设备。（2）以热空气作为传热媒介的供暖系统，称为热风供暖系统。一般指用暖风机、空气加热器等散热设备将室内循环空气加热或与室外空气混合再加热，向室内供给热量的供暖系统。

按供暖系统中散热给室内的不同方式，常见供暖系统还可分为对流供暖系统和辐射供暖系统。（1）利用对流换热或以对流换热为主散热给室内的供暖系统，称为对流供暖系统。热风供暖系统是以热空气作为传热媒介的对流供暖系统。（2）以辐射传热为主散热给室内的供暖系统，称为辐射供暖系统。利用建筑物内部顶棚、地板、墙壁或其他表面（如：金属辐射板）作为辐射散热面进行供暖是典型的辐射供暖系统。

第二节　供暖系统的设计热负荷

一、供暖室内外空气计算参数

（一）室内空气计算温度（t_n）

考虑到不同地区居民生活习惯不同，基于节能的原则，冬季室内空气计算温度应根据建筑物的用途，按下列规定采用：

（1）严寒和寒冷地区民用建筑的主要房间应采用18~24℃；夏热冬冷地区民用建筑的主要房间宜采用16~22℃；设置值班供暖的房间不应低于5℃；辐射供暖室内设计温度宜降低2℃。不同民用建筑房间的具体设计温度可采用《全国民用建筑工程设计技术措施》中的《暖通空调·动力》分册（2009年版）提供的数值。

（2）工业建筑的工作地点设计温度，宜采用：

轻作业	18~21℃；	中作业	16~18℃；
重作业	14~16℃；	过重作业	12~14℃。

作业种类的划分，应按国家现行的《工业场所有害因素职业接触限值第2部分：物理因素》执行。但当作业地点劳动者人均占用较大面积（50~100m^2）时，轻作业时可低至10℃，中作业的可低至7℃，重作业时可低至5℃。

辅助建筑物及辅助用室，不应低于下列数值：

浴室	25℃；	办公室与休息室	18℃；	更衣室	25℃；
食堂	18℃；	盥洗室与厕所	12℃；	妇女卫生室	25℃。

当工艺或使用条件有特殊要求时，各类建筑物的室内温度可按照国家现行有关专业标准、规范执行。

（二）室内空气流速

设计供暖的建筑物，冬季室内活动区的平均风速，应符合下列规定：

（1）民用建筑及工业企业辅助建筑，人员短期逗留区域不宜大于0.3m/s，人员长期逗留区域不宜大于0.2m/s；

（2）工业建筑，当室内散热量小于23W/m^2时，不宜大于0.3m/s；当室内散热量大于或等于23W/m^2时，不宜大于0.5m/s。

（三）室外空气计算温度（t_{wn}）

供暖室外空气计算温度，应采用历年平均不保证5天的日平均温度。所谓“不保证”，是针对室外空气温度状况而言；“历年平均不保证”，是针对累年不保证总天数或小时数的历年平均值而言。供暖系统设计所采用的室外空气计算参数可从《民用建筑供暖通风与空气调节设计规范》GB 50736—2012中查找。

二、供暖系统设计热负荷的计算

供暖系统的设计热负荷，是指在设计室外空气计算温度t_{wn}下，为达到要求的室内温度t_n，供暖系统在单位时间内向建筑物供给的热量Q，它是设计供暖系统的最基本依据。

（一）设计热负荷的理论计算

供暖系统的设计热负荷，应根据建筑物得、失热量确定：

$$Q = Q_s - Q_d \tag{10-1}$$

式中 Q——供暖系统设计热负荷，W；

Q_s——建筑物失热量，W；

Q_d——建筑物得热量，W。

建筑物失热量Q_s包括：围护结构的传热耗热量Q_1；加热由门、窗缝隙渗入室内的冷空气耗热量Q_2，称冷风渗透耗热量；加热由门、孔洞及相邻房间侵入的冷空气耗热量Q_3，称冷风侵入耗热量；水分蒸发的耗热量Q_4；加热由外部运入的冷物料和运输工具的耗热量Q_5；通风系统将空气从室内排到室外所带走的热量Q_6，称通风耗热量。

建筑物得热量Q_d包括：最小负荷班的工艺设备散热量Q_7；热管道及其他热表面的散热量Q_8；热物料的散热量Q_9；太阳辐射进入室内的热量Q_{10}。

对于一般民用建筑或工艺设备产生或消耗热量很少而不需要设置通风系统的工业建筑或房间，失热量Q_s只考虑上述前三项，得热量Q_d只考虑太阳辐射进入室内的热量。因此，对没有机械通风系统的建筑物，供暖系统的设计热负荷可用下式表示：

$$Q = Q_s - Q_d = Q_1 + Q_2 + Q_3 - Q_{10} \tag{10-2}$$

（二）设计热负荷的估算

供暖系统设计热负荷的合理计算与统计是比较复杂的，而实际使用情况又千变万化，很难精确。集长期以来的经验，在民用建筑设计的方案和扩初设计阶段，按建筑的使用功能粗略估算供暖系统设计热负荷是有效、快捷的适用方法。只设供暖系统的民用建筑，其供暖热负荷可按下列方法进行估算。

$$Q = q_F \cdot F \tag{10-3}$$

式中 q_F——供暖面积热指标，W/m^2；

F——供暖建筑物的总建筑面积，m^2。

“三北”地区民用建筑供暖指标可参考表10-1中的数值。选择时，总建筑面积大，外围护结构热工性能好，窗户面积小，采用较小的指标；反之采用较大的指标。热指标中已包括约5%的管网损失。

民用建筑供暖热指标推荐值（W/m^2）　　表 10-1

建筑物类型	供暖热指标 q_F	
	未采取节能措施	采取节能措施
住宅	58 ~ 64	40 ~ 45
居住区综合	60 ~ 67	45 ~ 55
学校、办公	60 ~ 80	50 ~ 70
医院、托幼	65 ~ 80	55 ~ 70
旅馆	60 ~ 70	50 ~ 60
商店	65 ~ 80	55 ~ 70
食堂、餐厅	115 ~ 140	100 ~ 130
影剧院、展览馆	95 ~ 115	80 ~ 105
大礼堂、体育馆	115 ~ 165	100 ~ 150

第三节　对流供暖系统

一、热水供暖系统

（一）热水供暖系统的分类

(1) 按系统中水的循环动力的不同，将热水供暖系统分为重力（自然）循环系统和机械循环系统。以供回水重度差做动力进行循环的系统，称为重力（自然）循环系统；以机械（水泵）动力进行循环的系统，称为机械循环系统。

(2) 按供、回水方式的不同，将热水供暖系统分为上供下回式、下供下回式、中供式、下供上回式（图 10-1 ~ 图 10-5）和混合式系统（图 10-6）。

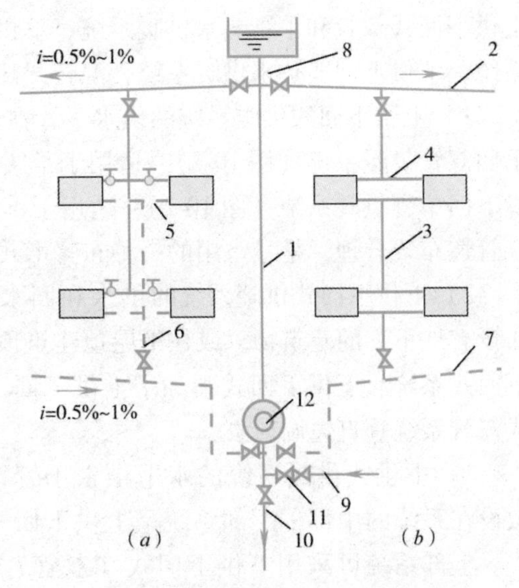

图10-1　重力循环热水供暖系统常用形式示意图

(a) 双管上供下回式；(b) 单管顺流式

1—总立管；2—供水干管；3—供水立管；4—散热器供水支管；5—散热器回水支管；6—回水立管；7—回水干管；8—膨胀水箱连接管；9—充水管（接上水管）；10—泄水管（接下水管）；11—止回阀；12—热水锅炉

(3) 按散热器的连接方式的不同，将热水供暖系统分为垂直式与水平式系统。垂直式供暖系统系指不同楼层的各散热器用垂直立管连接的系统，水平式供暖系统系指同一楼层的各散热器用水平管线连接的系统。

(4) 按各并联环路水的流程的不同，将热水供暖系统分为同程式系统与异程式系统。热媒沿管网各环路管路总长度不同的系统，称为异程式系统。热媒沿管网各环路管路总长度基本相同的系统，称为同程式系统。

（5）按供水温度的不同，将热水供暖系统分为低温水供暖系统和高温水供暖系统。低温水供暖系统系指水温低于或等于100℃的热水供暖系统，高温水供暖系统系指水温超过100℃的热水供暖系统。

（6）按连接散热器的管道数量不同，将热水供暖系统划分为双管系统和单管系统。双管系统是用两根管道将多组散热器相互并联起来的系统（图10-1*a*），单管系统是用一根管道将多组散热器依次串联起来的系统（图10-1*b*）。

（二）重力（自然）循环热水供暖系统

图10-1（*a*）为双管上供下回式，适用于作用半径不超过50m的3层以下（或总高度≯10m）建筑。图10-1（*b*）为单管顺流式，适用于作用半径不超过50m的多层建筑。自然循环热水供暖系统的特点是：作用压力小、管径大、系统简单、不消耗电能。

（三）机械循环热水供暖系统

机械循环系统靠水泵的机械能，使水在系统中强制循环，增加了系统的经常运行电费和维护工作量；但由于水泵作用压力大，机械循环系统可用于单幢建筑或多幢建筑。

1. 不能分户热计量的机械循环热水供暖系统形式

无分户热计量的机械循环热水供暖系统适用于除新建住宅建筑以外的一般建筑供暖。主要形式如下：

（1）垂直式系统：是竖向布置的散热器沿一根立管串接（垂直单管供暖系统）或沿供、回水立管并接（垂直双管供暖系统）的供暖系统。按供回水干管位置不同，有上供下回式双管和单管热水供暖系统、下供下回式双管热水供暖系统、中供式热水供暖系统、下供上回式热水供暖系统、混合式热水供暖系统。

1）上供下回式供暖系统的供水干管在建筑物上部，回水干管在建筑物下部。上供下回双管供暖系统（图10-2），适用于4层及4层以下不设分户热计量的多层建筑；上供下回单管供暖系统（图10-2），适用于不设分户热计量的多层和高层建筑。上供下回式管道布置合理，是最常用的一种布置形式。

2）下供下回式供暖系统的供水和回水干管都敷设在底层散热器下面（图10-3）。在设有地下室的建筑物，或在平屋顶建筑顶棚下难以布置供水干管的场合，常采用下供下回式系统。下供下回式缓和了上供下回式双管系统垂直失调现象。

3）中供式供暖系统的水平供水干管敷设在系统的中部。下部系统呈上供下回式。上部系统可采用下供下回式（双管）（图10-4*a*），也可采用上供下回式（单管）（图10-4*b*）。中供式系统可避免由于顶层梁底标高过低，致使供水干管挡住顶层窗户的不合理布置，并减轻了上供下回式楼层过多，易出现垂直失调的现象，但上部系统要增加排气装置。

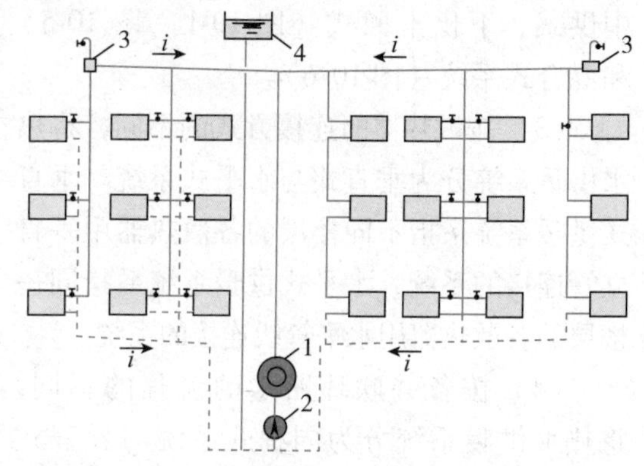

图10-2 机械循环上供下回式热水采暖系统示意图
1—热水锅炉；2—循环水泵；3—集气罐；4—膨胀水箱

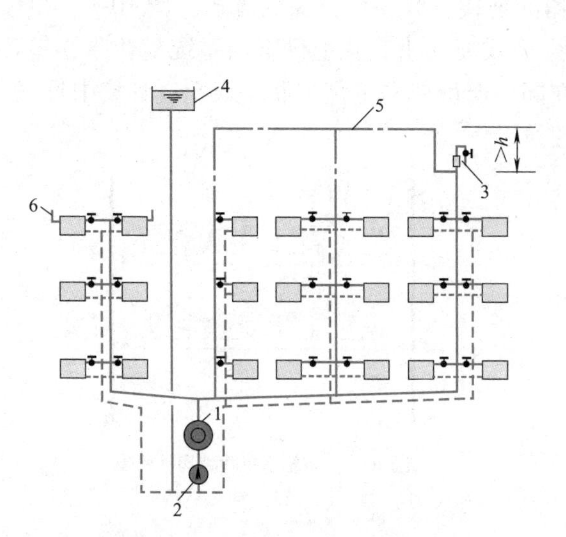

图10-3 机械循环下供下回式系统
1—热水锅炉；2—循环水泵；3—集气罐；
4—膨胀水箱；5—空气管；6—放气阀

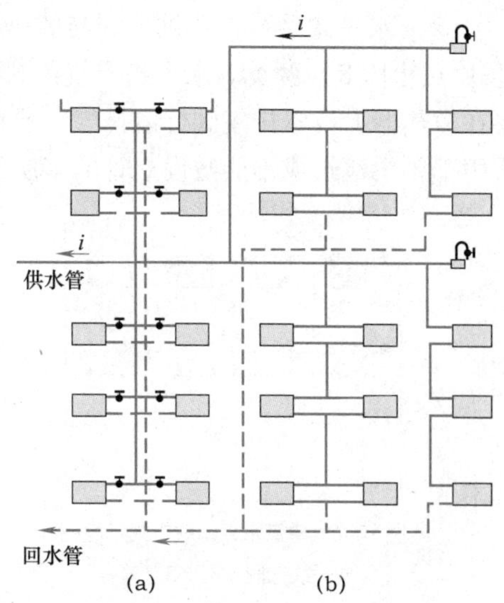

图10-4 机械循环中供式热水供暖系统示意图
（a）上部系统——下供下回式双管系统；
（b）下部系统——上供下回式单管系统

4）下供上回式（倒流式）供暖系统的供水干管设在下部，而回水干管设在上部，顶部还设置有顺流式膨胀水箱（图10-5）。倒流式系统适用于热媒为高温水的多层建筑，供水干管设在底层，可降低防止高温水汽化所需的膨胀水箱的标高。散热器的传热系数远低于上供下回系统，因此在相同的立管供水温度下，散热器的面积要比上供下回顺流式系统的面积要大。

5）混合式系统是由下供上回式（倒流式）和上供下回式两组系统串联组成的系统（图10-6）。由于两组系统串联，系统压力损失大些。这种系统一般只宜使用在连接于高温热水网路上的卫生条件要求不高的民用建筑或生产厂房中。

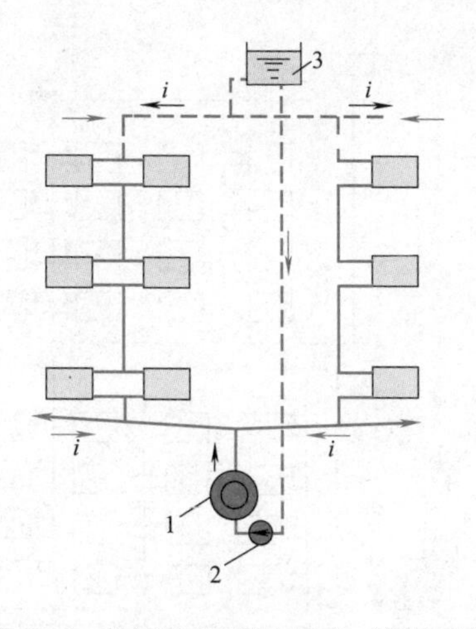

图10-5 机械循环下供上回式（倒流式）热水供暖系统示意图
1—热水锅炉；2—循环水泵；3—膨胀水箱

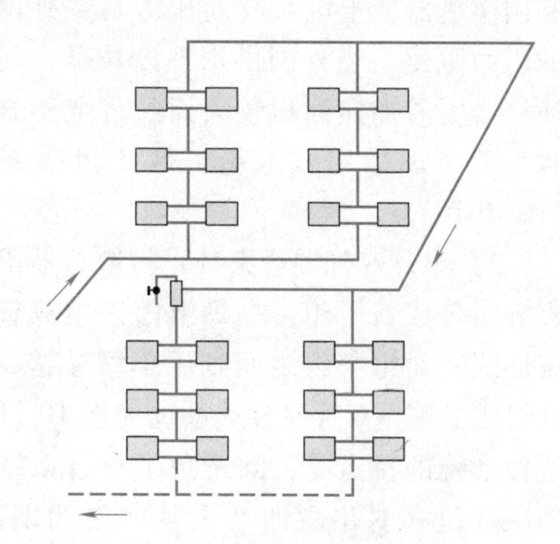

图10-6 机械循环混合式热水供暖系统示意图

（2）水平式系统：按供水管与散热器的连接方式，可分为顺流式（图 10-7）和跨越式（图 10-8）两类。水平式系统的排气方式要比垂直式上供下回系统复杂些。它需要在散热器上设置排气阀分散排气，或在同一层散热器上部串联一根空气管集中排气。适用于单层建筑或不能敷设立管的多层建筑。

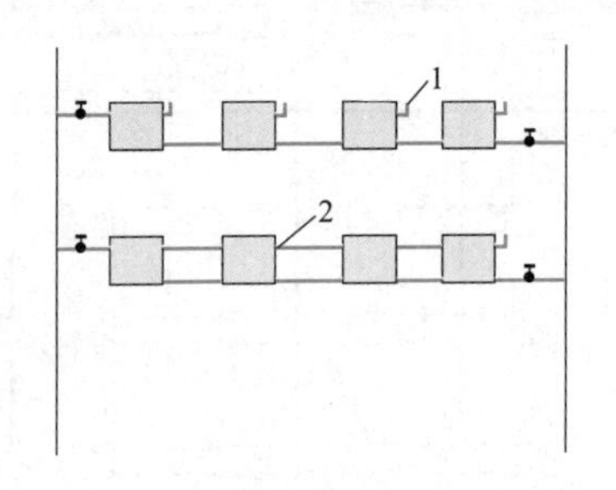

图10-7 单管水平串联方式示意图
1—放气阀；2—空气管

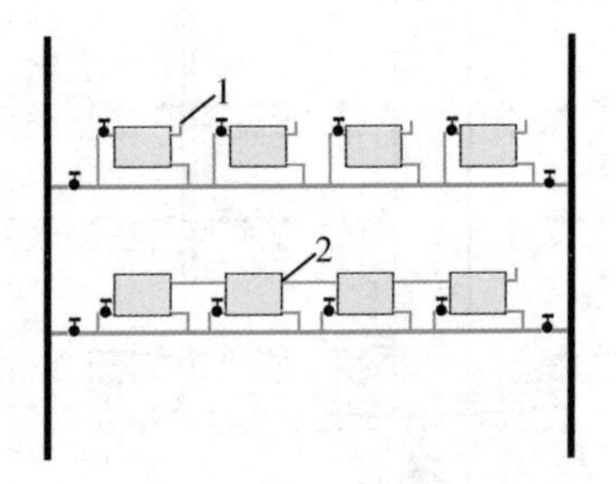

图10-8 单管水平跨越式示意图
1—放气阀；2—空气管

水平系统的总造价，一般要比垂直系统低。管路简单，无穿过各层楼板的立管，施工方便。有可能利用最高层的辅助间（如楼梯间、厕所等），架设膨胀水箱，不必在顶棚上专设安装膨胀水箱的房间，这不仅降低了建筑造价，还不影响建筑物外形美观。对一些各层有不同使用功能或不同温度要求的建筑物，采用水平式系统，更便于分层管理和调节。这种系统还适用于新建住宅建筑室内供暖分户热计量的系统。

（3）高层建筑热水供暖系统：由于高层建筑热水供暖系统的水静压力较大，因此，它与室外热网连接时，应根据散热器的承压能力、外网的压力状况等因素，确定系统的形式及其连接方式。

1）分区式供暖系统：在高层建筑供暖系统中，垂直方向分成两个或两个以上的独立系统称为分区式供暖系统。下区系统通常与室外网路直接连接。它的高度主要取决于室外管网的压力状况和散热器的承压能力。上区系统与外网采用隔绝连接（图 10-9），利用换热器使上区系统的压力与室外网路的压力隔绝。当外网供水温度较低，使用换热器所需加热面积较大而经济上不合理时，可考虑采用双水箱分区式供暖系统（图 10-10）。

2）单、双管混合系统：将散热器沿垂直方向分成若干组，在每组内采用双管系统形式，而组与组之间则用单管连接，这就组成了单、双管混合式系统（图 10-11）。这种系统的特点是：既避免了双管系统在楼层数过多时出现的严重竖向失调现象，又避免了单管系统不能进行局部调节的问题，同时解决了散热器立管管径和支管管径过大的缺点。

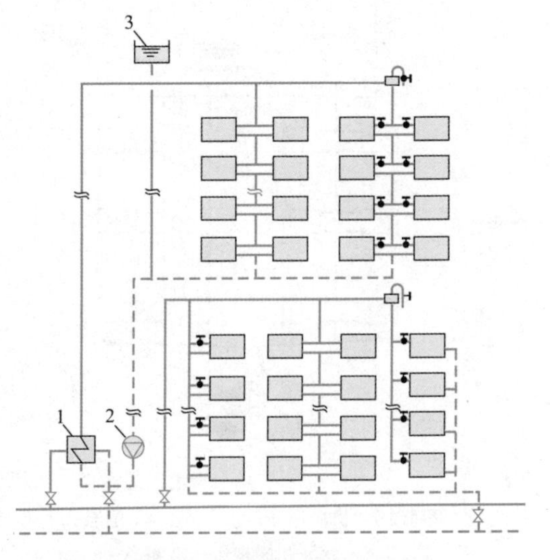

图10-9 分区式热水供暖系统示意图
1—换热器；2—循环水泵；3—膨胀水箱

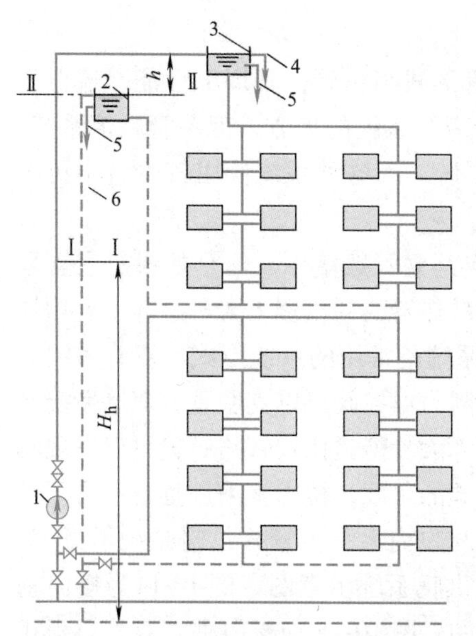

图10-10 双水箱分区式热水供暖系统示意图

1—加压泵；2—回水箱；3—进水箱；4—进水箱溢流管；5—信号管；6—回水箱溢流管；h 为高低水箱最大水位高差；H_h 为回水管与室外管网连接处测压管水头

(4) 异程式系统与同程式系统：异程式系统，管道用量小，但通过各个立管环路的压力损失较难平衡，易出现近处立管流量超过要求，而远处立管流量不足，在远近立管处出现流量失调而引起在水平方向冷热不均的现象，称为系统的水平失调。同程式系统，管道用量大，但通过各个立管环路的压力损失容易平衡，可以消除或减轻系统的水平失调，在较大的建筑中，连接立管较多时，常采用同程式系统。

2. 能分户热计量的机械循环热水供暖系统形式

新建住宅建筑设置集中热水供暖系统时，应推行温度调节和户用热量计算装置，实行供热计量收费。对建筑内的公共用房和公用空间，应单独设置供暖系统和热计量装置。适合热计量的供暖系统应具备以下条件：1）调节功能：即系统必须具有可调性，用户可以根据需要分室控制温度。无论手动调节还是恒温调节，可调系统是热计量的前提。2）与调节功能相应的控制装置。这是保证调节功能的必备条件。3）分户热计量功能。每户用热量应可计量，用户按用热量多少计量交费，调动用户自身的节能意识。

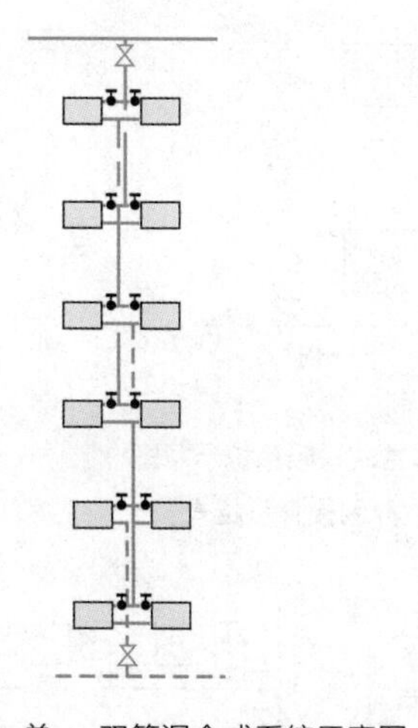

图10-11 单、双管混合式系统示意图

适合热计量的室内供暖系统形式大体分为两种：一种是沿用前述的传统的垂直的上下贯通的所谓“单管式”或“双管式”；另一种是适应按户设置热量表的分户独立系统。前者通过每组散热器上安装的热量分配表及建筑入口的总热量表，进行热计量，尤其适用于对旧系统的热计量改造；后者直接由每户的户用热表计量，适用于新建住宅的供暖分户计量。

旧有系统中，把供暖系统按位置分为室内系统和室外系统。供暖管道进入楼房内再直接进入户内，大部分使用单管顺流系统为各用户供暖。这种系统不能适应新的计量收费的形式，用户无法单独控制散热量。所以，在计量收费供热系统中，必须把系统从原来的两部分重新分成三部分：即室外系统（外网）、楼内系统和户内系统。因此，相应的室内供暖系统也要按照户内和楼内分开来进行。楼内系统采用的系统形式必须是可以独立调节的，常用垂直单管跨越、垂直双管同程、垂直双管异程这三种系统；而户内系统则可以采用分户水平式系统（如单管水平串联式、单管水平跨越式、双管同程式、双管异程式、上供下回式、上供上回式和下供下回式等）和放射式系统。

（1）楼内垂直单管跨越系统。楼内系统中立管形式为单管，其调节性能普遍低于双管系统。造价低廉，占地面积少是单管系统优于双管系统的地方，但单管顺流系统，用户根本无法调节，所以只能考虑使用单管跨越系统。因这种系统使用较少就不再举例了。

（2）楼内垂直双管系统。楼内单管系统的优点是立管数量少，但是如果总立管采用单管跨越系统，由于低层用户回水温度过低，则散热器的初投资太大，总体上要增加20%～30%的散热面积。所以楼内系统立管为双管系统是常用的系统形式。双管系统又可分为同程双管系统和异程双管系统。由于使用高阻力温控阀可以克服垂直双管系统自然循环的压降，所以两者之间在热力工况方面区别不大。但是比较管路布置可以发现同程式系统比异程式系统多一根管路。从克服垂直失调的角度，楼内宜采用垂直双管下供下回异程式系统。图10-12为楼内垂直双管异程式与户内水平单管式供暖系统示意图。图10-13为楼内垂直双管异程式与户内水平双管式供暖系统示意图。图10-14为楼内垂直双管异程式与户内水平单、双管式供暖系统示意图。图10-15为楼内垂直双管异程式与户内水平放射式供暖系统示意图。上述示意图中楼内的垂直双管异程式系统，通过增加一根供水立管或回水立管都可变为相应的楼内垂直双管同程式系统。

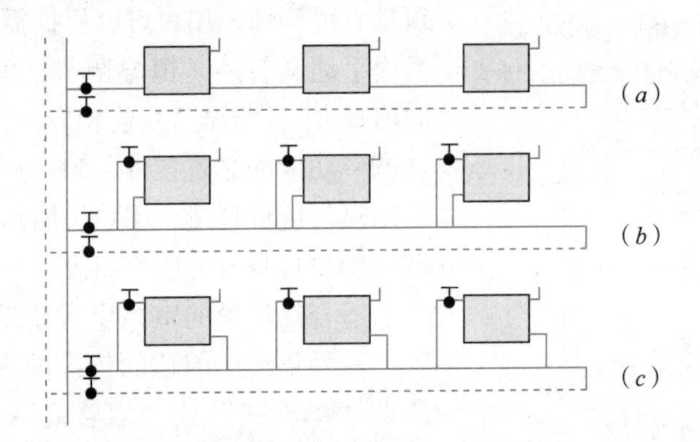

图10-12 楼内垂直双管异程式与户内水平单管式采暖系统示意图

（a）串联式；（b）同侧接管跨越式；（c）异侧接管跨越式

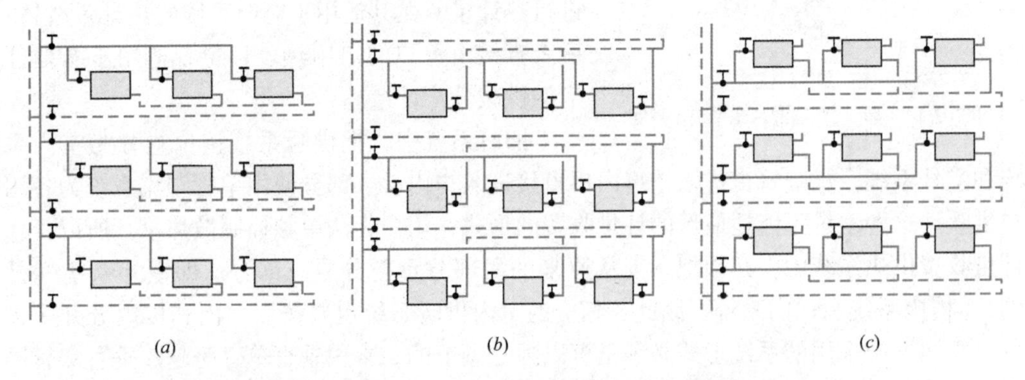

图10-13 楼内垂直双管异程式与户内水平双管式供暖系统示意图

（a）上供下回同程式；（b）上供上回同程式；（c）下供下回同程式

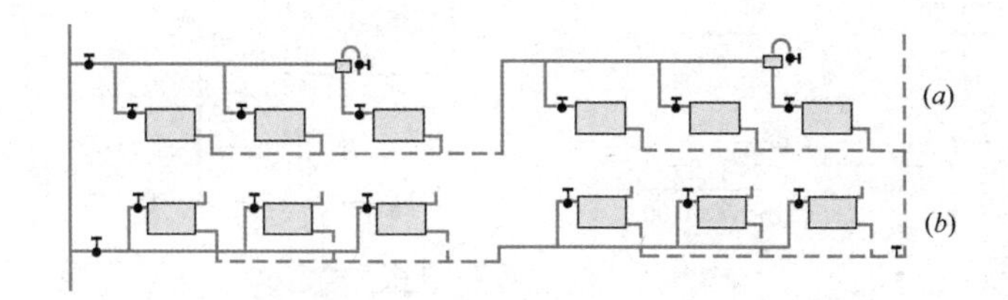

图10-14 楼内垂直双管异程式与户内水平单、双管式供暖系统示意图
（a）上供下回同程式；（b）下供下回同程式

上述各图省略了户内系统的入户热力装置。分户计量供暖系统应在每一户内系统的起止点安装由锁闭阀、调节阀、热计量装置和水过滤器等设备构成的热力入口装置。每户的热力入口装置及向各楼层、各住户供给热媒的供回水总立管应设在公共楼梯间的竖井内，竖井设检查门，便于供热管理部门在住户外就可启闭各户入口阀门、调节流量、抄表和计量供热量（图10-15）。

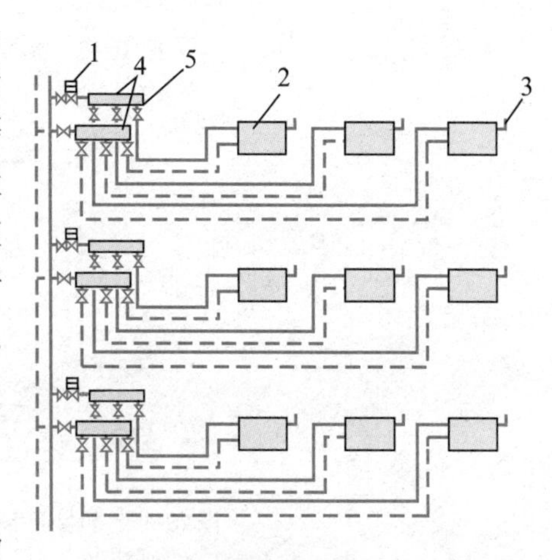

图10-15 楼内垂直双管异程式与户内水平放射式供暖系统示意图
1—热表；2—散热器；3—放气阀；4—分、集水器；5—调节阀

二、蒸汽供暖系统

（一）蒸汽供暖系统的分类

按照供汽压力的大小，将蒸汽供暖系统分为三类：供汽的表压力高于70kPa时，称为高压蒸汽供暖；供汽的表压力低于或等于70kPa但高于当地大气压力时，称为低压蒸汽供暖；当系统中的压力低于大气压力时，称为真空蒸汽供暖。

按照蒸汽干管布置的不同，蒸汽供暖系统有上供式、中供式、下供式三种。

按照立管的布置特点，蒸汽供暖系统可分为单管式和双管式。目前国内绝大多数蒸汽供暖系统采用双管式。

按照回水动力不同，蒸汽供暖系统可分为重力回水和机械回水两类。高压蒸汽供暖系统都采用机械回水方式。

（二）低压蒸汽供暖系统

图10-16所示是重力回水低压蒸汽供暖示意图，（a）是上供式，（b）是下供式。锅炉加热后产生的蒸汽，在自身压力作用下，克服流动阻力，沿供汽管道输进散热器内，并将积聚在供汽管道和散热器内的空气驱入凝水管，最后经连接在凝水管末端的排气管排出。蒸汽在散热器内冷凝放热，凝水靠重力作用返回锅炉，重新加热变成蒸汽。

图10-17是机械回水的中供式低压蒸汽供暖系统示意图。凝水首先进入凝结水箱，然后再用凝结水泵将凝水送回锅炉重新加热。

重力回水低压蒸汽供暖系统形式简单，无需设置凝结水泵，运行时不消耗电能，宜在小型系统中采用。供暖系统作用半径较大时，为保证系统正常工作，应采用机械回水系统。机械回水系统最主要的优点就是扩大了供热范围，因而应用最为普遍。

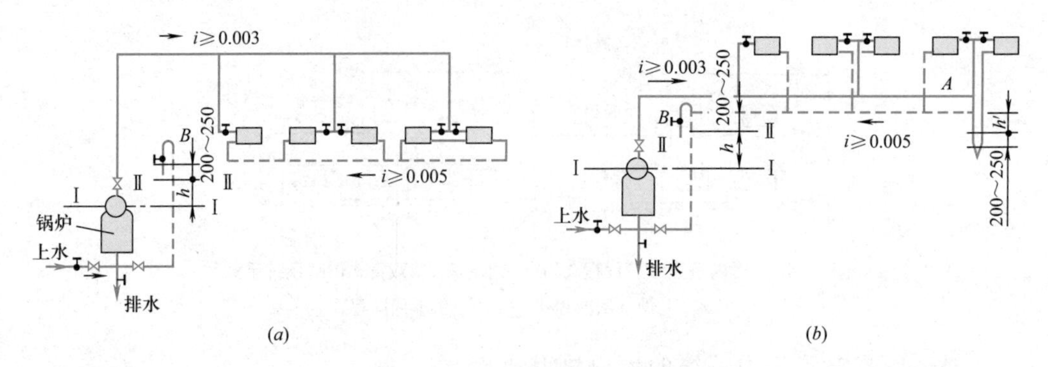

图10-16 重力回水低压蒸汽供暖系统示意图

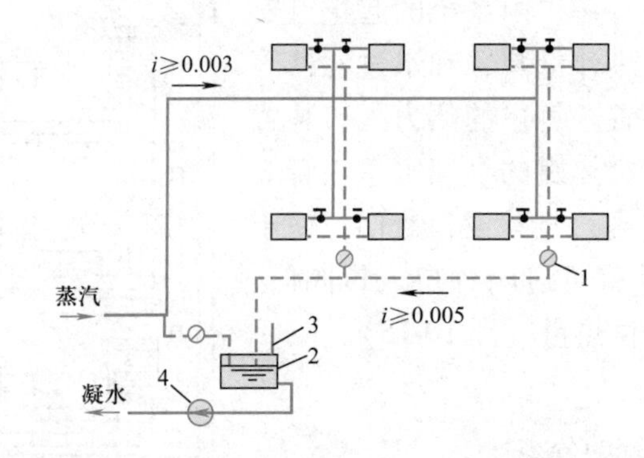

图10-17 机械回水的中供式低压蒸汽供暖系统示意图

1—低压恒温疏水器；2—凝水箱；3—空气管；4—凝水泵

（三）高压蒸汽供暖系统

图10-18所示是一个用户入口和室内高压蒸汽供暖系统示意图。高压蒸汽通过室外蒸汽管路进入用户入口的高压分汽缸。根据各种热用户的使用情况和要求的压力不同，季节性的室内蒸汽供暖管道系统宜与其他热用户的管道系统分开，即从不同的分汽缸中引出蒸汽分送不同的用户。当蒸汽入口压力或生产工艺用热的使用压力高于供暖系统的工作压力时，应在分汽缸之间设置减压装置。

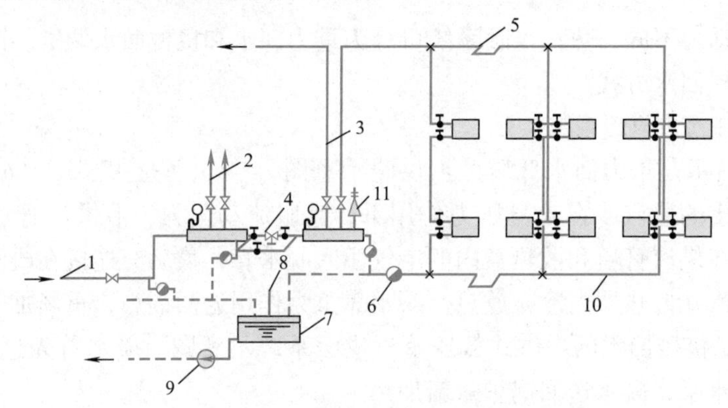

图10-18 室内高压蒸汽供暖系统示意图

1—室外蒸汽管；2—室内高压蒸汽供热管；3—室内高压蒸汽供暖管；4—减压装置；5—补偿器；6—疏水器；7—开式凝水箱；8—空气管；9—凝水泵；10—固定支点；11—安全阀

三、热风供暖与空气幕

（一）热风供暖系统

1. 热风供暖的特点及其基本形式

热风供暖是将室外或室内空气或部分室内与室外的混合空气加热后通过风机直接送入室内，与室内空气进行混合换热，维持室内空气温度达到供暖设计温度。

热风供暖具有热惰性小、升温快，室内温度分布均匀、温度梯度小，设备简单、投资省等优点，因而适用于耗热量大的高大空间建筑和间歇供暖的建筑。当由于防火防爆和卫生要求，必须采用全新风时，或能与机械送风合并时，或利用循环空气供暖技术经济合理时，均应采用热风供暖。

根据送风的方式不同，热风供暖有集中送风、风道送风及暖风机送风等几种基本形式。按被加热空气的来源不同，热风供暖还可分为直流式（空气全部来自室外）、再循环式（空气全部来自室内）及混合式（部分室外空气和部分室内空气混合）等系统。

集中送风系统是以大风量、高风速、采用大型孔口为特点的送风方式，它以高速喷出的热射流带动室内空气按着一定的气流组织强烈地混合流动，因而温度场均匀，可以大大降低室内的温度梯度，减少房屋上部的无效热损失，并且节省风道和风口等设备。这种供暖形式一般适用于室内空气允许再循环的车间或作为大量局部排风车间的补入新风与供暖之用。对于散发大量有害气体或粉尘的车间，一般不宜采用集中送风方式供暖。

风道式机械循环或自然循环热风供暖系统可用于小型民用建筑。对于工业厂房，风道式送风供暖应与机械送风系统合并使用。

2. 热媒

集中送风式和暖风机热风供暖系统的热媒，宜采用0.1～0.4MPa的高压蒸汽或不低于90℃的热水，也可以采用燃气、燃油或电加热，但应符合国家现行标准《城镇燃气设计规范》GB 500210—2006和《建筑设计防火规范》GB 50016—2014的要求。热风供暖空气的加热采用间接加热方法，利用蒸汽或热水通过金属壁传热而将空气加热的换热设备叫做空气加热器；利用燃气或燃油加热空气的热风供暖装置叫做燃气热风器或燃油热风器（即热风炉）；利用电能加热空气的设备叫做电加热器。

（二）空气幕

空气幕是利用特制的空气分布器喷出一定速度和温度的幕状气流，借此封闭大门、门厅、门洞、柜台等，减少和隔绝外界气流的侵入，以维持室内或某一工作区域一定的环境条件，同时还可阻挡灰尘、有害气体和昆虫的进入，不仅可维护室内环境而且还可节约建筑能耗。

1. 空气幕的分类及其特点

（1）空气幕按照空气分布器的安装位置可以分为上送式、侧送式和下送式三种。

上送式空气幕如图10-19所示，安装在门洞上部，喷出气流的卫生条件较好，安装简便，占空间面积小，不影响建筑美观，适用于一般的公共建筑，如影剧院、会堂、旅馆、商店等，也越来越多地用于工业厂房。

侧送式空气幕安装在门洞侧部，分为单侧和双侧两种，如图 10-20 和图 10-21 所示。单侧空气幕适用于宽度小于 4m 的门洞和车辆通过门洞时间较短的场合。双侧空气幕适用于门洞宽度大于 4m，或车辆通过门洞时间较长的场合。侧送式空气幕挡风效率不如下送式，但卫生条件比下送式好。侧送式空气幕占据建筑空间较大，且为了不阻挡气流，装有侧送式空气幕的大门严禁向内开启。

下送式空气幕如图 10-22 所示，空气分布器安装在门洞下部的地沟内，由于下送式空气幕的射流最强区在门洞下部，正好抵挡冬季冷风从门洞下部侵入，所以冬季挡风效率最好，而且不受大门开启方向的影响。下送式空气幕的缺点是送风口在地面下，容易被脏物堵塞和污染空气，维修困难，另外在车辆通过时，因空气幕气流被阻碍而影响送风效果，一般很少使用。

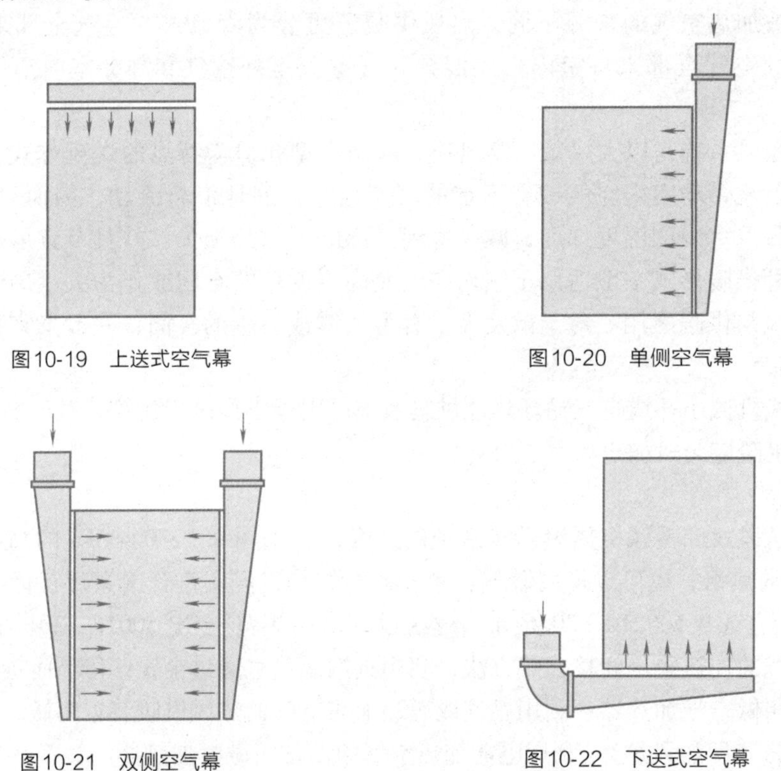

图10-19 上送式空气幕

图10-20 单侧空气幕

图10-21 双侧空气幕

图10-22 下送式空气幕

（2）按送出气流温度可分为热空气幕、等温空气幕和冷空气幕。

热空气幕：在空气幕内设有加热器，以热水、蒸汽或电为热媒，将送出空气加热到一定温度。它适用于严寒地区。

等温空气幕：空气幕内不设加热（冷却）装置，送出的空气不经处理，因而构造简单、体积小，适用范围更广，是目前非严寒地区主要采用的形式。

冷空气幕：空气幕内设有冷却装置，送出一定温度的冷风，主要用于炎热地区而且有空调要求的建筑物大门。

2. 空气幕的设置条件

符合下列条件之一的场所，宜设置空气幕或热空气幕：位于严寒地区的公共建筑和工业建筑，人员出入频繁且无条件设置门斗的主要出入口；位于非严寒地区的公共建筑和工业建筑，人员出入频繁且无条件设置门斗的主要出入口，设置空气幕或热空气幕经济合理时；室外冷空气侵入会导致无法保持室内设计温度时；内部有很大散湿量的公共建筑（如游泳馆）的外门；两侧温度、湿度或洁净度相差较大，且人员出入频繁的通道。

第四节 辐射供暖系统

辐射供暖是提升围护结构内表面中一个或多个的表面温度，形成热辐射面，通过辐射面以辐射和对流的传热方式向室内供暖。

一、辐射供暖分类

辐射供暖的种类与形式是按照辐射体表面温度不同区分的，当辐射表面温度小于80℃时，称为低温辐射供暖。低温辐射供暖的结构形式是把加热管（或其他发热体）直接埋设在建筑构件内而形成散热面。当辐射供暖温度为 80 ~200℃，称为中温辐射供暖。中温辐射供暖通常是用钢板和小管径的钢管制成矩形块状或带状散热板。当辐射体表面温度高于500℃时，称为高温辐射供暖。燃气红外辐射器、电红外线辐射器等，均为高温辐射散热设备。

二、辐射供暖热媒种类

辐射供暖的热媒可用热水、蒸汽、空气、电和可燃气体或液体（如人工煤气、天然气、液化石油气等）。根据所用热媒的不同，辐射供暖可分为如下几种方式：

低温热水式：热媒水温度低于100℃（民用建筑的供水温度不大于60℃）；

高温热水式：热媒水温度等于或高于100℃；

蒸汽式：热媒为高压或低压蒸汽；

热风式：以烟气或加热后的空气作为热媒；

电热式：以电热元件加热特定表面或直接发热；

燃气式：通过燃烧可燃气体或液体经特制的辐射器发射红外线。

目前，应用最广的是低温热水辐射供暖。

三、低温辐射供暖

低温辐射供暖的散热面是与建筑构件合为一体的，根据其安装位置分为顶棚式、地板式、墙壁式、踢脚板式等；根据其构造分为埋管式、风道式或组合式。低温辐射供暖分类及特点见表 10-2。

低温辐射供暖系统分类及特点　　表 10-2

分类根据	类型	特点
辐射板位置	顶棚式	以顶棚作为辐射表面，辐射热占 70% 左右
	墙壁式	以墙壁作为辐射表面，辐射热占 65% 左右
	地板式	以地面作为辐射表面，辐射热占 55% 左右
	踢脚板式	以窗下或踢脚板处墙面作为辐射表面，辐射热占 65% 左右
辐射板构造	埋管式	直径 15 ~32mm 的管道埋设于建筑表面内构成辐射表面
	风道式	利用建筑构件的空腔使其间热空气循环流动构成辐射表面
	组合式	利用金属板焊以金属管组成辐射板

（一）低温热水地板辐射供暖

低温热水地板辐射供暖除具有地板辐射供暖舒适性强、节能、可方便实施按户热计量、便于住户二次装修等特点外，还可以有效地利用低温热源如太阳能、地下热水、供暖和空调系统的回水、热泵型冷热水机组、工业与城市余热和废热等。

1. 低温热水地板辐射供暖构造

目前常用的低温热水地板辐射供暖是以低温热水（≤60℃）为热媒，采用塑料管预埋在地面混凝土垫层内（见图10-23）。

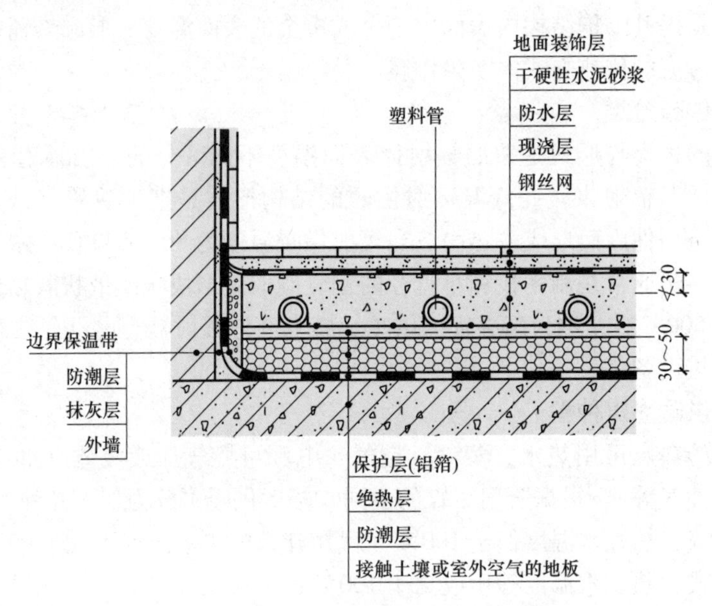

图10-23　低温热水地板辐射供暖地面做法示意图

地面结构一般由结构层（楼板或土壤）、绝热层（上部敷设按一定管间距固定的加热管）、填充层、防水层、防潮层和地面层（如大理石、瓷砖、木地板等）组成。绝热层主要用来控制热量传递方向，填充层用来埋置保护加热管并使地面温度均匀，地面层指完成的建筑地面。当楼板基面比较平整时，可省略找平层，在结构层上直接铺设绝热层。当工程允许地面按双向散热进行设计时，可不设绝热层。但对住宅建筑而言，由于涉及分户热量计量，不应取消绝热层，并且户内每个房间均应设分支管、视房间面积大小单独布置成一个或多个环路。直接与室外空气或不供暖房间接触的楼板、外墙内侧周边，也必须设绝热层。与土壤相邻的地面，必须设绝热层，并且绝热层下部应设防潮层。对于潮湿房间如卫生间、厨房和游泳池等，在填充层上应设置防水层。为增强绝热板材的整体强度，并便于安装和固定加热管，有时在绝热层上还敷设玻璃布基铝箔保护层和固定加热管的低碳钢丝网。

绝热层的材料宜采用聚苯乙烯泡沫塑料板。楼板上的绝热层厚度不宜小于30mm（住宅受层高限制时不应小于20mm），与土壤或室外空气相邻的地板上的绝热层厚度不宜小于40mm，沿外墙内侧周边的绝热层厚度不应小于20mm。当采用其他绝热材料时，宜按等效热阻确定其厚度。

填充层的材料应采用C15豆石混凝土，豆石粒径不宜大于12mm，并宜掺入适量的防裂剂。地面荷载大于20kN/m² 时，应对加热管上方的填充层采取加固构造措施。

早期的地板供暖均采用钢管或铜管，现在地板供暖均采用塑料管。塑料管具有耐老化、耐腐蚀、不结垢、承压高、无污染、沿程阻力小、容易弯曲、埋管部分无接头、易于施工等优点。

2. 系统设置

图10-24是低温热水地板辐射供暖系统示意图。其构造形式与前述的分户热量计量系统基本相同，只是户内加设了分、集水器而已。另外，当集中供暖热媒温度超过低温热水地板辐射供暖的允许温度时，可设集中的换热站，也有在户内入口处加热交换机组的系统。后者更适合于要将分户热量计量对流采暖系统改装为低温热水地板辐射供暖系统的用户。

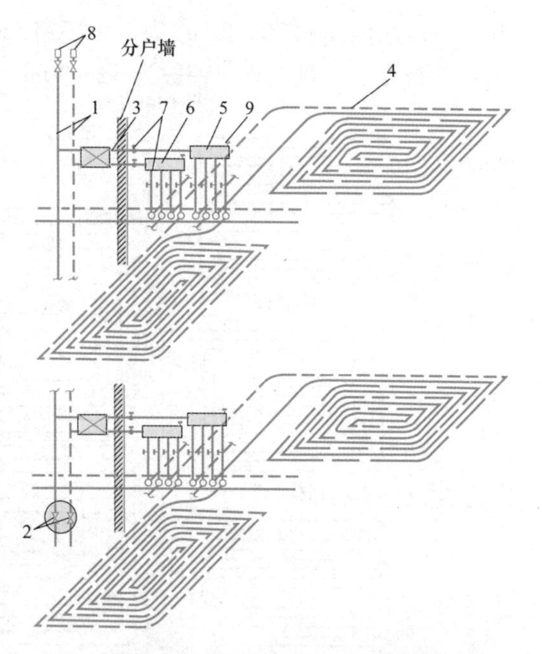

图10-24　低温热水地板辐射供暖系统示意图
1—共用立管；2—立管调节装置；3—入户装置；4—加热盘管；5—分水器；6—集水器；7—球阀；8—自动排气阀；9—散热器放气阀

低温地板辐射供暖的楼内系统一般通过设置在户内的分水器、集水器与户内管路系统连接。分、集水器常组装在一个分、集水器箱体内（图10-25），每套分、集水器宜接3～5个回路，最多不超过8个。分、集水器宜布置于厨房、盥洗间、走廊两头等既不占用主要使用面积，又便于操作的部位，并留有一定的检修空间，且每层安装位置应相同。建筑设计时应给予考虑。

图10-26是低温热水地板辐射供暖环路布置示意图。为了减少流动阻力和保证供、回水温差不致过大，加热盘管均采用并联布置。原则上采取一个房间为一个环路，大房

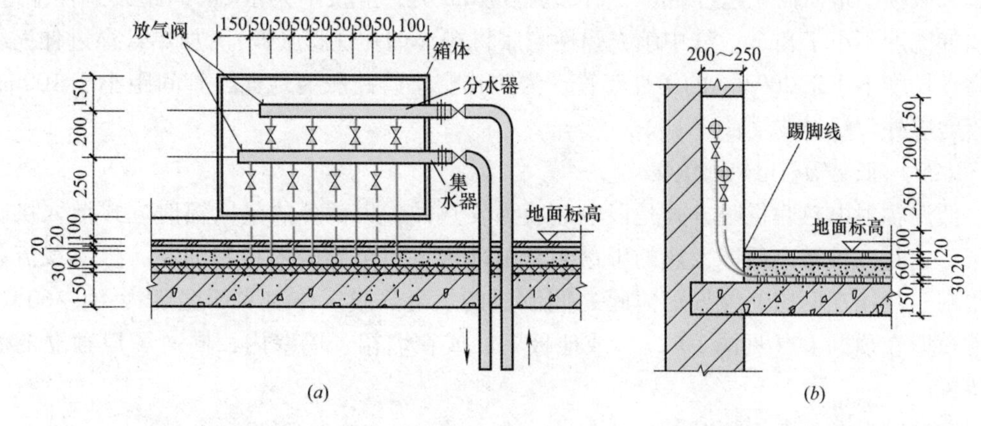

图10-25　低温热水地板辐射供暖系统分、集水器安装示意图
（a）分、集水器安装正视图；（b）分、集水器安装侧视图

间一般以房间面积 20～30m² 为一个环路，视具体情况可布置多个环路。每个分支环路的盘管长度宜尽量接近，一般为 60～80m，最长不宜超过 120m。

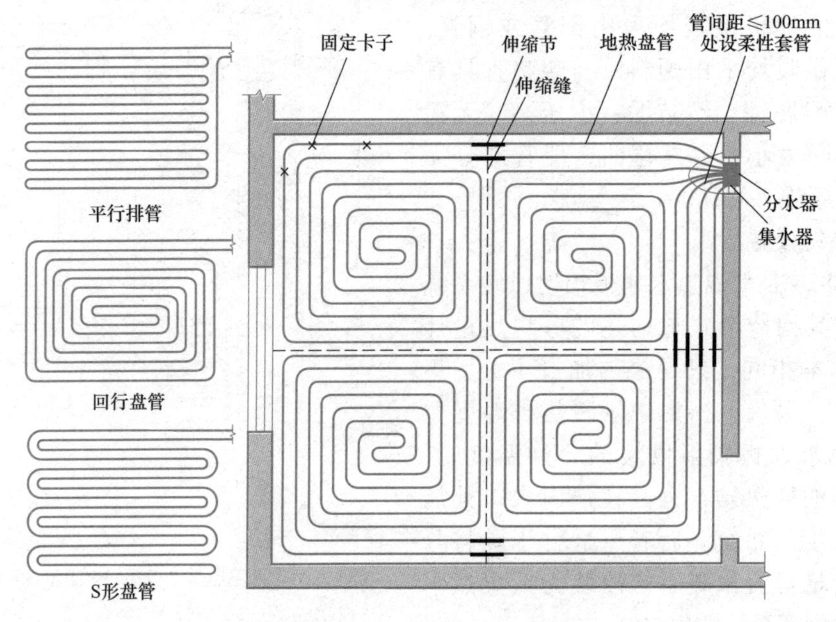

图10-26 低温热水地板辐射供暖环路布置示意图

卫生间一般采用散热器供暖，自成环路，采用类似光管式散热器的干手巾架与分、集水器直接连接。如面积较大有可能布置加热盘管时亦可按地暖设计，但应避开管道、地漏等，并做好防水。

埋地盘管的每个环路宜采用整根管道，中间不宜有接头，防止渗漏。加热管的间距不宜大于 300mm。塑料管的弯曲半径不应小于管道外径 8 倍，铝塑复合管的弯曲半径不应小于管道外径 6 倍；最大弯曲半径不得大于管道外径的 11 倍。

加热管的混凝土填充层厚度不应小于 50mm，且应设伸缩缝以防止热膨胀导致地面龟裂和破损。地面面积超过 30m² 或长边超过 6m 时，应按不大于 6m 间距设置伸缩缝，伸缩缝宽度不小于 8mm。缝中填充弹性膨胀材料（如弹性膨胀膏）。加热管穿过伸缩缝处宜设长度不小于 200mm 的柔性套管。为防止密集管路胀裂地面，管间距小于 100mm 的管路应外包塑料波纹管。

（二） 低温辐射电热膜供暖

低温辐射电热膜供暖方式是以电热膜为发热体，大部分热量以辐射方式散入供暖区域。它是一种通电后能发热的半透明聚酯薄膜，由可导电的特制油墨、金属载流条经印刷、热压在两层绝缘聚酯薄膜之间制成的。电热膜工作时表面温度为 40～60℃，通常布置在顶棚上（见图 10-27）或地板下，或在墙裙、墙壁内，同时配以独立的温控装置。

（三） 低温发热电缆供暖

发热电缆是一种通电后发热的电缆，它由实心电阻线（发热体）、绝缘层、接地导线、金属屏蔽层及保护套构成。低温加热电缆供暖系统是由可加热电缆和感应器、恒温

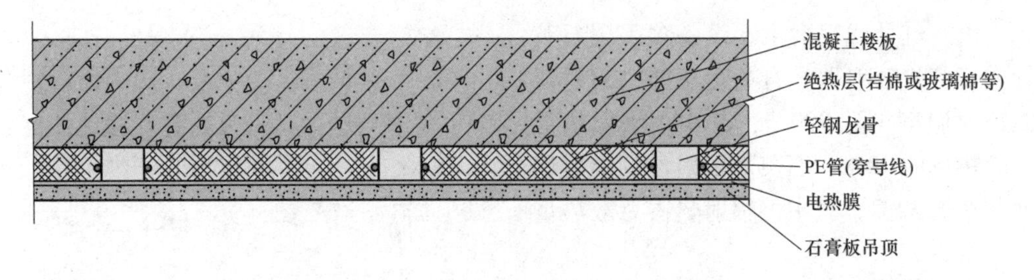

图10-27 低温电热膜供暖顶板安装示意图

器等组成，也属于低温辐射供暖，通常采用地板式，将发热电缆埋设于混凝土中，有直接供暖及存储供暖等系统形式，见图10-28。

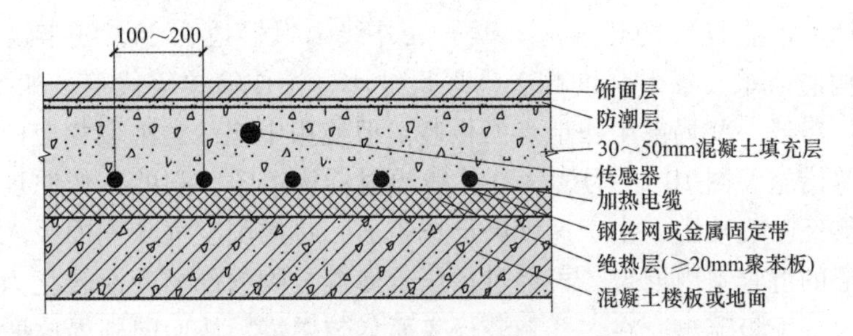

图10-28 低温发热电缆辐射供暖安装示意图

加热电缆的使用范围非常广泛，除可用做民用建筑的辐射供暖外，还可用做蔬菜水果仓库的恒温、农业大棚供暖、花房内的土壤加温、草坪加热、机场跑道融雪、路面除冰、管道伴热、厂房等工业建筑供暖。

四、中温辐射供暖

中温辐射供暖使用的散热设备，通常都是钢制辐射板。钢制辐射板按照长度不同可分为块状和带状两种类型。

块状辐射板通常用*DN*15～*DN*25与*DN*40的水煤气钢管焊成排管构成加热管，把排管嵌在0.5～1mm厚的预先压好槽的薄钢板上制成的长方形的辐射板。辐射板在钢板背面加设保温层以减少无效热损失。保温层外侧可用0.5mm厚钢板或纤维板包裹起来。块状辐射板的长度一般为1～2m，以不超过钢板的自然长度为原则。

带状辐射板的结构与块状板完全相同，只是在长度方向上是由几张钢板组装成形，也可将多块块状辐射板在长度方向上串联连接成形。带状辐射板在加工与安装方面都比块状板简单一些，由于带状板连接支管和阀门大为减少，因而比块状板经济。带状板可沿房屋长度方向布置，也可以水平悬吊在屋架下弦处。带状板在布置中注意解决好加热管热膨胀的补偿、系统排气及凝结水的排除等问题。

钢制辐射板构造简单，制作维修方便，比普通散热器节省金属约30%～70%。钢制辐射板供暖适用于高大的工业厂房、大空间的公共建筑如商场、展厅、车站等建筑物的全面供暖或局部供暖。

五、高温辐射供暖

高温辐射供暖按其能源类型不同分为电气红外线辐射供暖和燃气红外线辐射供暖。

电气红外线辐射供暖设备多采用石英管或石英灯辐射器。石英管红外线辐射器的辐射温度可达990℃，其中，辐射热占总散热量的78%。石英灯辐射器的辐射温度可达2232℃，其中，辐射热占总散热量的80%。

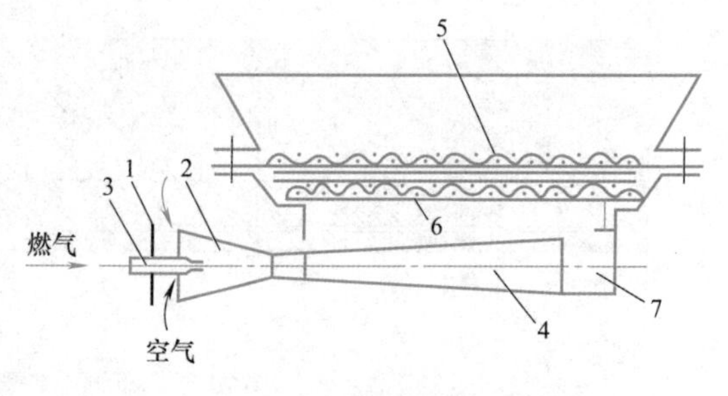

图10-29 燃气红外线辐射器构造图

1—调节板；2—混合室；3—喷嘴；4—扩压管；5—多孔陶瓷板；6—气流分配板；7—外壳

燃气红外线辐射器供暖是利用可燃气体或液体通过特殊的燃烧装置进行无焰燃烧，形成800～900℃的高温，向外界发射出波长为2.7～2.47μm的红外线，在供暖空间或工作地点产生良好的热效应。燃气红外线辐射器适合于燃气丰富而价廉的地方，它具有构造简单、辐射强度高、外形尺寸小、操作简单等优点。如果条件允许，可用于工业厂房或一些局部工作地点的供暖。但使用中应注意采取相应的防火、防爆和通风换气等措施，图10-29为燃气红外线辐射器构造图。它的工作原理是：具有一定压力的燃气经喷嘴喷出，由于速度高形成负压，将周围空气从侧面吸入，燃气和空气在渐缩管形的混合室内混合，再经过扩压管使混合物的部分动能转化为压力能，最后，通过气流分配板流出，在多孔陶瓷板表面均匀燃烧，从而向外界放射出大量的辐射热。

第五节 供暖系统的散热设备

供暖系统的热媒（蒸汽或热水），通过散热设备的壁面，主要以对流传热方式（对流传热量大于辐射传热量）向房间传热，这种散热设备通称为散热器。

一、散热器分类及其特性

散热器按其制造材质可分为金属材料散热器和非金属材料散热器。金属材质散热器又可分为铸铁、钢、铝、钢（铜）铝复合散热器及全铜水道散热器等；非金属材质散热器有塑料散热器、陶瓷散热器等，但后者并不理想。按结构形式，有柱形、翼形、管形、平板形等。

（一）铸铁散热器

具有结构简单，防腐性好，使用寿命长以及热稳定性好的优点；但它的金属耗量大，金属热强度低，运输、组装工作量大，承压能力低，不宜用于高层，而在多层建筑热水及低压蒸汽供暖工程中广泛应用。常用的铸铁散热器有：四柱形、M－132型、长翼形、单面定向对流型等，如图10-30所示。

（二）钢制散热器

钢制散热器存在易被腐蚀，使用寿命短等缺点，它的应用范围受到一定限制。但它具有制造工艺简单，外形美观，金属耗量小，重量轻，运输、组装工作量少，承压能力高等特点，可应用于高层建筑供暖。钢制散热器的金属热强度较铸铁散热器的高。除钢制柱形散热器外，钢制散热器的水容量较少，热稳定性差些，耐腐蚀性差，对供暖热媒

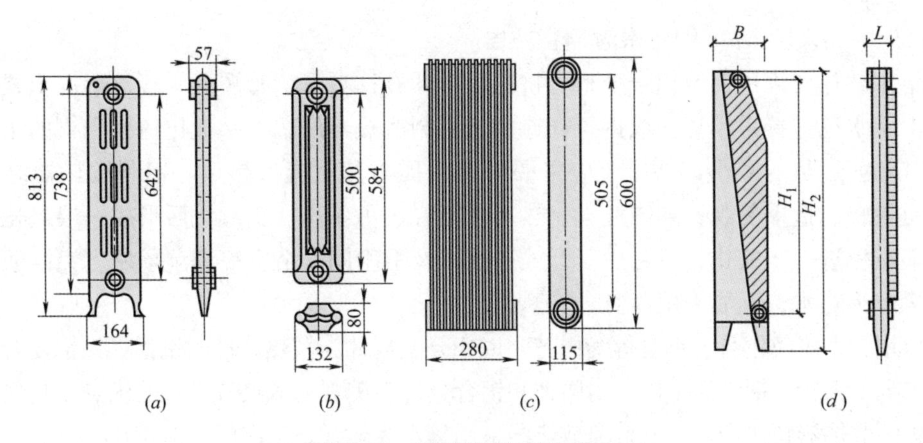

图10-30 常用铸铁散热器示意图

（a）四柱形散热器；（b）M-132 型散热器；（c）长翼形散热器；（d）单面定向对流散热器

水质要求高，非供暖期仍应充满水，而且不适于蒸汽供暖系统。常用的钢制散热器有：柱式、板式、扁管形、串片式、光排管式等，如图 10-31 所示。

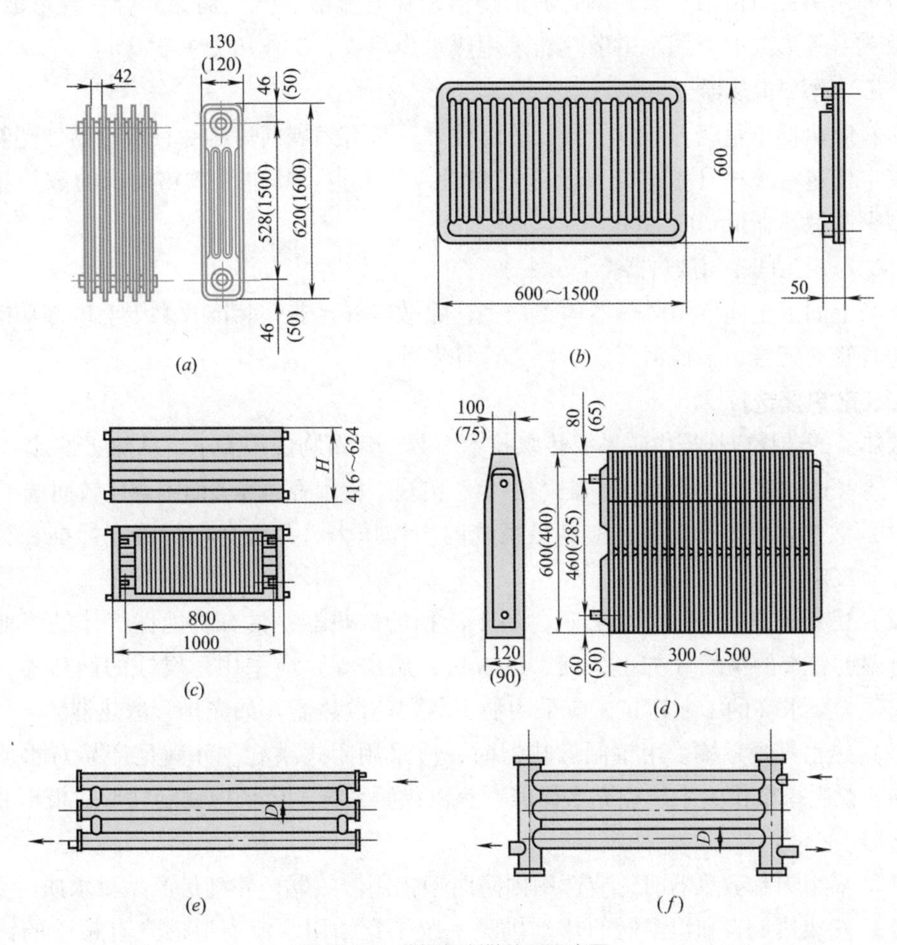

图10-31 常用钢制散热器示意图

（a）钢制柱形散热器；（b）钢制板式散热器；（c）钢板扁管散热器；（d）钢串片散热器；

（e）用于热水采暖系统的光排管；（f）用于蒸汽采暖系统的光排管

（三）铝制及钢（铜）铝复合散热器

铝制散热器采用铝及铝合金型材挤压成形，有柱翼形、管翼形、板翼形等形式，管柱与上下水道连接采用焊接或钢拉杆连接。铝制散热器的辐射系数比铸铁和钢的小，为补偿其辐射放热的减小，外形上应采取措施以提高其对流散热量，铝制散热器结构紧凑、重量轻、造形美观、装饰性强、热工性能好、承压高。铝氧化后形成一层氧化铝薄膜，能避免进一步氧化，故可用于开式系统以及卫生间、浴室等潮湿场所。铝制散热器的热媒应为热水，不能采用蒸汽。

以钢管、不锈钢管、铜管等为内芯，以铝合金翼片为散热元件的钢铝、铜铝复合散热器，结合了钢管、铜管高承压、耐腐蚀和铝合金外表美观、散热效果好的优点，是住宅建筑理想的散热器替代产品。复合类散热器采用热水为热媒，工作压力1.0MPa。

（四）全铜水道散热器

指过水部件全为金属铜的散热器，耐腐蚀、适用任何水质热媒，导热性好、高效节能，强度好、承压高，不污染水质，加工容易，易做成各种美观的形式。全铜水道散热器有铜管铝串片对流散热器、铜管L形绕铝翅片对流散热器、铜铝复合柱翼形散热器、全铜散热器等形式。全铜水道散热器采用热水为热媒，工作压力1.0MPa。

（五）塑料散热器

塑料散热器重量轻，节省金属，防腐性好，是有发展前途的一种散热器。塑料散热器的基本构造有竖式（水道竖直设置）和横式两大类。其单位散热面积的散热量约比同类型钢制散热器低20%左右。

（六）卫生间专用散热器

市场上的卫生间专用散热器种类繁多，除散热外，兼顾装饰及烘干毛巾等功能。材质有塑料管、钢管、不锈钢管、铝合金管等多种。

二、散热器选择

散热器的选择应根据供暖系统热媒技术参数、建筑物使用要求，从热工性能、经济、机械性能（机械强度、承压能力等）、卫生、美观、使用寿命等方面综合比较而选择。

（1）散热器的工作压力，应满足系统的工作压力，并符合现行国家标准和行业标准的各项规定。

（2）民用建筑宜采用外形美观、易于清扫的散热器；具有腐蚀性气体的工业建筑和相对湿度较大的房间（如卫生间、洗衣房、厨房等）应采用耐腐蚀的散热器；放散粉尘或防尘要求高的工业建筑，应采用易于清扫的散热器（如光排管散热器）。

（3）热水供暖系统采用钢制散热器时，应采用闭式系统，并满足产品对水质的要求，在非供暖季节供暖系统应充水保养；蒸汽供暖系统不应采用钢制柱形、板形和扁管等散热器。

（4）采用铝制散热器时，应选用内防腐型铝制散热器，并满足产品对水质的要求。

（5）安装热量表和恒温阀的热水供暖系统不宜采用水流通道内含有粘砂的铸铁散热器。

（6）高大空间供暖不宜单独采用对流型散热器。

三、散热器的布置

（1）散热器宜安装在外墙的窗台下，从散热器上升的热气流能阻止从玻璃窗下降的冷气流，使流经生活区和工作区的空气比较暖和舒适。也可放在内门附近人流频繁，对流散热好的地方。当安装和布置管道困难时，散热器也可靠内墙布置。

（2）双层门的外室及门斗不应设置散热器，以免冻裂影响整个供暖系统运行。在楼梯间或其他有冻结危险的场所，其散热器应由单独的立、支管供热，且不得装设调节阀或关断阀。

（3）楼梯、扶梯、跑马廊等贯通的空间，形成了烟囱效应，散热器应尽量布置在底层；当散热器过多，底层无法布置时，可按比例分布在下部各层。

（4）散热器应尽量明装。但对内部装修要求高的房间和幼儿园的散热器必须暗装或加防护罩。暗装时装饰罩应有合理的气流通道、足够的流通面积，并方便维修。

（5）散热器的布置应确保室内温度分布均匀，并应尽可能缩短户内管道的长度。当布置在内墙时，应与室内设施和家具的布置协调。

第六节　室内供暖系统的管路布置与主要设备及附件

一、室内热水供暖系统的管路布置与主要设备及附件

（一）室内热水供暖系统的管路布置

室内热水供暖系统管路布置合理与否，直接影响到系统造价和使用效果。因此，系统管道走向布置应合理，以节省管材，便于调节和排除空气，且各并联环路的阻力损失易于平衡。

供暖系统的引入口宜设置在建筑物热负荷对称分配的位置，一般宜在建筑物中部。系统应合理地设若干支路，而且尽量使各支路的阻力易于平衡。图 10-32 是两种常见的供、回水干管的走向布置方式。

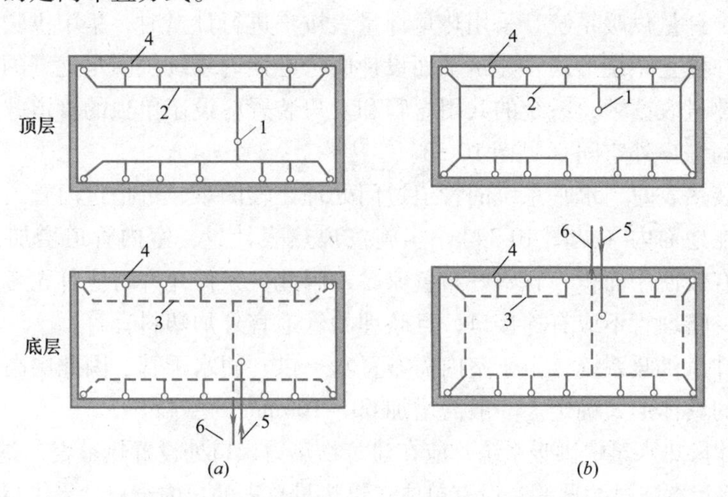

图10-32　常见的供、回水干管走向布置方式

（*a*）四个分支环路的异程式系统；（*b*）两个分支环路的同程式系统

1—供水总立管；2—供水干管；3—回水干管；4—立管；5—供水进口管；6—回水出口管

室内热水供暖系统的管路应明装，尽可能将立管布置在房间的角落。对于上供下回式系统，供水干管多设在顶层顶棚下，回水干管可敷设在地面上，地面上不允许敷设（如过门时）或净空高度不够时，回水干管设置在半通行地沟或不通行地沟内。地沟上每隔一定距离应设活动盖板，过门地沟也应设活动盖板，以便于检修。

室内半通行管沟，管沟净高应不低于1.2m，通道净宽应不小于0.6m。支管连接处或有其他管道穿越处通道净高宜大于0.5m。管沟应设置通风孔，通风孔间距不大于20m。还应设置检修人孔，人孔间距不大于30m，管沟总长度大于20m时人孔数不少于两个，检修阀处应设置人孔。人孔不应设置于人流主要通道上、重要房间、浴室、厕所和住宅户内，必要时可将管沟延伸至室外设人孔。管沟不得与电缆沟、土建风道等相通。

穿越建筑基础、变形缝的供暖管道，以及埋设在建筑结构里的立管，应采取预防由于建筑物下沉而损坏管道的措施，如设局部管沟。无条件设管沟时应设套管，并设置柔性连接。

水平管道应避免穿越防火墙。必须穿越防火墙时，应预留套管，在穿墙处设置固定支架，使管道可向墙的两侧伸缩，并将管道与套管之间的余隙用防火封堵材料严密封堵。

供暖管道不得与输送蒸汽燃点低于或等于120℃的可燃液体或可燃、腐蚀性气体的管道在同一条管沟内平行或交叉敷设。室内供暖管道与电气、燃气管间距应符合表10-3的规定。

室内供暖管道与电气、燃气管道最小净距（mm） 表10-3

热水管	导线穿金属管在上	导线穿金属管在下	电缆在上	电缆在下	明敷绝缘导线在上	明敷绝缘导线在下	裸母线	吊车滑轮线	燃气管
平行	300	100	500	500	300	200	1000	1000	100
交叉	200	100	100	100	100	100	500	500	20

住宅分户计量供暖系统，采用热量计量表按户进行计量时，集中供暖系统应采用共用立管的分户独立系统形式。建筑平面设计应考虑楼内系统供回水立管的布置，为便于安装维修和热量表读数，系统的共用立管和入户装置应设于单独的管道井内。管道井应布置在楼梯间等户外空间（见图10-33）。

分户安装热表时，水平系统的管道过门处理比较困难，可把过门管道在设计与施工中预先埋设在地面内（见图10-34）。实施按户热表计量，室内管道增加，这既影响美观也占用了有效使用面积，且不好布置家具，因此，条件允许时应首先考虑户内系统管道暗埋布置。暗埋管不应有连接口，且暗埋的管道宜外加塑料套管。

对分户计量供暖系统，由于室内需布置水平供、回水干管，因此层高的尺寸应视室内供暖系统的具体形式确定。一般需增加60～100mm的层高。

分户热计量热水集中供暖系统，应在建筑物热力入口处设置热量表、差压控制或流量调节装置、除污器或过滤器等。设有单体建筑热量总表的户内分户计量供暖建筑，如有地下室时，其热力入口装置宜设在该建筑物地下室专用小室内；如无地下室时，其热力入口装置可设在建筑物单元入口楼梯下部（见图10-35）或室外热力入口小室等场合。

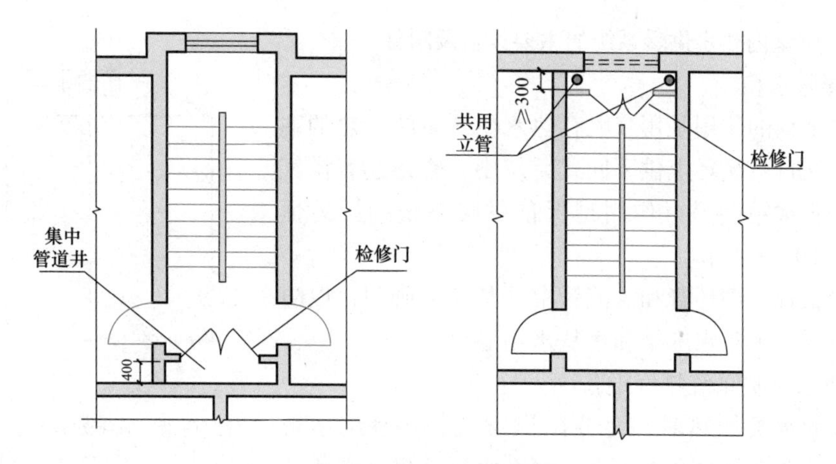

图10-33 热表管道井位置图

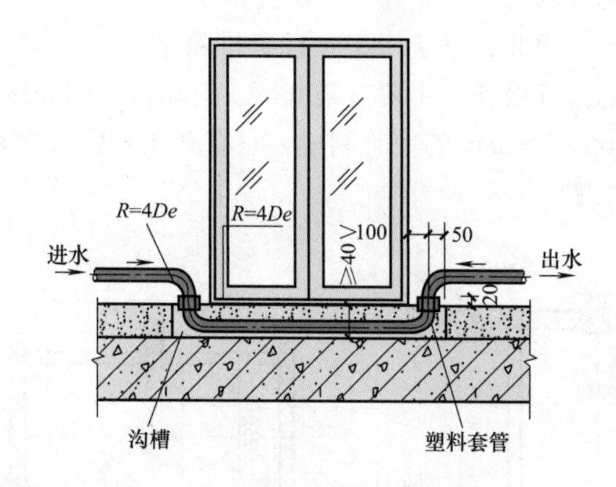

图10-34 明装塑料管道过门沟槽图示

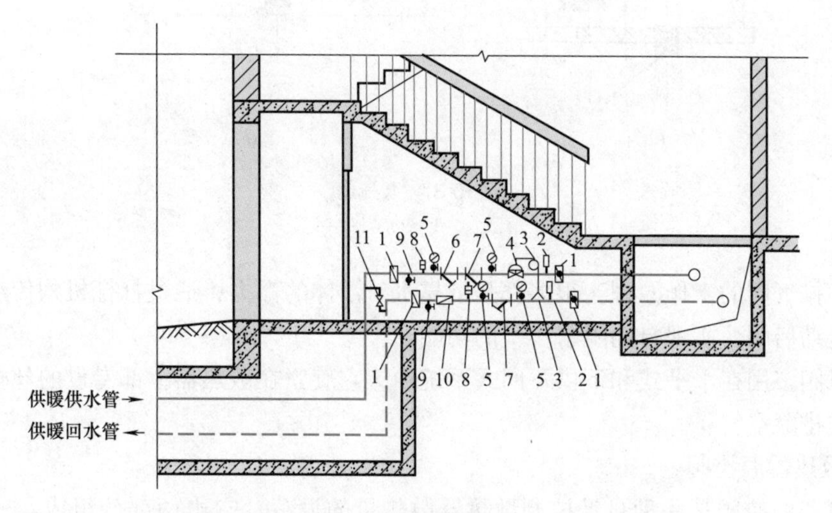

图10-35 建筑物单元入口楼梯下部热力入口装置示意图

1—蝶阀；2—温度计；3—导压管；4—压差控制阀；5—压力表；6—水过滤器；7—水过滤器；8—温度传感器；9—泄水球阀；10—热量表；11—闸阀

（二）室内热水供暖系统的主要设备及附件

1. 膨胀水箱

膨胀水箱的作用是用来贮存热水供暖系统加热的膨胀水量。在自然循环上供下回式系统中，它还起着排气作用。膨胀水箱的另一作用是保证供暖系统的压力恒定，如图 10-36 所示。

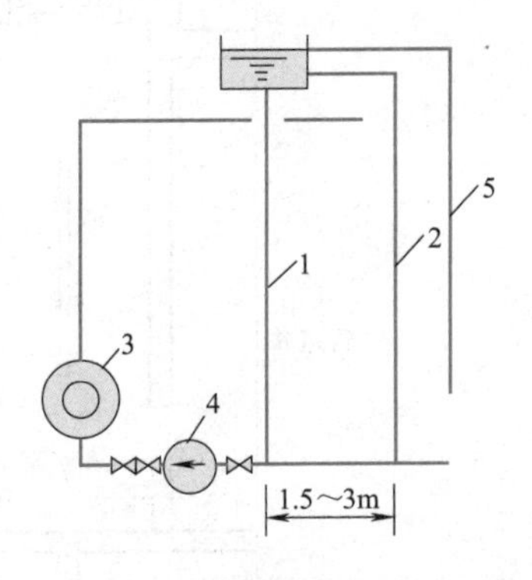

图10-36　膨胀水箱与机械循环系统的连接方式

1—膨胀管；2—循环管；3—热水锅炉；4—循环水泵；5—溢流管

在膨胀管、循环管和溢流管上严禁安装阀门，以防止系统超压，水箱水冻结和水从水箱溢出。

2. 热水供暖系统排气设备

系统的水被加热时，会分离出空气。在系统运行时，通过不严密处也会渗入空气，充水后，也会有些空气残留在系统内。系统中如果积存空气，就会形成气塞，影响水的正常循环。因此，系统中必须设置排除空气的设备。目前常见的排气设备，主要有集气罐、自动排气阀和冷风阀等。

集气罐用直径 $\phi100 \sim 250$mm 的短管制成，它有立式和卧式两种（见图 10-37），顶部连接直径 $\phi15$ 的放气管。

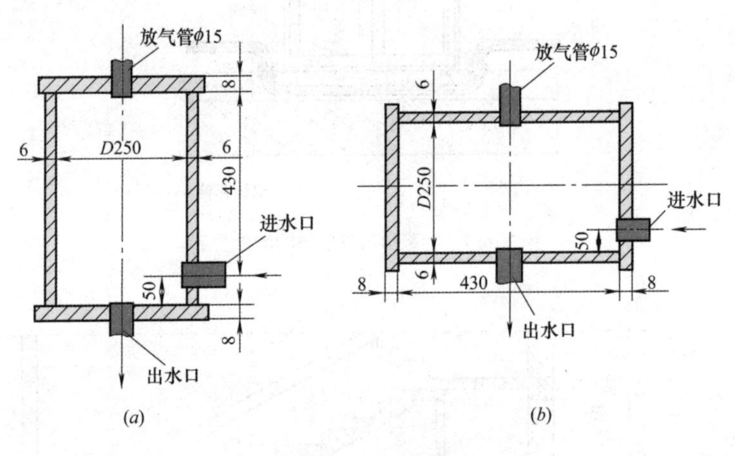

图10-37　集气罐

（*a*）立式；（*b*）卧式

自动排气阀的工作原理，很多都是依靠水对浮体的浮力，通过杠杆机构传动力，使排气孔自动启闭，实现自动阻水排气的功能。

冷风阀多用在水平式和下供下回式系统中，它旋紧在散热器上部专设的丝孔上，以手动方式排除空气。

3. 散热器温控阀

散热器温控阀是一种自动控制散热器散热量的设备，它由两部分组成。一部分为阀体部分，另一部分为感温元件控制部分。当室内温度高于给定的温度值时，感温元件受热，其顶杆就压缩阀杆，将阀口关小，进入散热器的水流量减小，散热器散热量减小，室温下降。当室内温度下降到低于设定值时，感温元件开始收缩，其阀杆靠弹簧的作用，将阀杆抬起，阀孔开大，水流量增大，散热器散热量增加，室内温度开始升高，从而保证室温处在设定的温度值上。温控阀控温范围在13～28℃之间，控制精度为±1℃。

4. 热计量仪表

热能表是通过测量水流量及供、回水温度并经运算和累计得出某一系统使用的热能量的。热能表包括流量传感器及流量计、供回水温度传感器、热表计算器（也称积分仪）几部分。根据所计量介质的温度可分为热量表和冷热计量表，通常情况下，统称为热量表；根据流量测量元件不同，可分为机械式、超声波式、电磁式等；根据热能表各部分的组合方式，可分为流量传感器和计算器分开安装的分体式和组合安装的紧凑式以及计算器、流量传感器、供回水温度传感器均组合在一起的一体式。

热量分配表有蒸发式和电子式两种。热量分配表不是直接测量用户的实际用热量，而是测量每个住户的用热比例，由设于楼栋入口的热量总表测算总热量，供暖季结束后，由专业人员读表，通过计算得出每户的实际用热量。

5. 水力控制阀

水力控制阀包括平衡阀、自力式流量控制阀、自力式压差控制阀和锁闭阀等。

二、室内蒸汽供暖系统的管路布置与主要设备及附件

1. 室内蒸汽供暖系统的管路布置

室内蒸汽供暖系统管道布置大多采用上供下回式。当地面不便布置凝水管时，也可采用上供上回式。上供上回式布置方式必须在每个散热设备的凝水排出管上安装疏水器和止回阀。

在蒸汽供暖系统中，水平敷设的供汽管路，尽可能保持汽、水同向流动，坡度 i 不得小于0.002。供汽干管向上拐弯处，必须设置疏水装置，定期排出沿途流来的凝水。

为使空气能顺利排除，当干式凝结水管路（无论低压或高压蒸汽系统）通过过门地沟时，必须设空气绕行管。当室内高压蒸汽供暖系统的某个散热器需要停止供汽时，为防止蒸汽通过凝水管窜入散热器，每个散热器的凝水支管上都应增设阀门，供关断用。

2. 室内蒸汽供暖系统的主要设备及附件

疏水器是蒸汽供暖系统中重要的设备，它的作用是自动阻止蒸汽逸漏而且迅速地排出用热设备及管道中的凝水，同时能排除系统中积留的空气和其他不凝性气体。

在供暖系统中，金属管道会因受热而伸长。每米钢管当它本身的温度每升高1℃时，便会伸长0.012mm。当平直管道的两端都被固定不能自由伸长时，管道就会因伸长而弯曲。当伸长量很大时，管道中的管件就有可能因弯曲而破裂，因此需要在管道上补偿管道的热伸长。

管道补偿器主要有管道的自然补偿、方形补偿器、波纹补偿器、套筒补偿器和球形补偿器等几种形式。自然补偿是利用供热管道自身的弯曲管段来补偿管道的热伸长。根据弯曲管段弯曲形状的不同，又分为L形或Z形补偿器（图10-38）。在考虑管道热补偿时，应尽量利用其自然弯曲的补偿能力。

方形补偿器是由四个90°弯头构成“U”形的补偿器，见图10-39。靠其弯管的变形

来补偿管段的热伸长。方形补偿器具有制造方便、不需专门维修、工作可靠等优点，在供热管道上应用普遍。

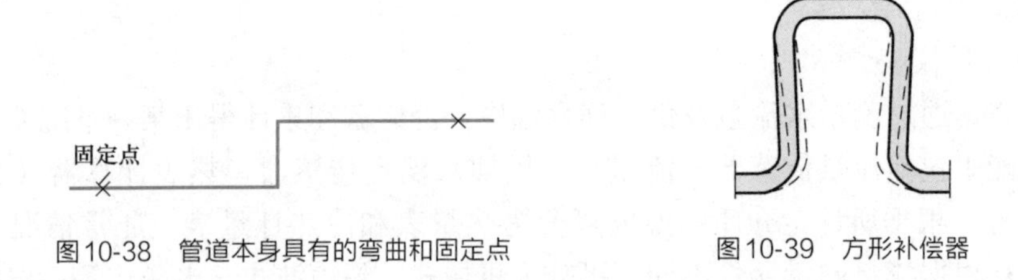

图10-38 管道本身具有的弯曲和固定点

图10-39 方形补偿器

第七节 分户供暖热源

从热量计量与温控的角度，分户热源供暖是一种较为理想的供暖方式。分户热源供暖可根据户内系统要求单独设定供水温度，且系统工作压力低，水质易保证，可选散热器和管道及其附件的种类多。根据其采用的热源或能源种类，有燃油或燃气热水炉供暖、电热供暖、热泵供暖及利用集中供热的家用换热机组供暖等不同方式。

一、分户式燃气供暖

分户燃气供暖除燃气热风炉、燃气红外线辐射供暖外，还有独立燃气供暖炉，即安装在一家一户内的燃气锅炉。这种分散式燃气供暖设备在国外已经有几十年的应用历史。燃气热水供暖炉自控程度高，既可以作为单独的供暖热源，也可作为供暖和生活热水两用的热源；洁净、节能、调节灵活；变热计量为燃气计量，计量准确方便，配用IC卡燃气表，有利于解决供热收费问题，促进用户提高节能意识；供热效率高，且无热浪费现象，经济性较好。

存在的问题是：烟气无组织、多点、低空排放，产生局部污染；部分燃气炉运行噪声大；有防火和安全保障问题；附建公共用房的供暖热源和设置于住宅套外公共空间管道有防冻等问题。

家用燃气炉按加热方式分为快速式和容积式两种。快速式燃气炉也称为壁挂式燃气炉，是冷水流过带有翅片的蛇形管热交换器被烟气加热，得到所需温度的热水。容积式燃气炉内有一个60～120L的储水筒，筒内垂直装有烟管，燃气燃烧产生的热烟气经管壁传热加热筒内的冷水。

家用燃气炉排烟方式有强制排烟和强制给气排烟两种。前者属于半密闭式燃具，燃烧需要的空气取自室内，燃烧产生的烟气排至室外；后者属密闭式燃具，其烟道一般为套管结构，内管将产生的烟气排出室外，外管从室外吸入燃烧所需的新鲜空气。

禁止使用直排式燃气炉。使用半密闭自然排气式燃具，即使室内有良好的通风条件，由于易出现倒烟现象，也不宜在室内安装；安装在敞开的阳台、走廊上应采取防冻措施。密闭式家用燃气炉，可以安装在厨房、厕所、封闭阳台或专用锅炉间内。

《家用燃气燃烧器具安装及验收规程》JJ12—2013规定：燃气热水供暖炉与可燃材料、难燃材料装修的建筑物部位间的距离不得小于表10-4中的数值。排烟筒、排气管、给排气管与可燃、难燃材料装修的建筑物的安装距离应符合表10-5的规定。

燃气热水供暖炉与可燃材料、难燃材料装修的建筑物部位间的距离　　表 10-4

种类	间隔距离（mm）			
	上方	侧方	后方	前方
密闭自然对流式	600	45	45	45
密闭强制对流式	45	45	45	600

排气筒、排气管、给排气管与可燃、难燃材料装修的建筑物的安装距离　　表 10-5

烟气温度		260℃及其以上	260℃以下	
部位		排气筒、排气管		给、排气管
开放部位	无隔热	150mm 以上	$D/2$ 以上	0mm 以上
	有隔热	有 100mm 以上隔热层取 0mm 以上安装	有 20mm 以上隔热层取 0mm 以上安装	20mm 以上
隐蔽部位		有 100mm 以上隔热层取 0mm 以上安装	有 20mm 以上隔热层取 0mm 以上安装	20mm 以上
穿越部位措施		应有下述措施之一： （1）150mm 以上的空间 （2）150mm 以上的铁制保护板 （3）100mm 以上的非金属不燃材料保护板（混凝土制）	应有下述措施之一： （1）$D/2$ 以上的空间 （2）$D/2$ 以上的铁制保护板 （3）20mm 以上的非金属不燃材料卷制或缠绕	0mm 以上

供暖炉的排烟道及多户共用的主烟道应合理处理，既保证排气畅通，又要防止倒烟。有条件时应保证主烟道处于负压状态（如装屋顶排烟风机），无此条件时按变压式自然排烟的烟道进行设计。

设置供暖器具的房间应有良好的通风措施。

二、电热供暖

单纯的电热供暖方式是高品质能源的低位利用，不应推广。在环保有特殊要求的区域、远离集中热源的独立建筑、采用热泵的场所、能利用低谷电蓄热的场所、有丰富水电或风电资源可供利用等特殊场合时，采用电热供暖可以充分发挥其方便、灵活等特点。

电热直接供暖设备包括：

自然对流式电暖器，如踢脚板式电暖器；强制对流式电暖器，如各类电暖风机；辐射式电暖器，如石英管电暖器；对流辐射式电暖器，如电热油汀。

模块式电热锅炉：一个建筑单元、一栋建筑或者数栋性质相同的建筑共用一个供暖系统。

家用电热锅炉：以户为供热单位，利用散热器或低温热水地板辐射采暖，同时可以兼供生活热水。

除上节所述的低温辐射电热膜和发热电缆外，还有半导体电热带、电热板和相变蓄热电供暖设备等。

电热供暖系统可根据需要调节室温达到节能的目的，可隐形安装，相应增加了使用面积；节水、节省锅炉房，减少了住宅区环境污染；使用寿命长，计量方便、准确，管理简便。

三、家用换热机组

在分户计量系统中，每户设置一套独立的换热机组（图 10-40），户内系统与热网隔绝，可大大降低热网补水量；户内系统自备热媒水，水质容易保证；散热器承受的压力极低，提高供暖系统安全性。换热器既可以是单独的供暖换热器，也可以与卫生热水换热器合成一体。供暖换热系统宜为开式无压系统，设管道循环泵供水。卫生热水换热器可为承压即热式，靠自来水供水，可不再设泵；也可做成无压容积式，根据换热器设置高度，可以设泵或不设泵。换热器还可以与热计量设备组合到一起，成为一个换热计量机组，便于用户选用。该类机组根据容量大小可以用于每户或每个单元或每栋楼（也适合《寒冷和严寒地区居住建筑节能设计标准》JGJ26－2010，当外网供水温度高于 60℃时，对每户地面辐射供暖系统使用形式的要求）。

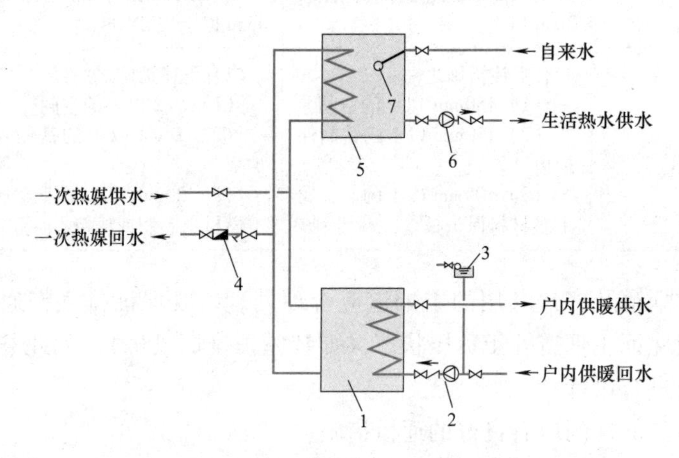

图10-40 供暖换热器与容积式生活热水器低位安装示意图

1—供暖换热器；2—循环水泵；3—膨胀水箱；4—计量表；
5—水-水换热器；6—热水给水泵；7—浮球阀

第八节 集中供暖热源

一、热力网供暖形式

（一）热水供暖形式

热水供暖主要采用闭式和开式两种形式。在闭式形式中热网的循环水仅作为热媒，供给热用户热量而不从热网中取出使用。在开式形式中热网的循环水部分地从热网中取出，直接用于生产或热水供应热用户中。

图 10-41 所示为双管制的闭式热水供热示意图。热水沿热网供水管输送到各个热用户，在热用户系统的用热设备内放出热量后，沿热网回水管返回热源。双管闭式热水供热是我国目前最广泛应用的热水供热系统。

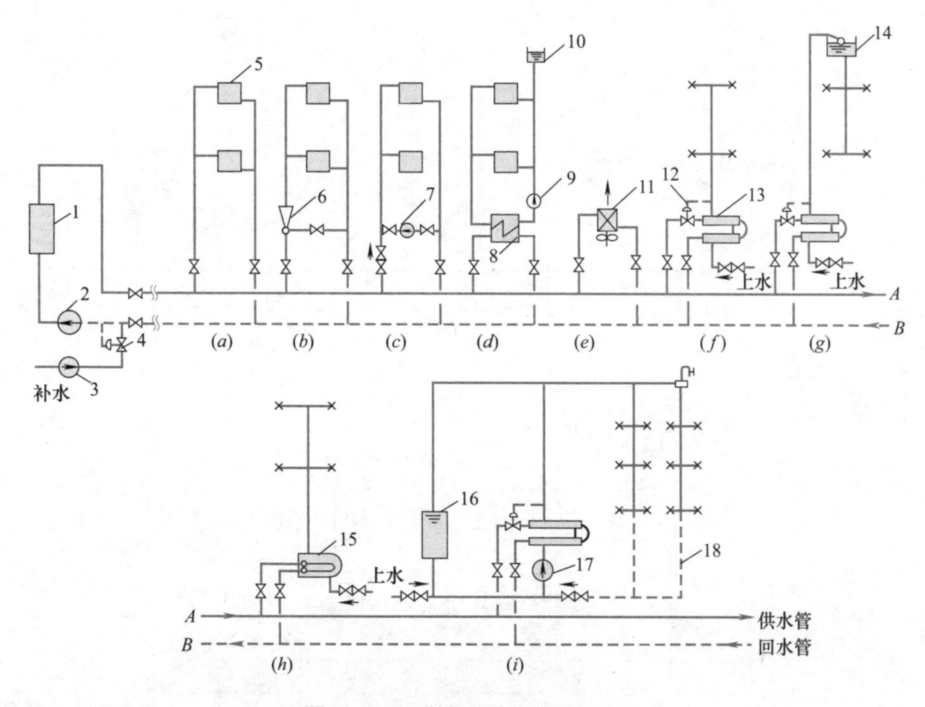

图10-41　双管闭式热水供热示意图

（a）无混合装置的直接连接；（b）装水喷射器的直接连接；（c）装混合水泵的直接连接；（d）供暖热用户与热网的间接连接；（e）通风热用户与热网的连接；（f）无储水箱的连接方式；（g）装设上部储水箱的连接方式；（h）装置容积式换热器的连接方式；（i）装设下部储水箱的连接方式

1—热源的加热装置；2—网路循环水泵；3—补水泵；4—补给水压力调节器；5—散热器；6—水喷射器；7—混合水泵；8—表面式水-水换热器；9—供暖热用户系统的循环水泵；10—膨胀水箱；11—空气加热器；12—温度调节器；13—水-水式换热器；14—储水箱；15—容积式换热器；16—下部储水器；17—热水供应系统的循环水泵；18—热水供应系统的循环管路

（二） 蒸汽供热形式

蒸汽供热广泛地应用于工业厂房和工业区域，它主要承担向生产工艺热用户供热，同时也向热水供应、供暖和通风热用户供热。根据热用户的要求，蒸汽供热可用单管式（同一蒸汽压力参数）或多根蒸汽管（不同蒸汽压力参数）供热，同时凝结水也可采用回收或不回收方式。图 10-42 所示为单管式凝水回收式蒸汽供热示意图。

二、集中供热的热力站

集中供热中的热力站是供热网络与热用户的连接场所。它的作用是根据热网工况和不同的条件，向热用户分配热量。

根据热源至热力站的热网（习惯称一次网）输送的热媒不同，可分为热水热力站和蒸汽热力站。热水热力站是指热源供给热力站的热媒为高温水的热力站，亦即一次网为热水热力网；蒸汽热力站是指热源供给热力站的热媒为蒸汽的热力站，亦即一次网为蒸汽热力网。热水热力站内的换热设备为水—水热交换器，蒸汽热力站内的换热设备为汽—水热交换器，二者外供热媒均为热水，即二次网均为热水热力网。

热力站主要设备有：换热器、软水器、除氧器、循环水泵、补水定压泵、电气设备

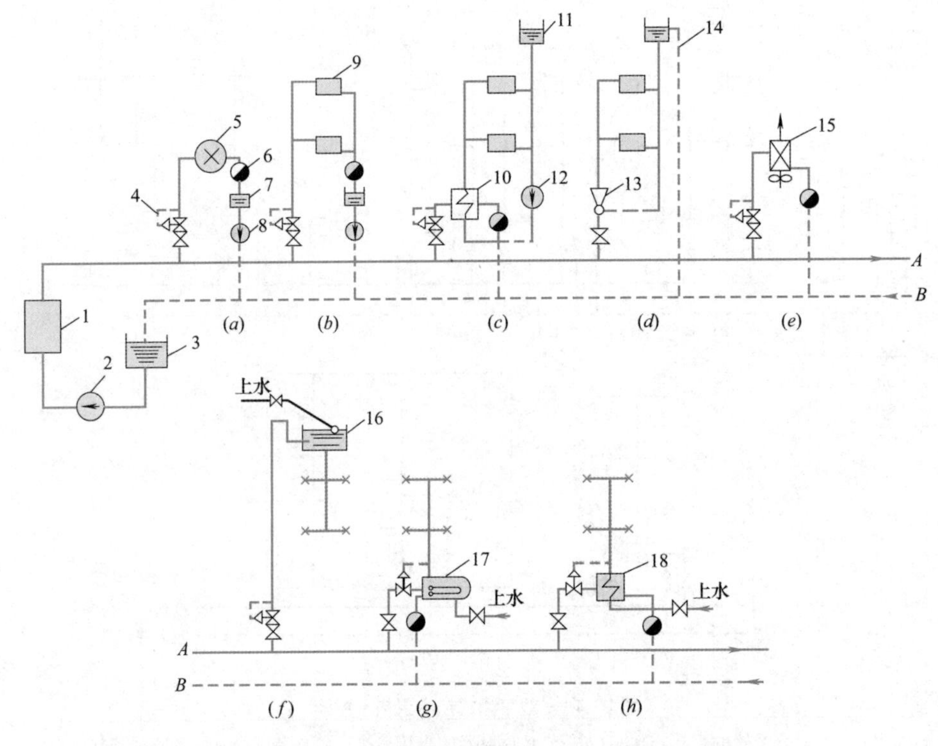

图10-42 单管式凝水回收式蒸汽供热系统示意图

（a）生产工艺热用户与蒸汽网连接图；（b）蒸汽供暖用户与蒸汽网直接连接图；
（c）采用蒸汽-水换热器的连接图；（d）采用蒸汽喷射器的连接图；（e）通风系统与蒸汽网路的连接图；
（f）蒸汽直接加热的热水供应图示；（g）采用容积式加热器的热水供应图示；（h）无储水箱的热水供应图示
1—蒸汽锅炉；2—锅炉给水泵；3—凝结水箱；4—减压阀；5—生产工艺用热设备；6—疏水器；7—用户凝结水箱；
8—用户凝结水泵；9—散热器；10—供暖用的蒸汽-水换热器；11—膨胀水箱；12—循环水泵；13—蒸汽喷射器；
14—溢流管；15—空气加热装置；16—上部储水箱；17—容积式换热器；18—热水供应系统的蒸汽-水换热器

和自控仪表等。换热器是站内核心设备。

热力站宜靠近负荷中心。小型热力站一般为单体单层砖混或内框结构。建筑内布置有热交换间、水处理间、控制室、配电室、更衣室、化验室、值班室、卫生间和维修间等。大型热力站一般为二层全框架或底框结构，底层布置同小型热力站，二层设管理人员办公室、会议室、维修人员工作间等。如上层布置热力站设备时，应留置设备搬运和检修安装孔。现在城市中地价一般都比较高，为节省用地，热力站也可设在大楼的设备层或设在锅炉房的附属房间内，而不再建独立的建筑，但应尽量靠近制冷机房。

热力站建筑设计时应注意防止噪声对周围环境的干扰。当站内设备的噪声较高时，应加大与周围建筑物的距离，或采取降低噪声的措施，使其周围声环境质量符合《声环境质量标准》GB 3096—2008 的规定。

热力站设备间的门应向外开。当热力站的站房长度大于12m时应设两个出口。热力站净空高度和平面布置，应能满足设备安装、检修、操作、更换的要求和管道安装的要求，净空高度一般不宜小于3m。热力站内宜设集中检修场地，其面积应根据需检修设备的要求确定，并在周围留有宽度不小于0.7m的通道。安装孔或门的大小，应保证站内需检修更换的最大设备出入。两个出口应设在相对两侧，门向外开，辅助间和生活间门向机房开。配电室窗户应设钢板网、门应包镀锌铁皮。

热力站内地面宜有坡度或采取措施保证管道和设备排出的水引向排水系统。当站内排水不能直接排入室外管道时，应设集水坑和排水泵。

热力站内应有必要的起重设施和良好的照明和通风。热力站墙体考虑设管道支架要求，宜采用实心砌块。如果热力站距居民住宅较近时，内墙面应贴吸声材料，安装双层密闭门、窗，屋面上铺设水泥焦砟隔声层。

三、供热锅炉

供热锅炉按其工作介质不同分为蒸汽锅炉和热水锅炉。按其压力大小又可分为低压锅炉和高压锅炉。在蒸汽锅炉中，蒸汽压力低于0.7MPa称为低压锅炉；蒸汽压力高于0.7MPa称为高压锅炉。在热水锅炉中，热水温度低于100℃称为低压锅炉，热水温度高于100℃称为高压锅炉。

按所用燃料种类可分为燃煤锅炉、燃油锅炉和燃气锅炉。

锅炉房中除锅炉本体外，还必须装置水泵、风机、水处理等辅助设备。锅炉本体和它的辅助设备总称为锅炉房设备。

锅炉房设计应根据城市（地区）或工厂（单位）的总体规划进行，做到远近期结合，以近期为主，并宜留有扩建的余地。对扩建和改建的锅炉房，应合理利用原有建筑物、构筑物、设备和管线，并应与原有生产系统、设备布置、建筑物和构筑物相协调。建于风景区、繁华街段、新型经济开发区、住宅小区及高级公共建筑附近的锅炉房，应与周围环境协调。

工厂（单位）和区域所需热负荷不能由区域热电站、区域锅炉房或其他单位锅炉房供应，且不具备热电联产的条件时，应设置锅炉房。

锅炉房的位置，在设计时应配合建筑总图在总体规划中合理安排，力求满足下列要求：

（1）靠近热负荷比较集中的地区。

（2）便于燃料贮运和灰渣排除，并宜使人流和燃料、灰渣流分开。

（3）有利于室外管道的布置和凝结水的回收。

（4）有利于减少烟（粉）尘、有害气体及噪声对居民区和主要环境保护区的影响。全年运行的锅炉房宜位于居住区和主要环境保护区全年最小频率风向的上风侧。季节性运行的锅炉房宜位于该季节盛行风向的下风侧。

（5）有利于锅炉房的自然通风和采光，并位于地质条件较好的地区。

（6）工厂燃煤的锅炉房和煤气发生站宜布置在同一区域。

（7）对生产易燃易爆物工厂，锅炉房的位置应满足安全技术上的要求，并按有关专业规范的规定执行。

锅炉房宜设置在地上独立建筑内。受条件限制，锅炉房需要和其他建筑物相连或设置在其内部时，应经当地消防、安全、环保等管理部门同意。

锅炉房区域内各建筑物、构筑物以及燃料、灰渣场地的布置，应按工艺流程和规范的要求合理安排。

锅炉房主要产生噪声的设备应尽量布置在远离住宅和环境安静要求高的建筑，锅炉间和辅助间的主要立面尽可能面向主要道路。

锅炉房建筑结构的火灾危险性分类和防火等级应符合有关消防规范的要求。

锅炉房的建筑结构设计应符合下列要求：

（1）锅炉房为多层布置时，锅炉基础与楼板地面接缝处应采用能适应沉降的处理措施。

（2）锅炉房的柱距、跨度和室内地坪至柱顶的高度，在满足工艺要求的前提下，应尽量符合现行国家标准《厂房建筑模数协调标准》GB/T 5006－2010 的规定。

（3）锅炉房楼面、地面和屋面的活荷载，应根据工艺设备安装和检修的荷载要求确定，提不出详细资料时，可按表 10-6 选用。

楼面、地面、屋面的活荷载 **表 10-6**

名称	活荷载（kN/m^2）	备注
锅炉间楼面	6～12	1. 表中未列的其他荷载，按现行国家标准《建筑结构荷载规范》GB 50009－2012 的规定选用； 2. 表中不包括设备的集中荷载； 3. 运煤层楼面在有皮带机头装置的部分，应由工艺提供荷载或按 $10kN/m^2$ 计算； 4. 锅炉间地面考虑运输通道时，通道部分的地坪和地沟盖板可按 $20kN/m^2$ 计算
辅助间楼面	4～8	
运煤层楼面	4	
除氧层楼面	4	
锅炉间及辅助间屋面	0.5～1	
锅炉间地面	10	

（4）每个新建锅炉房只能设一根烟囱，烟囱高度应根据锅炉房装机容量，按表 10-7 规定执行。当锅炉房装机容量大于 28MW（40t/h）时，其烟囱高度应按批准的环境影响报告书（表）要求确定，但不得低于 45m。新建锅炉房烟囱周围半径 200m 距离内有建筑物时，其烟囱应高出最高建筑物 3m 以上。燃气，燃轻柴油、煤油锅炉烟囱高度应按批准的环境影响报告书（表）要求确定，但不得低于 8m。

燃煤、燃油（燃轻柴油、煤油除外）锅炉烟囱最低允许高度 **表 10-7**

锅炉房装机总容量	MW	<0.7	0.7～<1.4	1.4～<2.8	2.8～<7	7～<14	14～<28
	t/h	<1	1～<2	2～<4	4～<10	10～<20	20～<40
烟囱最低允许高度	m	20	25	30	35	40	45

（5）独立建筑的锅炉房与其他建筑的间距不应小于表 10-8 的规定值。

（6）设置在主体建筑内的锅炉房，土建设计还应符合相关规范中的设计要求。

（7）锅炉间泄爆面积不应小于其占地面积的 10%，地上锅炉房可采用轻型屋顶、门窗等做泄爆面，低于室外地面的锅炉房可在锅炉间外墙侧开设泄爆竖井。泄爆口不得正对疏散楼梯间、安全出口和人员密集的场所。

锅炉房面积粗略估算可参照以下指标：

锅炉房和其他建筑的防火间距（m）　　表 10-8

防火间距 / 其他建筑物类别 / 锅炉房类型及耐火等级			民用建筑				丙、丁、戊类厂房（仓库）			
			高层民用建筑	裙房、其他民用建筑			单、多层			高层
			一、二级	一、二级	三级	四级	一、二级	三级	四级	一、二级
单台蒸汽锅炉的蒸发量≤4t/h或单台热水锅炉的额定热功率≤2.8MW的锅炉房	高层	一、二级	13	9	11	14	13	15	17	13
	单、多层	一、二级	9	6	7	9	10	12	14	13
		三级	11	7	8	10	12	14	16	15
		四级	14	9	10	12	14	16	18	17

防火间距 / 其他建筑物类别 / 锅炉房类型及耐火等级			民用建筑					丙、丁、戊类厂房（仓库）			
			高层		裙房、单、多层			单、多层			高层
			一类	二类	一、二级	三级	四级	一、二级	三级	四级	一、二级
单台蒸汽锅炉的蒸发量>4t/h或单台热水锅炉的额定热功率>2.8MW的锅炉房	高层	一、二级	15	13	13	15	17	13	15	17	13
	单、多层	一、二级	15	13	10	12	14	10	12	14	13
		三级	18	15	12	14	16	12	14	16	15
		四级			14	16	18	14	16	18	17

旅馆、办公楼等公共建筑（以10000~30000m² 为例）的燃煤锅炉房面积约占建筑面积的0.5%~1.0%，燃油燃气锅炉房约占建筑面积的0.2%~0.6%。

居住建筑（以100000~300000m²为例）的燃煤锅炉房面积约占建筑面积的0.2%~0.6%，燃气锅炉房约占建筑面积的0.1%~0.3%。

锅炉房方案和初步设计阶段常用估算指标见表10-9。

锅炉房设计常用估算指标　　表 10-9

序号	项目 / 锅炉单台容量	2	4	6（6.5）	10	20	35
1	锅炉房标准煤耗量［t/(h·台)］	0.30	0.58	0.81	1.23	2.30	3.80
2	锅炉房建筑面积（m²/台）	150	280	450	600	800	1400
3	锅炉房区占地面积（m²/台）	400	800	2500	3500	5000	7000
4	锅炉房耗电量（kW·h/台）	20~30	40~50	65~85	100~130	200~250	350~450
5	锅炉房高度（m）	5~5.5	5.5~6.5	7~12	8~15	12~18	15~20
6	锅炉中心距（m）	5	6	6	7.5	9	12

续表

序号	项目 \ 锅炉单台容量	2	4	6（6.5）	10	20	35
7	锅炉房耗水量［t/(h·台)］	3	6	10	15	25	40
8	锅炉房运行人员（人/台）	5	9	15	25	30	32

锅炉房煤、灰渣量及堆场面积估算值如表10-10所示。

锅炉房煤、灰渣量及灰场面积估算值 **表10-10**

名称	单位	锅炉容量（t/h）						
		1	2	4	6	10	20	35
燃煤消耗量	t/(h·台) t/(班·10天·台)	0.175 14	0.35 28	0.70 56	1.07 86	1.65 132	3.30 265	5.78 464
灰渣量	t/(h·台) t/(班·5天·台)	0.0525 2.1	0.105 4.2	0.21 8.4	0.321 13	0.495 19.8	0.99 39.7	1.733 69.48
贮煤场面积（按一班制10天计算）(m^2/台)		16.7	33.4	43.4	67	104	207	362
灰渣场面积（按一班制5天计算）(m^2/台)		2.47	4.93	7.95	12.10	18.60	37.20	65

锅炉房生活间面积指标如表10-11所示。

锅炉房生活间面积指标 **表10-11**

<table>
<tr><th>生活间名称 \ 锅炉房容量（t/h）（MW）</th><th>2~6
(1.4~4.2)</th><th>8~16
(5.6~11.2)</th><th colspan="2">20~65
(14~45.5)</th><th colspan="2">≥80
(≥56)</th></tr>
<tr><td>办公室（m^2）</td><td>3.3×3.6</td><td>$(3.3\times4.5)^2$</td><td colspan="2">$(3.6\times6.0)^2$</td><td colspan="2">$(3.9\times6.0)^2$</td></tr>
<tr><td>值班、休息室（m^2）</td><td>3.3×3.6</td><td>3.3×4.5</td><td colspan="2">$(3.6\times6.0)^2$</td><td colspan="2">$(3.9\times6.0)^2$</td></tr>
<tr><td>化验室（m^2）</td><td>—</td><td>3.3×4.5</td><td colspan="2">3.9×6.0</td><td colspan="2">4.5×5.4</td></tr>
<tr><td>更衣室（m^2）</td><td>—</td><td>—</td><td colspan="2">3.6×4.5</td><td colspan="2">3.9×4.5</td></tr>
<tr><td>机修（m^2）</td><td>—</td><td>—</td><td colspan="2">6.0×12</td><td colspan="2">6.0×12</td></tr>
<tr><td>贮藏（m^2）</td><td>3.3×3.6</td><td>3.3×4.5</td><td colspan="2">3.6×4.5</td><td colspan="2">3.9×4.5</td></tr>
<tr><td rowspan="2">淋浴间数量（间）</td><td rowspan="2">1</td><td rowspan="2">2</td><td>女</td><td>男</td><td>女</td><td>男</td></tr>
<tr><td>1</td><td>2</td><td>1</td><td>2</td></tr>
<tr><td>厕所（个）</td><td>1</td><td>1</td><td>1</td><td>1</td><td>1</td><td>1</td></tr>
</table>

第九节 燃气供应

一、概述

燃气是一种气体燃料。气体燃料较之液体燃料和固体燃料具有更高的热能利用率，燃烧温度高，火力调节容易，使用方便，易于实现燃烧过程自动化，燃烧时没有灰渣，清洁卫生，而且可以利用管道和瓶装供应。

城镇燃气是从城市、乡镇或居民点中的地区性气源点，通过输配系统供给居民生活、商业、工业企业生产、供暖通风和空调等各类用户公用性质的，且符合现行《城镇燃气设计规范》GB 50028 燃气质量要求的燃气。城镇燃气一般包括人工煤气、液化石油气和天然气三大类。

（一）天然气、人工煤气的管道输送

天然气或人工煤气经过净化后即可输入城镇燃气管网。城镇燃气管网按燃气设计压力 P 分为 7 级，见表 10-12。

城镇燃气设计压力（表压）分级 表 10-12

名称		压力（MPa）
高压燃气管道	A	$2.5 < P \leqslant 4.0$
	B	$1.6 < P \leqslant 2.5$
次高压燃气管道	A	$0.8 < P \leqslant 1.6$
	B	$0.4 < P \leqslant 0.8$
中压燃气管道	A	$0.2 < P \leqslant 0.4$
	B	$0.01 \leqslant P \leqslant 0.2$
低压燃气管道		$P < 0.01$

城镇燃气管网通常包括：城镇燃气室外输配管网和城镇居民、商业和工业企业用户内部的燃气输配管网。长输管线输送来的天然气压力高，考虑到能源的充分利用，城镇燃气管网可建成高压、次高压、中压和低压四级管网。长输管线的主干管道，敷设条件较好的建设高压管线，经城市门站调压后，城区主体管网选用高压或次高压管网，再经街区调压站调压后，街道为次高压或中压管网，最后经居住小区燃气调压站，小区为中压或低压管网，然后接入用户。人工燃气由于气源本身生产工艺的特点，出厂前人工燃气压力为常压，需辅助加压。因此，人工燃气的城镇燃气管网一般采用中低压两级制。

（二）液化石油气瓶装供应

液态液化石油气在石油炼厂产生后，可用管道、汽车或火车槽车、槽船运输到储配站或灌瓶站后再用管道或钢瓶灌装，经供应站供应用户。

供应站到用户根据供应范围、户数、燃烧设备的需用量大小等因素可采用单瓶、瓶组和管道系统，其中单瓶供应常用 15kg 钢瓶供居民用。瓶组供应常采用钢瓶并联供应公共建筑或小型工业建筑的用户。管道供应方式适用于居民小区、大型工厂职工住宅区

或锅炉房。

钢瓶内液态液化石油气的饱和蒸汽压按绝对压力计一般为70～800kPa，靠室内温度可自然气化。但供燃气燃具及燃烧设备使用时，还要经过钢瓶上调压器减压到（2.8±0.5）kPa。单瓶系统一般钢瓶置于厨房，而瓶组供应系统的并联钢瓶、集气管及调压阀等应设置在单独房间。

二、燃气输配系统

（一）室外输配管道

压力不大于4.0MPa（表压）的城镇燃气（不包括液态燃气）室外输配系统一般由门站、燃气管网、储气设施、调压设施、管理设施、监控系统等组成。城镇燃气输配系统设计，应符合城镇燃气总体规划，在可行性研究的基础上，做到远、近期结合，以近期为主，经技术经济比较后确定合理的方案。

城镇燃气输配系统压力级制的选择，门站、储配站、调压站、燃气干管的布置，应根据燃气供应来源、用户的用气量及其分布、地形地貌、管材设备供应条件、施工和运行等因素，经过多方案比较，择优选取技术经济合理、安全可靠的方案。

城镇燃气干管的布置，应根据用户用量及其分布全面规划，宜按逐步形成环状管网供气进行设计。

1. 压力不大于1.6MPa的室外燃气管道

中压和低压燃气管道宜采用聚乙烯管、机械接口球墨铸铁管、钢管或钢骨架聚乙烯塑料复合；次高压燃气管道应采用钢管。

地下燃气管道不得从建筑物和大型构筑物（不包括架空的建筑物和大型构筑物）下穿越，地下燃气管道与建筑物、构筑物或相邻管道之间的水平和垂直净距不小于表10-13～表10-16的规定。

地下燃气管道与建筑物、构筑物或相邻管道之间的水平净距（m）　表10-13

项目		地下燃气管道压力（MPa）				
		低压 <0.01	中压		次高压	
			0.01≤B≤0.2	0.2<A≤0.4	0.4<B≤0.8	0.8<A≤1.6
建筑物	基础	0.7	1.0	1.5	—	—
	外墙面（出地面处）	—	—	—	5.0	13.5
给水管		0.5	0.5	0.5	1.0	1.5
污水、雨水排水管		1.0	1.2	1.2	1.5	2.0
电力电缆（含电车电缆）	直埋	0.5	0.5	0.5	1.0	1.5
	在导管内	1.0	1.0	1.0	1.0	1.5
通信电缆	直埋	0.5	0.5	0.5	1.0	1.5
	在导管内	1.0	1.0	1.0	1.0	1.5
其他燃气管道	DN≤300mm	0.4	0.4	0.4	0.4	0.4
	DN>300mm	0.5	0.5	0.5	0.5	0.5

续表

项目		地下燃气管道压力（MPa）				
		低压 <0.01	中压		次高压	
			0.01≤B≤0.2	0.2 <A≤0.4	0.4 <B≤0.8	0.8 <A≤1.6
热力管	直埋	1.0	1.0	1.0	1.5	2.0
	管沟内（至外壁）	1.0	1.5	1.5	2.0	4.0
电杆（塔）的基础	≤35kV	1.0	1.0	1.0	1.0	1.0
	>35kV	2.0	2.0	2.0	5.0	5.0
通信照明电杆（至电杆中心）		1.0	1.0	1.0	1.0	1.0
铁路路堤坡脚		5.0	5.0	5.0	5.0	5.0
有轨电车钢轨		2.0	2.0	2.0	2.0	2.0
街树（至树中心）		0.75	0.75	0.75	1.2	1.2

地下燃气管道与构筑物或相邻管道之间垂直净距（m） **表10-14**

项目		地下燃气管道（当有套管时，以套管计）
给水管、排水管或其他燃气管道		0.15
热力管的管沟底（或顶）		0.15
电缆	直埋	0.50
	在导管内	0.15
铁路轨底		1.20
有轨电车（轨底）		1.00

地下聚乙烯管道和钢骨架聚乙烯复合燃气管道与热力管道之间的水平净距（m） **表10-15**

项目			地下燃气管道		
			低压	中压	
				B	A
热力管	直埋	热水	1.0	1.0	1.0
		蒸汽	2.0	2.0	2.0
	在管沟内（至外壁）		1.0	1.0	1.5

地下聚乙烯管道和钢骨架聚乙烯复合燃气管道与热力管道之间的垂直净距（m） **表10-16**

项目		燃气管道（当有套管时，从套管外径计）
热力管道	燃气管道在直埋管上方	0.50（加套管）
	燃气管道在直埋管下方	1.0（加套管）
	燃气管道在管沟上方	0.2（加套管）或0.4
	燃气管道在管沟下方	0.3（加套管）

地下燃气管道埋设的最小覆土厚度（路面至管顶）应符合下列要求：埋设在车行道下时，不得小于0.9m；埋设在非车行道（含人行道）下时，不得小于0.6m；埋设在庭院（指绿化地及载货汽车不能进入之地）内时，不得小于0.3m；埋设在水田下时，不得小于0.8m。输送湿燃气的燃气管道，应埋设在土壤冰冻线以下，且燃气管道坡向凝水缸的坡度不宜小于0.003 。地下燃气管道的地基宜为原土层。凡可能引起管道不均匀沉降的地段，其地基应进行处理。地下燃气管道不得在堆积易燃、易爆材料和具有腐蚀性液体的场地下面穿越，并不宜与其他管道或电缆同沟敷设。当需要同沟敷设时，必须采取防护措施。地下燃气管道穿过排水管、热力管沟、联合地沟、隧道及其他各种用途沟槽时应将燃气管道敷设于套管内。套管伸出构筑物外壁不应小于表10-13中燃气管道与该构筑物的水平净距。套管两端应采用柔性的防腐、防水材料密封。燃气管道宜垂直穿越铁路、高速公路、电车轨道和城镇主要干道。穿越铁路和高速公路的燃气管道，其外应加套管；燃气管道穿越电车轨道和城镇主要干道时宜敷设在套管或地沟内；燃气管道通过河流时，可采用穿越河底或采用管桥跨越的形式。当条件许可也可利用道路桥梁跨越河流。室外架空的燃气管道，可沿建筑物外墙或支柱敷设。中压和低压燃气管道，可沿建筑耐火等级不低于二级的住宅或公共建筑的外墙敷设；次高压B、中压和低压燃气管道，可沿建筑耐火等级不低于二级的丁、戊类生产厂房的外墙敷设。沿建筑物外墙的燃气管道距住宅或公共建筑物门、窗洞口的净距：中压管道不应小于0.5m，低压管道不应小于0.3m 。燃气管道距生产厂房建筑物门、窗洞口的净距不限。架空燃气管道与铁路、道路、其他管线交叉时的垂直净距不应小于表10-17的规定。

架空燃气管道与铁路、道路、其他管线交叉时的垂直净距（m） 表10-17

建筑物和管线名称		最小垂直净距	
		燃气管道下	燃气管道上
铁路轨顶		6.0	—
城市道路路面		5.5	—
厂区道路路面		5.0	—
人行道路路面		2.2	—
架空电力线、电压	3kV以下	—	1.5
	3～10kV	—	3.0
	35～66kV	-	4.0
其他管道、管径	≤300mm	同管道管径，但不小于0.1	同左
	>300mm	0.3	0.3

2. 压力大于1.6MPa的室外燃气管道

城镇高压燃气管道通过的地区，应按沿线建筑物的密集程度划分为四个地区等级，并依据地区等级作相应的管道设计。地区等级的划分详见现行《城镇燃气设计规范》GB 50028。

高压燃气管道应采用钢管，且燃气管道强度设计应根据管段所处地区等级和运行条件，按可能同时出现的永久载荷和可变载荷的组合进行设计。当管道位于地震设防烈度7度及7度以上地区时，应考虑管道所承受的地震载荷。一级或二级地区地下燃气管道与建筑物之间的水平净距不应小于表10-18的规定。三级地区地下燃气管道与建筑物之间的水平净距不应小于表10-19的规定。四级地区地下燃气管道输配压力不宜大于1.6MPa（表压）。高压地下燃气管道与构筑物或相邻管道之间的水平和垂直净距，不应小于表10-13次高压A和表10-14的规定。但高压A和高压B地下燃气管道与铁路路堤坡脚的水平净距分别不应小于8m和6m；与有轨电车钢轨的水平净距分别不应小于4m和3m。

一级或二级地区地下燃气管道与建筑物之间的水平净距（m） 表10-18

燃气管道公称直径 *DN*（mm）	地下燃气管道压力（MPa）		
	1.61	**2.50**	**4.00**
900 < *DN*≤1050	53	60	70
750 < *DN*≤900	40	47	57
600 < *DN*≤750	31	37	45
450 < *DN*≤600	24	28	35
300 < *DN*≤450	19	23	28
150 < *DN*≤300	14	18	22
DN≤150	11	13	15

三级地区地下燃气管道与建筑物之间的水平净距（m） 表10-19

燃气管道公称直径和壁厚 *δ*（mm）	地下燃气管道压力（MPa）		
	1.61	**2.50**	**4.00**
A：所有管径 *δ* < 9.5	13.5	15.0	17
B：所有管径 9.5≤*δ* < 11.9	6.5	7.5	9.0
C：所有管径 *δ*≥11.9	3.0	3.0	3.0

（二）室内输配管道

燃气引入管是指室外配气支管与用户室内燃气进口管总阀门（当无总阀门时，指距室内地面1m高处）之间的管道。燃气管由引入管进入房屋以后，到燃具燃烧器前算为室内燃气管。室内燃气管道系统可划分为用户表前管和用户表后管两部分。它由引入管、主干管道（立管）、用户支管、燃气计量表、表后管、用气设备、阀门及其他配件构成。用户室内燃气管道的最高压力不应大于表10-20的规定。燃气供应压力应根据用户设备燃烧器的额定压力及其允许的压力波动范围确定。民用低压用气设备的燃烧器的额定压力宜按表10-21采用。

室内燃气管道宜选用钢管，也可选用铜管、不锈钢管、铝塑复合管和连接用软管。

燃气引入管不得敷设在卧室、卫生间、易燃或易爆品的仓库、有腐蚀性介质的房间、

用户室内燃气管道的最高压力（表压 MPa） 表 10-20

燃气用户		最高压力
工业用户	独立、单层建筑	0.8
	其他	0.4
商业用户		0.4
居民用户（中压进气）		0.2
居民用户（低压进气）		<0.01

民用低压用气设备的燃烧器的额定压力（表压 kPa） 表 10-21

燃气 / 燃烧器	人工煤气	天然气		液化石油气
		矿井气	天然气、油田伴生气、液化石油气混空气	
民用燃具	1.0	1.0	2.0	2.8 或 5.0

发电间、配电间、变电室、不使用燃气的空调机房、通风机房、计算机房、电缆沟、暖气沟、烟道和进风道、垃圾道等地方；住宅燃气引入管宜设在厨房、外走廊、与厨房相连的阳台内（寒冷地区输送湿燃气时阳台应封闭）等便于检修的非居住房间内；当确有困难，可从楼梯间引入（高层建筑除外），但应采用金属管道，且引入管阀门宜设在室外；商业和工业企业的燃气引入管宜设在使用燃气的房间或燃气表间内。燃气引入管可埋地穿过建筑物外墙或基础引入室内；引入管进入建筑物后应沿墙直接出室内地面，不得在室内地面下水平敷设。所有燃气管不允许有微量漏气以保证安全。引入管及室内燃气管示意如图 10-43 所示。室内燃气管穿墙壁或地板时应设套管（见图 10-44）。燃气引入管穿过建筑物基础、墙或管沟时，均应设置在套管中，并应考虑沉降的影响，必要时应采取补偿措施。套管与基础、墙或管沟等之间的间隙应填实，其厚度应为被穿过结构的整个厚度。套管与燃气引入管之间的间隙应采用柔性防腐、防水材料密封。建筑物

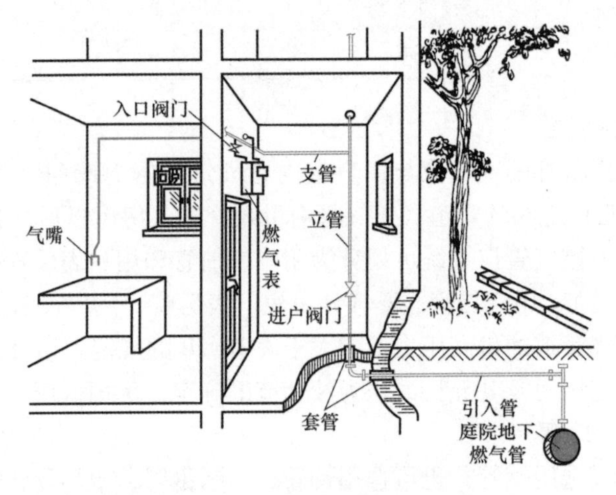

图10-43 引入管及室内燃气管示意图

设计沉降量大于 50mm 时，可加大引入管穿墙处的预留洞尺寸；也可引入管穿墙前水平或垂直弯曲 2 次以上；还可引入管穿墙前设置金属柔性管或波纹补偿器。

为了安全，室内燃气水平和立管不允许穿过易燃易爆品仓库、配电间、变电室、电缆沟、烟道、进风道、通风机房和电梯井等；燃气立管不得敷设在卧室或卫生间内；立管穿过通风不良的吊顶时应设在套管内。室内燃气支管宜明设。燃气支管不宜穿起居室（厅）。敷设在起居室（厅）、走道内的燃气管道不宜有接头。当穿过卫生间、阁楼或壁柜时，燃气管道应采用焊接连接（金属软管不得有接头），并应设在钢套管内。立管上接出每层的横支管一般在楼层上部接出，然后折向燃气表，燃气表上伸出燃气支管，再接橡皮胶管通向燃气用具。燃气表后的支管一般不应绕气窗、窗台、门框和窗框敷设，当必须绕门窗时，应在管道绕行的最低处设置堵头以利于排泄凝结水或吹扫使用，水平支管应具有坡度坡向堵头（图 10-45）。室内燃气管道与电气设备、相邻管道之间的净距不应小于表 10-22 的规定。

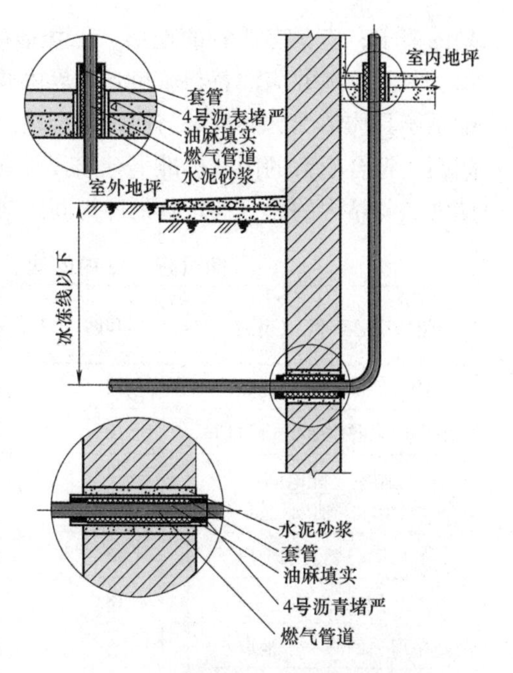

图 10-44　燃气管穿越墙壁和地板的做法

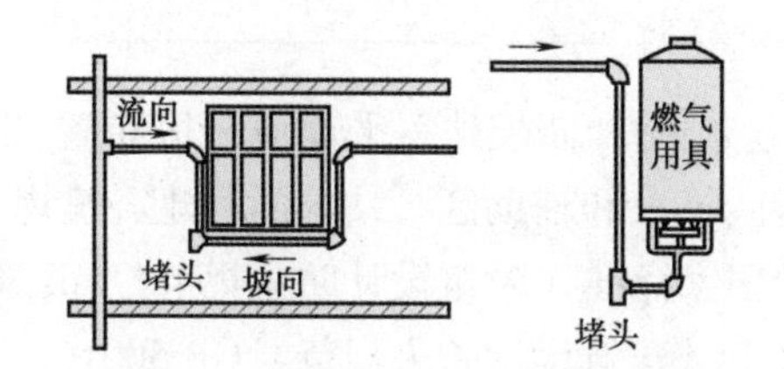

图 10-45　燃气支管堵头安装位置

燃气管道与电气设备、相邻管道之间的净距（mm）　　表 10-22

管道和设备		与燃气管道的净距	
		平行敷设	交叉敷设
电气设备	明装的绝缘电线或电缆	250	100（注）
	暗装或管内绝缘电线	50（从所做的槽或管子的边缘算起）	10
	电压小于 1000V 的裸露电线	1000	1000
	配电盘或配电箱、电表	300	不允许
	电插座、电源开关	150	不允许
相邻管道		保证燃气管道和相邻管道的安装和维修	20

（三）门站和储配站

门站和储配站是城镇燃气输配系统中，接受气源来气并进行净化、加臭、贮存、控制供气压力、气量分配、计量和气质检测的工程设施。门站和储配站站址应符合城市规划的要求；应具有适宜的地形、工程地质、供电、给水排水和通信等条件；应少占农田、节约用地并应注意与城市景观等协调；门站站址应结合长输管线位置确定；根据输配系统具体情况，储配站与门站可合建。储配站内的储气罐与站外的建、构筑物的防火间距应符合现行的国家标准《建筑设计防火规范》GB 50016 的有关规定。储配站内的储气罐与站内的建、构筑物的防火间距应符合表 10-23 的规定。

储气罐与站内的建、构筑物的防火间距（m） 表 10-23

储气罐总容积（m^3）	>1000	>1000～≤10000	>10000～≤50000	>50000～≤200000	>200000
明火或散发火花地点	20	25	30	35	40
调压间、压缩机间、计量间	10	12	15	20	25
控制室、配电间、汽车库等辅助建筑	12	15	20	25	30
机修间、燃气锅炉房	15	20	25	30	35
综合办公生活建筑	18	20	25	30	35
消防泵房、消防备水池取水口	20				
站内道路（路边）	10	10	10	10	10
围墙	15	15	15	15	18

门站和储配站总平面应分区布置，即分为生产区（包括储罐区、调压计量区、加压区等）和辅助区。站内的各建、筑物之间以及站外建筑物的耐火等级不应低于现行的国家标准《建筑设计防火规范》GB 50016 的有关规定。站内建筑物的耐火等级不应低于《建筑设计防火规范》GB 50016“二级”的规定。站内露天工艺装置区边缘距明火或散发火花地点不应小于 20m，距办公、生活建筑不应小于 18m，距围墙不应小于 10m。与站内生产建筑的间距按工艺要求确定。储配站生产区应设置环形消防车通道，消防车通道宽度不应小于 3.5m。

（四）调压装置与调压站

城镇燃气输配系统各种压力级制的燃气管道之间应通过调压装置相连。调压装置是将较高燃气压力降至所需较低压力的调压单元总称，包括调压器及其附属设备。调压站是将调压装置放置于专用的调压室建筑物或构筑物中，承担用气压力的调节，包括调压装置及调压室的建筑物或构筑物等。调压箱（调压柜）是将调压装置放置于专用箱子中，设于用气建筑物附近，承担用气压力的调节，悬挂式和地下式箱称为调压箱，落地式箱称为调压柜。调压站（含调压柜）与其他建筑物、构筑物的水平净距应符合表 10-24 的要求。

调压装置的设置，应符合下列要求：自然条件和周围环境许可时，宜设置在露天，但应设置围墙、护栏或车挡；设置在地上单独的调压箱（悬挂式）内时，对居民和商业用户燃气进口压力不应大于 0.4MPa，对工业用户（包括锅炉）燃气进口压力不应大于 0.8MPa；设置在地上单独的调压柜（落地式）内时，对居民、商业用户和工业用户（包括锅炉）燃气进口压力不宜大于 1.6MP；设置在地上单独的建筑物内时，建筑耐火

调压站（含调压柜）与其他建筑物、构筑物水平净距（m） 表10-24

设置形式	调压装置入口燃气压力级制	建筑物外墙面	重要公共建筑物	铁路（中心线）	城镇道路	公共电力变配电柜
地上单独建筑	高压（A）	18.0	30.0	25.0	5.0	6.0
	高压（B）	13.0	25.0	20.0	4.0	6.0
	次高压（A）	9.0	18.0	15.0	3.0	4.0
	次高压（B）	6.0	12.0	10.0	3.0	4.0
	中压（A）	6.0	12.0	10.0	2.0	4.0
	中压（B）	6.0	12.0	10.0	2.0	4.0
调压柜	次高压（A）	7.0	14.0	12.0	2.0	4.0
	次高压（B）	4.0	8.0	8.0	2.0	4.0
	中压（A）	4.0	8.0	8.0	1.0	4.0
	中压（B）	4.0	8.0	8.0	1.0	4.0
地下单独建筑	中压（A）	3.0	6.0	6.0	–	3.0
	中压（B）	3.0	6.0	6.0	–	3.0
地下调压箱	中压（A）	3.0	6.0	6.0	–	3.0
	中压（B）	3.0	6.0	6.0	–	3.0

等级不低于二级，调压器室与毗连房间之间应用实体隔墙隔开，隔墙厚度不应小于24cm，且应两面抹灰；当受到地上条件限制，且调压装置进口压力不大于0.4MPa时，可设置在地下单独的建筑物内或地下单独的箱内，室内净高不应低于2m，宜采用混凝土整体浇筑结构，地下调压箱不宜设置在城镇道路下，距其他建筑物、构筑物的水平净距应符合表10-24的规定；液化石油气和相对密度大于0.75的燃气调压装置不得设于地下室、半地下室内和地下单独的箱内。

（五）燃气计量

燃气表是计算燃气用量的仪表，燃气用户应单独设置燃气表。燃气表宜安装在不燃或难燃结构的室内通风良好和便于查表、检修的地方。严禁安装在卧室、卫生间及更衣室内；有电源、电器开关及其他电器设备的管道井内，或有可能滞留泄漏燃气的隐蔽场所；环境温度高于45℃的地方；经常潮湿的地方；堆放易燃易爆、易腐蚀或有放射性物质等危险的地方；有变、配电等电器设备的地方；有明显振动影响的地方；高层建筑中的避难层及安全疏散楼梯间内。住宅内燃气表可安装在厨房内，当有条件时也可设置在户门外。住宅内高位安装燃气表时，表底距地面不宜小于1.4m；当燃气表装在燃气灶具上方时，燃气表与燃气灶的水平净距不得小于30cm；低位安装时，表底距地面不得小于10cm。商业和工业企业的燃气表宜集中布置在单独房间内，当设有专用调压室时可与调压器同室布置。

三、燃气用具

（一）居民生活用气

居民生活的各类用气设备应采用低压燃气，用气设备严禁安装在卧室内。

1. 厨房燃气灶

常见的是双火眼燃气灶，由炉体、工作面及燃烧器组成。还有三眼、六眼等多种民用燃气灶。

住宅厨房内宜设置排气装置和燃气浓度检测报警器。燃气灶应安装在有自然通风和自然采光的厨房内。利用卧室的套间（厅）或利用与卧室连接的走廊做厨房时，厨房应设门并与卧室隔开。安装燃气灶具的房间净高不宜低于2.2m 。燃气灶具与墙面的净距不得低于10cm。当墙面为可燃或难燃材料时，应加防火隔热板。燃气灶具的灶面边缘和烤箱的侧壁距木质家具的净距不得小于20cm，当达不到时，应加防火隔热板。放置燃气灶的灶台应采用不燃材料，当采用难燃材料时，应加防火隔热板。厨房为地上暗厨房（无直通室外的门和窗）时，应选用带有自动熄火保护装置的燃气灶，并应设置燃气浓度检测报警器、自动切断阀和机械通风设施，燃气浓度检测报警器应与自动切断阀和机械通风设施连锁。

2. 燃气热水器

这是一种局部热水的加热设备，燃气热水器按其构造可分为容积式和直流式两类。图10－46为一种直流式燃气自动热水器，其外壳为白色搪瓷铁皮，内装有安全自动装置、燃烧器、盘管、传热片等。目前国产家用燃气热水器一般为快速直流式。

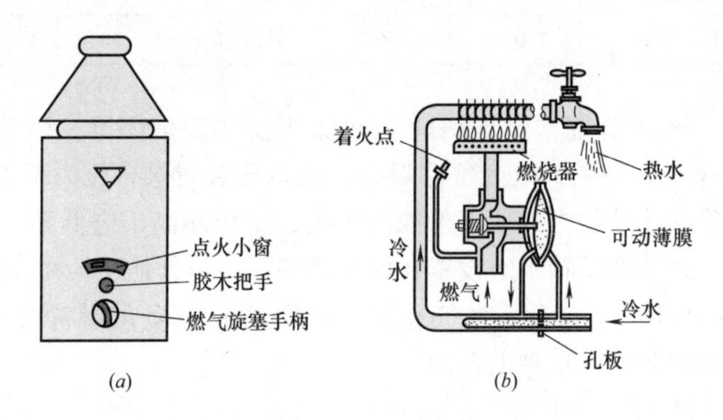

图10-46 直流式燃气热水器

（a）直流式燃气自动热水器外形；（b）直流式燃气自动热水器内部构造

容积式燃气热水器是一种能贮存一定容积热水的自动加热器。其工作原理是借调温器、电磁阀和热电偶联合工作，使燃气点燃和熄灭。

家用燃气热水器应安装在通风良好的非居住房间、过道或阳台内；有外墙的卫生间内，可安装密闭式热水器，但不得安装其他类型热水器；装有半密闭式热水器的房间，房间门或墙的下部应设有效截面积不小于0.02m^{2}的格栅，或在门与地面之间留有不小于30mm的间隙；房间净高宜大于2.4m；可燃或难燃烧的墙壁和地板上安装热水器时，应采取有效的防火隔热措施；热水器的给排气筒宜采用金属管道连接。

3. 单户住宅供暖和制冷系统用燃气

单户住宅供暖和制冷系统采用燃气时，应有熄火保护装置和排烟设施；应设置在通风良好的走廊、阳台或其他非居住房间内；设置在可燃或难燃烧的地板和墙壁上时，应采取有效的防火隔热措施。

（二）商业用气

商业用气设备宜采用低压燃气设备。商业用气设备应安装在通风良好的专用房间内；商业用气设备不得安装在易燃易爆物品的堆存处，亦不应设置在兼做卧室的警卫室、值班室、人防工程等处。商业用气设备设置在地下室、半地下室（液化石油气除外）或地上密闭房间内时，应有一定的泄压面积，并应符合现行国家标准《建筑设计防火规范》GB 50016 的规定。

商业用气设备的布置应符合下列要求：用气设备之间及用气设备与对面墙之间的净距应满足操作和检修的要求；用气设备与可燃或难燃的墙壁、地板和家具之间应采取有效的防火隔热措施。

商业用气设备的安装应符合下列要求：大锅灶和中餐炒菜灶应有排烟设施，大锅灶的炉膛或烟道处应设爆破门；烟道和封闭式炉膛，均应设置泄爆装置，泄爆装置的泄压口应设在安全处；商业用户中燃气锅炉和燃气直燃型吸收式冷（温）水机组（直燃机）宜设置在独立的专用房间内；设置在建筑物内时，燃气锅炉房宜布置在建筑物的首层，不应布置在地下二层及二层以下；燃气常压锅炉和燃气直燃机可设置在地下二层；燃气锅炉和燃气直燃机不应设置在人员密集场所的上一层、下一层或贴邻的房间内及主要疏散口的两旁；不应与锅炉和冷热水机组无关的甲、乙类及使用可燃液体的丙类危险建筑贴邻；燃气相对密度（空气等于 1）大于或等于 0.75 的燃气锅炉和燃气直燃机，不得设置在建筑物地下室和半地下室；宜设置专用调压站或调压装置，燃气经调压后供应机组使用。

（三）工业企业生产用气

工业企业生产用气设备的燃气用量，应根据设备铭牌标定的用气量或根据标定热负荷采用经当地燃气热值折算或根据热平衡计算确定；或参照同类型用气设备的用气量确定。

工业企业生产用气设备的燃烧器选择，应根据加热工艺要求、用气设备类型、燃气供给压力及附属设施的条件等因素，经技术经济比较后确定。

工业企业生产用气设备应安装在通风良好的专用房间内，其烟道和封闭式炉膛均应设置泄爆装置，泄爆装置的泄压口应设在安全处。

四、燃烧烟气的排除

由于燃气燃烧后所排出的废气成分中含有浓度不同的一氧化碳，且当其容积浓度超过 0.16% 时，人呼吸 20min 会在 2h 内死亡，因此，凡是设有燃气用具的房间，都应设有相应的良好通风措施。为了提高燃气的燃烧效果，需要供给足够的空气，燃气用具的热负荷越大，所需的空气量也越多。一般地说，设置燃气热水器的浴室，房间体积应不小于 12m^3；当燃气热水器每小时消耗发热量较高的燃气为 4m^3 左右时，需要保证每小时有 3 倍房间体积（即 36m^3）的通风量。故设置小型燃气热水器的房间应保证有足够的容积，并在房间墙壁下面及上面，或者门扇的底部或上部，设置不小于 0.02m^2 的通风窗（图 10-47）或在门与地面之间留有不小于 30mm 的间隙。应当注意，通风窗不能与卧室相通，门扇应朝外开，以保证安全。

燃气燃烧所产生的烟气必须排出室外。设有直排式燃具的室内容积热负荷指标超过

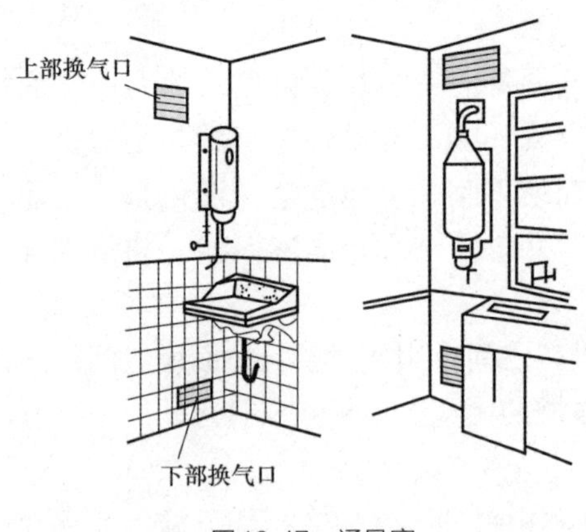

图10-47 通风窗

207W/(m^3·h）时，必须设置有效的排气装置将烟气排至室外。

家用灶具和热水器（或供暖炉）应分别采用竖向烟道进行排气。浴室用燃气热水器的给排气口应直接通向室外，其排气系统与浴室必须有防止烟气泄漏的措施。商业用户厨房中的燃具上方应设排气扇或排气罩。

燃气用气设备的排烟设施不得与使用固体燃料的设备共用一套排烟设施；每台用气设备宜采用单独烟道；当多台设备合用一个总烟道时，应保证排烟时互不影响；在容易积聚烟气的地方，应设置泄爆装置；应设有防止倒风的装置；从设备顶部排烟或设置排烟罩排烟时，其上部应有不小于 0.3m 的垂直烟道方可接水平烟道；有防倒风排烟罩的用气设备不得设置烟道闸板；无防倒风排烟罩的用气设备，在至总烟道的每个支管上应设置闸板，闸板上应有直径大于 15mm 的孔；安装在低于 0℃ 房间的金属烟道应做保温。

水平烟道的设置不得通过卧室；居民用气设备的水平烟道长度不宜超过 5m，弯头不宜超过 4 个（强制排烟式除外）；商业用户用气设备的水平烟道长度不宜超过 6m；工业企业生产用气设备的水平烟道长度，应根据现场情况和烟囱抽力确定。

用气设备的烟道距难燃或不燃顶棚或墙的净距不应小于 5cm；距易燃的顶棚或墙的净距不应小于 25cm 。

住宅建筑的各层烟气排出可合用一个烟囱，但应有防止串烟的措施。多台燃具共用烟囱的烟气进口处，在燃具停用时的静压值应小于或等于零。当用气设备的烟道伸出室外时，当烟囱离屋脊小于 1.5m 时（水平距离），应高出屋脊 0.6m；当烟囱离屋脊1.5～3.0m 时（水平距离），烟囱可与屋脊等高；当烟囱离屋脊的距离大于 3.0m 时（水平距离），烟囱应在屋脊水平线下 10°的直线上；在任何情况下，烟囱应高出屋面 0.6m。当烟囱的位置临近高层建筑时，烟囱应高出沿高层建筑物 45°的阴影线。

在楼房内，为了排除燃烧烟气，当层数较少时，应设置各自独立的烟囱。砖墙内烟道的断面应不小于 140mm × 140mm。对于高层建筑，若每层设置独立的烟囱，在建筑构造上往往很难处理，可设置一根总烟道连通各层燃气用具，但一定要防止下面房屋的烟气窜入上层设有燃气用具的房间。图 10-48 的技术措施可供参考，图中总烟道是 1 根通过建筑各层、直径为 300～500mm 的管道。每层排除燃烧烟气的支烟道采用直径为 100～125mm 的管道且平行于总烟道。每层支烟道在其上面一到二层处接入总烟道，最上层的支烟道亦要升高，然后平行接入总烟道。

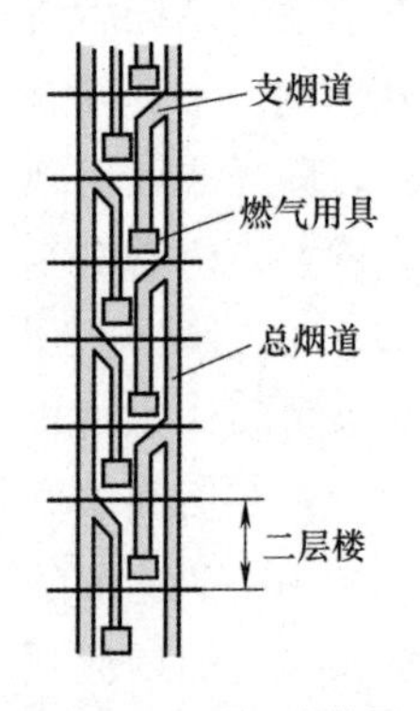

图10-48 总烟道装置

思考题与习题

1. 供暖方式的选择与哪些因素有关？
2. 按散热方式不同，供暖系统可以分为哪几类？
3. 试叙述低温辐射供暖的分类及特点。
4. 户式供暖的热源有哪有几种？
5. 住宅分户热计量供暖系统的热力入口装置包括哪些设备和附件？
6. 集中供热系统的分类如何？
7. 集中供热系统和热力网的形式有哪些？
8. 集中供热系统常用的热源有几种？
9. 锅炉房位置的选择与哪些因素有关？
10. 室内燃气管道系统的组成有哪些，设计时应注意哪些问题？
11. 城镇燃气管网的压力等级有哪几级？
12. 城镇燃气是如何分类的？

第十一章　建筑通风

第一节　卫生标准与排放标准

建筑通风就是把室内被污染的空气排到室外，同时把室外新鲜的空气输送到室内的换气技术。人类在室内生活和生产过程中都渴望其所在建筑物不但能挡风避雨，而且具有舒适、卫生的环境条件。

一、卫生标准

卫生标准是为实施国家卫生法律法规和有关卫生政策，保护人体健康，在预防医学和临床医学研究与实践的基础上，对涉及人体健康和医疗卫生服务事项制定的各类技术规定。

（一）工业建筑设计卫生标准

工业企业建设项目的通风设计，应贯彻《中华人民共和国职业病防治法》，坚持“预防为主，防治结合”的卫生工作方针，落实职业病危害“前期预防”控制制度，保证工业企业建设项目的设计符合卫生要求。我国现行《工业企业设计卫生标准》GB Z1－2010规定了工业企业选址、总体布局、厂房设计、工作场所（包括防尘、防毒、防暑、防寒、防噪声与振动、防非电离辐射与电离辐射、采光和照明、微小气候等）、辅助用室以及应急救援的基本卫生学要求，适用于工业企业新建、改建、扩建和技术改造、技术引进项目的卫生设计及职业病危害评价。

《工作场所有害因素职业接触限值 第1部分：化学有害因素》GB Z2.1－2007和《工作场所有害因素职业接触限值 第2部分：物理因素》GB Z2.2－2007，分别规定了工作场所化学有害因素和物理有害因素的职业接触限值。职业接触限值是指职业性有害因素的接触限制量值，指劳动者在职业活动过程中长期反复接触，对绝大多数接触者的健康不引起有害作用的容许接触水平。工作场所是劳动者进行职业活动的所有地点。

（二）民用建筑设计卫生标准

《室内装饰装修材料有害物质限量》GB 18580－2001~GB 18588－2001、GB 6566－2001共十个国标，分别对人造板及其制品、溶剂型木器涂料、内墙涂料、胶粘剂、木家具、壁纸、聚氯乙烯卷材地板、地毯、地毯衬垫与地毯用胶粘剂中有害物含量及散发量和建筑材料放射性核素限量进行了限制。这项法规便于从源头上控制污染物的散发，改善室内空气质量。

《民用建筑工程室内环境污染控制规范》GB 50325－2010（2013年版）规定了民用建筑工程室内环境中氡、游离甲醛、苯、氨、总挥发性有机物5项污染物指标的浓度限值。

《室内空气质量标准》GB/T 18883－2002对室内空气中与人体健康有关的物理性、化学性、生物性和放射性指标进行全面控制，具体有可吸入颗粒物、甲醛、CO、CO_2、氮氧化物、苯并芘、苯、氨、氡、TVOC、O_3、细菌总数、甲苯、二甲苯、温度、相对湿度、空气流速、噪声和新风量等19项指标。

我国已经颁布并实施的有关室内空气品质标准，按使用性质不同可划分为综合性标准、室内单项污染物浓度限值标准、不同功能建筑室内卫生标准，如表11-1所示。

已实施的室内空气品质相关标准 表11-1

综合性标准	民用建筑工程室内环境污染控制规范	GB 50325－2010（2013年版）
	室内空气质量标准	GB/T 18883－2002
室内单项污染物浓度限值标准	居室内空气中甲醛卫生标准	GB/T 16127－1995
	住宅内氡浓度控制标准	GB/T 16146－1995
	室内空气中细菌总数卫生标准	GB/T 17093－1997
	室内空气中 CO_2 卫生标准	GB/T 17094－1997
	室内空气中可吸入颗粒物卫生标准	GB/T 17095－1997
	室内空气中 NO_x 卫生标准	GB/T 17096－1997
	室内空气中 SO_2 卫生标准	GB/T 17097－1997
不同功能建筑室内卫生标准	旅店业卫生标准	GB 9663－1996
	文化娱乐场所卫生标准	GB 9664－1996
	公共浴室卫生标准	GB 9665－1996
	理发店、美容店卫生标准	GB 9666－1996
	游泳场所卫生标准	GB 9667－1996
	体育馆卫生标准	GB 9668－1996
	图书馆、博物馆、美术馆、展览馆卫生标准	GB 9669－1996
	商场（店）、书店卫生标准	GB 9670－1996
	医院候诊室卫生标准	GB 9671－1996
	公共交通等候室卫生标准	GB 9672－1996
	公共交通工具卫生标准	GB 9673－1996
	饭店（餐厅）卫生标准	GB 16153－1996

二、排放标准

工业生产中产生的有害物质是造成大气环境恶化的主要原因，从这些生产车间排出的空气不经净化或净化不达标都会对大气造成污染。为保护环境，防止工业废气、废水、废渣等对环境的污染，保证人民身体健康，促进工农业生产的发展，满足我国现行《环境空气质量标准》GB 3095－2012的要求，在室内卫生标准的基础上又指定了各种污染物的排放标准。我国已经颁布并实施的各类排放标准100多个，通风工程中常用的排放标准见表11-2。在实际工作中，对已制定行业生产的生产部门，应以行业标准为准。

通风工程中常用的排放标准 表 11-2

标准名称	标准编号	标准名称	标准编号
火电厂大气污染物排放标准	GB 13223	饮食业油烟排放标准	GB 18483
大气污染物综合排放标准	GB 16297	炼焦炉大气污染物排放标准	GB 16171
锅炉大气污染物排放标准	GB 13271	水泥工业大气污染物排放标准	GB 4915
社会生活环境噪声排放标准	GB 22337	工业炉窑大气污染物排放标准	GB 9078
工业企业厂界环境噪声排放标准	GB 12348	恶臭污染物排放标准	GB 14554

卫生标准和排放标准是评价一个通风系统性能优劣的技术标准。性能好的通风系统应该是所控制的室内空气有害物浓度不超过卫生标准的规定，通风排气中有害物浓度达到排放标准的要求。卫生标准与排放标准是随着技术的进步和经济的发展而不断提高的。

三、有害物的种类与来源

（一）工业建筑有害物的种类与来源

工业生产中有许多伴随产品的生产过程而向环境散发出不同形态、不同性质的有害物，它们均不同程度地对人体造成危害。因此，了解环境中存在的有害物形态、性质及其危害，对通风工程来说是十分重要的。

1. 工业有害物的种类

空气中有害物的种类不同，其治理措施也大有差别。工业建筑中有害物的种类可归纳如下：粉尘（如灰尘、烟尘、雾、烟雾等）、有害气体（如一氧化碳、二氧化硫、氮氧化物等）、蒸气（如溶剂蒸气、汞蒸气、磷蒸气等）、余热（如对流热、辐射热等）和余湿（如水槽水蒸发、高温窑炉水蒸发、地面水蒸发等）。

2. 工业有害物的来源

粉尘主要来源于固体物料的破碎和研磨，粉状物料的混合、包装和运输，可燃物的燃烧与爆炸，生产过程中物质加热产生的蒸气在空气中的氧化和凝结。有害气体和蒸气主要来源于化工、造纸、纺织物漂白、金属冶炼、浇铸、电镀、酸洗、喷漆等工业生产过程。多余的热和湿是伴随生产过程高温设备及有害物散发过程产生的。

（二）民用建筑室内空气污染物的种类与来源

1. 民用建筑室内空气污染物的种类

室内空气中主要污染物有：颗粒物、微生物、氡、二氧化碳、一氧化碳、臭氧、二氧化硫、氮氧化合物、烟草燃烧生成物、氨、甲醛、苯、可挥发性有机化合物（VOC_S）等。

2. 民用建筑室内空气污染物的来源

室外空气污染不可避免地对室内空气造成影响。如工业企业集中排放的污染物、饮食业排放的燃烧产物和油烟、建筑地基地层中的放射性气体氡、不合格的生活用水、人员进出带入室内的各种污染物都可能对室内空气造成影响。

室内污染源有：室内燃料燃烧及烹饪油烟、吸烟、宠物、建筑材料和装饰材料、家用化学品、家用电器、家具及办公设备、空调系统、室内人员及其他生物性污染。

四、室内空气污染控制的综合措施

任何一种单一的有害物防治措施都很难将室内的有害物控制到国家卫生高标准以下，或者说不经济。室内空气污染物由污染源散发，在空气中传递，当人体暴露于污染空气中时，污染会对人体产生不良影响。所以室内空气污染控制可通过以下方式实现：源头治理、通风稀释、空气净化、严格管理、加强个人防护。

（一）工业建筑室内空气污染控制

工业建筑室内空气污染控制要根据有害物的产生地点和生产作业情况，实行综合防治。综合防治首先从源头改进工艺着手减少有害物产生量，即改革工艺设备和工艺操作方法，提高机械化、自动化程度，从根本上杜绝和减少有害物的产生；其次是采取通风措施，合理组织室内气流，稀释室内有害物，使室内空气达到国家卫生标准的要求；对通风排气进行有效的净化处理，使排气中有害物浓度低于国家排放标准的要求；建立严格的检查管理制度，规范日常清洁和维护管理工作；对操作人员采取个人防护措施。只有这样，才能切实有效地防治有害物，保护人民身体健康和生命安全，达到通风工程的最终目的。

（二）民用建筑室内空气污染控制

源头控制：民用建筑室内空气污染控制最好、最彻底的办法是消除室内污染源，如使用绿色环保建材和装饰材料、控制人员活动（如吸烟等）和化工产品的使用、正确选择建筑物基地等；污染源附近局部排风，如厨房烹饪污染可采用抽油烟机排风、卫生间异味可采用排气扇排风、产生热湿有害物的其他设备也可设局部排风等。

空气净化：空气净化可采用化学控制法、植物净化、过滤器过滤、吸附净化法、紫外灯杀菌、臭氧净化法、光催化净化法、低温等离子体净化法等。

通风稀释法：通风换气能稀释和排除室内空气污染物，它是目前减少室内空气污染物浓度、提高室内空气质量的有效方法和主要途径。特别是对于民用建筑中散发源多而分散、低浓度的污染物的控制，全面通风换气是最佳方法，其本质是提供人所必需的氧气并用室外的污染物浓度低的空气来稀释室内污染物浓度高的空气，使室内有害物浓度低于国家卫生标准。目前，民用建筑除排油烟通风需要净化处理外，多数建筑排风中污染物浓度低于国家排放标准，可直接排放。

无论工业建筑还是民用建筑，在采取源头控制、室内净化和个人防护等措施后，如果室内空气中主要有害物浓度仍然达不到国家卫生标准的要求，行之有效的控制方法就是设置通风系统换气。

第二节　自然通风

为排风和送风设置的管道及设备等装置分别称为排风系统和送风系统，统称为通风系统。通风方法按空气流动的作用动力来分有自然通风和机械通风；按系统作用范围大小来分有全面通风和局部通风。

自然通风是依靠风压或热压的作用，使室内外空气通过建筑物围护结构的孔口进行交换的。

一、自然通风作用原理

（一）热压作用下的自然通风

如图 11-1（*a*）所示某一建筑物，在外墙一侧的不同标高处开设窗孔 *a* 和 *b*，高差为 *h*；假设窗孔外的空气静压力分别为 P_a、P_b，窗孔内的空气静压力分别为 P'_a、P'_b。下面用 ΔP_a 和 ΔP_b 分别表示窗孔 *a* 和 *b* 的内外压差；室内外空气的密度和温度分别表示为 ρ_n、t_n 和 ρ_w、t_w，且 $t_n > t_w$，$\rho_n < \rho_w$。若先将上窗孔 *b* 关闭、下窗孔 *a* 开启：下窗孔 *a* 两侧空气在压力差 ΔP_a 作用下流动，最终将使得 P_a 等于 P'_a，即室内外压差 ΔP_a 为零，空气便停止流动。这时上窗孔 b 两侧必然存在压力差 ΔP_b，按静压强分布规律可求得 ΔP_b：

$$\begin{aligned}\Delta P_b = P'_b - P_b &= (P'_a - \rho_n gh) - (P_a - \rho_w gh)\\ &= (P'_a - P_a) + gh \times (\rho_w - \rho_n)\\ &= \Delta P_a + gh(\rho_w - \rho_n)\end{aligned} \tag{11-1}$$

当 $\Delta P_a = 0$ 时，$\Delta P_b = gh(\rho_w - \rho_n)$，说明当室内外空气存在温差（$t_w < t_n$）时，只要开启窗孔 *b* 空气便会从内向外流出。随着室内空气向外流动，室内静压逐渐降低，使得 $P'_a < P_a$，即 $\Delta P_a < 0$。这时室外空气便由下窗孔 *a* 进入室内，直至窗孔 *a* 的进风量与窗孔 *b* 的排风量相等为止，形成正常的自然通风。当室内空气温度高于室外空气温度时，室内热空气因其密度小而向上升从建筑物上部的孔洞（如天窗等）处逸出，室外较冷而密度较大的空气不断地从建筑物下部的门、窗补充进来，如图 11-1（*b*）所示。

$gh(\rho_w - \rho_n)$ 被称为热压，是由于室内外空气温度不同而形成的重力压差，其大小与室内外空气的温度差（密度差）、建筑物孔口设计形式（进、排风窗孔之间的高差）有关，温差越大、建筑物高度越高，自然通风效果越好。在室内外温差一定的情况下，提高热压作用动力的唯一途径是增大进、排风窗孔之间的垂直高度。

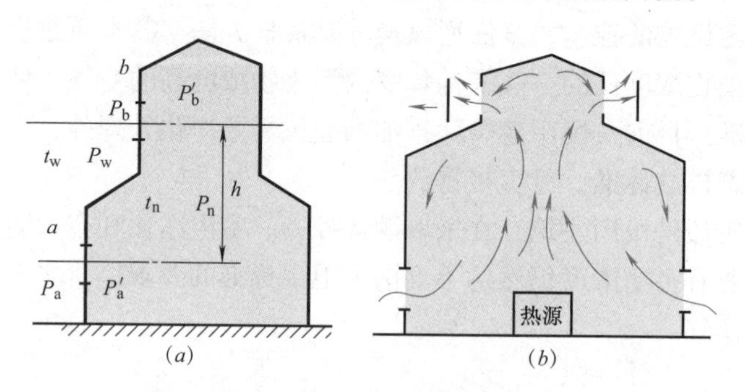

图 11-1 热压作用的自然通风

（*a*）工作原理；（*b*）空气流向

（二）风压作用下的自然通风

室外空气在平行流动中与建筑物相遇时将发生绕流（非均匀流），经过一段距离后才能恢复原有的流动状态。如图 11-2 所示，建筑物四周的空气静压由于受到室外气流作用而有所变化，称为风压。在建筑物迎风面，气流受阻，部分动压转化为静压，静压值升高，风压为正，称为正压；在建筑物的侧面和背风面由于产生局部涡流，形成负压区，静压降低，风压为负，称为负压。风压为负的区域称为空气动力阴影，如图 11-3 所示。对于风压所造成的气流运动来说，正压面的开口起进风作用，负压面的开口起排风作用。

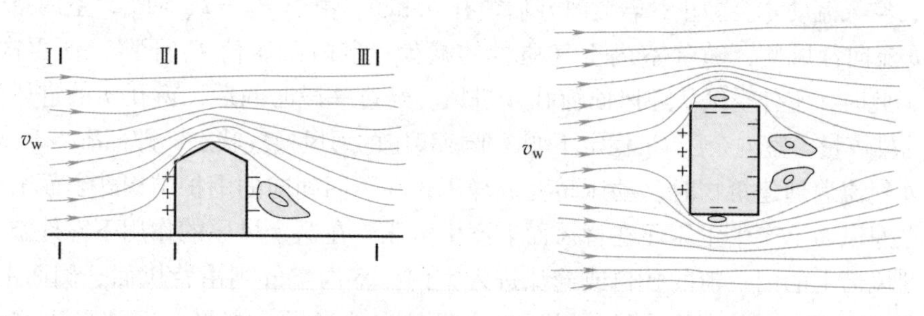

图11-2 建筑物四周的空气分布

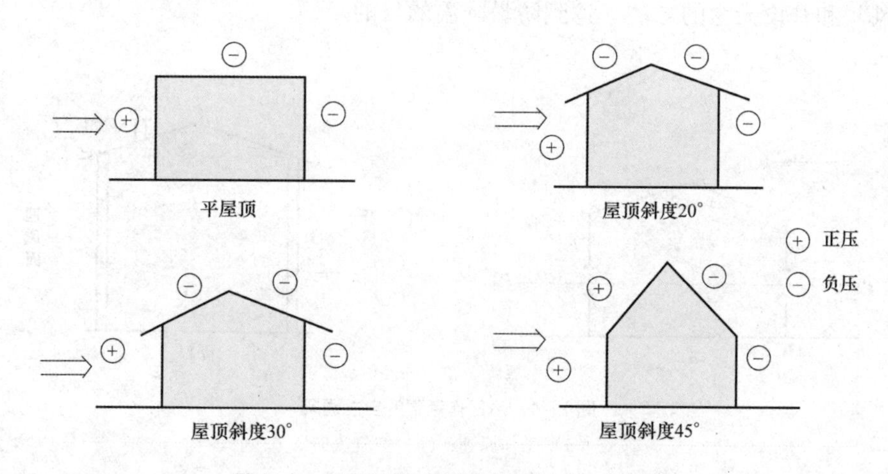

图11-3 风压作用下建筑物四周的正、负压区

建筑物周围的风压分布与建筑物本身的几何形状、室外风向有关。当风向一定时，建筑物外围护结构上各点的风压值可用下式表示：

$$P_f = K\frac{v_w^2}{2}\rho_w \tag{11-2}$$

式中 P_f——风压，Pa；

K——空气动力系数；

v_w——室外空气流速，m/s；

ρ_w——室外空气密度，kg/m^3。

不同形状的建筑物在不同风向作用下，空气动力系数的分布是不相同的。K 值一般是在风洞内通过模型实验而得，K 值为正，说明该点的风压为正压，该处的窗孔为进风窗；K 值为负，说明该点的风压为负压，该处的窗孔为排风窗。

图 11-4（a）所示的车间，室外风速为 v_w，室内外空气温度一致，即无热压作用。由于风力的作用，迎风面窗孔 a 的风压为 P_{fa}，背风面窗孔 b 的风压为 P_{fb}，$P_{fa} > P_{fb}$。窗孔中心平面上的余压设为 P_x。仅有风力作用时的室内各点的余压均相等，因为

$(\rho_w - \rho_n)$一项为零。

若开启窗孔 a 而关闭窗孔 b 时，无论窗孔 a 内外两侧压差如何，空气的流动结果都会使得室内的余压 P_x 值逐渐升高，直到室内的余压 P_x 与窗孔 a 的风压相均衡为止，即：$P_x = P_{fa}$，空气流动才会静止；若同时开启窗孔 a 和 b，由于 $P_{fa} = P_x > P_{fb}$，室内空气必然从窗孔 b 流向背风侧，随着室内空气质量的减少，室内余压值 P_x 下降，便再次出现：$P_{fa} > P_x$，此时，室外空气从迎风面窗孔 a 进风。经过一段时间后，窗孔 a 的进风量等于窗孔 b 的排风量，室内余压 P_x 稳定不变，形成稳定的通风换气状态，即：$P_{fa} > P_x > P_{fb}$。

室外气流遇到建筑物时，动压转变成静压，在不同朝向的围护结构外表面上形成风压差。在迎风面上产生正压而在背风面上产生负压。在这个风压的作用下室外空气通过建筑物迎风面上的门、窗的孔口或缝隙进入室内，室内空气则由背风面、侧面上的门、窗口排出。图 11-4（b）所示就是风压作用下的自然通风，高温车间常采用这种对流“穿堂风”和开设天窗的方法来达到防暑降温的目的。

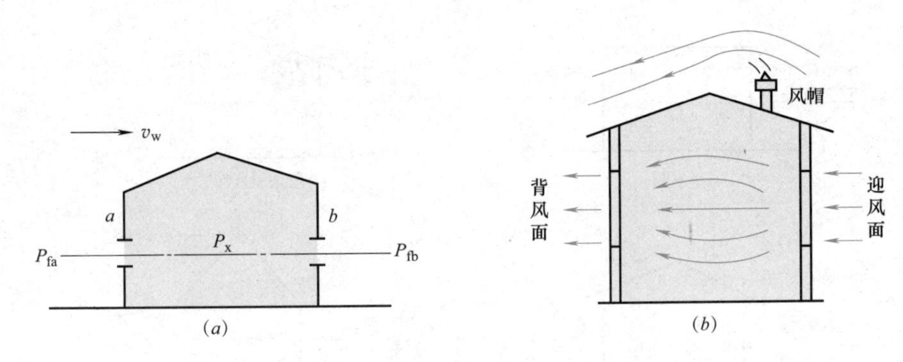

图11-4 风压作用下的自然通风

（a）工作原理；（b）空气流向

（三）风压、热压同时作用下的自然通风

当某一建筑物的自然通风是依靠风压和热压的共同作用来完成时，外围结构上各窗孔的内外空气压力差值 ΔP 应该是各窗孔的余压与室外风压之差，如图 11-5 所示。

由于室外的风速及风向均是不稳定因素，且无法人为地加以控制。因此，在进行自然通风的设计计算时，按设计规范规定，对于风压的作用仅定性地考虑其对通风的影响，不予计算；对于热压的作用必须定量计算。

（四）有组织自然通风

自然通风按建筑构造的设置情况又分为有组织自然通风和无组织自然通风。有组织自然通风是指具有一定程度调节风量能力的自然通风，例如可以由通风管道上的调节阀门以及窗户的开启度控制风量的大小；无组织自然通风是指经过围护结构缝隙所进行的不可进行风量调节的自然通风。自然通风在一般工业厂房中应采用有组织的自然通风方式用以改善工作区的劳动条件；在民用和公共建筑中多采用窗扇作为有组织

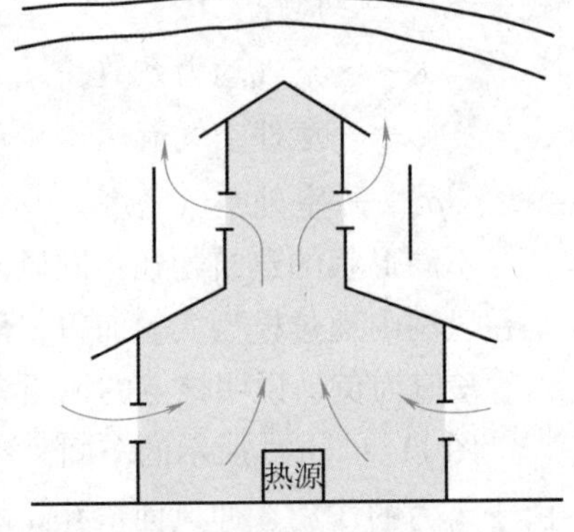

图11-5 利用风压和热压的自然通风

或无组织自然通风设施。

图 11-6 所示是一种有组织的管道的自然通风，室外空气从室外进风口进入室内，先经加热处理后由送风管道送至房间，热空气散热冷却后从各房间下部的排风口经排风管道由屋顶排风口排出室外。这种通风方式常用做集中供暖的民用和公共建筑物中的热风供暖或自然排风措施。

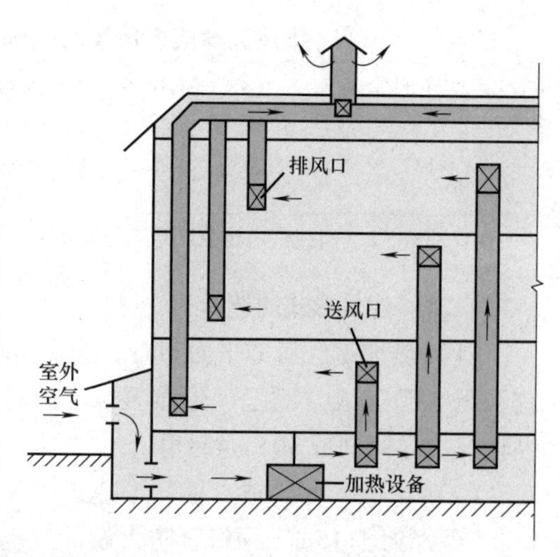

图11-6 管道式自然通风

自然通风具有经济、节能、简便易行、不需专人管理、无噪声等优点，在选择通风措施时应优先采用。但因自然通风作用压力有限，除了管道式自然通风尚能对进风进行加热处理外，一般情况下均不能进行任何预处理，因此不能保证用户对进风温度、湿度及洁净度等方面的要求；另外从污染房间排出的污浊空气也不能进行净化处理；由于风压和热压均受自然条件的影响，通风量不易控制，通风效果不稳定。

二、建筑设计与自然通风

通风房间的建筑形式、总平面布置及车间内的工艺布置等对自然通风有着直接影响。在确定通风房间的设计方案时，建筑、工艺和通风各专业应密切配合、互相协调、综合考虑、统筹布置。

（一）厂房的总平面布置

（1）在确定厂房总图的方位时，为避免有大面积的围护结构受西晒的影响，应将厂房纵轴尽量布置成东、西向，尤其是在炎热地区。

（2）以自然通风为主的厂房进风面，应与夏季主导风向成60°~90°角，一般不宜小于45°角，并应与避免西晒问题一并考虑。为了保证自然通风的效果，厂房周围特别是在迎风面一侧不宜布置过多的高大附属建筑物、构筑物。

（3）当采用自然通风的低矮建筑物与较高建筑物相邻接时，为了避免风压作用在高大建筑物周围形成的正、负压对低矮建筑正常通风的影响，各建筑物之间应保持适当的比例关系，例如图 11-7 和图 11-8 所示的避风天窗及风帽，其尺寸应符合表 11-3 中的要求。

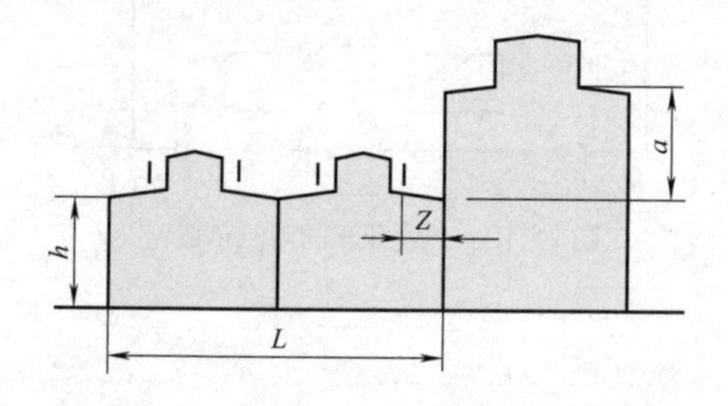

图11-7 各建筑物之间避风天窗的比例关系

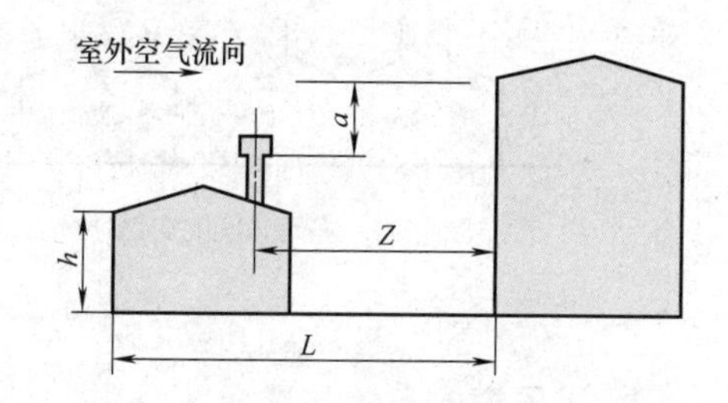

图11-8 各建筑物之间风帽的有关尺寸

排风天窗或竖风管与相邻较高建筑物外墙的最小间距 表 11-3

Z/a	0.4	0.6	0.8	1.0	1.2	1.4	1.6	1.8	2.0	2.1	2.2	2.3
$\frac{L-Z}{h}$	1.3	1.4	1.45	1.5	1.65	1.8	2.1	2.5	2.9	3.7	4.6	5.6

注：$Z/a>2.3$ 时，厂房相关尺寸不受限制。

（二）建筑形式的选择

（1）热加工厂房的平面布置，应尽可能采用“L”形、“Ⅱ”或“Ⅲ”等形式，不宜采用“□”或“□□”形布置。开窗部分应位于夏季主导风向的迎风面，而各翼的纵轴与主导风向成 90°~45°角。

（2）对于“Ⅱ”或“Ⅲ”形建筑物各翼的间距，一般不小于相邻两翼高度之和的 1/2，最好大于 15m，须符合防火设计规范的规定。

（3）以自然通风为主的热车间，为增大进风面积，应尽量采用单跨厂房。

（4）余热量较大的厂房应尽量采用单层建筑，不宜在其四周建筑毗屋；当确有必要时，应避免建在夏季主导风向的迎风面。

（5）对于多跨厂房，应将冷、热跨间隔布置，避免热跨相邻，如图 11-9 所示各建筑物之间，使冷跨位于热跨中间，冷跨天窗进风而热跨天窗排风。

（6）如果车间内无高大障碍物阻挡，也不释放大量的粉尘和有害气体，且迎风面和背风面的开孔面积占外墙面积的 25% 以上时，应尽可能采用“穿堂风”的通风方式，是经济有效的降温措施。

（三）车间内工艺设备的布置与自然通风

（1）对于依靠热压作用的自然通风，当厂房设有天窗时，应将散热设备布置在天窗的下部。

（2）在多层建筑厂房中，应将散热设备尽量放置在最高层。

（3）高温热源在室外布置时，应布置在夏季主导风向的下风侧；在室内布置时，应采取隔热措施；当热源靠近厂房一侧的外墙布置，而且外墙与热源间无工作点时，热源应尽量布置在该侧外墙的两个进风口之间，如图 11-10 所示。

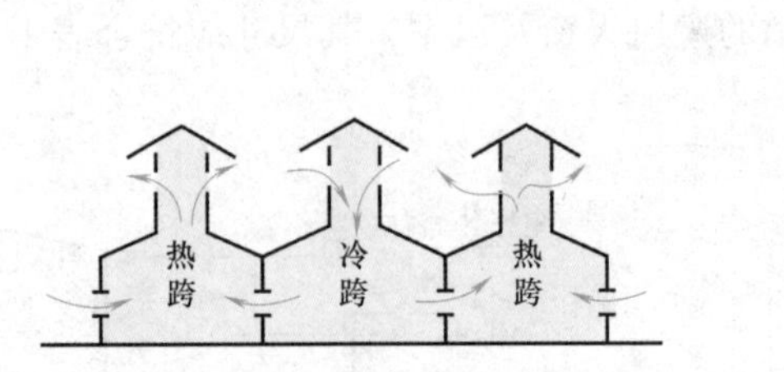

图11-9 多跨车间的自然通风

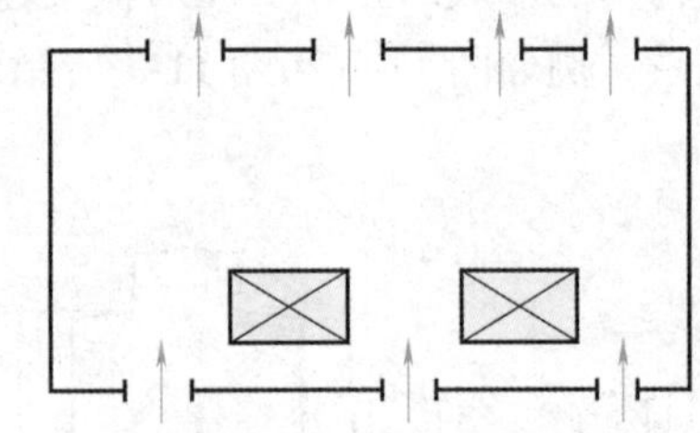
图11-10 热源在车间内的布置

三、进风窗、避风天窗与风帽

1. 进风窗的布置与选择

（1）对于单跨厂房进风窗应设在外墙上，在集中供暖地区最好设上、下两排。

（2）自然通风进风窗的标高应根据其使用的季节来确定：夏季通常使用房间下部的进风窗，其下缘距室内地坪的高度一般为0.3～1.2m，可使室外新鲜空气直接进入工作区；冬季通常使用车间上部的进风窗，其下缘距地面不宜小于4m，以防止冷风直接吹向工作区。

（3）夏季车间余热量大，因此下部进风窗面积应开设大一些，宜用门、洞、平开窗或垂直转动窗板等；冬季使用的上部进风窗面积应小一些，宜采用下悬窗扇向室内开启。

2. 避风天窗

在工业车间的自然通风中，往往依靠天窗（车间上部的排风窗）排除室内的余热及烟尘等污染物。天窗应具有排风性能好、结构简单、造价低、维修方便等特点。在风力作用下普通天窗的迎风面会发生倒灌现象，不能稳定排风。因此需要在天窗外加设挡风板，或采取其他措施来保持挡风板与天窗的空间内，在任何风向情况下均处于负压状态，这种天窗称为避风天窗。

利用天窗排风的车间，当符合下列情况之一时应采用避风天窗：（1）不允许倒灌；（2）夏季室外平均风速大于1m/s；（3）累年最热月平均温度≥28℃的地区，室内余热量大于23W/m^2时；（4）其他地区，室内余热量大于35W/m^2时。

常见的避风天窗有矩形天窗、下沉式天窗、曲（折）线型天窗等多种形式：（1）矩形天窗的形式如图11-11所示，挡风板常用钢板、木板或木棉板等材料制成，两端应封闭。挡风板上缘一般应与天窗屋檐高度相同。挡风板与天窗窗扇之间的距离为天窗高度的1.2～1.3倍。挡风板下缘与屋顶之间的间距为50～100mm，用于排除屋面水。矩形避风天窗采光面积大，便于热气流排除，但结构复杂，造价高。（2）下沉式天窗如图11-12所示，其部分屋面下凹，利用屋架本身的高差形成低凹的避风区。这种天窗无需专设挡风板和天窗架，其造价低于矩形天窗。但是不易清扫积灰，不便排水。（3）曲（折）线形天窗是一种新型的轻型天窗，如图11-13所示。挡风板的形状为折线或曲线形。与矩形天窗相比，其排风能力强、阻力小、造价低、重量轻。

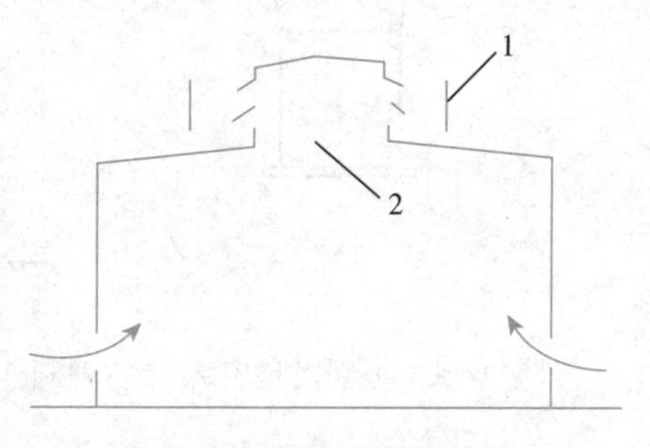

图11-11　矩形避风天窗

1—挡风板；2—喉口

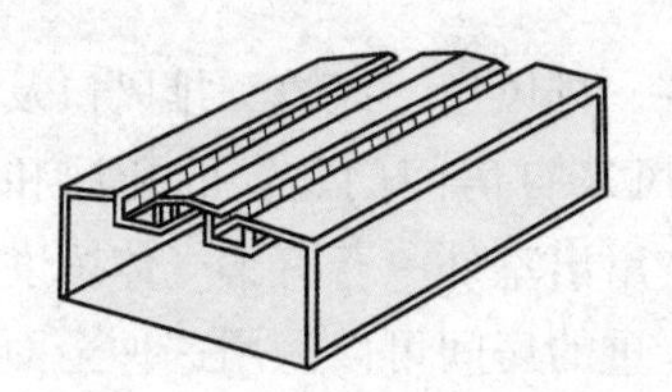
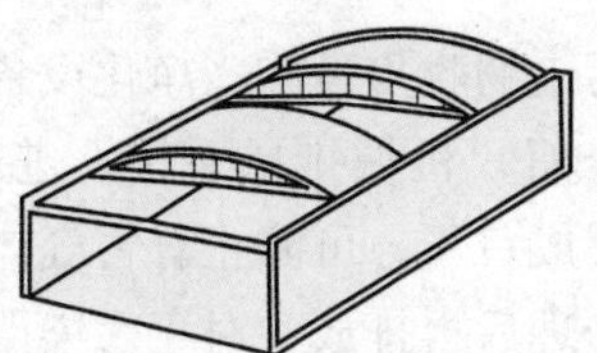
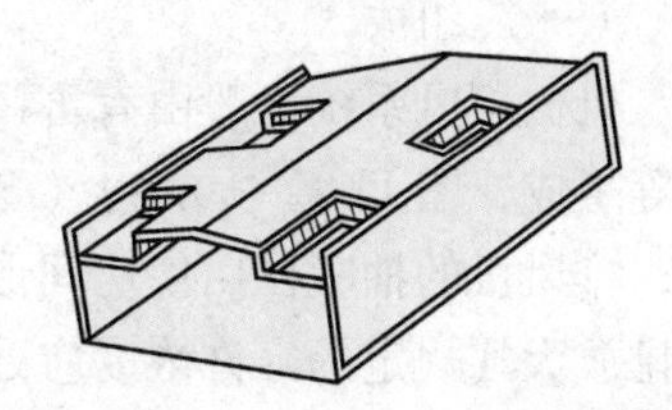

图11-12　下沉式天窗

3. 避风风帽

避风风帽是在普通风帽的外围增设一周挡风圈，其作用在于使排风口处和风道内产

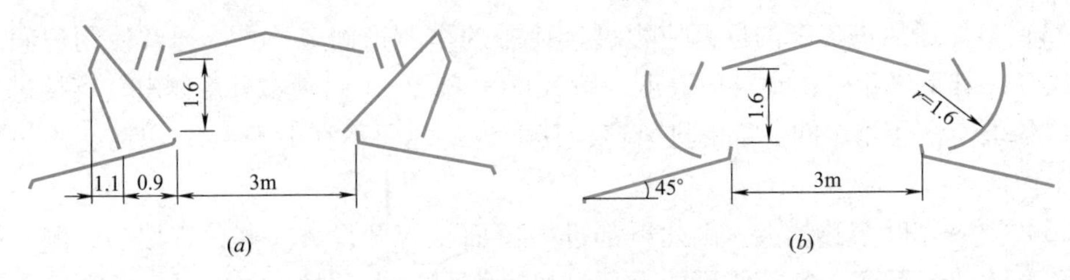

图11-13 曲、折线形天窗

(a) 折线形天窗；(b) 曲线形天窗

生负压，防止室外风倒灌和防止雨水或污物进入风道或室内。风帽多用于局部自然通风和设有排风天窗的全面自然通风系统中，一般安装在局部自然排风罩风道出口的末端和全面自然通风的建筑物屋顶上，如图 11-14 ~ 图 11-16 所示。

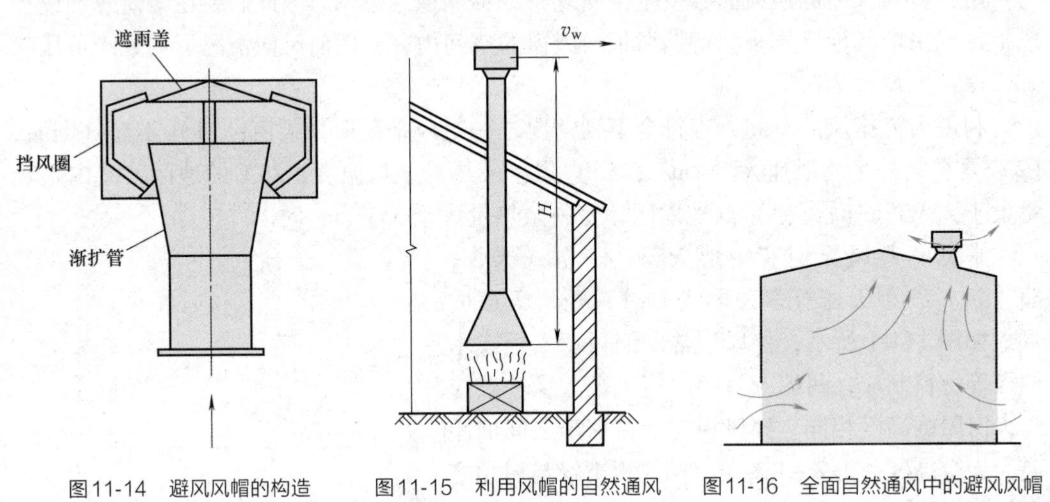

图11-14 避风风帽的构造　　图11-15 利用风帽的自然通风　　图11-16 全面自然通风中的避风风帽

第三节 机械通风

一、机械通风的组成与特点

机械通风是依靠通风机产生的作用力强制室内外空气交换流动。机械通风包括机械送风和机械排风。

（一） 组成

机械排风系统一般由有害污染物收集设施、净化设备、排风道、风机、排风口及风帽等组成，图 11-17 所示为（全面）机械排风系统，进风来自房间门、窗的孔洞和缝隙，排风机的抽吸作用使房间形成负压，可防止有害气体窜出室外。若有害气体浓度超过排放大气规定的容许浓度应处理后再排放。对于污染严重的房间可以采用这种全面机械排风系统。最简单的机械排风是在排风口处安装风机。

机械送风系统一般由进风口、风道、空气处理设备、风机和送风口等组成。此外，在机械通风系统中还应设置必要的调节通风量和启闭系统运行的各种控制部件，即各式阀门。图 11-18 所示为（全面）机械送风系统，当房间对送风有所要求或邻室有污染源，不宜直接自然进风时可采用机械送风系统。室外新风先经空气处理装置进行预处理，达到室内卫生标准和工艺要求后，由送风机、送风道、送风口送入房间。此时室内处于正压状态，室内部分空气通过门、窗逸出室外。

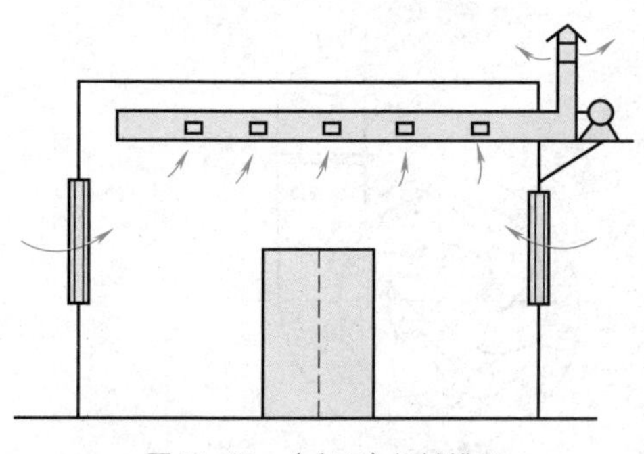

图11-17 （全面）机械排风

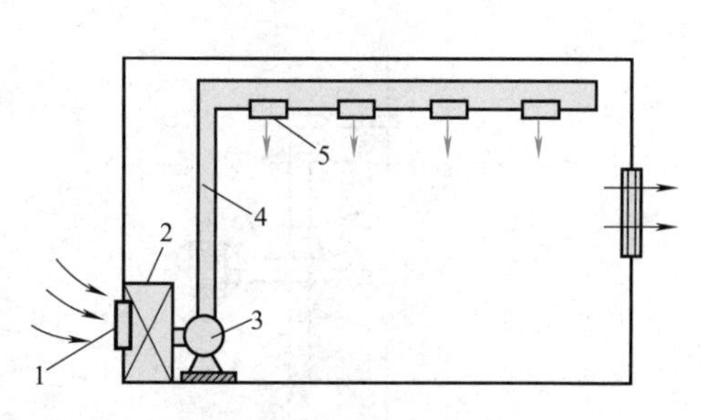

图11-18 （全面）机械送风
1—进风口；2—空气处理设备；
3—风机；4—风道；5—送风口

图11-19所示为某一车间同时采用（全面）机械送风和机械排风，多用于不宜采用自然通风的情况，如周围环境空气卫生条件差且室内空气污染严重不可直接排放时采用。此时室内正、负压与排风量和送风量的相对大小有关。

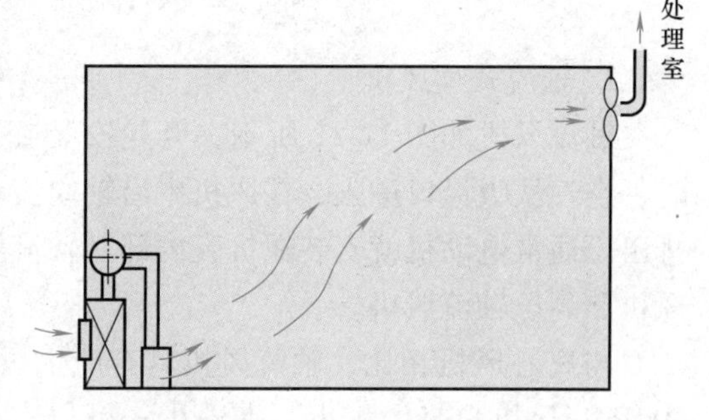

图11-19 （全面）机械通风

（二）特点

与自然通风相比，机械通风有很多优点：机械通风作用压力可根据设计计算结果而确定，通风效果不会因此受到影响；可根据需要对进风和排风进行各种处理，满足通风房间对进风的要求，也可对排风进行净化处理满足环保部门的有关规定和要求；还可利用风管上的调节装置满足环保部门的有关规定和要求；送风和排风均可以通过管道输送，还可以利用风管上的调节装置来改变通风量大小。

但是机械通风系统中需设置各种空气处理设备、动力设备（通风机）、各类风道、控制附件和器材，故而初次投资和日常运行维护管理费用远大于自然通风系统；另外各种设备需要占用建筑空间和面积，并需要专门人员管理，通风机还会产生噪声。

二、通风机

（一）通风机的类型

通风机是用于为空气流动提供必需的动力以克服输送过程中的阻力损失。在通风工程中，根据通风机的作用原理有离心式、轴流式和贯流式等多种类型。在特殊场所使用的还有高温通风机、防爆通风机、防腐通风机和耐磨通风机等。下面介绍离心风机和轴流风机。

1. 离心式通风机

离心风机的构造如图11-20所示，是由叶轮、机轴、机壳、吸风口、电机等部分组成。离心风机种类如按风机产生的压力高低来划分有：高压通风机——压力 $P>3000\text{Pa}$，一般用于气力输送系统；中压通风机——$3000\text{Pa}>P>1000\text{Pa}$，一般用于除尘排风系统；低压通风机——$P<1000\text{Pa}$，多用于通风及空气调节系统。

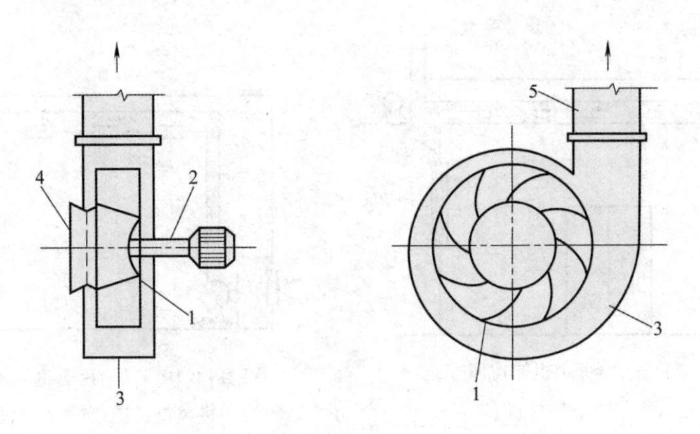

图11-20 离心风机构造示意图

1—叶轮；2—风机轴；3—机壳；4—导流器；5—排风口

2. 轴流式通风机

轴流风机如图 11-21 所示，叶轮安装在圆筒形外壳中，当叶轮由电动机带动旋转时，空气从吸风口进入，在风机中沿轴向流动经过叶轮的扩压器时压头增大，从出风口排出。通常电动机就安装在机壳内部。轴流风机产生的风压以 500Pa 为界分为低压轴流风机和高压轴流风机。

与离心风机相比，轴流风机具有产生风压较小，单级式轴流风机的风压一般低于 300Pa；风机自身体积小、占地少；可以在低压下输送大流量空气；噪声大；允许调节范围很小等特点。轴流风机一般多用于无需设置管道以及风道阻力较小的通风系统。

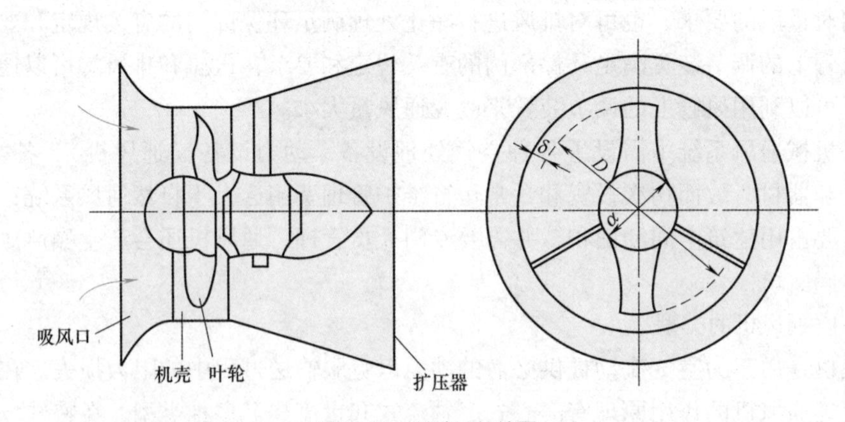

图11-21 轴流风机简图

（二）通风机的安装

轴流风机通常是安装在风道中间或墙洞中。风机可以固定在墙上、柱上或混凝土楼板下的角钢支架上，如图 11-22 所示。小型直联传动离心风机可以采用图 11-23（a）所示的安装方法；对于中、大型离心风机一般应安装在混凝土基础上，如图10-23（*b*）所示。

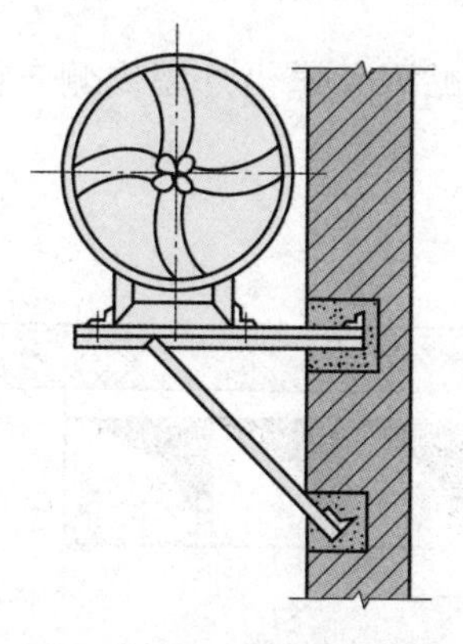

图11-22 轴流风机在墙上安装

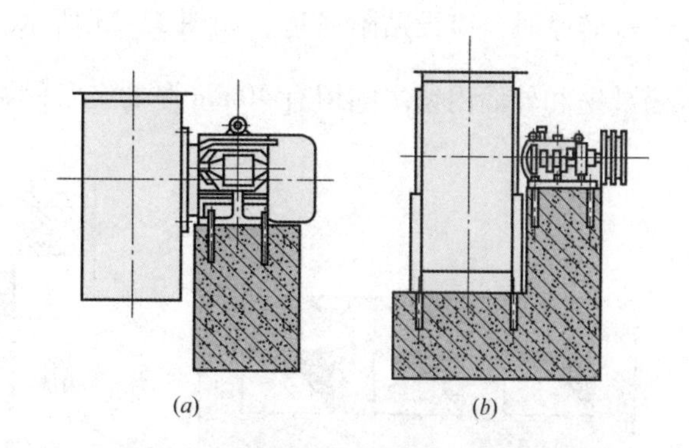

图11-23 离心风机在混凝土基础上安装
（*a*）小型直联传动离心机安装；（*b*）中、大型离心机安装

三、风道

风道的作用是输送空气。风道的制作材料、形状、布置均与工艺流程、设备和建筑结构等有关。

（一）风道的材料及形状

制作风道的常用材料有薄钢板、塑料、胶合板、纤维板、混凝土、钢筋混凝土、砖、石棉水泥、矿渣石膏板等。风道选材是由系统所输送的空气性质以及按就地取材的原则来确定的。一般来讲，输送腐蚀性气体的风道可用涂刷防腐油漆的钢板或硬塑料板、玻璃钢制作；埋地风道通常用混凝土板做底、两边砌砖，用预制钢筋混凝土板做顶；利用建筑空间兼做风道时，多采用混凝土或砖砌风道。

风道的断面形状为矩形或圆形。圆形风道的强度大、阻力小、耗材少，但占用空间大、不易与建筑配合。对于高流速、小管径的除尘和高速空调系统，或是需要暗装时可选用圆形风道；矩形风道容易布置，便于加工。对于低流速、大断面的风道多采用矩形。矩形风道适宜的宽高比在4.0以下。

（二）风道的布置

风道的布置应在进风口、送风口、排风口、空气处理设备、风机的位置确定之后进行。风道布置原则应该服从整个通风系统的总体布局，并与土建、生产工艺和给水排水、电气等各专业互相协调、配合；应使风道少占建筑空间并不得妨碍生产操作；风道布置还应尽量缩短管线、减少分支、避免复杂的局部管件；便于安装、调节和维修；风道之间或风道与其他设备、管件之间合理连接以减少阻力和噪声；风道布置应尽量避免穿越沉降缝、伸缩缝和防火墙等；对于埋地风道应避免与建筑物基础或生产设备底座交叉，并应与其他管线综合考虑；风道在穿越火灾危险性较大房间的防火墙、楼板处以及垂直和水平风道的交接处，均应符合防火设计规范的规定。

在某些情况下可把风道和建筑物本身构造密切结合在一起。如民用建筑的竖直风道，通常就砌筑在建筑物的内墙里。为了防止结露影响自然通风的作用压力，竖直风道一般不允许设在外墙中，否则应设空气隔离层。相邻的两个排风道或进风道，其间距不应小于1/2砖厚；相邻的进风道和排风道，其间距不应小于1个砖厚。风道的断面尺寸应按砖的尺寸取整数倍，其最小尺寸为1/2×1/2砖厚，如图11-24所示。如果内墙墙壁小于$1\frac{1}{2}$砖厚时，应设贴附风道，如图11-25所示，当贴附风道沿外墙内侧布设时，应在风道外壁和外墙内壁之间留有40mm厚的空气保温层。

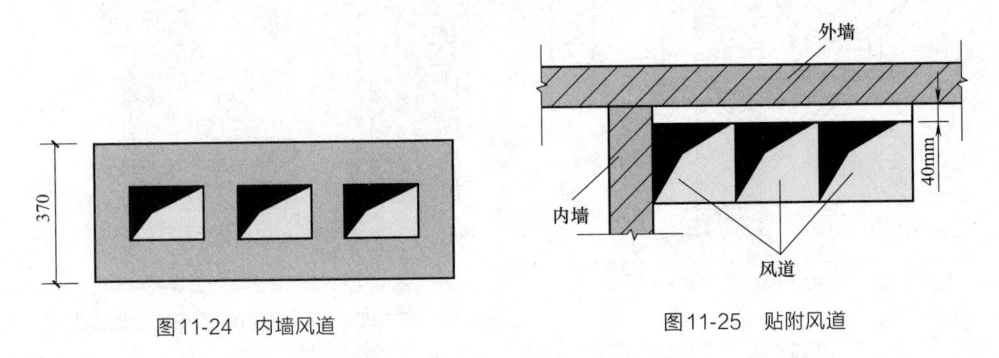

图11-24 内墙风道

图11-25 贴附风道

四、进、排风装置

进风口、排风口按其使用的场合和作用的不同有室外进、排风装置和室内进、排风装置之分。

（一）室外进、排风装置

1. 室外进风装置

室外进风口是通风和第12章将介绍的空调系统采集新鲜空气的入口。根据进风机房的位置不同，室外进风口可采用竖直风道塔式进风口，也可以采用设在建筑物外围结构上的墙壁式或屋顶式进风口，如图11-26、图11-27所示。

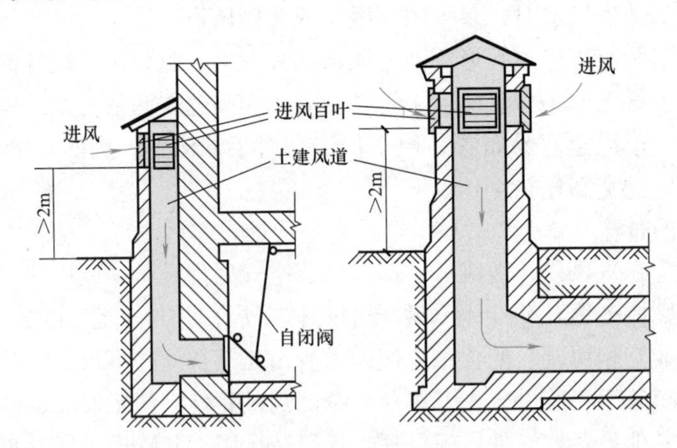

图11-26 塔式室外进风装置

室外进风口的位置应满足以下要求：（1）设置在室外空气较为洁净的地点，在水平和垂直方向上都应远离污染源；（2）室外进、排风口下缘距室外地坪的高度不宜小于2m，进风口设在绿化地带时，不宜小于1m，需装设百叶窗，以免吸入地面上的粉尘和污物，同时可避免雨、雪的侵入；（3）用于降温的通风系统，其室外进风口宜设在背阴的外墙侧；（4）室外进风口的标高应低于周围的排风口，且宜设在排风口的上风

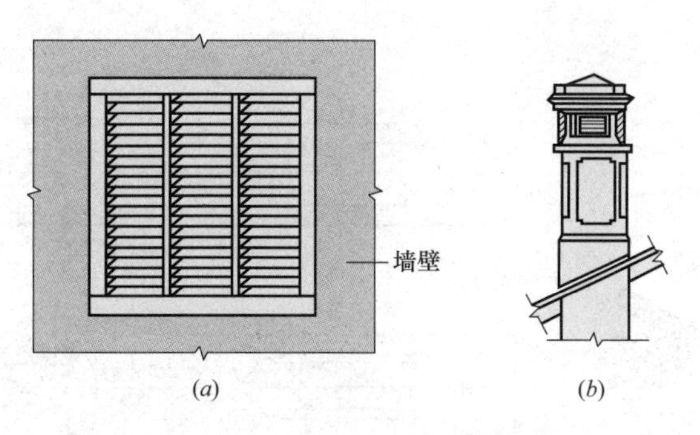

图11-27 墙壁式和屋顶式进风装置
（a）墙壁式；（b）屋顶式

侧，以防吸入排风口排出的污浊空气；（5）事故排风的排风口与机械进风系统的进风口的水平距离不应小于 20m，当进风、排风口水平距离不足 20m 时，排风口必须高出进风口，并不得小于 6m；（6）屋顶式进风口应高出屋面 0.5～1.0m，以免吸进屋面上的积灰或被积雪埋没；（7）直接排入大气的有害物，应符合有关环保、卫生防疫等部门的排放要求和标准，不符合时应进行净化处理；（8）进风、排风口的噪声应符合环保部门的要求，否则应采取消声措施。

室外新鲜空气由进风装置采集后直接送入室内通风房间或送入进风机房，根据用户对送风的要求进行预处理。机械送风系统的进风机房多设在建筑物的地下层或底层，也可以设在室外进风口内侧的平台上。

2. 室外排风装置

室外排风装置的任务是将室内被污染的空气直接排到大气中去。管道式自然排风系统和机械排风系统的室外排风口通常是由屋面排出，如图 11-28 所示。也有由侧墙排出的，但排风口应高出屋面。室外排风口应设在屋面以上 1m 的位置，并符合环保要求，出口处应设置风帽或百叶风格。

（二）室内送、排风口

室内送风口是送风系统中风道的末端装置。由送风道输入的空气通过送风口以一定速度均匀地分配到指定的送风地点；室内排风口是排风系统的始端吸入装置，被污染的空气经过排风口进入排风道内。

室内送风口的形式有多种，最简单的形式是在风道上开设孔口送风，根据孔口开设的位置有侧向送风口、下部送风口之分，如图 11-29 所示，图（a）所示的送风口无任何调节装置，无法调节送风的流量和方向；图（b）所示的送风口处设置了插板，可调节送风口截面积的大小，便于调节送风量，但仍不能改变气流的方向。

在工业车间中往往需要大量的空气从较高的上部风道向工作区送风，而且为了避免工作地点有“吹风”的感觉，要求送风口附近的风速迅速降低。在这种情况下常用的室内送风口形式是空气分布器，如图 11-30 所示。

送风口的形式可根据具体情况参照采暖通风国家标准图集选用。

室内排风口一般没有特殊要求，其形式种类也较少。通常多采用单层百叶式排风口，有时也采用水平排风道上开孔的孔口排风形式。

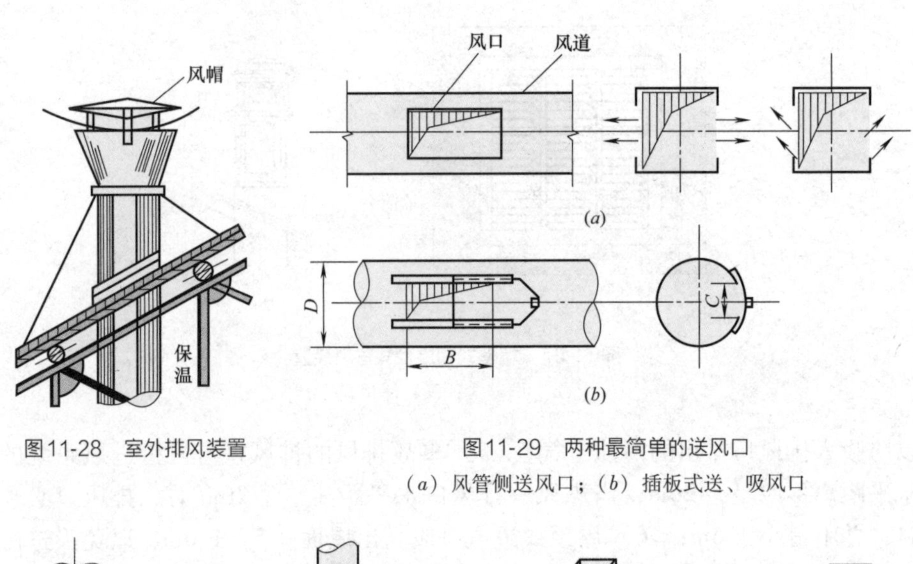

图11-28　室外排风装置

图11-29　两种最简单的送风口
（a）风管侧送风口；（b）插板式送、吸风口

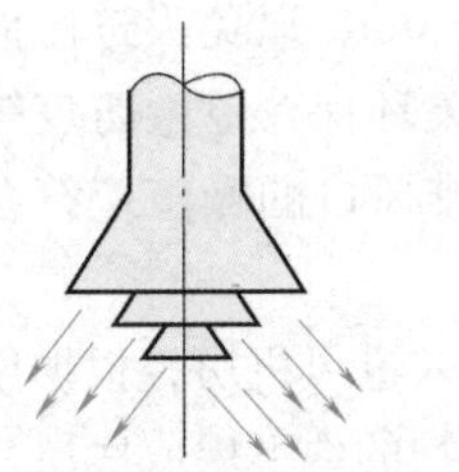
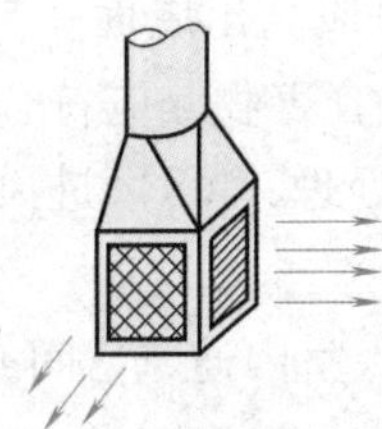
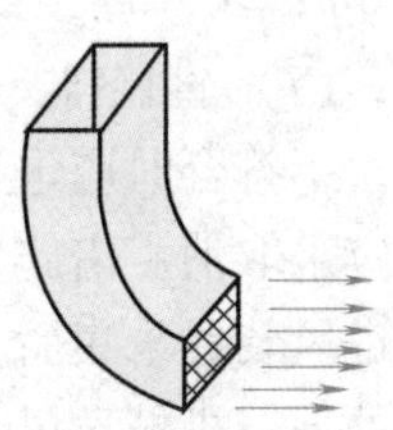
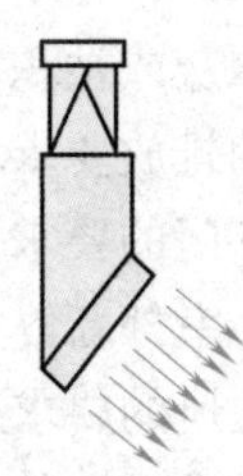

图11-30　空气分布器

五、阀门

阀门主要用于启动风机，关闭风道、风口，调节管道内空气量，平衡阻力等。阀门安装于风机出口的风道上、主干风道上、分支风道上或空气分布器之前等位置。常用的阀门有插板阀、蝶阀。插板阀的构造如图11-31所示，多用于风机出口或主干风道处用做开关。通过拉动手柄来调整插板的位置即可改变风道的空气流量。其调节效果好，但占用空间大。蝶阀如图11-32所示，多用于风道分支处或空气分布器前端。转动阀板的角度即可改变空气流量。蝶阀使用较为方便，但严密性较差。

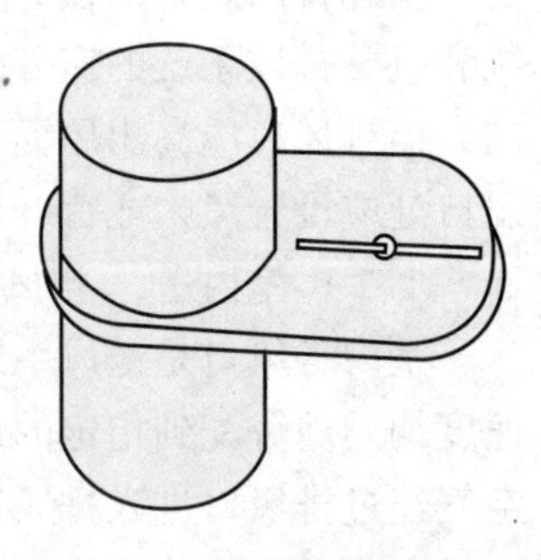

图11-31　插板阀构造示意图

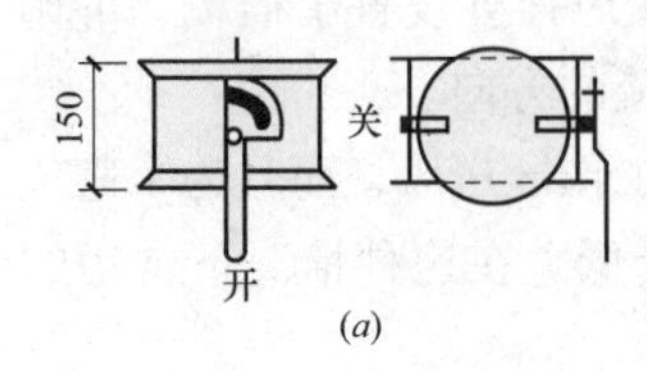

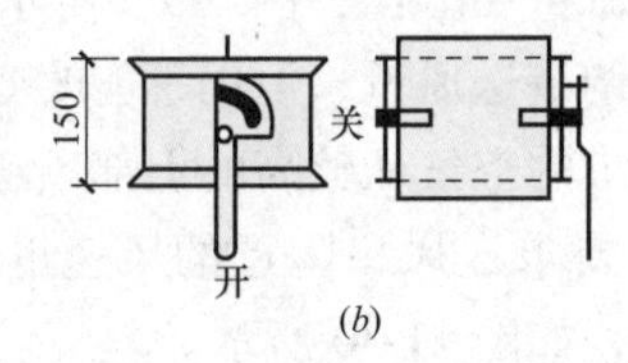

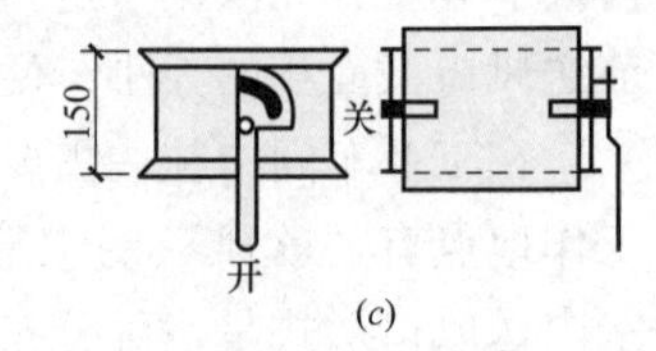

图11-32　蝶阀构造示意图
（a）圆形；（b）方形；（c）矩形

第四节　全面通风

全面通风是整个房间进行通风换气，是用新鲜空气把整个房间内的污染物浓度进行稀释，使有害物浓度降低到卫生标准要求的最高容许值以下，同时把污浊空气不断排至室外，所以全面通风也称稀释通风。全面通风有自然通风、机械通风、自然和机械联合通风等多种方式。

建筑通风设计时一般应从节约投资和能源出发尽量采用自然通风，若自然通风不能满足生产工艺或房间的卫生标准要求时，再考虑采用机械通风方式。在某些情况下两者联合的通风方式可以达到较好的使用效果。

一、全面通风的气流组织

全面通风的使用效果与通风房间的气流组织形式有关。合理的气流组织应该是正确地选择送、排风口形式、数量及位置，使送风和排风分别能以最短的流程进入工作区和排至大气。

通风房间气流组织的常用形式有：上送下排、下送上排、中间送上下排等，选用时应按照房间功能、污染物类型、有害源位置、有害物分布情况、工作地点的位置等因素来确定。图 11-33 所示为几种不同的全面通风气流组织示意图。

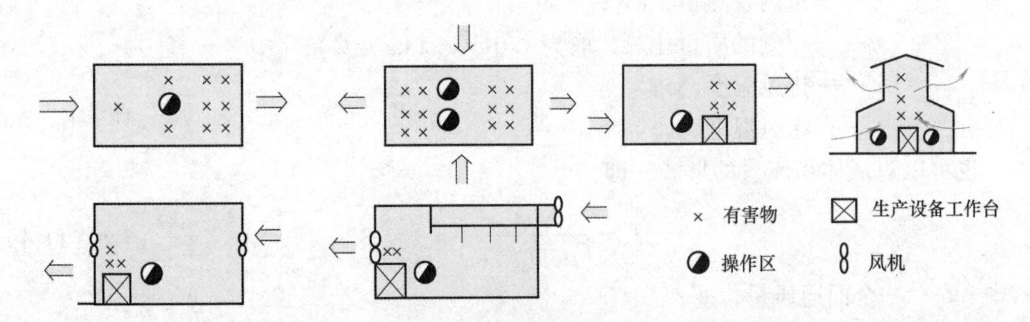

图11-33　全面通风气流组织

在全面通风系统中室内送风口的布置应靠近工作地点，使新鲜空气以最短距离到达作业地带，避免途中受到污染；应尽可能使气流分布均匀，减少涡流，避免有害物在局部空间积聚；送风口处最好设置流量和流向调节装置，使之能按室内要求改变送风量和送风方向；尽量使送风口外形美观、少占空间；对清洁度有要求的房间送风应考虑过滤净化。

室内排风口的布置原则是尽量使排风口靠近有害物产生地点或浓度高的区域，以便迅速排污；当房间有害气体温度高于周围环境气温或是车间内存在上升的热气流时，无论有害气体的密度如何，均应将排风口布置在房间的上部（此时送风口应在下部）；如果室内气温接近环境温度，散发的有害气体不受热气流的影响，这时的气流组织形式必须考虑有害气体密度大小；当有害气体密度小于空气密度时，排风口应布置在房间上部（送风口应在下部），形成下送上排的气流状态；当有害气体密度大于空气密度时，排风口应同时在房间上、下部布置，采用中间送风上、下排风的气流组织形式。

二、消除余热、余湿的全面通风量

在工业建筑物中的有害物质散发量多是通过现场测定或是依照类似生产工艺的调查资料确定。全面通风系统除了承担降低室内有害物浓度的任务外，还具有消除房间内多余热量和湿量的作用。工业厂房产热源主要有：工业炉及其他加热设备散热量、热物料冷却散热量和动力设备运行时的散热量等；室内多余的湿量来源于水体表面的水蒸发量、物料的散湿量、生产过程化学反应散发的水蒸气量等。余热、余湿的数量取决于车间性质、规模和工艺条件。

在民用和公共建筑中一般不存在有害物生产源，全面通风多用于冬季热风供暖和夏季冷风降温。某些建筑或房间由于人员密集（如剧场、会议室等）或是电气照明设备及其他动力设备较多时，可能产生过多的热量和湿量，这种情况下也可用全面通风来改善室内的空气环境。消除余热、余湿的全面通风量可按下列公式计算：

1. 消除室内余热所需的全面通风量

消除室内余热所需的全面通风量 G_r 计算式为：

$$G_r = \frac{Q}{C\ (t_p - t_s)} \tag{11-3}$$

式中 G_r——全面通风量，kg/s；

Q——室内余热量，kW；

C——空气的质量比热，取为 1.01kJ/（kg・℃）；

t_p——排风温度，℃；

t_s——送风温度，℃。

也可以写成体积流量的形式，即：

$$L_r = \frac{Q}{C\rho\ (t_p - t_s)} = \frac{G_r}{\rho} \tag{11-4}$$

式中 L_r——全面通风量，m^3/s；

ρ——送风密度，kg/m^3。

2. 消除室内余湿所需的全面通风量 G_s 的计算式为：

$$G_s = \frac{W}{d_p - d_s} \tag{11-5}$$

式中 G_s——全面通风量，kg/s；

W——室内余湿量，g/s；

d_p——排风含湿量，g/kg 干空气；

d_s——送风含湿量，g/kg 干空气。

同理，也可写成体积流量 $L_s = \frac{G_s}{\rho}$的形式，单位为 m^3/s。

3. 稀释室内有害物浓度达到卫生标准最高容许浓度所需的全面通风量 L 的计算式为：

$$L = \frac{Kx}{y_0 - y_s} \tag{11-6}$$

式中 L——全面通风量，m^3/s；

x——室内有害物散发量，g/s；

y_0——室内卫生标准中规定的最高容许浓度，g/m^3，即排风中有害物的浓度；

y_s——送风中有害物浓度，g/m^3；

K——安全系数，一般在 3 ~ 10 范围内。

当散布在室内的有害物无法具体计量时，全面通风量可按房间的换气次数确定：

$$L = nV \tag{11-7}$$

式中　n——房间换气次数，次/h，按表 11-4 选用；

V——房间容积，m^3。

居住及公共建筑的换气次数　　表 11-4

房间名称	换气次数（次/h）	房间名称	换气次数（次/h）
住宅居室	1.0	食堂贮粮间	0.5
住宅浴室	1.0 ~ 3.0	托幼所	5.0
住宅厨房	3.0	托幼浴室	1.5
食堂厨房	1.0	学校礼堂	1.5
学生宿舍	2.5	教室	1.0 ~ 1.5

全面通风量的确定如果仅是消除余热、余湿或有害气体时，则其各个通风量值就是建筑全面通风量数值。但当室内有多种有机溶剂（如苯及其同系物、醇类、醋酸酯类）的蒸气或是刺激性有味气体（如三氧化硫、二氧化硫、氟化氢及其盐类）同时存在时，全面通风量应按各类气体分别稀释至容许值时所需要的换气量之和计算。除上述有害物质外，对于其他有害气体同时散发于室内空气中的情况，其全面通风量只需按换气量最大者计算即可。对于室内要求同时消除余热、余湿或有害气体的车间，全面通风量应按其中所需最大的换气量计算，即：$L_f = \max\{L_r、L_s、L\}$，其中 L_f 表示车间的全面通风量。

第五节　局部通风

局部通风是利用局部气流改善室内某一污染程度严重的或是工作人员经常活动的局部空间的空气条件，分为局部送风和局部排风。

一、局部送风

局部送风是将符合室内要求的空气输送并分配给局部工作区，一般设置在产生有毒有害物质的厂房。图 11-34 所示为局部送风系统示意图。

局部送风系统又分有分散式送风和系统式送风。分散式局部送风是使用轴流风扇或喷雾风扇来增加工作地点的风速或降低局部空间的气温。轴流风扇适用于室内气温低于 35℃、辐射强度不大的无尘车间，利用轴流风扇来强制空气流动加速，帮助人体散热；喷雾风扇是在轴流风机上增设了甩水盘，如图 11-35 所示，风机与甩水盘同轴转动，盘上的出水沿着切线方向甩出，形成的水雾与气流同时被送到工作区域，水滴在空气中吸热蒸发使空气温度下降，并能吸收一定的辐射。系统式局部送风是将室外空气收集后进行预处理，待达到室内卫生标准要求后送入局部工作区。系统组成包括有室外进风口、空气处理设备、风道、风机及喷头等。系统式局部送风用的送风口称为喷头，有固定式和旋转式两种，分别适用于工作地点固定和不固定两种情况，送入的空气一般需经过预处理。系统式局部送风系统常用于卫生环境条件较差、室内散发有害物和粉尘而又不允许有水滴存在的车间内。

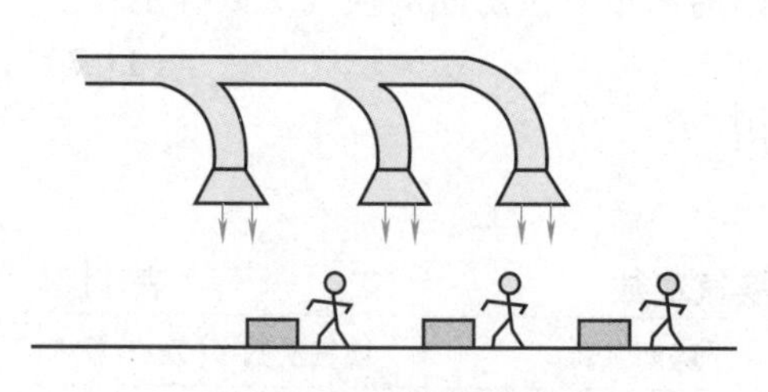

图11-34 局部送风系统

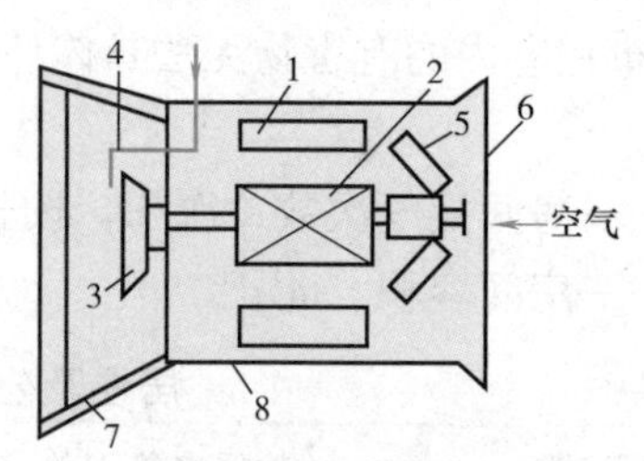

图11-35 喷雾风扇构造图

1—导风板；2—电动机；3—甩水盘；4—供水管；5—风机叶轮；6—进风口；7—扩压管；8—机壳

二、局部排风

局部排风是对室内某一局部区域有害物质在未与工作人员接触之前捕集、排除，以防止有害物质扩散到整个房间，如图11-36所示。

（一）系统设置

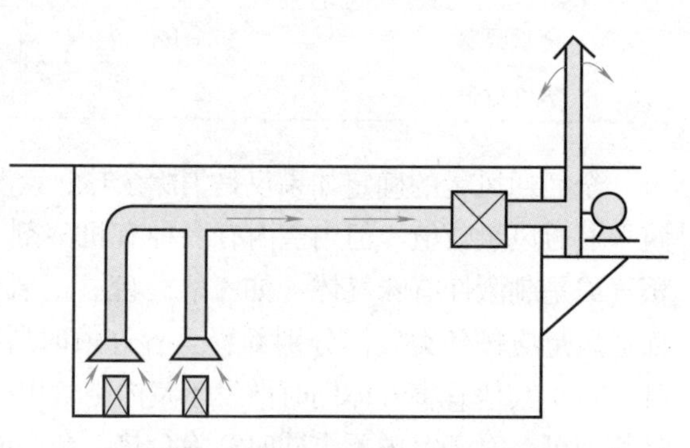

图11-36 机械局部排风系统

凡是在散发有害物的场合，以及作业地带有害物浓度超过最高容许值的情况下，必须结合生产工艺设置局部排风系统；可能突然散发大量有害气体或有爆炸危险气体的生产厂房，应设置事故排风系统。事故排风宜由经常使用的排风系统和事故排风系统共同保证，必须在发生事故时提供足够的排风量；在散发有害物的场所也可以同时设置局部送风和局部排风，在工作空间形成一层“风幕”，严格地控制有害气体的扩散。在设计局部排风系统时，应以较小的排风量最大限度地排除有害物，合理划分排风系统，正确选用排风设备，以经济的造价满足技术上的要求。正确划分排风系统是设计排风系统的首要步骤，划分排风系统的原则是，在下述情况之一时均应单独设置排风系统：两种或以上的有害物质混合后具有爆炸或燃烧的危险时；混合后蒸汽将会凝结并聚集粉尘时；有害物混合后可能形成更具毒性的物质时。

（二）系统组成

局部排风系统由局部排风罩、风管、净化设备和风机等组成。

局部排风罩是用于捕集有害物的装置，局部排风是依靠排风罩来实现这一过程的。排风罩的形式多种多样，它的性能对局部排风系统的技术经济效果有直接影响。在确定排风罩的形式、形状之前，必须了解车间内有害物的特性及其散发规律，熟悉工艺设备的结构和操作情况。在不妨碍生产操作的前提下，使排风罩尽量靠近有害物源，并朝向有害物散发的方向，使气流从工作人员一侧流向有害物，防止有害物对工人的影响。所选用的排风罩应能够以最小的风量有效而迅速地排除工作地点产生的有害物。一般情况下应首先考虑采用密闭式排风罩，其次考虑采用半密闭式排风罩等其他形式。局部排风罩按其作用原理有以下几种类型：

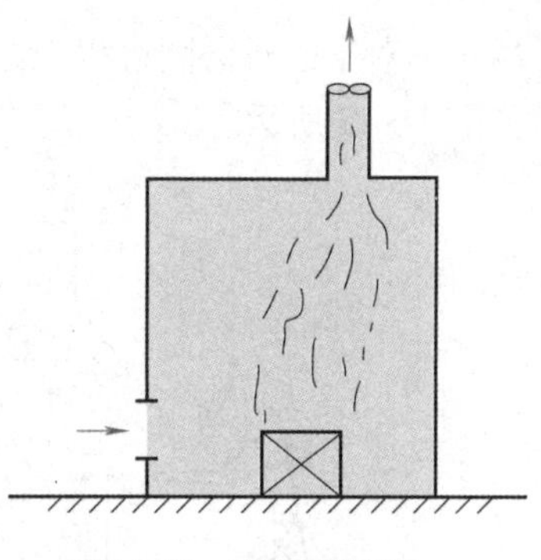

图11-37　密闭式排风罩

1. 密闭式：图 11-37 所示为密闭式排风罩，简称密闭罩。密闭罩是将工艺设备及其散发的有害污染物密闭起来，通过排风在罩内形成负压，防止有害物外逸。密闭罩的特点是，不受周围气流的干扰，所需风量较小，排风效果好。但检修不便，无观察孔的排风罩无法监视其工作过程。

2. 柜式（通风柜）：图 11-38 所示为柜式排风罩，是密闭罩的特殊形式，柜的一侧设有可启闭的操作孔和观察孔。根据车间内散发有害气体的密度大小，或是室内空气温度高低，可将排风口布置在不同的位置。

3. 外部吸气式：对于生产设备不能封闭的车间，一般是把排风罩直接安置在有害污染源附近，借助于风机在排风罩吸入口处造成的负压作用，将有害物吸入排风系统。这类排风罩所需的风量较大，称为外部吸气罩，如图 11-39 所示。

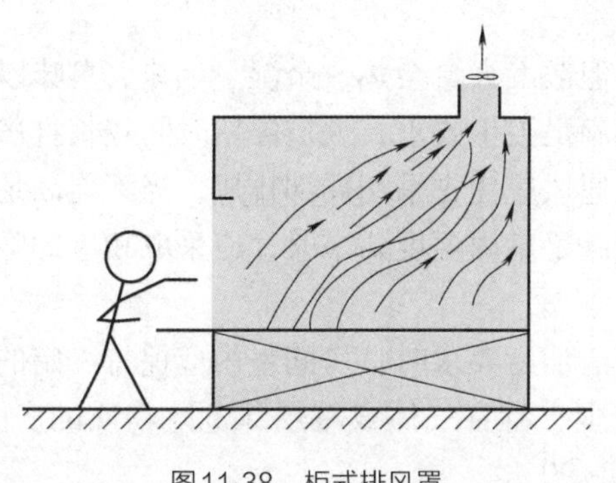

图11-38　柜式排风罩

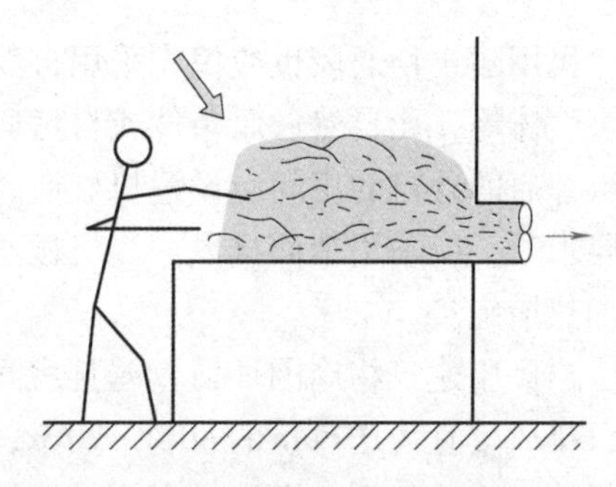

图11-39　外部吸气排风罩

4. 吹吸式：当工艺操作的要求不允许在污染源上部或附近设置密闭罩或外部吸气排风罩时，采用吹吸式排风罩将是有效的方法。吹吸式排风罩是把吹和吸结合起来，利用喷射气流的射流原理，以射流作为动力形成一道气幕，使污染源散发出的有害气体与周围空气隔离，并用吹出的气流把有害物吹向设在另一侧的吸风口处排出，以保证工作区的卫生条件。与吸气式排风罩相比，吹吸式排风罩可很大程度地减少风机的抽风量，避免周围气流的干扰，更好地保证控制污染的效果。图 11-40 为工业槽上的吹吸式排风罩。

5. 接受式：当某些生产设备或机械本身能将污染物以一定方向排出或散发时，排风罩宜选用接受式。接受式排风罩的特点是：只起接收空气的作用，污染物形成的气流完全由生产过程本身造成。设计时应将排风罩置于污染气流的前方，与运动的机械方向相吻合。比如车间内高温热源的气流排风罩应位于车间的顶部或上部，如图 11-41

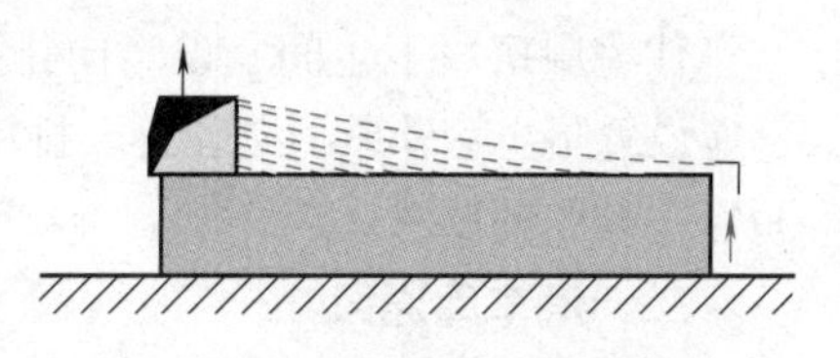

图11-40　工业槽上的吹吸式排风罩

所示；对于砂轮磨削过程中抛甩出的粉尘，应将排风罩入口正好朝向粉尘被甩出的方向，如图 11-42 所示。

图11-41 高温热源的接受罩

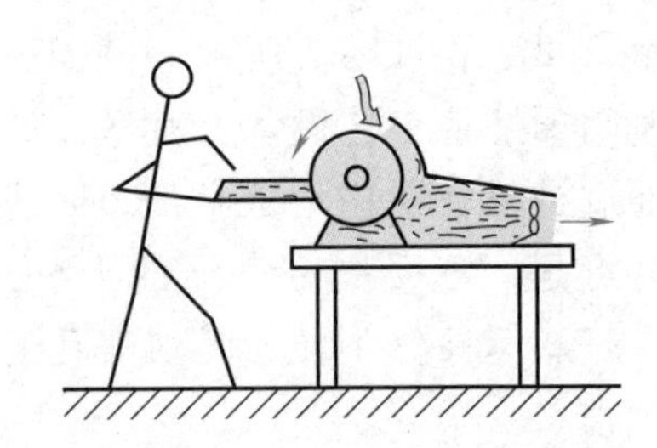

图11-42 砂轮磨削的接受罩

为了防止大气被有害物污染，局部排风系统应按照有害物的毒性程度和污染物的浓度，以及周围环境的自然条件等因素考虑是否进行净化处理。常见的净化设备有除尘器和有害气体净化装置两类。

第六节 民用建筑通风

民用建筑物通风也应优先采用自然通风，但散发大量余热、余湿、烟味、臭味以及有害气体等，无自然通风条件或自然通风不能满足卫生要求，人员停留时间较长且房间无可开启的外窗的房间应设置机械通风。机械通风应优先采用局部排风，当不能满足卫生要求时，应采用全面排风。当机械通风不能满足室内温度要求时，应采取相应的降温或加热措施。

当民用建筑物周围环境较差且房间空气有清洁度要求时，房间室内应保持一定的正压，排风量宜为送风量的 80%~90%；放散粉尘、有害气体或有爆炸危险物质的房间，应保持一定的负压，送风量宜为排风量的 80%~90%。

一、住宅通风

住宅通风换气应使气流从较清洁的房间流向污染较严重的房间，因此使室外新鲜空气首先进入起居室、卧室等人员主要活动、休息场所，然后从厨房、卫生间排出到室外，是较为理想的通风路径。

住宅建筑厨房及卫生间应采用机械排风系统，设置竖向排风道，建筑设计时应预留机械排风系统开口，厨房和卫生间全面通风换气次数不低于 3 次/h。为保证有效的排气，应有足够的进风通道，当厨房和卫生间的外窗关闭或暗卫生间无外窗时，需通过门进风，应在下部设有效截面积不小于 0.02m^2 的固定百叶，或距地面留出不小于 30mm 的缝隙。

住宅厨房、卫生间宜设竖向排风道，且竖向排风道应具有防火、防倒灌的功能。顶部应设置防止室外风倒灌装置。排风道设置位置和安装应符合《住宅厨房排风道》JG/T 3044—1998 的要求。

二、汽车库通风

随着城市汽车数量的增加，设置在民用建筑地下层的汽车库已较为普遍。看似简单的汽车库通风，它可能需要同时满足车库平时使用的通风要求、火灾防排烟要求和兼有人防的战时通风或功能转换的要求。

（一）汽车库通风方式的确定

地上单排车位≤30 辆的汽车库，当可开启门窗的面积≥$2m^2$/辆，且分布较均匀时，可采用自然通风方式；当汽车库可开启门窗的面积≥$0.3m^2$/辆，且分布较均匀时，可采用机械排风、自然进风的通风方式；当汽车库不具备自然进风条件时，应设置机械送风、排风系统。

（二）汽车库通风量的计算

理论上汽车库的通风量可以按稀释有害气体的全面通风量进行计算，但由于车库内排放 CO 的量与车库内汽车排出气体的总量及排放的 CO 平均浓度有关，而库内车的运行时间、单台车单位时间的排气量和停车数与车位的比值等难于确定，所以目前工程设计中多采用换气次数法或单车排风量法估算机械排风量。当汽车库设置机械送风系统时，送风量宜为排风量的 80%～90%。

1. 用于停放单层汽车的换气次数法

汽车出入较频繁的商业类等建筑，按 6 次/h 换气选取；汽车出入一般的普通建筑，按 5 次/h 换气选取；汽车出入频率较低的住宅类等建筑，按 4 次/h 换气选取。当层高<3m 时，应按实际高度计算换气体积；当层高≥3m 时，可按 3m 高度计算换气体积。

2. 用于停放双层汽车的单车排风量法

汽车出入较频繁的商业类等建筑，按每辆 $500m^3/h$ 选取；汽车出入一般的普通建筑，按每辆 $400m^3/h$ 选取；汽车出入频率较低的住宅类等建筑，按每辆 $300m^3/h$ 选取。

（三）对建筑结构专业的要求

设有通风系统的汽车库，其通风进、排风竖井宜独立设置。汽车库内无直接通向室外的汽车疏散出口的防火分区，当设置机械排烟系统时，同时设置进风系统，且送风量不宜小于排烟量的 50%。建筑专业应设置独立的排烟风机和补风机房，且机房应采用耐火极限不小于 2.00h 的隔墙和耐火极限不小于 1.50h 的楼板与其他部位隔开。

由于地下车库层高普遍较低，车库的通风排烟量又较大，特别是多层停车库，所以当风道布置在梁下时，往往会形成风道下底标高较低、人员和车辆无法通过的情况。因此在建筑和结构设计时应充分考虑这一因素，尽量在预计设置风道的部位不要设置人行通道和车道，并设法降低梁的高度。

三、地下人防通风

《中华人民共和国人民防空法》规定：各人防重点城市在新建民用建筑时，要依照国家和当地政府的有关规定，修建防空地下室；防空地下室设计必须贯彻“长期准备、重点建设、平战结合”的方针。作为地下人民防空工程，为满足人员掩蔽时的需要，要求设置人防通风系统。

（一）人防通风设计设置原则

（1）防空地下室的供暖通风与空气调节设计，必须确保战时防护要求，并应满足战时及平时的使用要求。

（2）防空地下室的通风与空气调节系统设计，战时应按防护单元设置独立的系统，平时宜结合防火分区设置系统。

(3) 防空地下室的供暖通风与空气调节系统应分别与上部建筑的供暖通风与空气调节系统分开设置。

（二）人防通风的设置

人防防护通风包括清洁通风、滤毒通风和隔绝通风。清洁通风是室外空气未受毒剂等物污染时的通风；滤毒通风是室外空气受毒剂等物污染，需经特殊处理时的通风。隔绝通风是室内外停止空气交换，由通风机使室内空气实施内循环的通风。

战时为医疗救护工程、专业队队员掩蔽部、人员掩蔽工程以及食品站、生产车间和电站控制室、区域供水站的防空地下室，应设置清洁通风、滤毒通风和隔绝通风；战时为物资库的防空地下室，应设置清洁通风和隔绝防护，滤毒通风的设置可根据实际需要确定。

（三）防空地下室进风、排风系统及其用房设置

1. 进风系统及其用房设置

不同防护通风方式时，进风系统原理示意图如图 11-43 所示。

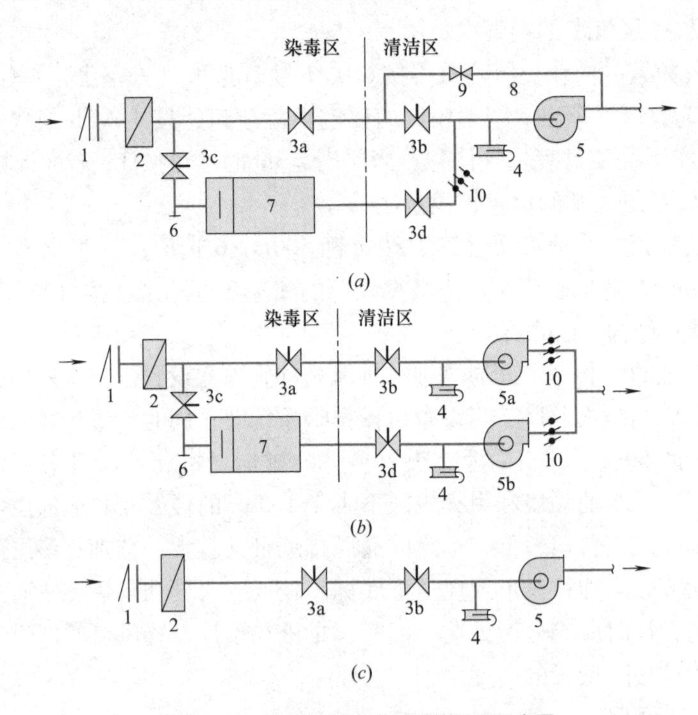

图11-43 防空地下室进风系统原理示意图

(a) 清洁通风和滤毒通风合用通风机的进风系统；

(b) 清洁通风和滤毒通风分设通风机的进风系统；

(c) 只设清洁通风的进风系统

1—消波设施；2—粗效过滤器；3—密闭阀门；4—插板阀；5—通风机；6—换气堵头；7—过滤吸收器；8—增压管（*DN*15 热镀锌钢管）；9—球阀；10—风量调节阀

为满足人防地下室防护通风的进风以及其与平时进风功能转化的要求，建筑设计时除进风口部的出入口通道、密闭通道外，还应为进风系统预留进风竖井、扩散室、除尘室（一般与滤毒室合用）、滤毒室、集气室和进风机房等房间，如图 11-44 所示。

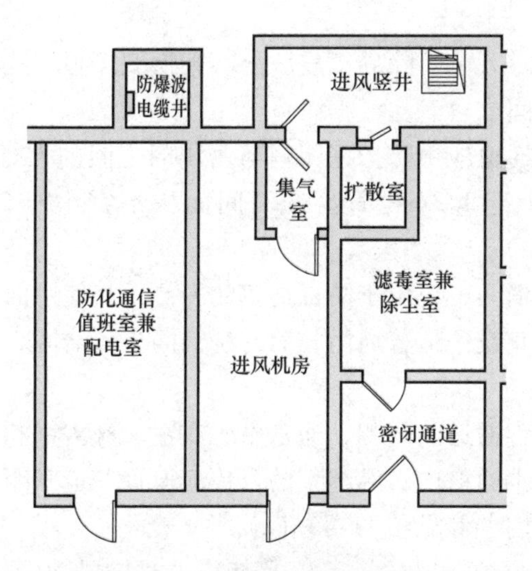

图11-44　进风系统用房布置示意图

2. 排风系统及其用房设置

设有清洁、滤毒、隔绝三种防护通风方式时，排风系统可根据洗消间设置方式的不同，分别按图11-45平面示意图设计；战时只设清洁、隔绝通风方式时，排风系统应设防爆设施和密闭设施。

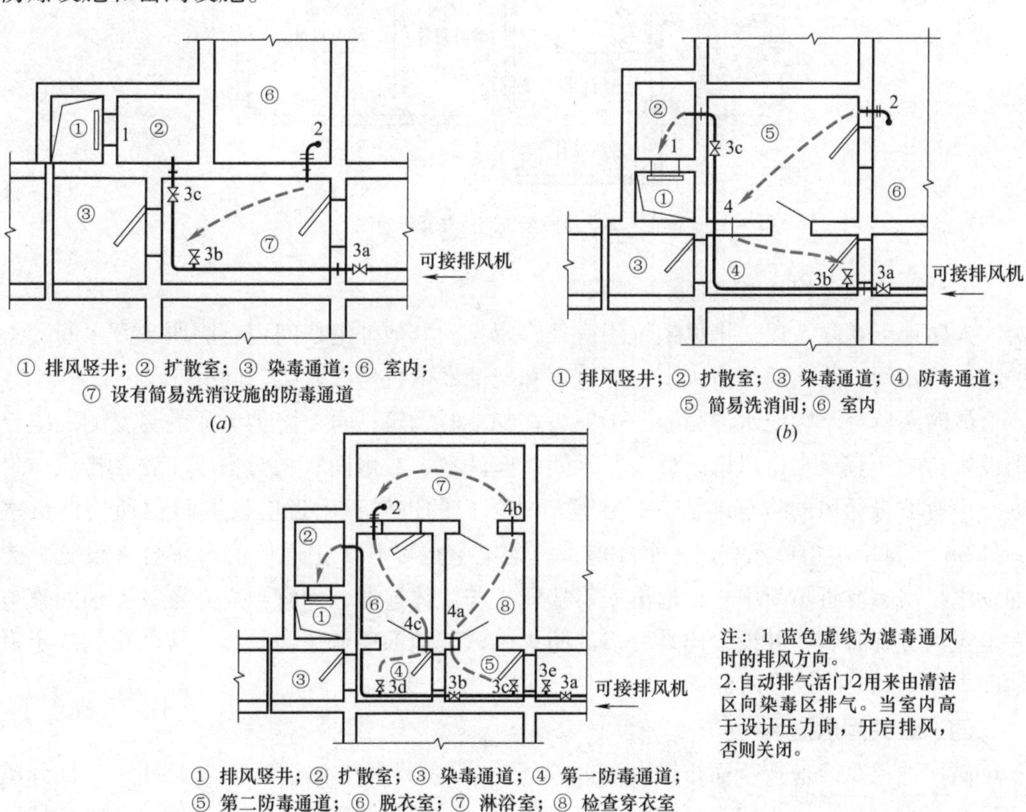

图11-45　防空地下室排风系统原理示意图

（*a*）简易洗消设施置于防毒通道内的排风系统；（*b*）设简易洗消间的排风系统；（*c*）设洗消间的排风系统

1—防爆波活门；2—自动排气活门；3—密闭阀门；4—通风短管

简易洗消间是供染毒人员清除局部皮肤上有害物的房间。洗消间是供染毒人员通过和全身清除有害物的房间。

带简易洗消的防毒通道应由防护密闭门与密闭门之间的人行道和简易洗消区组成。人行道的净宽度不宜小于1.3m；简易洗消间面积不宜小于$2m^2$，且宽度不宜小于0.6m，参见图11-45（*a*）。

单独设置的简易洗消间，应位于防毒通道的一侧，其使用面积不宜小于$5m^2$。简易洗消间与防毒通道之间宜设一道普通门，简易洗消间与清洁区之间应设一道密闭门，参见图11-45（*b*）。

洗消间应设置在防毒通道的一侧，通常由脱衣室、淋浴室和检查穿衣室组成。脱衣室入口应设置在第一防毒通道内；淋浴室的入口应设置一道密闭门；检查穿衣室的出口应设置在第二防毒通道内，参见图11-45（*c*）。

为满足人防地下室防护通风的排风以及其与平时排风功能转化的要求，建筑设计时，除排风口部的染毒通道、防毒通道、简易洗消间或洗消间等房间外，还应为排风系统预留排风竖井、扩散室、集气室等房间，如图11-46所示。

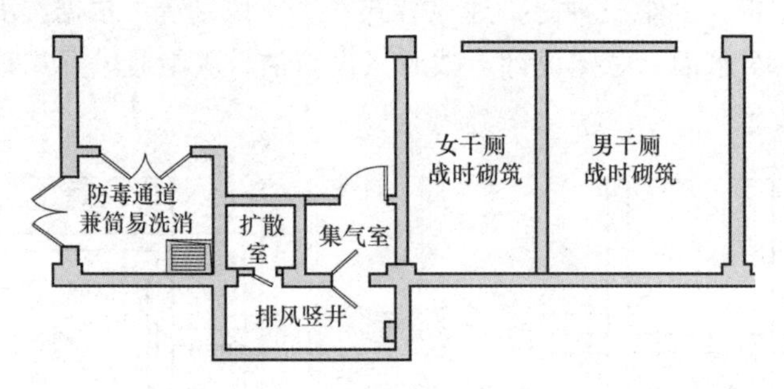

图11-46 排风系统用房布置示意图

（四）人防工程其他辅助房间的设置

人防地下室除上述送排风系统用房外，常见的其他辅助房间还有厕所、开水间、盥洗室、贮水间、防化通信值班室、配电室和柴油发电机房及其贮油间等。

战时厕所分干厕或水冲厕所，干厕可在临战时构筑；每个防护单元的男女厕所应分别设置；厕所宜设在排风口附近。开水间、盥洗室、贮水间宜相对集中布置在排风口附近。设有滤毒通风的防空地下室，在其清洁区内的进风口附近应设置防化通信值班室$8\sim12m^2$。每个防护单元宜设一个配电室，配电室也可与防化通信值班室合并设置。柴油发电机房宜靠近负荷中心，远离安静房间，与主体连通，但宜独立布置；贮油间宜与发电机房分开布置，并设置向外开启的防火门，其地面应低于与其相连接的房间或走道地面150~200mm或设门槛。

四、公共厨房通风

厨房通风系统应按全面排风（房间换气）、局部排风（油烟罩）以及补风三部分进行设计。当自然通风不能满足室内环境要求时，应设置全面通风的机械排风；厨房炉灶间应设置局部机械排风；当自然补风无法满足厨房室内温度或通风要求时，应设置机械补风。厨房通风系统应独立设置，局部排风应依据厨房规模、使用特点等分设系统；机械补风系统设置宜与排风系统相对应。

对于产生油烟的厨房设备间，应设置带有油烟过滤功能的排风罩和除油装置的机械排风系统，设计应优先选用排除油烟效率高的气幕式（或称为吹吸式）排风罩和具有自动清洗功能的除油装置，处理后的油烟应达到国家允许的排放标准。对于可能产生大量蒸汽的厨房设备宜单独布置在房间内，其上部应设置机械式排风罩。

厨房机械通风系统的排风量可根据热平衡计算确定。当厨房通风不具备准确的计算条件时，对于大中型旅馆、饭店、酒店的厨房，其排风量可按厨房有炉灶房间的换气次数进行估算：中餐厨房为40～60次/h；西餐厨房为30～40次/h；职工餐厅厨房为25～35次/h。当按吊顶下的房间体积计算风量时，换气次数可取上限值；当按楼板下的房间体积计算风量时，换气次数可取下限值。总排风量的65%由局部排气罩排出，其余35%由厨房全面换气排风口排出。一般洗碗间的排风量可按每间500m^3/h选取，洗碗间的补风量宜按排风量的80%选取。

厨房通风应采用直流式系统，补风量宜为排风量的80%～90%，使厨房保持一定微负压；当厨房与餐厅相邻时，送入餐厅的新风量可作为厨房补风的一部分，但气流进入厨房开口处的风速不宜大于1m/s；当夏季厨房有一定的室温要求或有条件时，补风宜做冷却处理，可设置局部或全面冷却装置；对于严寒和寒冷地区，应对冬季补风做加热处理，送风温度可按12～14℃选取。

采用燃气灶具的地下室、半地下室（液化石油气除外）或地上密闭厨房，室内应设烟气的一氧化碳浓度检测报警器。房间应设置独立的机械送排风系统；通风系统正常工作时，换气次数不应小于6次/h；事故通风时，换气次数不应小于12次/h；不工作时换气次数不应小于3次/h；当燃烧所需的空气由室内吸取时，应满足燃烧所需的空气量；应满足排除房间热力设备散失的多余热量所需的空气量。

五、洗衣房通风

洗衣房的通风宜采用自然通风与局部排风相结合的通风方式，当自然通风不能满足室内环境要求时，应设置机械通风系统。机械通风的送（补）风系统，应采用局部送风与全面送风相结合的综合送风方式。洗衣房的通风气流应由“取衣”处向“收衣”处流动。送风系统夏季宜采用降温处理；严寒或寒冷地区冬季应采用加热处理，其他地区冬季宜按当地气象条件做相应处理。设在地下室且标准要求较高的大型洗衣房，其生产用房均应设置空调降温设施。

洗衣机、烫平机、干洗机、压烫机、人体吹风机等散热量大或有异味散出的设备上部，应设置局部排风；收衣间、干洗机设备的排气系统应独立设置。洗衣房的通风量应按洗衣房设备的散热、散湿量计算确定，该值一般由工艺提供。洗衣房室内计算温度为：冬季12～16℃，夏季≤33℃。当无确切的散热、散湿量计算参数时，洗衣房可按下列换气次数估计：生产用房换气次数采用20～30次/h，当有局部通风设施时，全面排风取5次/h，补风2～3次/h；辅助用房换气次数为15次/h；洗衣房的排风量应略大于送（补）风量。

六、公共卫生间和浴室通风

公共卫生间和浴室通风关系到公众健康和安全的问题，因此应保证其良好的通风。

公共卫生间应设置机械排风系统。公共浴室宜设气窗，浴室气窗是指室内直接与室外相连的能够进行自然通风的外窗，对于没有气窗的浴室，应设独立的通风系统，保证室内的空气质量。机械通风系统应采取措施保证浴室、卫生间对更衣以及其他公共区域的负压，以防止气味或热湿空气从浴室、卫生间流入更衣或其他公共区域。公共卫生间、浴室及附属房间采用机械通风时，其通风量可按表 11-5 中的换气次数确定。

公共卫生间、浴室及附属房间机械通风换气次数 表 11-5

名称	公共卫生间	淋浴	池浴	桑拿或蒸气浴	洗浴单间或小于5个喷头的淋浴间	更衣室	走廊、门厅
换气次数（次/h）	5~10	5~6	6~8	6~8	10	2~3	1~2

当建筑未设置单独房间放置桑拿隔间时，如直接将桑拿隔间设在淋浴间或其他公共房间，则应提高该淋浴间等房间的通风换气次数。设置有空调的酒店卫生间，排风量取所在房间新风量的 80%~90%。卫生间排风系统宜独立设置，当与其他房间排风合用时，应有防止相互串气味的措施。

七、电气设备用房通风

1. 柴油发电机房

柴油发电机房可采用自然或机械通风，通风系统宜独立设置。柴油发电机房室内各房间温湿度要求宜符合表 11-6 的规定。

机房各房间温湿度要求 表 11-6

房间名称	冬季		夏季	
	温度（℃）	相对湿度（%）	温度（℃）	相对湿度（%）
机房（就地操作）	15~30	30~60	30~35	40~75
机房（隔室操作、自动化）	5~30	30~60	32~37	≤75
控制及配电室	16~18	≤75	28~30	≤75
值班室	16~20	≤75	≤28	≤75

当柴油发电机采用空气冷却方式时，通风量应按全面排风消除室内余热计算确定。室内余热有：开式机组余热为柴油机、发电机和排烟管的散热量之和；闭式机组余热为柴油机汽缸冷却水管和排烟管的散热量之和。发热量数据由生产厂家提供，当无确切资料时，可按全封闭式机组取发电机额定功率的 0.3~0.35；半封闭式机组取发电机额定功率的 0.5 估算。当柴油发电机采用水冷却方式时，通风量可按≥$20m^3/(kW \cdot h)$的机组额定功率进行计算。

柴油发电机房的进（送）风量应为排风量与机组燃烧空气量之和，燃烧空气量按 $7m^3/(kW \cdot h)$的机组额定功率进行计算。柴油发电机房内的储油间应设机械通风，风量应按≥5 次/h 换气选取。

2. 变配电室（机房）的通风

地面上变配电室宜采用自然通风，当不能满足要求时应采用机械通风；地面下变配电室应设置机械通风。变配电室宜独立设置机械通风系统。设在地下的变配电室应设机械通风措施，气流宜从高低压配电室流向变压器室，从变压器室排至室外。

变配电室的通风量也应根据热平衡公式按全面排风计算确定，其中变压器发热量由设备厂商提供，当资料不全时可采用换气次数法确定风量，一般按：变电室 5 ~ 8 次/h；配电室 3 ~ 4 次/h。变配电室排风温度不宜高于 45℃，宜≤40℃。室内温度不宜高于 28℃。当机械通风无法满足变配电室的温度、湿度要求或变配电室附近有现成的冷源，且采用降温装置比通风降温合理，但最小新风量应≥3 次/h 换气或≥5% 的送风量。

八、冷热源机房的通风

地面上制冷机房宜采用自然通风，当不能满足要求时应采用机械通风；地面下制冷机房应设置机械通风。制冷机房宜独立设置机械通风系统。

当采用封闭或半封闭式制冷机，或采用大型水冷却电机的制冷机时，制冷机房的通风量应按事故通风量确定；当采用开式制冷机时，应按消除设备发热的热平衡全面排风计算的风量与事故通风量的大值选取；其中设备发热量应包括制冷机、水泵等电机的发热量，以及其他管道、设备的散热量；事故通风量应根据制冷机冷媒特性和生产厂商的技术要求确定。机械通风应根据制冷剂的种类设置事故排风口高度，地下制冷机房的排风口宜上、下分设。制冷机房的通风应考虑消音、隔声措施。

制冷机房设备间的室内温度冬季不宜低于 10℃，夏季不宜高于 35℃。氨冷冻站应设置每小时不小于 3 次换气的机械排风和 $183m^3/(m^2 \cdot h)$ 的事故通风，且总排风量不小于 $34000m^3/h$。氟利昂制冷机房的机械通风量应按连续通风和事故通风分别计算。当制冷机设备发热量的数据不全时，可采用换气次数法 4 ~ 6 次/h 确定通风量。事故通风量应≥12 次/h 换气。吸收式制冷机房通风换气次数在工作期间宜按 10 ~ 15 次/h 计算，非工作期间宜按 3 次/h 计算。

锅炉间、直燃机房、水泵间、油泵间等有散发热量的房间，宜采用自然通风或机械排风与自然补风相结合的通风方式；当设置在地下或其他原因无法满足要求时，应设置机械通风。锅炉间、直燃机房以及与之配套的油库、日用油箱间、油泵间、燃气调压和计量间，宜设置各自独立的通风系统，事故排风机应采用防爆型并应由消防电源供电，通风设施应安装导除静电的接地装置。锅炉房、直燃机房的通风应考虑消声、隔声措施，特别是自然进（补）风口的消声、隔声。燃煤锅炉房的运煤系统和干式机械排灰渣系统，应设置密闭防尘罩和局部的通风除尘装置。

锅炉间、直燃机房及配套用房的通风量应按以下确定：

（1）当设置在首层时，燃油锅炉间、燃油直燃机房的正常通风量应≥3 次/h 换气；事故通风量应≥6 次/h 换气；燃气锅炉间、燃气直燃机房的正常通风量应≥6 次/h 换气；事故通风量应≥12 次/h 换气；

（2）当设置在半地下或半地下室时，锅炉房、直燃机房的正常通风量应≥6 次/h 换气；事故通风量应≥12 次/h 换气；

（3）当设置在地下或地下室时，锅炉房、直燃机房的通风量应≥12 次/h 换气；

（4）锅炉间、直燃机房的送风量应为排风量与燃烧所需空气量之和；

（5）油库的通风量应≥6 次/h 换气；油泵间的通风量应≥12 次/h 换气；计算两者

换气量时，房间高度一般可取 4m；

（6）地下日用油箱间的通风量应≥3 次/h 换气；

（7）燃气调压和计量间应设置连续排风系统，通风量应≥3 次/h 换气；事故通风量应≥12 次/h 换气。

九、其他设备用房通风

除上述用房的通风外，民用建筑的泵房、软化水间、中水处理机房、吸烟室、电梯机房、暗室、蓄电池室、热力机房、放映机室、实验室、通风机房等其他设备用房也应保持良好的通风，有条件时可采用自然通风或机械排风自然补风，无条件时应设置机械通风系统。设备有特殊要求时，其通风应满足设备工艺要求。部分设备机房采用机械通风时每小时换气次数宜采用表 11-7 中所列规定值选取。

部分设备机房机械通风换气次数 表 11-7

机房名称	清水泵房	软化水间	污水泵房	中水处理机房
换气次数（次/h）	4	4	8～12	8～12
机房名称	吸烟室	电梯机房	暗室	蓄电池室
换气次数（次/h）	10～15	10	≥5	10～12
机房名称	热力机房	放映机室	实验室	通风机房
换气次数（次/h）	6～12	≥15	1～3	≥1

高层建筑的各类设备用房主要设置在地下层，一般都不能利用自然通风，根据各类设备用房的设计要求，均应考虑设置机械通风系统。由于房间功能不同，通风量要求也不同，而且有些房间要求送风，有些则要求排风，甚至有的房间还要求排烟和事故通风。因此建筑设计中应合理布置各类设备用房，并预留通风井道位置，以免给通风设计增加难度。

思考题与习题

1. 简述建筑通风系统的分类，各种类型通风系统的特点和组成。
2. 说明自然通风的设计原则。
3. 简述机械通风系统的组成。
4. 简述全面通风量的计算方法。
5. 地下汽车库送、排风量和排烟量如何确定？
6. 人防防护通风分哪几类？各有什么作用？

第十二章　空气调节

空气调节（简称空调）是使房间或封闭空间的空气温度、湿度、洁净度和气流速度等参数，达到给定要求的技术。

第一节　空气调节系统分类

空气调节系统一般由空气处理设备、空气输送管道、空气分配装置以及自动控制装置所组成。工程上应根据建筑物的用途、性质、冷热负荷与湿负荷的特点、温湿度调节及控制的要求、空调机房的面积及位置、初投资和运行费用等多方面因素，选定适宜的空调系统。

一、按承担室内热负荷、冷负荷和湿负荷的介质来分类

按承担室内热负荷、冷负荷和湿负荷的介质种类的不同，空调系统可分为全空气系统、全水系统、空气—水系统和冷剂系统（见表12-1）。

按负担室内负荷的介质不同分类　　　表12-1

名称	原理图式	特征	系统应用
全空气系统		•室内负荷全部由集中处理过的空气来负担 •空气比热小、密度小，需空气量多，风道断面大，输送耗能大	普通的低速单风道系统应用广泛，可分为单风道定风量或变风量系统、双风道系统、全空气诱导器系统、末端空气混合箱
全水系统		•室内负荷全部由集中处理过的一定温度的水来负担 •输送管路断面小 •无通风换气的作用	•风机盘管系统 •辐射板供冷供热系统 •通常不单独采用该方式
空气—水系统		•由处理过的空气和水共同负担室内负荷 •其特征介于上述二者之间	•辐射板供冷加新风系统 •风机盘管加新风系统 •空气—水诱导器空调系统 •该方式应用广泛
冷剂系统		•制冷系统蒸发器或冷凝器直接向房间吸收或放出热量 •冷、热量的输送损失少	•整体式或分体式柜式空调机组 •多台室内机的分体式空调机组 •闭环式水热源热泵机组系统 •常用于局部空调机组

注：Q为室内冷、热负荷，W为室内湿负荷。

二、按空气处理设备的设置情况分类

按空气处理设备的设置情况分类，空调系统可分为集中式空调系统、半集中式空调系统、分散式空调系统（局部机组）（见表 12-2）。

按空气处理设备的集中程度分类　　表 12-2

名称		图式	特征	应用
集中式空调系统		风机 接冷/热源 空气处理箱(AHU)	空气的温湿度集中在空气处理箱（AHU）中进行调节后，经风道输送到使用地点，对应负荷变化集中在 AHU 中不断调整，是空调最基本的方式	普通单风道定风量系统； 普通单风道变风量系统； 双风道系统
半集中式空调系统		AHU 接冷/热源	除由集中的 AHU 处理空气外，在各个空调房间还分别有处理空气的“末端装置”	新风集中处理加诱导器； 新风集中处理加风机盘管； 新风集中处理加辐射板
分散式空调系统	个别独立型	1 2 3 1－分体空调机的室内机 2－分体空调机的室外机 3－窗式空调机	各房间的空气处理由独立的带冷热源的空调机组承担	整体式或普通分体式空调机组（单元式空调器）
	构成系统型	供热房间　供冷房间 1　2　3　4 1－空调机组（热泵工况） 2－空调机组（制冷工况） 3－水系统（闭环） 4－水泵	分别带冷热源的空调机组通过水系统构成环路	有热回收功能的闭环式水源热泵机组系统； 有热回收功能的分体式多匹配型空调机

集中式空调系统是指空气集中于机房内进行处理，而空调房间内只有空气分配装置的空调系统。这种系统需要较大的集中机房。

半集中式空调系统是指除了集中空调机房外，还设有分散在空调房间内的二次设备（又称末端装置）的空调系统。这种系统需设较小的集中机房或有时利用吊顶空间即可。

分散式空调系统（局部机组）是指把冷、热源和空气处理、输送设备（风机）集中设置在一个箱体内，形成的空调系统。可按照需要，灵活而分散地设置在空调房间内，不需设集中的机房。

三、按空调系统处理的空气来源分类

按被处理空气的来源分类，空调系统可分为封闭式空调系统、直流式空调系统、混合式空调系统（见表12-3）。

按空调系统处理的空气来源分类　　表12-3

名称		图式	特征	应用
封闭式空调系统			全部为循环空气，系统中无新风加入	适用于战时和无人居留的场所
直流式空调系统			全部用新风，不使用循环空气	适用于室内有有害物或放射性不能循环使用的车间等
混合式空调系统	一次回风		除部分新风外使用相当数量的循环空气（回风）；在热湿处理设备前混合一次	普通应用最多的全空气空调系统
	两次回风		除部分新风外使用相当数量的循环空气（回风）；在热湿处理设备前后各混合一次	为减小送风温差而又不用再热器时的空调方式

四、按系统的用途不同分类

（一）舒适性空调

舒适性空调是指为满足人的舒适性需要而设置的空调系统。如：写字楼、银行、医院、宾馆、饭店、学校、住宅、体育馆等建筑的空调系统。

（二）工艺性空调

工艺性空调是指为满足生产工艺过程对空气参数的要求而设置的空调系统。如半导体工厂、机械工厂、制药工厂、食品工艺、烟厂、印刷厂、电气工厂、生物实验室、手术室等建筑的空调系统。

第二节 空调负荷计算与送风量

一、空调负荷计算

（一）空调室内空气计算参数

室内空气计算参数包括：室内温湿度基数及其允许波动范围；室内空气的流速、洁净度、噪声、压力以及振动等。

舒适性空调人员长期逗留区域空调室内设计参数应符合表12-4的规定。民用建筑短期逗留区域空调供冷工况室内设计参数，宜比长期逗留区域提高1～2℃，供热工况宜降低1～2℃。短期逗留区域供冷工况风速不宜大于0.5m/s，供热工况风速不宜大于0.3m/s。

工艺性空调室内空气设计温度、相对湿度及其允许波动范围，应根据工艺需要及健康要求确定。人员活动区的风速，供热工况时不宜大于0.3m/s；供冷工况时，宜采用0.2～0.5m/s。

人员长期逗留区域空调室内设计参数　　表12-4

类别	热舒适度等级	温度（℃）	相对湿度（%）	风速（m/s）
供热工况	Ⅰ级	22～24	≥30	≤0.2
	Ⅱ级	18～22	—	≤0.2
供冷工况	Ⅰ级	24～26	40～60	≤0.25
	Ⅱ级	26～28	≤70	≤0.3

（二）空调室外空气计算参数

我国现行《民用建筑供暖通风与空气调节设计规范》GB 50736－2012中规定选择下列统计值（只列出主要温湿度参数）作为空调室外空气计算参数：

（1）冬季空气调节室外计算温度：采用历年不保证1天的日平均温度；

（2）冬季空气调节室外计算相对湿度：采用累年最冷月平均相对湿度；

（3）夏季空气调节室外计算干球温度：采用历年平均不保证50h的干球温度；

（4）夏季空气调节室外计算湿球温度：采用历年平均不保证50h的湿球温度；

（5）夏季空气调节室外计算日平均温度：采用历年平均不保证5天的日平均温度。

（三）空调负荷

空调房间的冷（热）、湿负荷计算是确定空调系统送风量和空调设备容量的基本依据。

1. 空调区和空调系统的冷负荷

为保持空调区恒定的空气温度，在某一时刻必须由空调系统从区域内除去的热流量称为空调区冷负荷。空调区的冷负荷，应根据各项得热量的种类和性质以及空调区的蓄热特性分别进行计算。空调区的夏季计算得热量包括：

通过围护结构传入的热量；透过外窗进入的太阳辐射热量；人体散热量；照明散热量；设备、器具、管道及其他内部热源的散热量；食品或物料的散热量；渗透空气带入的热量；伴随各种散湿过程产生的潜热量。空气调节房间的夏季冷负荷，应按各项逐时冷负荷的综合最大值确定。

空调系统冷负荷是由空气调节系统的冷却设备所除去的热流量。它应根据所服务空调区的同时使用情况、空调系统的类型及调节方式，按各空调区逐时冷负荷的综合最大值确定；并应计入新风冷负荷以及通风机、风管、水泵、冷水管和水箱温升、送风管漏风等引起的附加冷负荷。当末端空气处理设备的处理过程有冷热抵消时，还应计入由于冷热抵消而损失的冷量。

2. 空调区和空调系统的热负荷

空调区域热负荷的计算在原理上与供暖热负荷的计算是相同的，即按稳定传热计算法，将耗热量作为房间的热负荷，室外设计计算温度按冬季空调计算温度采用。由于空调区通常保持室内是正压，因此一般情况下，可以不计算冷风渗透引起的热负荷。

空调系统热负荷是由空气调节系统的加热设备所提供的热流量。它应根据所服务各空调区热负荷的累计值确定。当空调风管、热水管道均布置在空调区内时，可以不计算其热损失引起的附加热负荷，否则应计入其附加热负荷。

3. 空调区湿负荷

为连续保持空调区要求的空气参数而必须除去或加入的湿流量称为空调区湿负荷。空气调节区的夏季计算散湿量，应根据人体散湿量，渗透空气带入的湿量，化学反应过程的散湿量，各种潮湿表面、液面或液流的散湿量，食品或气体物料的散湿量，设备散湿量，通过围护结构的散湿量等确定。

4. 空调区冷（热）负荷估算

空调区冷（热）、湿负荷应根据以上各项的不同情况逐项逐时的进行详细计算。在方案设计阶段，建筑师预留机房面积时使用冷负荷指标进行估算即可。冷负荷指标的统计值见表 12-5。考虑到表中数值为已建成空调工程的统计值和各种节能标准的相继实施，估算时宜取下限值或中间值。

冷负荷指标的统计值 **表 12-5**

序号	建筑类型及房间名称	冷负荷指标（W/m^2）	序号	建筑类型及房间名称	冷负荷指标（W/m^2）
	旅游旅馆		12	保龄球	90～150
1	客房	70～100	13	弹子房	75～110
2	酒吧、咖啡	80～120	14	室内游泳池	160～260
3	西餐厅	100～160	15	交谊舞舞厅	180～220
4	中餐厅、宴会厅	150～250	16	迪斯科舞厅	220～320
5	商店、小卖部	80～110	17	卡拉 OK	100～160
6	大堂、接待	80～100	18	棋牌、办公	70～120
7	中庭	100～180	19	公共洗手间	80～100
8	小会议室（少量人吸烟）	140～250		**银行**	
9	大会议室（不准吸烟）	100～200	20	营业大厅	120～160
10	理发、美容	90～140	21	办公室	70～120
11	健身房	100～160	22	计算机房	120～160

续表

序号	建筑类型及房间名称	冷负荷指标（W/m^2）	序号	建筑类型及房间名称	冷负荷指标（W/m^2）
	医院		42	观众休息厅（不准吸烟）	160～250
23	高级病房	80～120	43	裁判、教练、运动员休息室	100～140
24	一般病房	70～110	44	展览馆、陈列厅	150～200
25	诊断、治疗、注射、办公	75～140	45	会堂、报告厅	160～240
26	X光、CT、B超、核磁共振	90～120	46	多功能厅	180～250
27	一般手术室、分娩室	100～150		**图书馆**	
28	洁净手术室	180～380	47	阅览室	100～160
29	大厅、挂号	70～120	48	大厅、借阅、登记	90～110
	商场、百货大楼		49	书库	70～90
30	营业厅（首层）	160～280	50	特藏（善本）	100～150
31	营业厅（中间层）	150～200		**餐馆**	
32	营业厅（顶层）	180～2500	51	营业大厅	200～280
	超市		52	包间	180～250
33	营业厅	160～220		**写字楼**	
34	营业厅（鱼、肉、副食）	90～160	53	高级办公室	120～160
	影剧院		54	一般办公室	90～120
35	观众厅	180～280	55	计算机房	100～140
36	休息厅（允许吸烟）	250～360	56	会议室	150～200
37	化妆室	80～120	57	会客室（允许吸烟）	180～260
38	大堂、洗手间	70～100	58	大厅、公共洗手间	70～110
	体育馆			**住宅、公寓**	
39	比赛馆	100～140	59	多层建筑	88～150
40	贵宾馆	120～180	60	高层建筑	80～120
41	观众休息厅（允许吸烟）	280～360	61	别墅	150～220

二、空调区送风量与新风量

空调区送风量是确定空气处理设备大小、选择输送设备和气流组织计算的主要依据。

由于冬季送热风时送风温差值可比夏季送冷风时的送风温差值大，所以冬季送风量可比夏季小，故空调区送风量一般先确定夏季送风量，在冬季可采取与夏季相同的送风量，也可以小于夏季送风量，但必须满足最小换气次数的要求。

空调区送风量包括回风量和新风量。其中新风量占总风量的比例应根据各空调区的需要来确定，它的大小对室内人员健康影响很大，对室内的冷量、热量影响也很大。设计时必须根据空调区的具体要求，既要保证空调区空气质量、又要本着节能的原则，综合考虑确定新风量。表12-6是公共建筑主要房间每人所需的最小新风量。公共建筑其他房间人所需的最小新风量，可按国家现行卫生标准中的CO_2允许浓度进行计算确定，并应满足国家现行相关标准的要求。设置新风的居住建筑和医疗建筑所需最小新风量，要综合考虑人员污染和建筑污染对人体健康的影响，其值分别应满足表12-7和表12-8

的规定。高密度人群每人所需的最小新风量应按人员密度确定，且应满足表12-9的规定。工业建筑应保证每人不小于30m³/h的新风量。

公共建筑主要房间每人所需最小新风量　表12-6

建筑房间类型	新风量［m³/（h·人）］
办公室	30
客房	30
大堂、四季厅	10

居住建筑设计最小换气次数　表12-7

人均居住面积 F_P	每小时换气次数
$F_P \leqslant 10m^2$	0.7
$10m^2 < F_P \leqslant 20m^2$	0.6
$20m^2 < F_P \leqslant 50m^2$	0.5
$F_P > 50$	0.45

医疗建筑设计最小换气次数　表12-8

功能房间	每小时换气次数
门诊室	2
急诊室	2
配药室	5
放射室	2
病　房	2

高密度人群建筑每人所需的最小新风量［m³/（h·人）］　表12-9

建筑类型	人员密度 P_F（人/m²）		
	$P_F \leqslant 0.4$	$0.4 < P_F \leqslant 1.0$	$P_F > 1.0$
影剧院、音乐厅、大会厅、多功能厅、会议室	14	12	11
商场、超市	19	16	15
博物馆、展览厅	19	16	15
公共交通等候室	19	16	15
歌厅	23	20	19
酒吧、咖啡厅、宴会厅、餐厅	30	25	23
游艺厅、保龄球房	30	25	23
体育馆	19	16	15
健身房	40	38	37
教室	28	24	22
图书馆	20	17	16
幼儿园	30	25	23

第三节 集中式空调系统

从本节开始主要介绍水冷式制冷机为冷源，锅炉、热力站、直燃机或水源热泵等为热源的集中空调系统和半集中式空调系统（二者合称为中央空调系统），其他空调系统只作简单介绍。

集中空调系统是由冷热源、冷热媒管道、空气处理设备（组合式空调器、柜式空调器等）、送风管道和风口组成。其系统原理图参见图12-1。

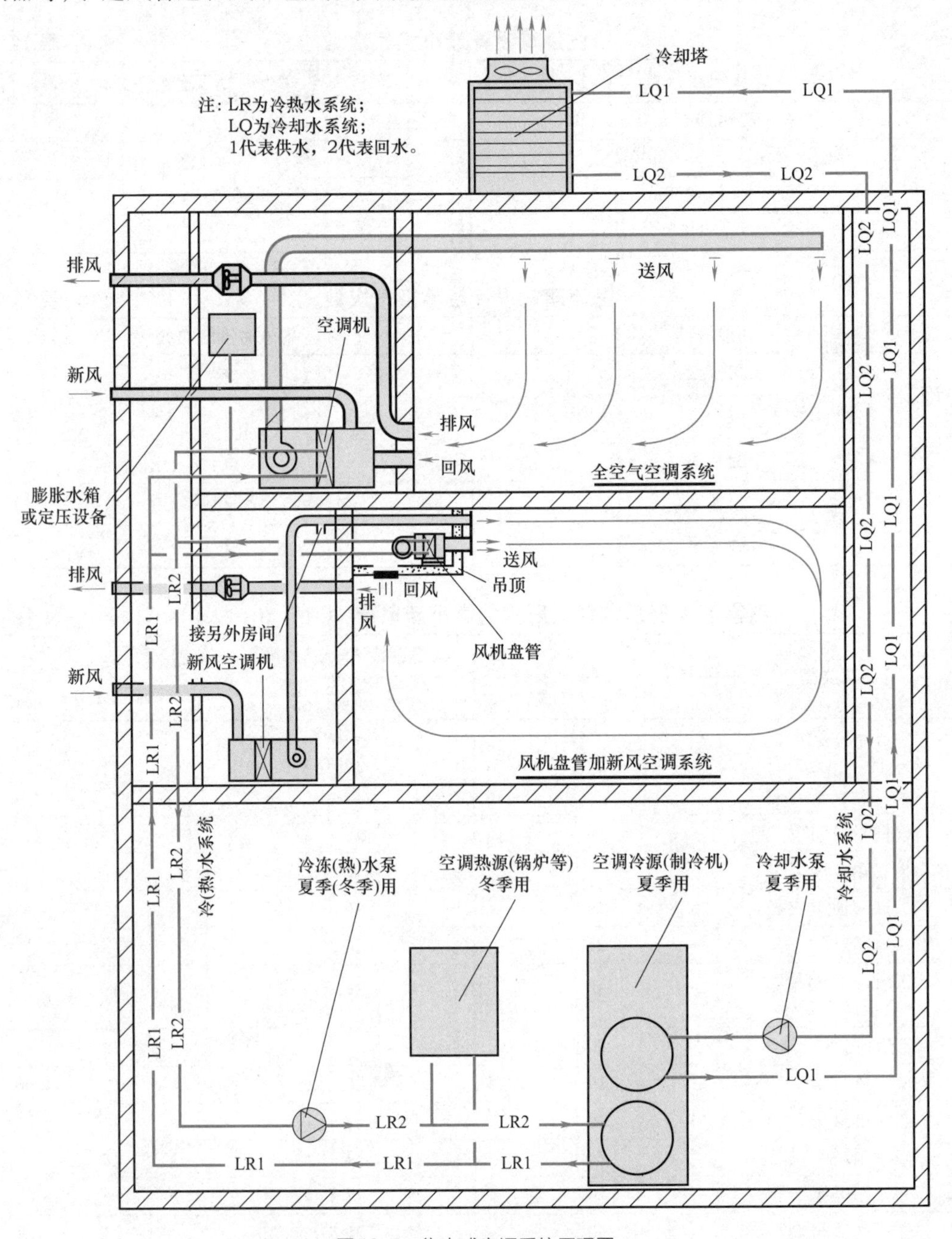

图12-1 集中式空调系统原理图

一、集中空调系统的选择

集中空调系统，根据房间有害物情况、室内温湿度精度要求等可分别采用单风道、双风道，定风量及变风量输送系统。

全空气定风量单风道系统可用于温湿度允许波动范围小、噪声和洁净度标准要求高的场合，如净化房间、医院手术室、电视台、播音室等；也可用于空调区大或居留人员多，且各空调区温湿度参数、洁净度要求、使用时间等基本一致的场所，如商场、影剧院、展览厅、餐厅、多功能厅、体育馆等。

全空气定风量双风道系统可用于需要对空调区域内的单个空调区域进行温湿度控制，或由于建筑物的形状或用途等原因，使得其冷热负荷分布复杂的场所。这种系统的设备费和运行费高，耗能大，一般不宜采用。

全空气变风量系统可用于各空调区需要分别调节温湿度，但温度和湿度控制精度不高的场所，如高档写字楼和一些用途多变的建筑物。变风量系统尤其适用于全年都需要供冷的大型建筑物的内区。

二、集中空调系统特点

此类系统空气处理的品质高，维护管理方便，可实现全年多工况自动控制，使用寿命长；空调送回风管系统复杂，占建筑空间大，布置困难，灵活性较差；空调房间之间由风道连通，使各房间互相污染，当发生火灾时会通过风道迅速蔓延；空调和制冷设备可以集中布置在机房，可以有效地采取消声隔振措施，但机房面积较大，层高较高，有时可以布置在屋顶上或安置在车间柱间平台上。

三、空气热湿处理过程及设备

在空调系统中，为得到同一送风状态点，可能有不同的处理途径，表 12-10 是对常用空气处理方案的简要说明。

对空气进行各种热、湿、净化等处理的装置统称为空气处理设备。下面简要介绍常用空气处理设备。

各种空气处理方案说明　　表 12-10

季　节	空气处理方案
夏季	喷水室喷冷水或表冷器冷却、减湿——加热器再热 固体吸湿剂减湿——表面冷却器等湿冷却 液体吸湿剂减湿冷却
冬季	加热器预热——喷蒸汽加湿——加热器再热 加热器预热——喷水室绝热加湿——加热器再热 加热器预热——喷蒸汽加湿 喷水室喷热水加热加湿——加热器再热 加热器预热——一部分空气经喷水室绝热加湿——与另一部分未加湿空气混合

（一）喷水室

喷水室是空调系统中夏季对空气冷却除湿、冬季对空气加湿的设备。在喷水室中喷入不同温度的水，通过水直接与被处理的空气接触来进行热湿交换，实现空气的加热、冷却、加湿和减湿等过程。用喷水室处理空气的主要优点是能够实现多种空气处理过程，冬夏季工况可以共用一套空气处理设备，具有一定的净化空气的能力，金属耗量小，容易加工制作。缺点是对水质条件要求高，占地面积大，水系统复杂和耗电较多。在空调房间的温、湿度要求较高的场合，如纺织厂、卷烟厂等工艺性空调系统中，得到了广泛的应用。

图 12-2（*a*）、（*b*）分别是应用较多的低速、单级卧式和立式喷水室的结构示意图。立式喷水室占地面积小，空气是从下而上流动，水则是从上向下喷淋。因此，空气与水的热湿交换效果比卧式喷水室好。

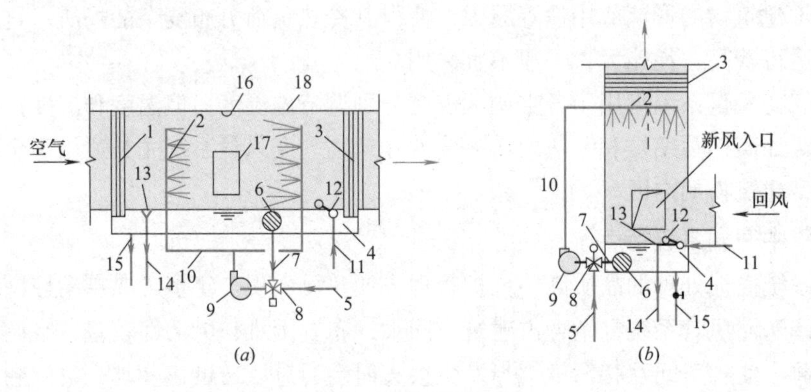

图12-2 喷水室的构造

（*a*）卧式喷水室 （*b*）立式喷水室

1—前挡水板；2—喷嘴与排管；3—后挡水板；4—底池；5—冷水管；6—滤水器；7—循环水管；8—三通混合阀；9—水泵；10—供水管；11—补水管；12—浮球阀；13—溢水器；14—溢水管；15—泄水管；16—防水灯；17—检查门；18—外壳

（二）表面式换热器

用表面式换热器处理空气时，对空气进行热湿交换的工作介质不直接和被处理的空气接触，而是通过换热器的金属表面与空气进行热湿交换。在表面式换热器中通入热水或蒸汽，可以实现空气的等湿加热过程；通入冷水或制冷剂，可以实现空气的等湿和减湿冷却过程。

表面式换热器具有构造简单、占地面积少、水质要求不高、水系统阻力小等优点，因而，在机房面积较小的场合，特别是高层建筑的舒适性空调中得到了广泛的应用。

表面式换热器的构造如图 12-3 所示，为了增强传热效果，表面式换热器通常采用肋片管制做。表面式冷却器的下部应装设集水盘，以接收和排除从空气中冷凝出来的水，集水盘的安装如图 12-4 所示。

（三）电加热器

电加热器是通过电阻丝发热来加热空气的设备。具有结构紧凑、加热均匀、热量稳定、控制方便等优点。但由于电费较贵，通常只在加热量较小的空调机组等场合采用。在恒温精度较高的空调系统里，常安装在空调房间的送风支管上，作为控制房间温度的调节加热器。

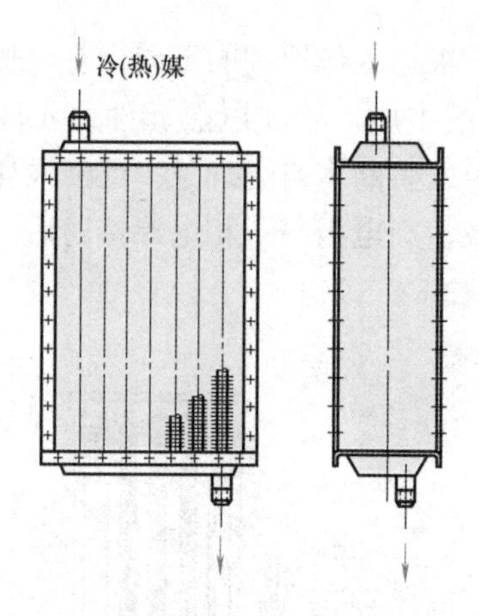

图12-3　肋片管式换热器

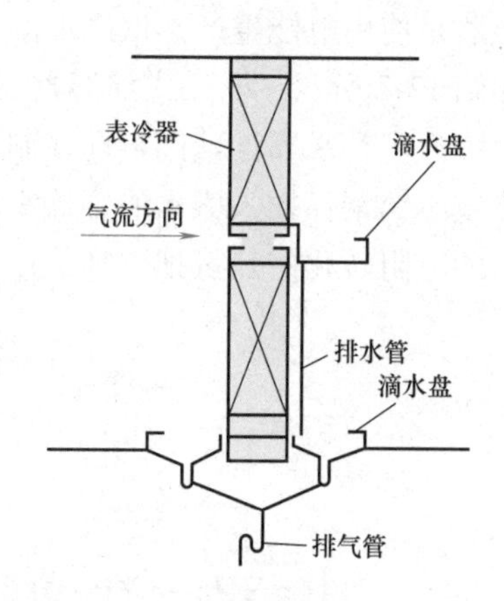

图12-4　集水盘的安装

常用的电加热器为管式电加热器，其构造如图12-5所示。它是把电阻丝装在特制的金属套管内，套管中填充有导热性好、但不导电的材料，这种电加热器的优点是加热均匀、热量稳定、经久耐用、使用安全性好，但它的热惰性大，构造也比较复杂。

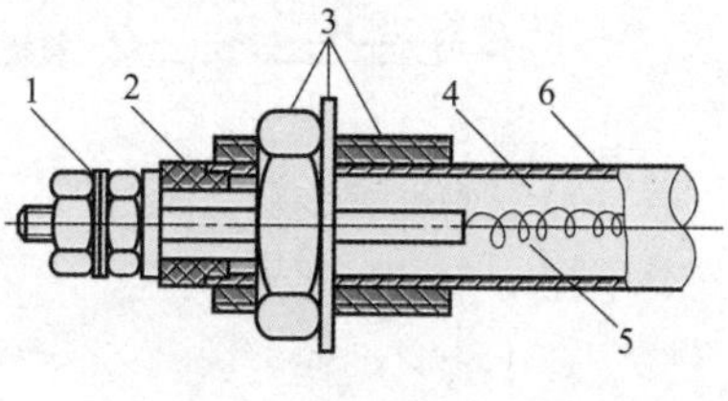

图12-5　管式电加热器

1—接线端子；2—瓷绝缘子；3—紧固装置；4—绝缘材料；5—电阻丝；6—金属套管

（四）加湿器

加湿器是用于对空气进行加湿处理的设备，常用的有干蒸汽加湿器和电加湿器两种类型。

干蒸汽加湿器的构造如图12-6所示，它是使用锅炉等加热设备生产的蒸汽对空气进行加湿处理。为了防止蒸汽喷管中产生凝结水，蒸汽先进入喷管外套1，对喷管中的蒸汽加热、保温，然后经导流板进入加湿器筒体3，分离出产生的凝结水后，再经导流箱4和导流管5进入加湿器内筒体6，在此过程中，使夹带的凝结水蒸发，最后进入喷管7喷出的便是没有凝结水的干蒸汽。

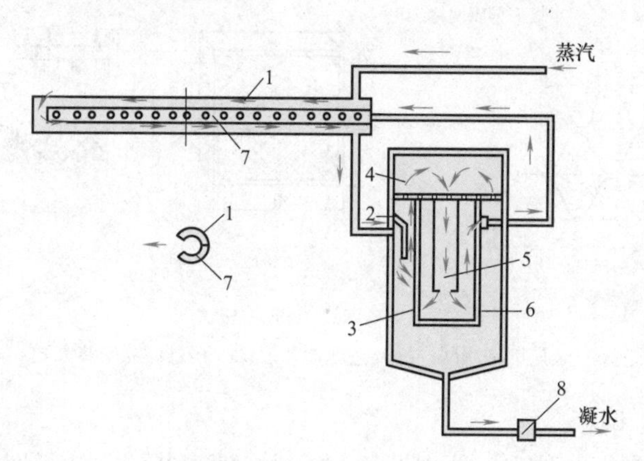

图12-6　干蒸汽加湿器

1—喷管外套；2—导流板；3—加湿器筒体；4—导流箱；5—导流管；6—加湿器内筒体；7—加湿器喷管；8—疏水器

电加湿器是使用电能生产蒸汽来加湿空气。根据工作原理的不同，有电热式和电极式两种，如图 12-7 所示。电热式加湿器是在水槽中放入管状电热元件，元件通电后将水加热产生蒸汽。补水靠浮球阀自动控制，以免发生断水空烧现象。电极式加湿器是利用三根铜棒或不锈钢棒插入盛水的容器中作电极，当电极与三相电源接通后，电流从水中流过，水的电阻转化的热量把水加热产生蒸汽。

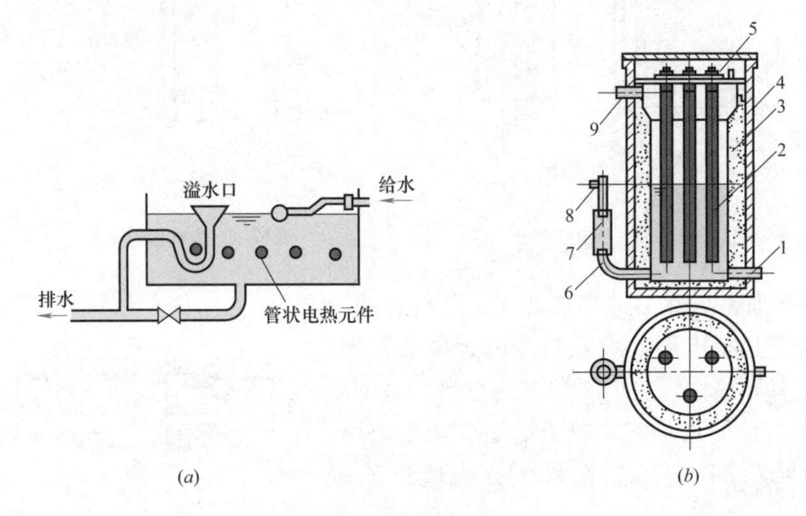

图12-7　电加湿器

（a）电热式加湿器；（b）电极式加湿器

1—进水管；2—电极；3—保温层；4—外壳；5—接线柱；6—溢水管；7—橡皮短管；8—溢水嘴；9—蒸汽出口

（五）空气过滤器

空气过滤器是用来对空气进行净化处理的设备，通常分为粗效、中效和高效过滤器三种类型。为了便于更换，一般做成块状，如图 12-8 所示。此外，为了提高过滤器的过滤效率和增大额定风量，可做成抽屉式（图 12-9）或袋式（图 12-10）。

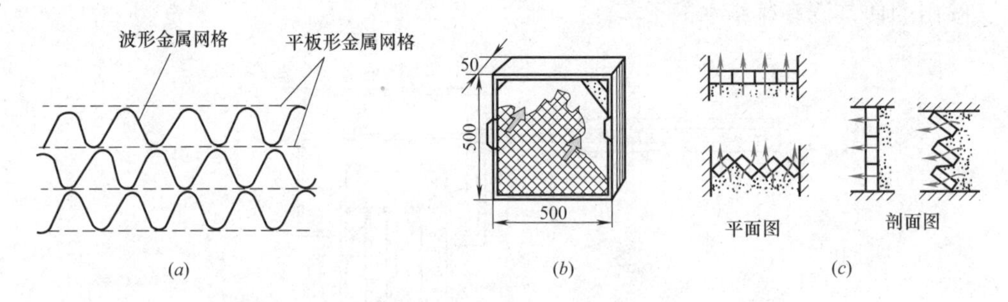

图12-8　粗效过滤器（块状）

（a）金属网格滤网；（b）过滤器外形；（c）过滤器安装方式

（六）组合式空调箱

组合式空调箱是把各种空气处理设备、风机、消声装置、能量回收装置等分别做成箱式的单元，按空气处理过程的需要进行选择和组合成的空调器。图 12-11 是一种组合式空调箱的示意图，常用于集中式空调系统中。

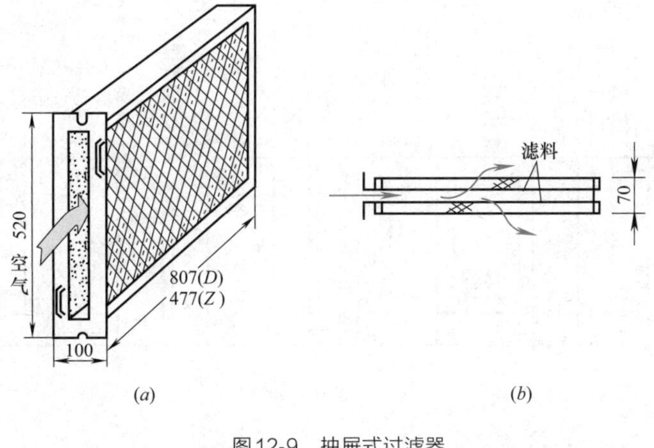

图12-9 抽屉式过滤器
（a）外形；（b）断面形状

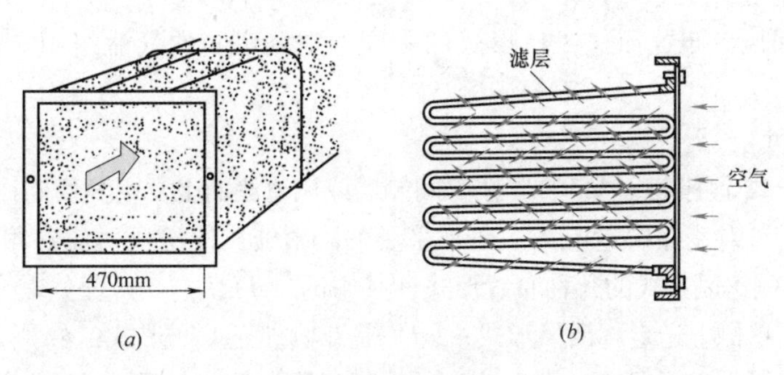

图12-10 袋式过滤器
（a）外形；（b）断面形状

组合式空调箱中回风段的作用是把新风和回风混合；消声段的作用是消减气流噪声即消减通过回风道和新风口向外传播的噪声；回风机的作用是克服回风系统和新风口的流动阻力把新风和回风吸入空调箱；热回收段的作用是将排风中的冷（热）量回收以降低（升高）新风温度；粗效过滤段是过滤掉空气中的大颗粒灰尘；表冷段的作用是对空气进行冷却（或冷却减湿）处理，冬季也可做加热器用；挡水板是除掉空气中携带的冷凝水；再加热段是对空气进行加热处理，以满足送风状态；二次回风段是仅用于二次回风系统，它可以代替再热器；送风机克服送风管、风口和空气处理设备等的阻力、将空气送入房间；消音段的作用是消减气流噪声即消减通过送风管进入房间的噪声；中效过滤器是进一步对空气进行过滤，以达到洁净度的要求；中间段起均流作用。除此之外，还有百叶调节阀等设备。由于处理过程不同、风量不同，空调设备的配置、空调箱的尺寸结构等都不相同，视具体情况而定。空调箱除需配备冷热源、水管、风管、消声减振设备、自控系统外，还需设置专门的空调机房。

四、气流组织方式及风口布置

集中空调系统中，将经过集中处理的空气通过送风管从送风口送入空调房间内。同时，将用过的空气从排风口排出系统外或回到空调机组经重新处理后再循环使用，以满足工艺或卫生对温湿度的要求。所以，空调房间有送风、回风和排风，其空气平衡关系是：

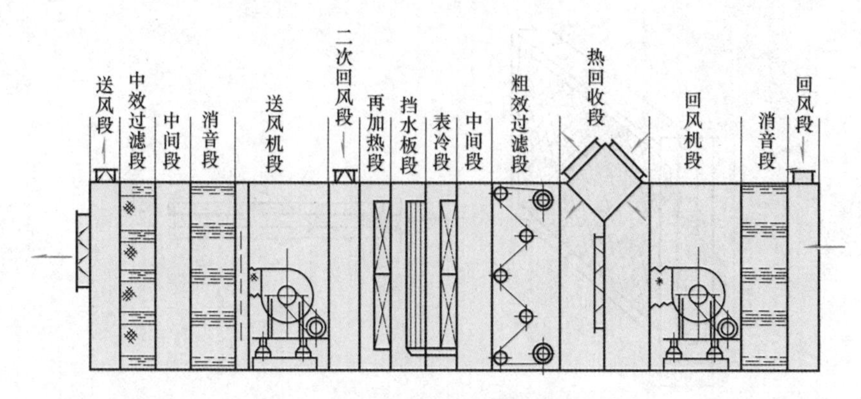

图12-11 组合式空调箱

送风量 = 回风量 + 排风量（包括有组织和无组织排风）。

（一）气流组织方式

根据送、回风口布置和送风口形式的不同，空调房间的气流组织方式主要有以下几种：

1. 侧向送风

这种送风方式是把侧送风口布置在房间侧墙或风道侧面上，空气横向送出，为了增大射流的射程，避免射流在中途下落，通常采用贴附射流，使送风射流贴附在顶棚表面流动。图 12-12 是侧送风方式的几种布置形式，其中的（*a*）、（*b*）、（*c*）是单侧上送上回、单侧上送下回、单侧上送走廊回风形式；（*d*）是双侧外送上回形式；（*e*）、（*f*）分别为双侧内送上回和双侧内送下回的形式；（*g*）是中部双侧内送，上下回风或上部排风。

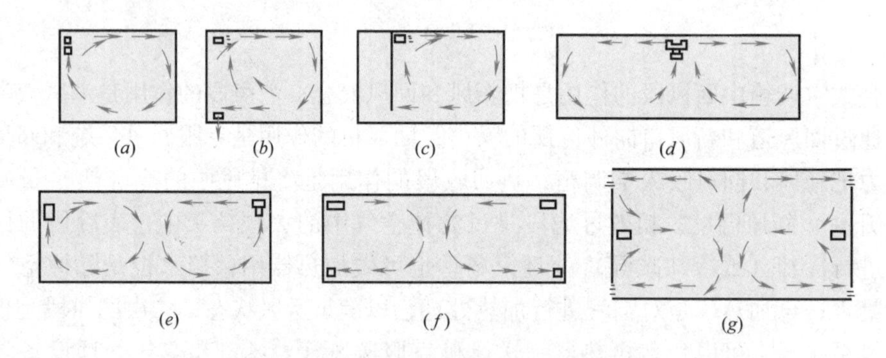

图12-12 侧向送风的气流流型

侧送风气流组织的主要特点是：气流在室内形成大的回旋涡流，工作区处于回流区，只是在房间的角落处有小的滞流区，由于送风气流在到达工作区之间已经与房间的空气进行了比较充分的混合，从而使工作区具有比较均匀、稳定的温度分布。此外，侧送风还具有管路布置简单、施工方便等优点。

2. 散流器送风

散流器送风有平送、下送两种形式，如图 12-13、图 12-14 所示。散流器平送风的主要特点是作用范围大，射流扩散快，射程比侧送风短，工作区处于回流区，具有较均匀的温度和速度分布。散流器下送风射流以 20° ~ 30° 的扩散角向下射出，在风口附近的混合段与室内空气混合后形成稳定的下送直流流型，通过工作区后从布置在下部的回风口排出。散流器下送的工作区处于射流区，适用于房间层高较高或净化要求较高的场合。

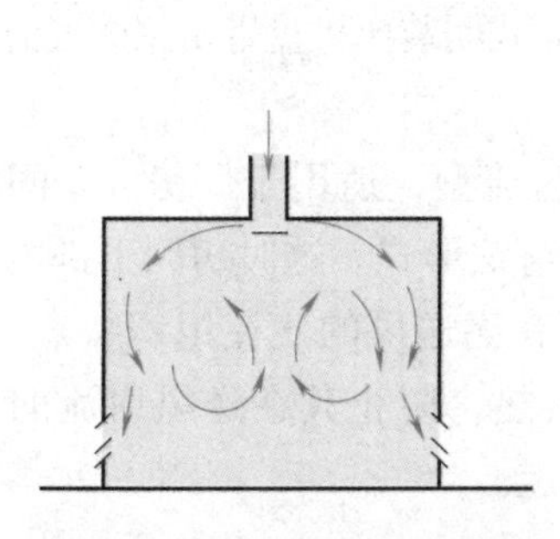

图12-13 散流器平送气流流型

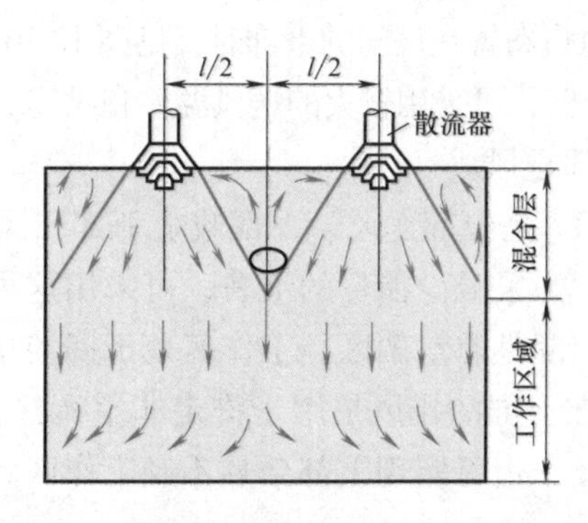

图12-14 散流器下送气流流型

采用散流器送风时通常设置吊顶，需要的房间层高较高，一般需3.5～4.0m，因而初投资比侧送风高。

3. 孔板送风

孔板送风的气流流型如图12-15所示，它与孔板上的开孔数量、送风量和送风温差等因素有关。

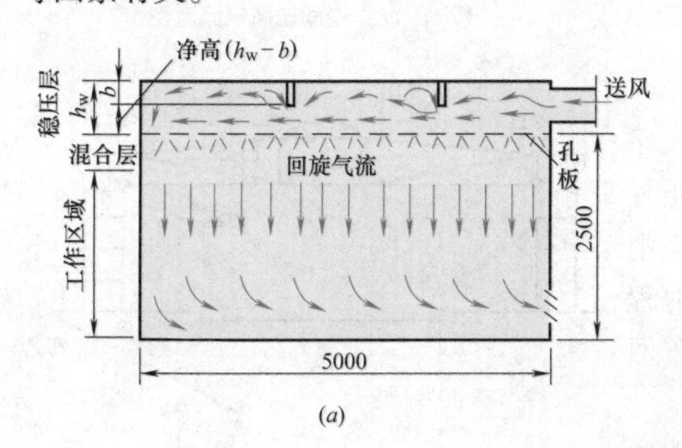

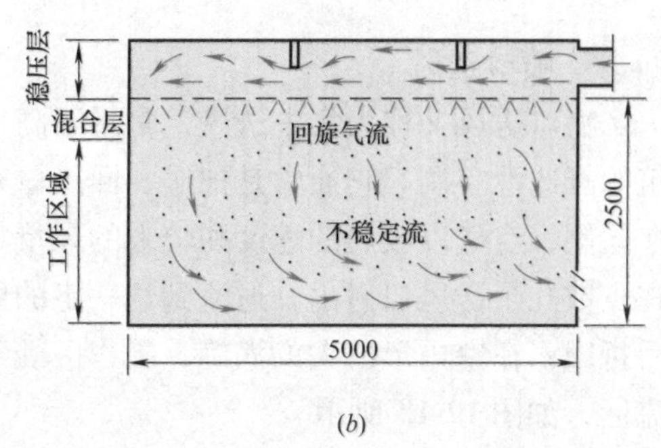

图12-15 孔板送风气流流型

(*a*) 下送直流流型；(*b*) 不稳定流流型

对于全孔板，当孔口风速 $v_o \geqslant 3$m/s、送风温差 $\Delta t_o \geqslant 3$℃、风量 $L \geqslant 60\text{m}^3/(\text{m}^2 \cdot \text{h})$ 时，孔板下方形成下送直流流型，适用于净化要求较高的场合；当孔口风速 v_o 和送风温差 Δt_o 较小时，孔板下方形成不稳定流。由于不稳定流可使送风射流与室内空气充分混合，工作区的流速分布均匀，区域温差很小，适用于恒温精度要求较高的空调场合。

局部孔板下方一般是不稳定流，这种流型适用于射流下方有局部热源或局部区域恒温精度要求较高的场合。

4. 下部送风

这种气流组织方式是把送风口布置在房间的下部、回风口布置在房间的上部或下部，如图12-16 (*a*)、(*b*) 所示。

当回风口布置在房间的上方时，送风射流直接进入工作区，上部空间的余热不经工作区就被排走，因此，适用于电视台演播大厅这类室内热源靠近顶棚的空调场合。但是，由于送风直接进入工作区，为了满足人体热舒适的要求，送风温差和风速比较小，当送风量较大时，因需要的送风口面积较大，风口布置较困难。

当回风口布置在房间的下部时，见图 12-16（*b*），送风射流在室内形成大的涡旋，工作区处于回流区，可采用较大的送风温差和风速。例如立式明装风机盘管常用的气流流型。

5. 中部送风

图 12-17 是中部送风、下部或上下部回风的气流流型，适用于厂房、车间等高大空间的场合。为了减少能量的浪费，可采用这种气流组织形式。这时房间下部的工作区是空调区，上部是非空调区。工作区处于回流区，具有侧送风的气流组织特点。图 12-17（*b*）中设在上部的排风是用于排走非空调区内的余热，防止其在送风射流的卷吸下向工作区扩散，也可实现上部余热不经工作区就被排走。

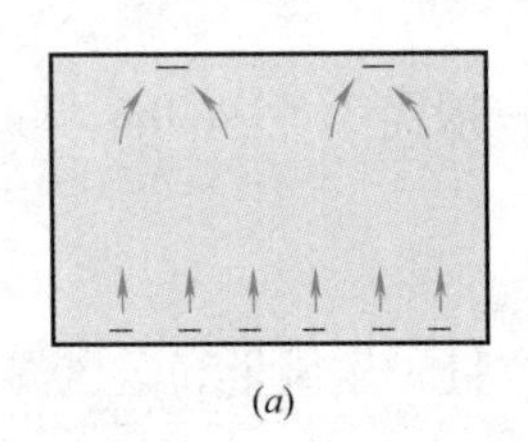
(*a*)

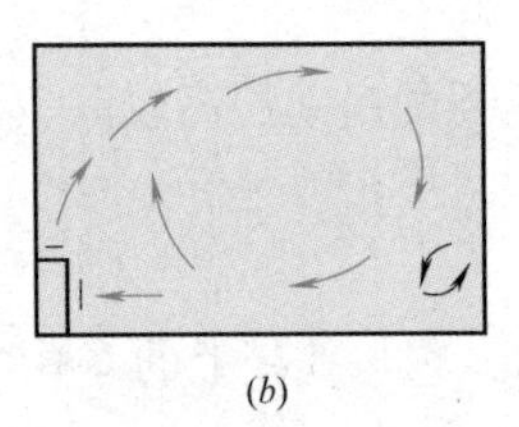
(*b*)

图12-16　下送风气流流型

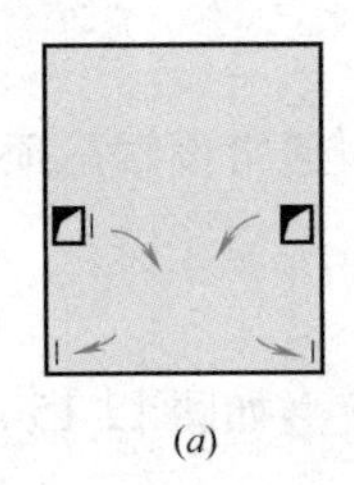
(*a*)

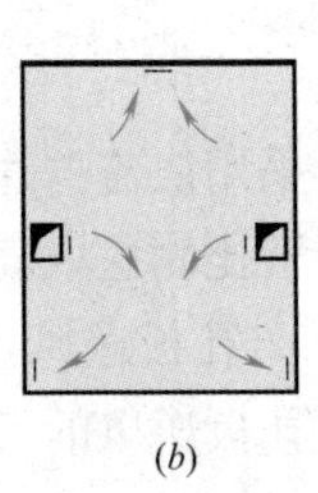
(*b*)

图12-17　中间送风气流流型

6. 喷口送风

喷口送风又称为集中送风，多用于高大建筑的舒适性空调。它通常是把送、回风口布置在同侧，空气以较高的速度和较大的风量集中在少数几个送风口射出，射流到达一定的射程后折回，在室内形成大的涡旋，工作区处于回流区，如图 12-18 所示。

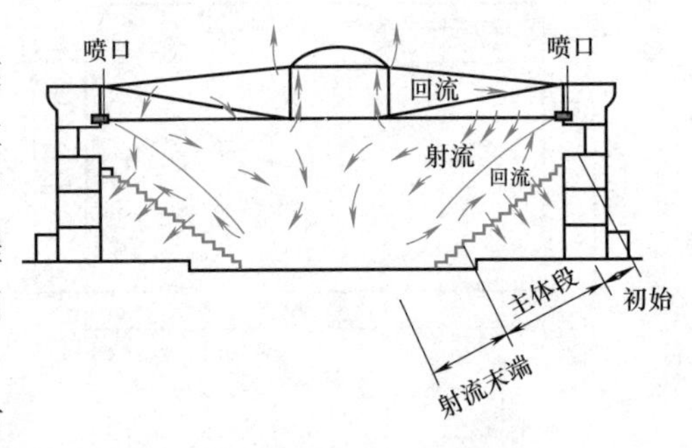

图12-18　喷口送风气流流型

这种送风方式射程远、系统简单、投资节省，可以满足一般舒适性要求，适用于大型体育馆、影剧院、礼堂、候车大厅等高大空间的公共建筑和工业建筑的空调系统。

（二）风口布置

1. 室内送、排（回）风口布置

对室内气流流场起决定作用的是送风口形式的选择和布置，它应根据房间的大小、使用功能要求来选择，如前所述，送风口的布置应根据气流组织计算结果确定。回风口的布置方式应符合下列要求：

（1）回风口不应设在送风射流区内和人员经常停留的地方。采用侧送时，一般设在送风口的同侧。

（2）在有条件时，可采用走廊回风，但走廊的断面风速不宜过大。

(3) 以冬季送热风为主的空气调节系统，其回风口应设在房间的下部。

(4) 当室内采用顶送方式，而且以夏季送冷风为主的空气调节系统，宜设与灯具结合的顶部回风口。

(5) 采用置换通风、地板送风时，应设在人员活动区的上方。

(6) 设有空气调节系统和机械排风系统的建筑物，其送风口、回风口和排风口位置的设置要有利于维持房间内所需要的空气压力状态。

2. 建筑物外墙新风口、排风口布置

新风口是指通风空调系统从室外取新风的入口；排风口系指室内空气排至室外时的风口。建筑设计时，均需在外围护结构上预留孔洞。

(1) 新风口设置通常要满足以下要求：

应避开周围建筑的排风口（或有较远的距离），并设在室外空气比较清洁的地方，宜设在北墙上。

应尽量设在本楼排风口的上风侧（按新、排风口同时使用时主导风向上风侧），且应低于排风口，应避免新风、排风短路。

进风口底边距离室外地面不宜小于 2m，当进风口布置在绿化地带时，则不宜小于 1m。

(2) 排风口的布置除应考虑与本楼新风口的间距和朝向外，还应考虑对周围环境的影响及排出空气的性质，同时，也应符合当地环保部门的有关规定。对于普通排气（如卫生间、设备间及普通库房的换气），保持排风口距室外地面 2m 以上较为合理；如果是有害气体（如车库、厨房排气等），应提高排风口高度。有条件时，排风口最好是设置于建筑屋面等不影响人员活动的场所。

第四节　半集中式空调系统

半集中式空调系统是由冷热源、冷热媒管道、空气处理设备、送风管道和风口组成。半集中式空调系统空气处理设备包括对新风进行集中处理的空调器（称新风机组）和在各空调房间内分别对回风进行处理的末端装置（如风机盘管、诱导器等）。图 12-1 所示包含风机盘管加新风空调系统。

一、半集中空调系统的选择

半集中式空调系统根据末端装置的不同可以分为新风加风机盘管系统和新风加诱导器系统。当有集中冷热源、建筑规模大、空调房间多、空间较小而各房间具体使用要求各异、不宜布置大风管且室内温湿度要求一般或层高较低时，可选择半集中式空调系统，如宾馆客房、办公用房等民用建筑。

风机盘管加新风系统的空气调节系统能够实现居住者的独立调节要求，它适用于旅馆客房、公寓、医院病房、大型办公楼建筑，同时，又可与变风量系统配合使用在大型建筑的外区。

诱导器式系统可用于多房间需要单独调节控制的建筑，也可用于大型建筑物的外区。

二、风机盘管系统

风机盘管机组在空调工程中的应用大多是和经单独处理的新风系统相结合的。新风由新风机组集中处理，分别送入各个房间；房间回风由设在其内的风机盘管处理，然后与新风混合送入室内或送入室内后混合。与一次回风全空气集中系统相比，该系统送风管小，不需设回风管，节省建筑空间。

（一）风机盘管机组

风机盘管由风机、表面式热交换器（盘管）、过滤器组成。其形式有卧式和立式机组，如图 12-19 所示。

（二）风机盘管空调系统的新风供给方式

风机盘管空调系统是由风机盘管机组、水系统、新风系统和冷凝水系统四部分组成。风机盘管系统新风供给方式有：房间缝隙自然渗入；机组背面墙洞引入新风；独立新风系统供给室内。其中最后一种新风供给方式是目前最常用的，如图 12-20 和图 12-21 所示。

（三）风机盘管水系统

风机盘管空调冷、热媒分别由冷源和热源集中供给，其水系统分为双管制系统、三管制系统和四管制系统。各种水管体制的特点和使用范围如表 12-11 所示。

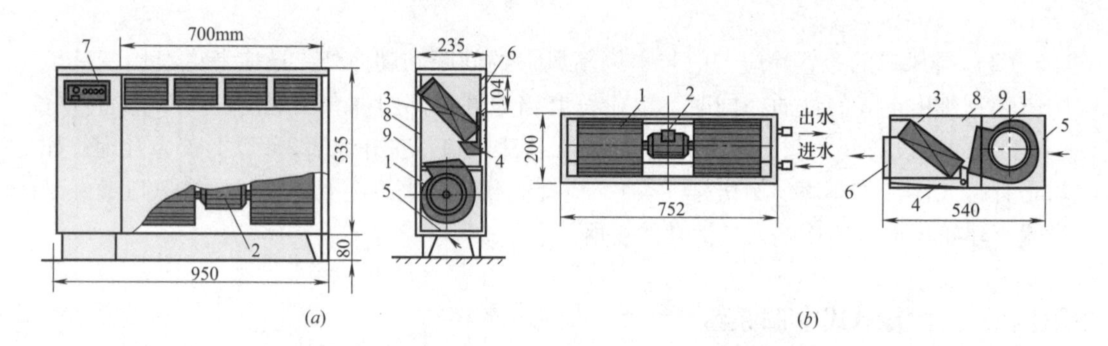

图12-19 风机盘管构造图

（a）立式；（b）卧式

1—风机；2—电机；3—盘管；4—凝水盘；5—循环风进口及过滤器；6—出风格栅；7—控制器；8—吸声材料；9—箱体

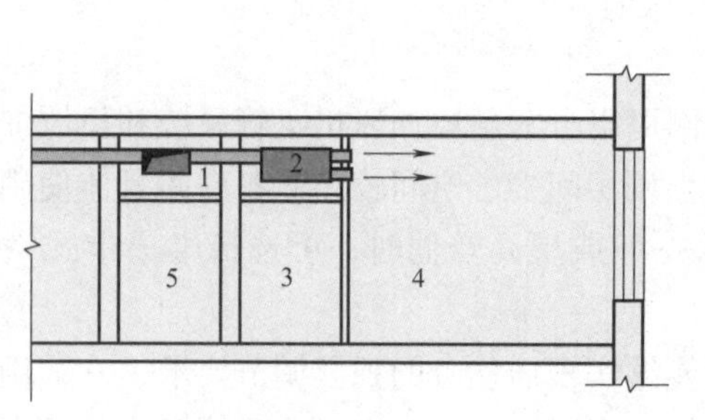

图12-20 卧式暗装风机盘管机组加独立新风系统

1—新风管；2—风机盘管机组；3—过道；4—客房；5—走廊

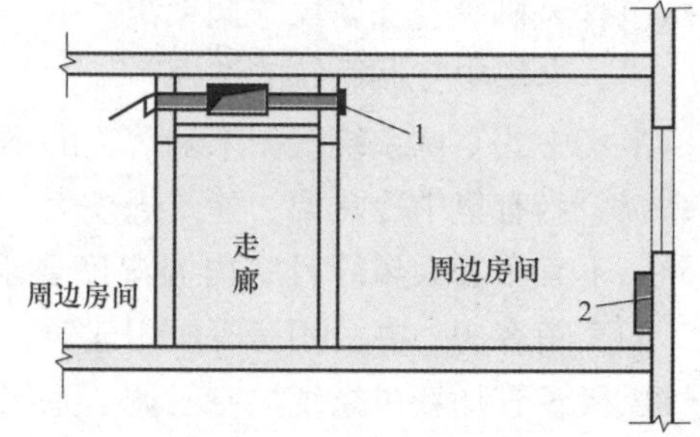

图12-21 立式风机盘管机组加独立新风系统

1—新风口；2—风机盘管机组

风机盘管（FCU）水系统　　表 12-11

水管体制及接法	特点	使用范围
两管制：FCU	供回、水管各一根，夏季供冷水，冬季供热水。简便、省投资、冷热水量相差较大	全年运行的空调系统，仅要求按季节进行冷却或加热转换，适用于一般空调系统
三管制：FCU 冷 热 回水	盘管进口处设有三通阀，由室内温度控制装置控制，按需要供应冷水或热水；使用同一根回水管，存在冷热量混合损失；初投资较高	要求全年空调且建筑物内负荷差别很大的场合；过渡季节有些房间要求供冷有些房间要求供热；适用于较高档次的空调系统
四管制：FCU 冷 热 冷 热 供 回 (a) 室温控制器 冷 热 (b)	占空间大；比三管制运行费低；在三管制基础上加一回水管或采用冷却、加热两组盘管，供水系统完全独立；初投资更高	全年运行空调系统，建筑物内负荷差别很大的场合；过渡季节有些房间要求供冷有些房间要求供热，或冷却和加热工况交替频繁时为简化系统和减少投资，亦有把机房总系统设计成四管制，把所有立管设计为二管制，以便按朝向或内、外区分别供冷或供热；适用于高档次的空调系统

在建筑初步设计阶段应考虑风机盘管水系统中的以下几个问题：

(1) 水系统在高层建筑中，需按承压能力进行竖向分区（每区高度可达 100m），因而中间应设设备层。两管制系统还应按朝向或内、外区作分区布置，以便调节。

(2) 风机盘管水系统为闭式循环，屋顶一般需设膨胀水箱间。膨胀水箱的膨胀管应接在回水管上。此外管道应该有坡度，并考虑排气和排污装置。

(3) 风机盘管承担室内和新风湿负荷时，盘管为湿工况工作，应考虑冷凝水管系统的布置。

三、诱导器系统

采用诱导器做末端装置的空调系统称为诱导器系统。

诱导器由外壳、表面式热交换器（盘管）、喷嘴、静压箱和一次风连接管等组成。按安装形式分卧式、立式和吊顶式；按结构形式分全空气型、空气—水型。如图 12-22 和图 12-23 所示。

经集中处理的一次风（即新风，也可混合部分回风）由风机送入设在空调房间的诱导器静压箱中，然后以很高的速度从喷嘴喷出，在喷出气流的引射作用下，诱导器内将形成负压，因而可将室内空气（即回风，又称二次风）吸入，一、二次风混合后送入空调房间。二次风经过盘管时可以被加热，也可以被冷却或冷却减湿。这种带盘管的诱导器称为空气—水诱导器或冷热诱导器。不带盘管的诱导器称为全空气诱导器或简易诱导器。全空气诱导器不能对二次风进行冷、热和湿处理，但可以减小送风温差，加大房间换气次数。

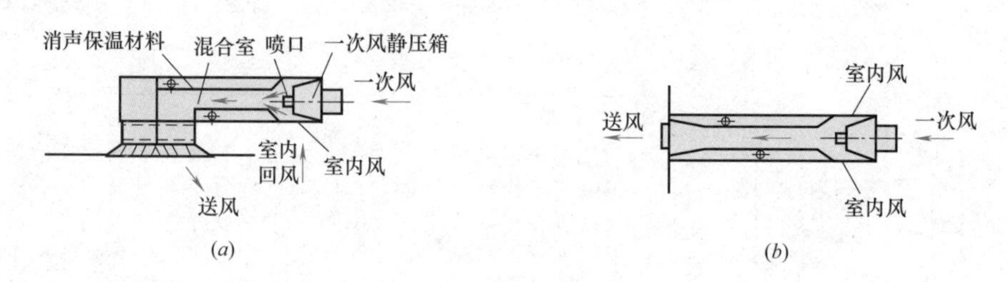

图12-22 全空气诱导器

（a）散流器型；（b）喷口型（侧送）

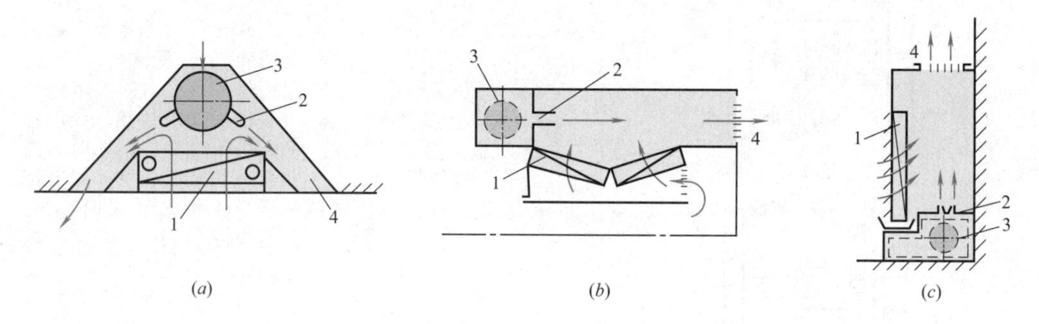

图12-23 空气—水式诱导器

（a）吊顶式；（b）卧式；（c）立式

1—换热器；2—喷嘴（一次风）；3—高速风管接管；4—出风口

第五节 分散式空调系统

一、分散式空调系统的特点

设备可以放在房间内，也可以安装在空调机房内；机房面积较小，机房层高要求低；系统小，风管短，各个风口风量的调节比较容易达到均匀；直接放在室内时，可不接送风管，也没有回风管；各空调房间之间不会互相污染、串声；发生火灾时也不会通过风管蔓延，对建筑防火有利；安装简单，施工安装工作量小；更换维修方便，不影响建筑物整体使用；能量消费计量方便，适用于出租房屋；就地制冷制热，冷热量输送效率高；使用方便、灵活，易于满足各种使用要求（如加班时使用）。

二、局部空调机组的分类

局部空调机组按其构造类型可按表12-12分类。

空调机组的分类 **表 12-12**

分类	形式		单冷/热泵	特点	容量		使用场合
					中	小	
按室内装置形式	窗式（RAC）		✓/✓	冷凝器风机为轴流型，冷凝器突出窗户外安装		✓	对室内噪声限制不严的房间
	挂壁式		✓/✓	室内、外机用冷剂管道连接，室内侧噪声低		✓	用于室内噪声限制较严者
	嵌墙式（TWU）		/✓	两侧均为离心风机，机组不突出墙外		✓	可供新风，适用于办公楼之外区
	柜式（PAC）		✓/✓	风机可带余压，能接短风道		✓	当噪声要求不严时，可用直接出风式
	吊顶式		✓/✓	做成分体型		✓	不占室内空间，餐厅等可使用
按冷凝器冷却方式	水冷型		✓/	一般要配置冷却塔，水冷柜机一般为整体型	✓		制冷 COP 值高于风冷，有条件时可应用
	风冷型		✓/✓	因系风冷，大多构成热泵方式并为分体型	✓	✓	因与热泵供热相结合，故市场极大
按机组整体性	整体式		✓/✓	无连接室内、外侧机组的冷剂管道，冷剂不易渗漏		✓	对室内噪声限制不严的房间
	分体式	普通型	/✓	室外一台压缩机匹配一台室内机		✓	单个房间独立使用
		VRV 型	/✓	可带动多台室内机，用变频器调节循环冷剂量	✓		多居室或小型办公楼、宾馆等场所用
按系统热回收方式	三管制（冷剂）式		/✓	利用压缩机高压排气管进行供热，高压液管经节流后供冷，能对建筑物同时供冷供热，故设有三管		✓	建筑物同时有供冷供热要求者可使用
	冷却水闭环式热泵型（WLHP 式）		/✓	水源热泵型，由水系统把多台机组相连在一起	✓		冬季有大量内区热量可回收的场合较经济
按驱动能源	电驱动		✓/✓	使用和控制方便	✓	✓	绝大部分热泵用之
	燃气（油）驱动		/✓	因可利用余热，一次能利用效率高	✓		有定型产品可选用
	电 + 燃气式		/✓	冬季用燃气加热室外侧蒸发器，提高电热泵出力		✓	寒冷地区家用热泵使用之

三、空调机组的应用

空调机组应用方式见表 12-13。

空调机组应用方式 **表 12-13**

方式	示意图	适用性
个别方式		单台机组独立使用是局部空调机组常见的应用方式，一台机组服务一个房间

续表

方式	示意图	适用性
多台机组合用方式		• 对于较大空间，如餐厅、小型电影院、会堂、教室等可采用多台独立设置的空调机组，有利于调节容量； • 也可以将多台机组并联安装，连接总送风管后送风，集中回风再由各机组分别吸入，但风机应具备一定输送余压； • 要注意新风供给方式及噪声控制
多台机组构成热回收方式	热泵工况 制冷工况 热回收 水泵	利用水热源热泵机组的水循环系统把大量机组组合起来，可对该建筑物的不同房间同时供冷或供热，即冬季从内区供冷房间取出的热量作为外区热泵供热的热源使用，这种系统称闭式水环路热泵系统

四、几种新型的局部空调机组方式

（一） 穿墙式机组

这种机组有立式（设在外墙窗台下）、卧式（设在靠外墙的吊顶内），分为附有全热交换器和不带全热交换器两种。图12-24所示为立式机组的示意图，其特点是压缩冷凝机组（风机为离心式）和室内蒸发器机组均在室内，墙上设有较大的进、排风口面积，对建筑立面有影响。应注意的问题是：建筑立面与装置的配合必须协调考虑，设计时应统一预留进、排风口。

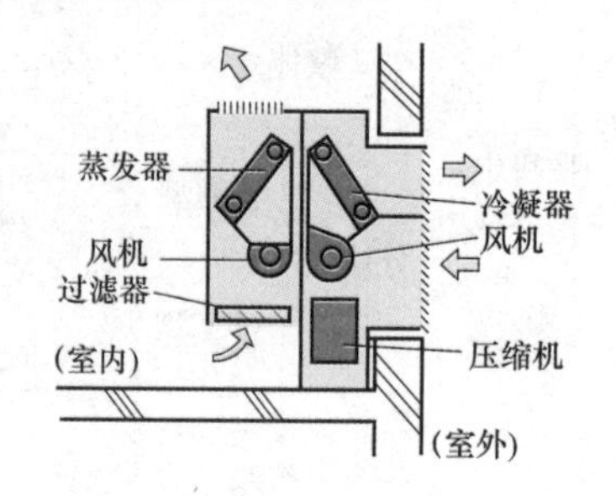

图12-24　设在外墙窗户下的立式机组

可应用于办公楼建筑作为外区空调方式，负担外区负荷（内区为集中空调方式，空调用能源可不用电力驱动，增加了使用的灵活性）。

（二） 变冷剂量 （VRV） 空调机组系统

VRV系统属冷剂系统，每台室外机可以配置不同规格、不同容量的多台室内机，如图12-25（*a*）所示。在这种系统中，冷剂配管长度最大可达100m，室内外机之间的高差可达50m（当室外机高于室内机时）。其系统的关键技术是依靠电子控制技术（电子膨胀阀）、冷剂配管的分流技术（分支接头）、回流技术和变频技术。在这种系统的基础上最新开发了称为“三通路”的一机多匹配系统，它利用高压气体的排热可满足不同房间同时有供冷或供热的需求，可以实现热回收（图12-25*b*）。建筑设计时应考虑室外机的安装位置、冷剂配管的管井以及新风供给方式对建筑的要求。

该系统可用于多居室的住宅或别墅以及中、小型办公楼及其他类型的建筑物。在建筑物较大时，可分层按容量选定。使用VRV方式应配备新风系统（最好带热回收装置）。与集中空调系统比，它节省了机房、水系统等。

（三） 闭环水源热泵系统

闭环水源热泵系统是一种局部机组系统化的形式（见表12-13中多台机组构成热回

收方式)，由水源热泵单元机组（水－空气热泵）、辅助加热装置、冷却塔和水系统所组成。由于在建筑物内使用时，通过同时供冷、供热的热回收过程不可能随时平衡的，故夏季时冷却塔要投入运行，而冬季则需投入辅助加热器。

闭环水源热泵系统有热回收功能，是理想的节能系统；在建筑物内可随时供冷供热，机组停开相互无影响，灵活性大；不需设制冷机房和锅炉房，初投资比一般集中空调系统节省；水管在室内，水温适中，不必保温，安装方便；各室计量方便、可靠，适用于出租房屋。

从节能和热回收考虑，该系统宜用在建筑规模较大的场合，内区面积要大于或相近于周边区，即两者冷热负荷相当为好，且这种冷热负荷的平衡时间越长越经济；适用于已有大楼的空调增设工程，该系统对建筑层高和外立面均无影响。但采用这种系统时应注意噪声处理和新风的供给设施占用的建筑空间。

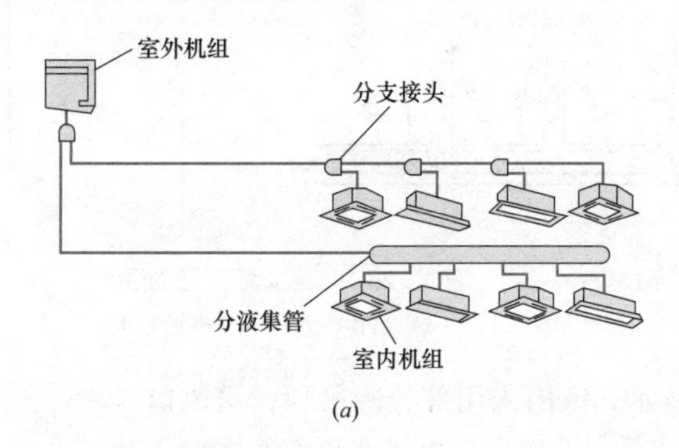

(a)

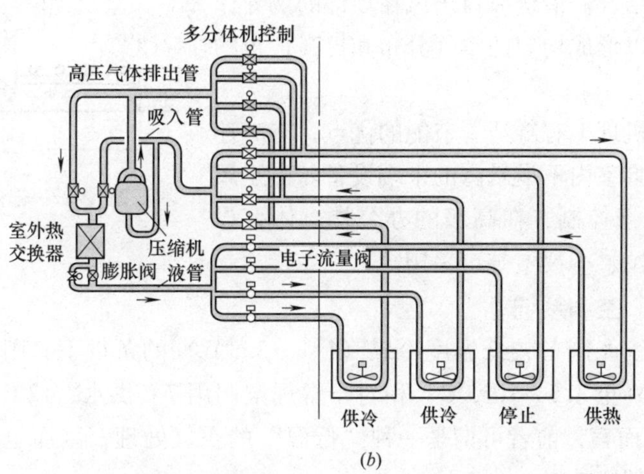

(b)

图12-25 变制冷剂（VRV）空调机组系统

(a) 一台室外机配置不同规格、不同容量室内机；(b) 一机多匹配系统

第六节 几种新型的空调方式

一、辐射供冷空调方式

辐射供冷是利用高温冷水（供水温度在16℃以上）作为空调冷源。辐射换热装置

仅负担室内显热负荷，由通风换气的新风负担室内湿负荷，故供冷时冷水温度较高，不会在板面产生结露现象。

采用辐射冷盘管时，盘管设在吊顶者为多，低温顶面（壁面）的辐射供冷如图12-26（*a*）所示，利用吊顶作为送风静压箱，静压箱底面（即吊顶）就构成了辐射面，从而突出了辐射换热效果。图12-26（*b*）所示的方式，是在室内利用壁后通路构成下送风的方式，壁面接近送风温度，表冷器可设在顶部，借自然热压作用即能构成空气循环。

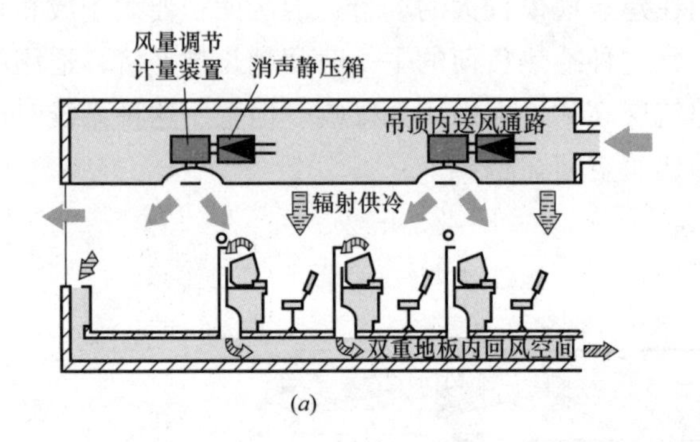

(*a*)

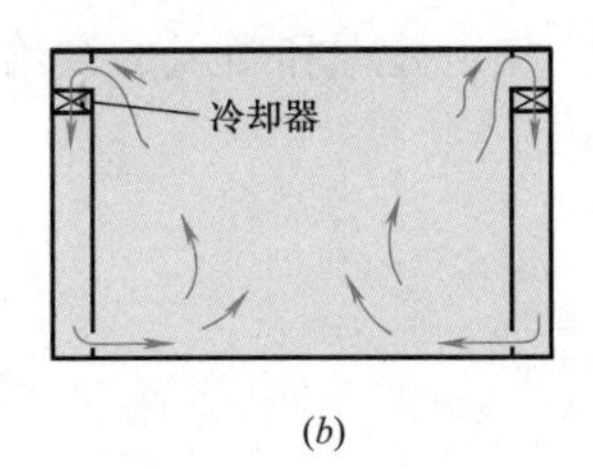

(*b*)

图12-26 低温顶面、墙面辐射
（*a*）吊顶辐射；（*b*）壁面辐射

如图12-27所示，室内采用部分冷吊顶，送风口与冷盘管顶板相结合。借送风口出风在顶部的诱导作用吸入室内空气以形成均匀的空气分布和提高顶板的对流换热量。

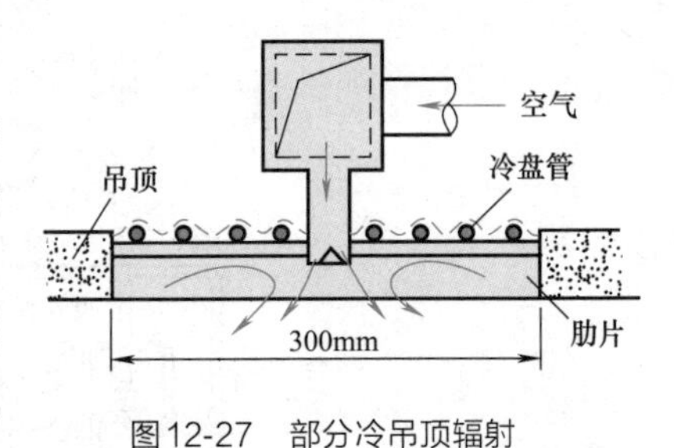

图12-27 部分冷吊顶辐射

辐射方式在机理上有舒适、节能的优点，有时还有蓄能的作用，且室内不设暴露的末端设备。由于风量较小，噪声易于控制，在高级的办公楼、体育设施、小型的美术馆、会议室等可采用。

二、“低温”空调系统

在冰蓄冷系统能制备较低温度冷媒（1.1～3.3℃）的条件下，则有可能将冷却减湿后的空气温度降至3.5～10.5℃；相对于常规空调用7℃供水、12℃回水处理空气使其达到13～15℃而言，前者可谓是一种“低温”的空气处理，因而也使“低温”空调系统的设计具有某些特点。

空调能耗问题和电力供应紧张问题成为人们关注的焦点。由于“低温”送风空调系统可以降低空调的初投资和运行费用，弥补由于采用冰蓄冷系统引起的投资增加，因此将冰蓄冷技术与“低温”送风空调技术相结合，能提高空调系统的整体性能水平，并且实现电力负荷的移峰填谷。所以，近年来这种系统得到了较大的发展。

“低温”送风空调系统具有很多优点：

（1）由于“低温”送风温度要比常规送风温度低10℃左右，因而同样冷热负荷条件下送风量要比常规送风量低，所需风机功率随之降低，节省了运行费用。

（2）“低温”送风空调系统中，由于送风量的减少，空气处理设备及风道尺寸相应减少，所占空间减少；可使空调风系统初投资、土建初投资都能减少。

（3）采用“低温”送风空调系统的建筑物，其室内相对湿度低于常规空调系统的相对湿度。在相对湿度较低时，可以通过提高干球温度使空调房间内的有效温度与采用常规空调系统时室内空气的有效温度相同。因而可以防止室内人员有冷感，另一方面还可以节能。

（4）由于低温抑制了有害细菌的生长及凝结水量大的问题，使得低温送风系统凝结水中的有毒物浓度低于常规空调系统，因而提高了送风卫生质量。

三、 下送风复合型空调方式

下送风属全空气空调方式，在气流分布上有一定的特殊性，并可与“个人空调”相结合成为一种能明显改善室内工作人员热舒适和空气品质的空调方式。空调设备可采用专用的下送风空气处理箱。地板为架空结构，地板下即为送风静压箱，设地面送风口（带小型风机和不带风机的两种），地下静压层高度一般在300mm左右。回风口设在吊顶上，可与灯具完美结合，有利排除余热，如图12-28所示。

图12-28 下送风的空调方式

随着办公楼建筑的智能化发展、办公自动化机器设备的增加，对空调送风和对建筑物内配线的灵活性要求更高。故在办公楼、计算机房中被逐步采用。至于其他场合，如大剧院、博物馆等大空间内热源大的建筑亦有采用。

第七节 空调水系统

空调水系统包括冷、热水系统及冷却水系统、冷凝水系统。

冷、热水系统：空调冷、热源制取的冷、热水要用管道输送到空调机或风机盘或诱导器等末端处，输送冷、热水的系统称为冷、热水系统。

冷却水系统：空调系统中专为水冷冷水机组冷凝器、压缩机或水冷直接蒸发式整体空调机组提供冷却水的系统称为冷却水系统。

冷凝水系统：空调系统中为空气处理设备排除空气去湿过程中的冷凝水而设置的水系统称为冷凝水系统。

一、冷、热水和冷却水参数

（一）冷、热水参数

空气调节冷、热水参数，应通过技术经济比较后确定。宜采用以下数值：

空气调节冷水供水温度：5～9℃，一般为7℃；冷水供回水温差：5～10℃，一般为5℃；热水供水温度：40～65℃，一般为60℃；热水供回水温差：4.2～15℃，一般为10℃。

（二）冷却水参数

空气调节用冷水机组和水冷整体式空气调节器的冷却水水温，应按下列要求确定

(不包括水源热泵等特殊系统的冷却水)：

(1) 冷水机组的冷却水进口温度不宜高于33℃；

(2) 冷却水进口最低温度应按冷水机组的要求确定：电动压缩式冷水机组不宜低于15.5℃；溴化锂吸收式冷水机组不宜低于24℃；冷却水系统，尤其是全年运行的冷却水系统，宜对冷却水的供水温度采取调节措施；

(3) 冷却水进出口温差应按冷水机组的要求确定：电动压缩式冷水机组宜取5℃，溴化锂吸收式冷水机组宜为5～7℃。

二、空调冷、热水系统

(一) 空调冷、热水系统的形式

(1) 按水压特性可分为闭式系统和开式系统。

闭式系统：管路系统不与大气相接触，仅在系统最高点设置膨胀水箱，见图12-29。为了防止开式水箱引起的腐蚀或在屋顶设置水箱间有困难时，也可采用落地式气体定压罐。

开式系统：管路系统与大气相通，见图12-30。

(2) 按各种末端设备的水流程划分为同程式系统和异程式系统，见图12-31和图12-32。

(3) 按冷、热水管道的设置方式可分为双管制系统、三管制系统和四管制系统(见表12-11)。

(4) 按水量特性划分为定流量系统和变流量系统。

定流量系统：流经用户管道中水流量恒定，当空气处理器需要的冷热量发生变化时，改变调节阀旁通水量或改变水温。空气处理器水量调节阀为三通阀或不设调节阀，见图12-33。

变流量系统：流经用户管道中的水流量随空气处理器需要的冷(热)量而变化。空气处理器水量调节阀为二通阀，见图12-34。

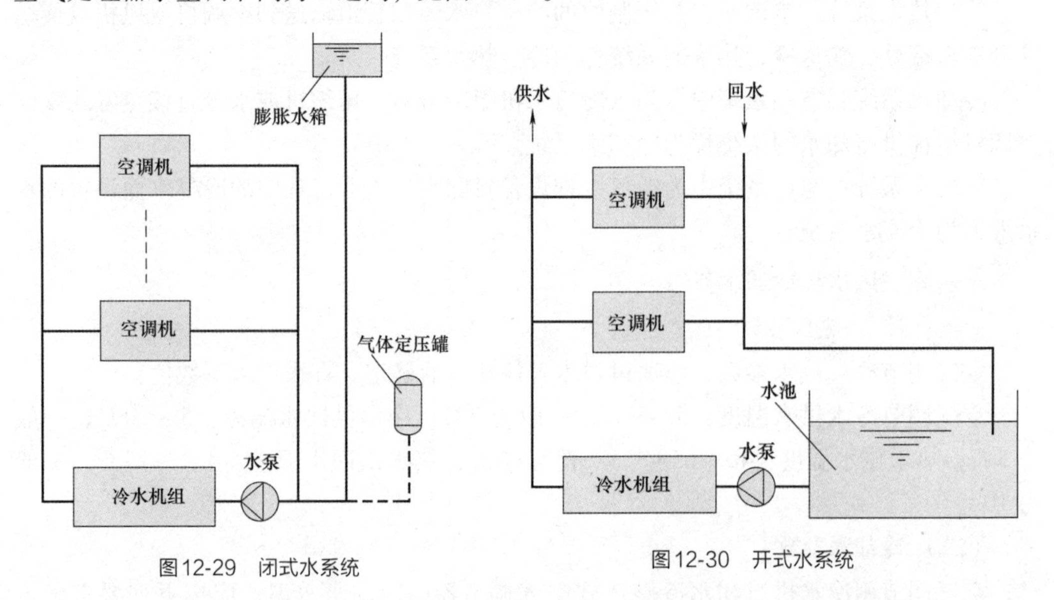

图12-29 闭式水系统

图12-30 开式水系统

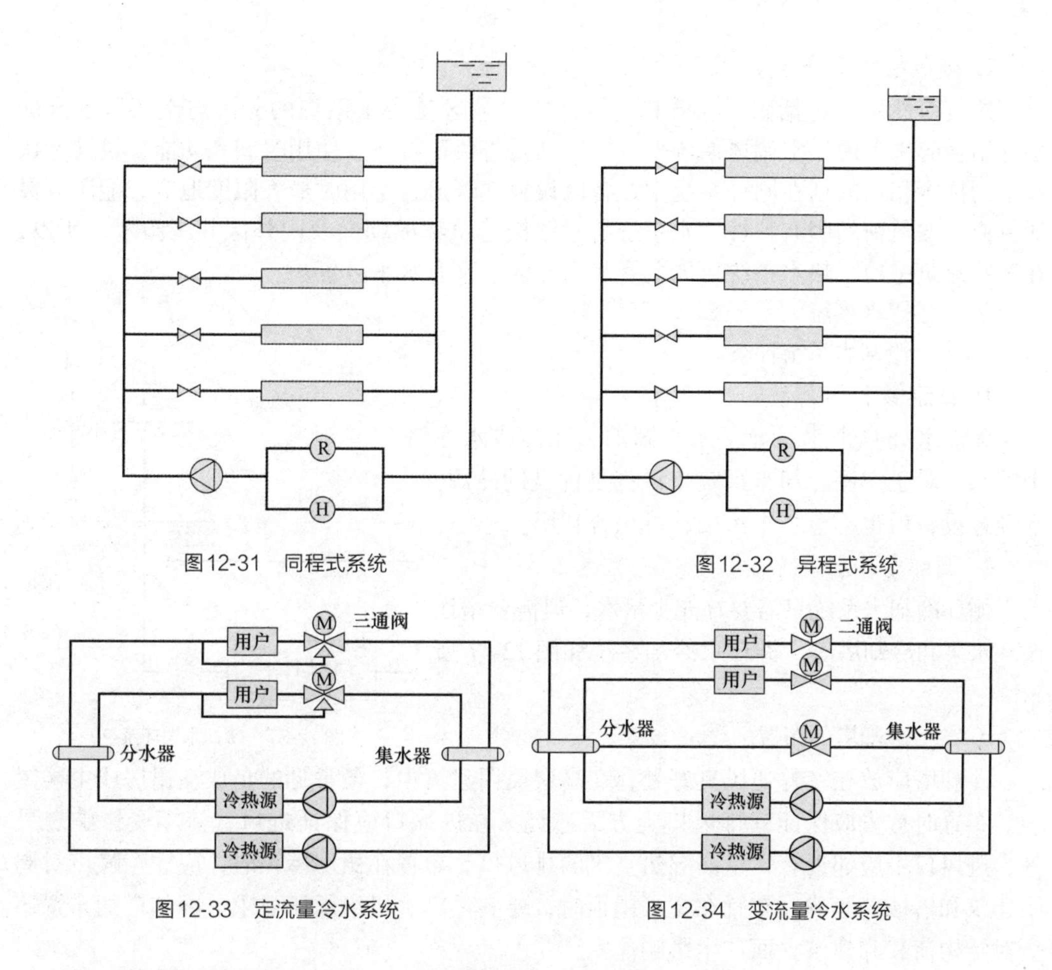

图12-31　同程式系统　　图12-32　异程式系统

图12-33　定流量冷水系统　　图12-34　变流量冷水系统

（5）按循环泵设置可分为一次泵系统和二次泵系统。

一次泵系统：只设一级循环泵，冷、热源侧与负荷侧合用一组水泵，见图12-35。

二次泵系统：设两级循环泵，冷、热源侧与负荷侧分别配置循环水泵，见图12-36。

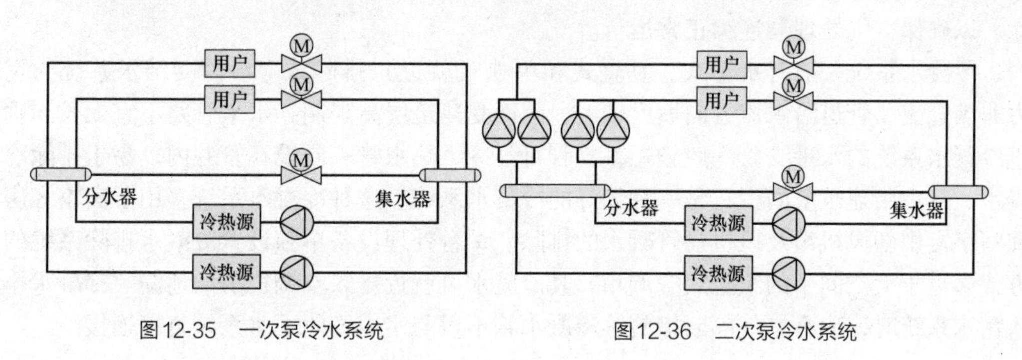

图12-35　一次泵冷水系统　　图12-36　二次泵冷水系统

（二）冷、热水系统的分区

冷、热水系统可按水系统压力分区和按承担空调负荷的性质分区。

1. 按压力分区

水系统的竖向分区应根据设备、管道及附件的承压能力确定。在超高层建筑中，水系统常按竖向分为低区、中区或高区。

2. 按负荷性质分区

按负荷性质（包括固有性质和使用性质）分区是将水系统的分区与空调风系统的划分结合起来考虑。空调风系统划分的原则是将负荷特性、使用时间和功能、设计参数和空调精度相近的划在同一系统中，各区设独立管道，不用时最大限度地节省能源，灵活方便。按负荷的固有特性，水系统的管路按建筑物的朝向及内外区分区布置。所以，在某些建筑中冷、热水系统可能既有竖向分区，又有水平分区。

三、冷却水系统

（一）冷却水系统种类

1. 直流供水系统

天然水如自来水、地下水、湖泊、江河或水库中的水，对于空调冷却水系统来说都是优良的冷源。水经过设备后也不会产生污染，可综合利用。

2. 循环冷却水系统

循环冷却水系统只需要补充少量水，但需要增设循环水泵和冷却塔等。循环水冷却系统如图 12-37 所示。

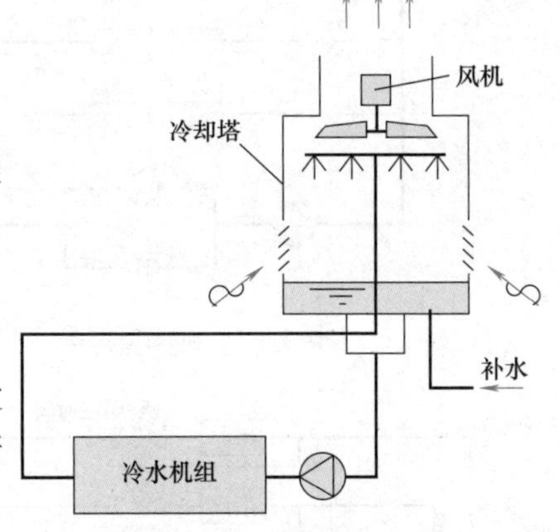

图12-37 冷却水循环系统

（二）冷却塔的布置

冷却塔应放在室外通风良好处，在高层民用建筑中，最常见的是放在裙房或主楼屋顶。布置时首先应保证其排风口上方无遮挡，在进风口应保证进风气流不受影响。另外，进风口不应邻近有大量高湿热空气的排风口。布置在裙房屋顶时，应注意噪声对周围建筑和塔楼的影响；布置在主楼屋顶时，要满足冷水机组承压要求。冷却塔的布置还会对结构荷载和建筑立面产生影响。

四、冷凝水系统

空气处理设备在去湿工况下运行时，被处理的空气会产生冷凝水。使用表面式换热器的空气处理器，其凝水被收集在随机组配置的凝水盘中，然后由凝水管路系统及时排除，以确保空气处理器连续正常运行。

冷凝水系统一般有水平式、垂直式和单独（就近）排除式等。因凝结水系统为重力非满管流，管道沿水流方向坡度较大，因而受建筑层高限制，水平管路不宜太长。垂直冷凝水系统的水平支管一般较短，立管可与冷、热水管一同设在管井内，易于排除冷凝水，且占用建筑空间少，是一种较好的冷凝水系统。这种冷凝水系统多用于宾馆客房和写字楼中新风机组及风机盘管凝水的排除。一台处理设备单独设置冷凝水排除系统的方式多见于大空间中的组合式空调箱，其冷凝水可就近排入空调机房的地漏。冷凝水排入污水系统时，应有空气隔断措施；冷凝水管不得与室内密闭雨水系统直接连接。

第八节 空调系统的冷热源

一、空调系统的冷源

（一）天然冷源

天然冷源主要是地下水（深井水）、地道风和山涧水等。

天然冷源的特点是节能，造价低，但由于受各种条件的限制，不是任何地方都可获得。

（二）人工冷源

人工冷源是指利用制冷设备和制冷剂制取冷量，其优点是不受条件的限制，可满足所需要的任何空气环境；其缺点是初投资大，运行费用高。

1. 制冷机分类

（1）按工作原理分为压缩式、吸收式和蒸汽喷射式三类。目前压缩式制冷机的应用最为广泛。

压缩式：将电能转换成机械能，通过压缩式制冷循环达到制冷目的的制冷方式。根据压缩机工作原理不同，压缩式制冷机又可分为活塞式、螺杆式、离心式等多种形式。

吸收式：直接以热能为动力，通过吸收式制冷循环达到制冷目的的制冷方式。根据所使用热源的不同，吸收式制冷又可分为蒸汽热水式和直燃式两种。

蒸汽喷射式：直接以热能为动力，通过蒸汽喷射式制冷循环，达到制冷目的制冷方式。

（2）按冷却介质分为水冷式制冷机和风冷式制冷机

水冷式制冷机是用水冷却冷凝器内的制冷剂，一般要在室外设冷却塔。大、中型工程多采用水冷式。

风冷式制冷机是用室外空气直接冷却冷凝器内制冷剂，冷凝器应设在室外或通风较好的室内。中、小型工程可采用风冷式。

（3）按功能分为单冷式制冷机和冷热水机

单冷式制冷机只产冷水，如压缩式制冷机、蒸气式溴化锂吸收式冷水机组、热水式溴化锂吸收式冷水机组。

冷热水机产冷水也可产热水，如直燃式（燃油、燃气）溴化锂吸收式冷热水机组、热泵（能实现蒸发器与冷凝器转换的制冷机）式冷热水机。

2. 制冷机的原理与组成

（1）压缩式制冷机由制冷压缩机、冷凝器、膨胀阀和蒸发器四个主要部件组成，工作循环如图 12-38 所示。制冷剂在压缩式制冷机中历经蒸发、压缩、冷凝和节流四个热力过程完成一次循环。

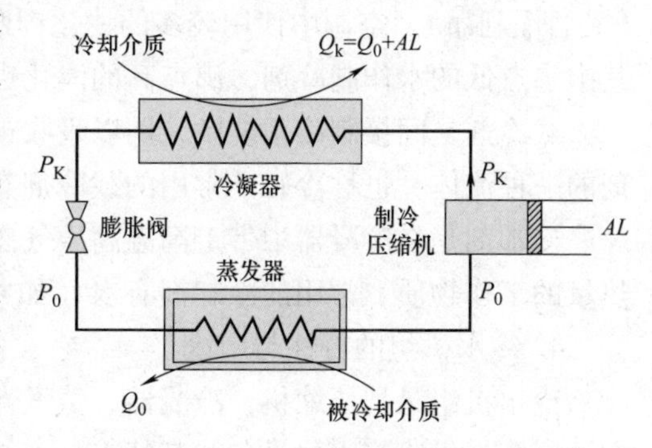

图12-38　蒸气压缩式制冷系统

在蒸发器中，低压低温的制冷剂液体吸取其中被冷却的介质（如冷水）的热量，蒸发成为低压低温的制冷剂蒸气（每小时吸热量 Q_0，即制冷量）；低压低温的制冷剂蒸气被压缩机吸入，并压缩成为高压高温气体（压缩机消耗机械功 W）；接着进入冷凝器中被冷却介质冷却，成为高压液体（放出热量 $Q_k = Q_0 + W$）；再经节流膨胀减压后，成为低温低压的液体，在蒸发器中再次吸收冷却介质的热量而汽化。如此不断地经过蒸发、压缩、冷凝、膨胀这四个热力过程，液态制冷剂不断从蒸发器中吸热而制取冷冻水。

由于冷凝器中所用冷却介质（水或空气）的温度比被冷却介质（水或空气）的温度高得多，因此上述制冷过程实际上就是从低温物质吸取热量而传递给高温物质的过程。由于热量不可能自发地从低温物质转移到高温物质，故必须消耗一定的机械能 W（由电能转化）作为补偿。

（2）吸收式制冷和压缩式制冷的机理相同，都是利用液态制冷剂在一定低温低压状态下吸热汽化而制冷。但在吸收式制冷机中是利用二元溶液在不同压力和温度下能够吸收和释放制冷剂的原理来进行循环的。

吸收式制冷机的最大优点是可利用低温热源，在有废热或低位热源的场所应用更经济。它既可制冷、也可供热，在需要同时供冷、供热的场合可一机两用，节省机房面积。

吸收式制冷机主要由发生器、冷凝器、膨胀阀、蒸发器、吸收器等设备组成，工作循环如图 12-39 所示。

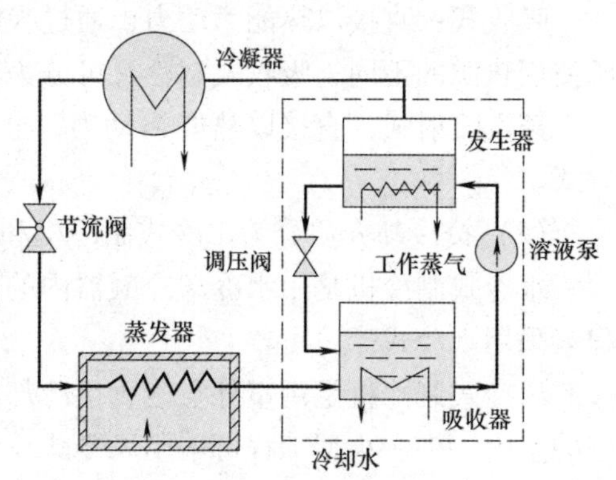

图12-39 吸收式制冷系统

在整个吸收过程，图中点画线内的吸收器、溶液泵、发生器和调压阀的作用相当于压缩式制冷中的压缩机，把制冷循环中的低温低压制冷剂“压缩”为高温高压制冷剂，使制冷剂蒸气完成从低温低压状态到高温高压状态的转变。

（3）蒸汽喷射式制冷机也是一种以热能为动力的制冷机，是用一台喷射器来代替一台压缩机。低压蒸汽由蒸发器压力提高到冷凝器压力的过程利用高压蒸汽的喷射、吸引及扩压作用来实现对工质的压缩。

3. 制冷剂、载冷剂和冷却剂

制冷剂是制冷系统中完成制冷循环的工作物质。目前，常用的制冷剂有氨和卤代烃（又名氟利昂）。空调中使用较多的溴化锂吸收式制冷机是采用水和溴化锂组合的溶液，其中沸点低的水作制冷剂，沸点高的溴化锂作吸收剂，只能制取0℃以上的冷冻水。

载冷剂是间接制冷系统中，用以吸收被制冷空间或介质的热量，并将其转移给制冷剂的一种流体，也称冷媒。常用的载冷剂有水、盐水和空气。

冷却剂是在冷凝器中带走高温高压气态制冷剂冷凝为高温高压液态制冷剂时放出的热量的工作物质，常用的冷却剂有水（如井水、河水、循环冷却水等）和空气等。

4. 冷水机组的特性与用途

冷水机组是把压缩机、冷凝器、蒸发器、节流阀以及电气控制设备组装在一起，为空调系统提供冷冻水的设备。其特点是：结构紧凑，占地面积小，机组产品系列化，冷量可组合配套，便于设计选型，施工安装和维修操作方便；配备有完善的控制保护装置、运行安全；以水为载冷剂，可进行远距离输送分配和满足多个用户的需要；机组电气控制自动化，具有能量自动调节功能，便于运行节能。设备用户只需要做基础连接冷冻水管、冷却水管及电机电源，即可进行设备调试。

压缩式冷水机组的特点是电做动力、设备体积小，运行可靠；制冷剂为氟利昂替代品。活塞式冷水机组价格低廉、制造简单、使用灵活方便，但能效比低，适用于冷冻系统和中、小容量的空调制冷及热泵系统。螺杆式冷水机组结构简单、体积小、重量轻，可在15%～100%的范围对制冷量进行无级调节，且它在低负荷时的能效比较高，对民用建筑的空调负荷有较好的适应性。能效比较高，适用于大、中型空调制冷系统和空气热源热泵系统。离心式冷水机组制冷量大、重量轻、结构紧凑，尺寸小，能效比高，比较适合于需要大制冷量而机房面积又有限的场合，此点正好与高层民用建筑物的特点相符合，适用于大、中型工程，尤其是大型工程。

热力式冷水机组特点是用燃油、燃气、蒸汽、热水作动力，用电很少，噪声低，振动小。其中，直燃式（燃油、燃气）溴化锂吸收式冷水机有可靠的燃油、燃气源，并在经济上合理时采用。蒸汽（热水）式溴化锂吸收式冷水机以蒸汽作动力，有可靠的蒸汽或热水（高于80℃）源时采用。在有废热和低位热源的场所应用较经济，适用于大、中型容量且冷水温度较高的空调系统。

目前蒸汽喷射式制冷机主要以热能作动力、水作为制冷工质，只能制取0℃以上的低温。制冷剂与载冷剂合为一体，不存在载冷剂与制冷剂的分离问题，所以设备简单操作简单，管理工作量少。由于电能消耗少，故对于缺电的地区尤其适用，特别是当工厂企业有廉价的蒸汽可以利用时，就显得更为经济。它的缺点是制冷效率低，工作蒸汽消耗量较大，以及运行中噪声大等，因而在空调制冷中使用较少。

二、空调系统的热源

空调系统的热源有集中供热，自备燃油、燃气、燃煤锅炉，直燃式（燃油、燃气）溴化锂吸收式冷热水机组（夏季制冷水、冬季生产空调热水），各种热泵机组（利用各种废热如工厂余热、垃圾焚烧热或空气、水、太阳能、地热等可再生能源热）。

由于空调系统要求的热媒温度低于采暖系统的热媒温度，所以集中供热热源和自备锅炉房热源的热水或蒸汽要经过换热站制备空调专用热水，才可送入空气处理机。下面就热泵系统的冷热联供作一简要介绍。

热泵是能实现蒸发器与冷凝器功能转换的制冷机，利用同一台热泵可以实现既供热又供冷。所有制冷机都可以用作热泵，以吸收低温的热量（输出冷量）为目的的装置叫制冷机；以输出较高温度的热量或同时（或交替）输出冷热量为目的的装置叫热泵。像水泵一样将水从低处提升到高处，热泵将热量从低温物体转移到高温物体。

（一）热泵的种类

按热泵的工作原理分：机械压缩式、吸收式、蒸汽喷射式。

按应用场合及大小分：小型（家用）、中型（商业或农业用）、大型（工业或区域用）；

按低温热源分：空气、地表水、地下水、污水、土壤、太阳能和各种废热热泵。

按热输出类型分：热空气、热水。

（二）热泵的应用

对于同时既需要制冷又需要制热的生产工艺过程是最适于应用热泵的。热泵自要求冷却的过程吸取热量，将其温度升高后应用于需要加热的过程。热泵的吸热量和放热量同时都是收益，加之生产工艺过程大多是常年进行的，因而极为经济。有些场所例如冬季利用电厂循环冷却水的排热或回收现代化大楼内区的发热量作低温热源的热泵也属于这一类。热泵可以在不同季节交替制冷或制热，如对于空气调节应用，需在夏季制冷，冬季制热。

（三）热泵的节能

1. 热泵作为暖通空调热源的能源利用系数 E 要比传统的热源方式高

表 12-14 为不同暖通空调热源的能源利用系数。显然，从能源利用观点看，热泵作为暖通空调的热源优于目前传统的热源方式。

2. 热泵系统合理地利用了高位能

热泵供热系统利用高位能 W 推动一台动力机（如电动机），再由动力机来驱动工作机（如制冷压缩机）运转，工作机像泵的作用一样从低温热源（如水）吸取热量 Q_0，并把 Q_0 的温度升高，向暖通空调系统供出热量 $Q_k = Q_0 + W$，这样热泵使用高位能是合理的。

不同暖通空调热源的热能利用系数　　表 12-14

热源类型	小型锅炉房	中型锅炉房	热电联合供热	电动热泵	燃气驱动热泵
能源利用系数 E	0.5	0.65 ~ 0.7	0.88	1.41	1.41

3. 热泵热源是解决传统热源中矿物燃料燃烧对生态环境污染的有效途径

与燃煤锅炉相比，使用热泵平均可减少 30% 的 CO_2 排放量；与燃油锅炉相比，CO_2 排放量减少 68%，排热量也减少。所以，热泵在暖通空调中的应用将会带来环境效益，对降低温室效应也有积极作用。

4. 暖通空调用热是热泵的理想用户

热泵的制热性能系数随着供热温度的降低或低温热源温度的升高而增加，而暖通空调用热一般都是低温热量，如风机盘管只需要 60 ~ 50℃ 热水；同时，建筑物排放的废热总量很大，品位也较高，如空调的排风均为室温，这为使用热泵创造了一定的条件。也就是说，在暖通空调工程中采用热泵，有利于提高它的制热性能系数。因此，暖通空调是热泵应用中的理想用户之一。

5. 空调工程采用热泵的节能情况

热泵式房间空调器：在我国用得最多的空气—空气热泵是可以进行全年空调的热泵式房间空调器。有整体式和分体式两类。一机两用，提高了设备利用率；安装方便，自动化程度高，操作简单，容易购买；无需机房，适用于各种新建和改建的建筑。

集中式热泵空调系统：集中式热泵空调系统的所有空气处理设备和空气输送设备都集中在空调机房。一套制冷设备可夏季制冷、冬季供热，一机两用。常用在地下水源、地表水源、污水源、土壤源和电厂冷却水热回收系统中。

热泵用于建筑中热回收：在一些现代建筑中，往往可以将建筑物划分为周边区和内区两大部分。内区即使在冬季也需要供冷，即把内区中灯光、人员、设备（如复印机、电脑等）的热量提取到周围环境中去。另外建筑中的排风系统也会把热量排到周围环境中去。如果把这些本来排到周围环境中去的热量加以有效利用，则称为热回收。用热泵可以回收建筑物内部的热量。

第九节　空调系统的布置

空调系统布置包括制冷和供热机房、空调机房、管道层、设备层水管和风管等。布置时应尽可能构成一个合理的运行环路，以节省初投资和运行费。

一、制冷和供热机房（空调主机房）

中央空调主机房一般指冷、热源设备机房和热交换站。安装制冷机及其附属设备的房间称为制冷机房，又称“冷冻机房”或“冷冻站”。下面着重叙述冷冻机房设计对土建的基本要求。

（一）制冷机房设计对土建的基本要求

1. 制冷机房的位置

（1）制冷机房应尽可能靠近负荷中心，力求输送管道最短，吸收式和蒸汽喷射制冷，还应尽可能靠近热源。一般应充分利用建筑物的地下室，由于条件限制不宜设在地下室时，也可设在裙房中或与主体建筑分开设置。对于超高层建筑，也可设在设备层或屋顶上。

氟利昂压缩式制冷机可布置在民用建筑、生产厂房及辅助建筑物内，也可布置在地下室，但不能直接布置在楼梯间、走廊和建筑物出入口处。

氨制冷机不得布置在民用和工业企业辅助间内，也不许布置在地下室，要布置在单独建筑或隔开的房间内。

蒸汽喷射要露天布置（主要是工业企业用），溴化锂吸收式制冷机应布置在室内或地下室，条件许可时可布置在室外，但控制仪表、电气设备应在室内。

（2）高层建筑中制冷机房的位置及特点

冷热源集中在地下室，对维修、管理和噪声、振动等处理比较有利，但设备（蒸发器、冷凝器和泵等）承压大，应根据水系统高度校核设备承压能力。直燃机烟囱占建筑空间比较大。如有裙房，冷却塔可放在裙房屋顶上。

冷热源集中布置在最高层，冷却塔和制冷机之间接管短，蒸发器、冷凝器和水泵承压小，管道节省，直燃机烟囱短且占建筑空间小。但应注意燃料供应、防火、设备搬运、消声隔振等问题。

热源在地下室，制冷机在顶层，它兼有前面两者的优点。

部分冷冻机在中间层，对使用功能上分低区（中区）和高区的建筑物较合适。

冷热源集中在中间层，设备承受一定压力，管理方便，但中间设备层要比标准层高，噪声和振动容易上下传递，结构上应做消声防振处理。

如果是在大型高层建筑，有塔楼和裙楼，塔楼为筒体和剪力墙时，制冷机房最好在裙楼下，且上一层房间应对消声隔振无严格要求。

冷热源（指风冷单冷或热泵机组）放在裙房屋顶或主楼层顶或通风良好的设备层中（一定要保证通风良好，否则将严重影响机组出力）。这在非严寒和寒冷地区是一个较好的选择。在冬季室外温度很低不适用热泵的地区，夏季可用风冷机组，冬季还必须加设换热器，特别适用于超高层建筑的最上区。

（3）制冷机布置在地下室，应与低压配电间邻近，且靠近电梯间为好。

（4）当无地下室可利用或在原有高层建筑增设空调时，可设置独立机房，其优点是利于隔声防振，但管线较长。

2. 制冷机房对土建专业的基本要求

（1）大中型制冷机房内的制冷主机应与辅助设备及水泵等分开布置，与空调机房亦分开设置。

（2）大中型制冷机房内应设值班室、控制室、维修间和卫生设施、给排水设施、通信装置（如电话）。

（3）制冷机布置在地下室时，要处理好隔声防振问题，特别是压缩式制冷机要注意水泵和支吊架的传振问题。

（4）大中型制冷机房与控制间之间应设玻璃隔断，并做好隔声处理，小型制冷机视具体情况而定。

（5）机房内留出必要的安装、操作、检修距离，当利用通道作检修用地时应根据设备类型，适当加宽。

（6）制冷机房的建筑形式、结构、柱网、跨度、高度、门窗大小及房间分隔等要求应与设备专业设计人员共同商定。

（7）制冷机房所有房间的门窗均应朝外开启，对氨制冷机房不应设在食堂、托儿所附近或人多的房间附近，且应设两个互相尽量远离的出口，其中至少应有一个出口直接通向室外。

（8）制冷机房荷载，应根据制冷机具体型号选定，估算为40～60kN/m^2，且有振动。

（9）在建筑设计中，还应考虑需要预留大型设备的进出安装和维修用的孔洞，并配备必要的起吊设施。当设在地下室时，还应考虑要有通风设施预留洞。

（10）门窗的设置要尽量利用天然采光和自然通风。当周围环境对噪声、振动等有特殊要求时，应考虑建筑隔声、消声、隔振等措施。

（11）当选用直燃型吸收式制冷机组时，燃料的贮存、输送、使用等对建筑设计的要求可参照国家颁布的各种防火规范的设计要求。

（12）冷水机组的基础应高出机房地面150～200mm。基础周围和基础上应设排水沟与机房的集水坑或地漏相通，以便及时排除可能产生的漏水或漏油。

（13）制冷机房地面和设备机座应易于清洗。

（14）制冷机房净高（地面到梁底）对于活塞式制冷机、小型螺杆式制冷机，其净高控制在3.0～4.5m；对于离心式制冷机，大、中型螺杆式制冷机，其净高控制在4.5～5.0m；对于溴化锂吸收式制冷机，设备最高点距梁底不小于1.5m；氨制冷机房净高不小于4.8m；设备间净高不小于3m。有电动起吊设备时，还应考虑起吊设备的安装和工作高度。

（二）空调主机房面积估算

通过对现有工程的调研总结表明：采用离心式冷水机组时，冷冻机房面积大约为总建筑面积的0.8%～1.2%左右；采用往复式机组时，此比例大约为1%～1.4%左右；螺杆式机组的比例介于上述两者之间；而采用吸收式机组时，大约为1.5%～2%左右。

风冷式冷水机组通常设于室外，因此室内只有空调冷冻水泵（冬季使用也包含热交换站设备)，相对于水冷式冷水机组而言，占用室内面积较少，振动及噪声的处理较为容易。空调冷冻水泵房的面积大约只有总建筑面积的0.1%~0.2%左右。

在空调系统中，热交换站也是占用面积较大的装置。采用板式换热器时，热交换站面积大约为总建筑面积的0.15%~0.2%，净高要求在3~3.5m左右。采用列管式换热器时，热交换站面积约为总建筑面积的0.4%~0.5%，净高应在4.5~5.5m，甚至更高一些。热交换站在平面上的位置应尽可能与冷冻机房相邻或合二为一，以便于管道布置、运行管理以及冬夏工况的切换。

二、空调机房

（一）空气调节机房设计对土建的基本要求

1. 空气调节机房选址的原则

空调机组体积大，重量轻，可以靠近空调区设置，也有可设在屋顶，但应注意消声与隔振。一般应遵循以下原则：

(1) 应尽量靠近空调房间，并宜设在负荷中心；同时，离冷冻机房的距离不宜太远，以减少冷量损失；还要兼顾主风管和管井位置，以减少风管长度，节省投资和风机功率（一般作用半径不要太大，约30~40m，且一个系统服务面积以500~800m^{2}为宜）；必要时，空调机房可按集中与小分散相结合的原则布置。

(2) 对室内声学要求高的建筑物：如广播、电视、录音棚以及空调风量大的公共建筑的空调机房宜设在地下室中，一般办公、旅馆等公共部分机房可设在每层楼上，但应远离对室内声学环境要求严格的房间，如贵宾室、会议室、报告厅等。

(3) 高层或超高层民用建筑中的空调机房可布置在建筑物的地下室、顶层和中间设备层（见图12-40）。裙房的空调机房宜分层设置，最好能在每一层的同一位置上成串布置，这样有利于冷、热水管道的布置，达到节省能源和投资的要求。但空气调节系统竖向分设时，应符合现行《建筑设计防火规范》的有关规定。

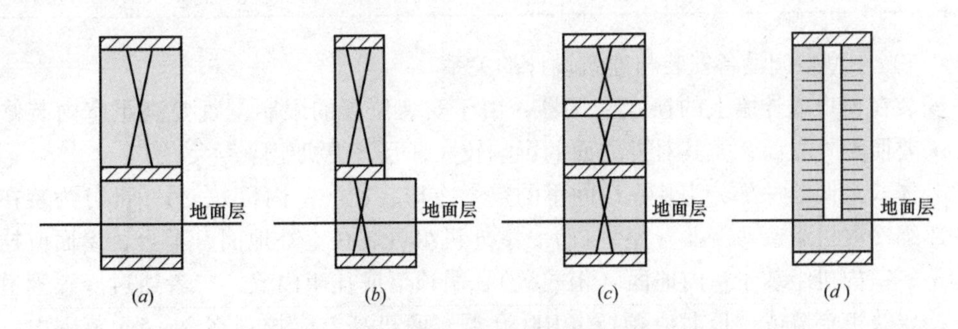

图12-40　高层或超高层建筑空调机房位置示意图
（注：阴影部分表示设备用房位置）

图12-40 (*a*) 是高层或超高层民用建筑中空调机房最常见的布置方式。图12-40 (*b*) 适用于20~30层的建筑物，当裙房部分每层的面积比塔楼部分每层的面积大时，其间可用设备层隔开。图12-40 (*c*) 适用于40~60层的建筑物，但对30层以下的建筑物则不宜采用。图12-40 (*d*) 适用于每层的面积很大，且各层的使用时间不同的高层或超高层建筑，可在每层设空气调节机房。

（4）空气—水系统用于高层建筑时，其新风机房宜每层或几层（一般不超过5层）设一个新风机房。当新风量较小，吊顶内可以放置空调机组时，亦可将新风机组放在吊顶内。新风干管一般布置在内廊吊顶内，要求吊顶与梁底净高 $H \geqslant 500$mm。

（5）空调机房宜有非正立面的外墙，以便引入新风。

2. 空调机房对土建专业的基本要求

空调机房宜按防火分区分别独立设置。根据机房面积大小和系统的复杂程度，在机房内设值班室、厕所及上、下水设施。管理室（或值班室）内应设电话。空气调节机房的面积和净高应按系统负荷的大小和参数要求而选定的设备及风管尺寸决定，并保证有足够的操作空间及检修通道。放在地下室或大型建筑物内区的空调机房，应有足够断面的新风和排风竖井或通道。大型空调机房应有独立通往室外及搬运设备的出入口。如设备构件过大不能由门搬入时，应预留安装孔洞。空调设备荷载可取5～6kN/m^2。空调机房的门、窗、基础、墙面和屋顶均应考虑隔声措施。机房内所有转动设备均应考虑减振措施。空调机房不宜与空调房间共用一个出入口，空调机房的门朝外开启。机房内应设有地漏。

在高层建筑内的通风、空调机房，应采用耐火极限不低于2.0h的隔墙、1.5h的楼板和甲级防火门与其他部位隔开。

（二）空调机房的面积和高度

空调机房的面积和层高的概算指标见表12-15。

空调机房面积和层高概算指标　　表12-15

机房面积 / 总建筑面积（m^2）	各类机房面积占总建筑面积比（%）			机房层高（m）
	分层机组	新风＋风机盘管	集中式空调机房	
＜10000	7.5～5.5	4～3.7	7～4.5	4～4.5
10000～25000	5～4.8	3.7～3.4	4.5～3.7	5～6
30000～50000	4.7～4	3～2.5	3.6～3.0	6.5

（三）小型空调设备安装与建筑设计的关系

安装在窗户或外墙上的窗式空调器，由于安装位置的限制，既要满足室内装修要求，又要照顾外立面，尤其对外立面的影响较大，且该类机组噪声大。

分体式空调器一部分为装在房间里的空气冷却装置（室内机），另一部分为装在附近的压缩冷凝机组或冷凝器（室外机）。室外机组可装在室外地面、平台、屋面或挂于外墙上，室内机组装于室内地面（柜式机）、吊顶下或挂于内墙，二者通过冷媒管道连接。冷媒管道穿墙或楼板时应预留 Φ100 孔洞，两机高差应控制在3～5m范围内，室内、外机的最大距离（冷媒管最大长度）通常在10m以内，或根据样本要求确定。这类空调器室内机有多种造型，可根据装修要求选定。室外机宜统一预留安装平台位置和冷凝水排水管。

三、管道层与设备技术层设置

（一）管道层的设置

高层建筑中管道层的位置及数量与建筑物的高度及系统的复杂程度有关。管道层的层高一般为2.2m，以15～20层设一管道层为宜。

（二）设备技术层的设置

单层和多层建筑，应尽可能不设专门的技术层；20层以内高层建筑，宜设上部或下部一个技术层，如图12-41（a）所示；

20～30层的高层建筑上、下两个技术层如图12-41（b）所示；

30层以上高层建筑，宜设上、中、下三个技术层，如图12-41（c）所示；

高层建筑中还可设下部和侧旁技术层如图12-41（d）所示。

制冷机、锅炉等大型、沉重的设备，宜布置在下部技术层；为防止设备承受静压过大，换热器、空调器等宜布置在中、上层技术层；设备层位置还应依建筑物类型、规模、设备方式、使用机器和系统的不同而异；由主设备室和各层设备室所组成，并应配备相应的管沟和管井。

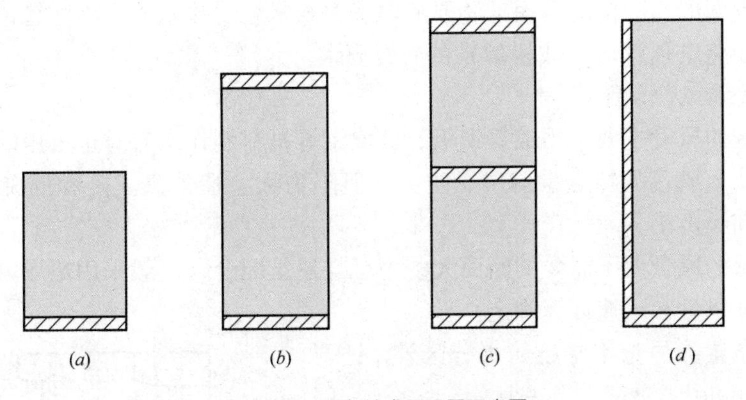

图12-41　设备技术层设置示意图

设备技术层的空调设备、水管、风管、电缆电线等由下到上的布置顺序为：

离地：$h=2\text{m}$　布置空调设备和水泵等；

$h=2.5\sim3\text{m}$　布置冷水管道；

$h=3.6\sim4.6\text{m}$　布置通风、空调管道；

$h=4.6\text{m}$　布置电缆电线。

设备技术层的层高可参考表12-16确定。若设备技术层内无锅炉和制冷机，层高一般可降为2.2m。

设备技术层层高概略值　　表12-16

建筑面积（m^2）	设备层（包括制冷机、锅炉）层高（m）	泵房、水池、变配电、发电机房层高（m）	建筑面积（m^2）	设备层（包括制冷机、锅炉）层高（m）	泵房、水池、变配电、发电机房层高（m）
1000	4.0	4.0	15000	5.5	6.0
3000	4.5	4.5	20000	6.0	6.0
5000	4.5	4.5	25000	6.0	6.0
10000	5.0	5.0	30000	6.5	6.5

四、风机房

在高层民用建筑中，地下车库、变配电室、空调主机房、空调机房、发电机房、卫生间、厨房、电话机房、电梯机房、开水间、洗浴中心以及各空调房间均有排风和送风系统。通常地下车库、发电机房等设在地下室与室外相邻的地方，需设置单独的送排风系统。其余房间排风系统可以水平设置，也可垂直设置。垂直设置时，风机可安装在裙房或塔楼屋面，建筑立面和噪声均好处理。大多数情况下空调房间的风机都与空调机组等设备放在同一房间内。从节省面积的观点出发，采用管道式风机吊装安装是较为合理的，尽量少用落地离心风机。风机房面积没有固定比例，它与风机的类型及布置有较大的关系，应由设备专业提供所需面积。

五、空调系统管路的布置与敷设

空调系统管道包括风管和水管。风管包括送风管、回风管、新风管、排风管和排烟管等；水管包括冷热水管、冷却水管、冷凝水管等。管道的布置与敷设不仅要考虑到建筑、结构等方面的实际情况，而且还要考虑室内给水管、排水管、消防管道、电气、电话、宽带、闭路电视管道（或桥架）的布置要求。

（一）空调风管布置

空调系统的风管主要采用镀锌钢板、玻璃钢等材料制作，有时也采用砖风道和混凝土风道。玻璃钢风管的特点是防腐、防火，但阻力大、造价高。砖和混凝土风道漏风大，但振动和噪声小。

空调系统的风管由于需要的断面大，为了与建筑配合，一般采用矩形风道。风管的断面尺寸根据风量和风速计算确定。

风管的布置除尽量不穿越防火分区外，还要考虑便于调节和阻力平衡。当一个系统为多个房间送风时，可根据房间的用途分为几组支风道送风，以便于调节和控制。图12-42的两种管道布置方式中，左边的布置方式不仅节省管材，而且便于阻力平衡，两个空气分布器的均匀性也较好。

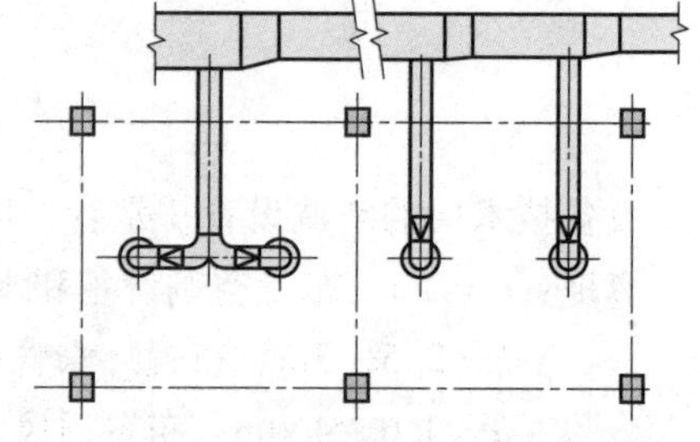
图12-42　风道平面布置方式的比较

当空调机组集中设置在地下室或某层时，通常主风管垂直布置，在各楼层内接出水平风管，吊顶内水平风管需要的空间净高约为500～600mm。

（二）水管布置

空调系统中，常用水管管材有焊接钢管、无缝钢管、镀锌钢管及PVC等塑料管。焊接钢管和无缝钢管常用于空调冷、热水及冷却水回路。镀锌钢管不易生锈，对冷凝水管来说比较合适，它也可满足冷冻水和冷却水系统的压力要求。空调冷凝水管近来也大量采用塑料管，其内表光滑、流动阻力小，施工安装方便，一般不需再做防结露保温处理，是一种值得推广的管材。

空调水系统布置方式常用的有下分双管式、上分双管式和水平双管式。上分双管式除主供回水立管外，还有许多支立管，管道布置需占竖井面积；水平双管式虽只有主供回水立管和水平管，但其水平管的布置要占用建筑层高空间，特别是较大的水平系统。除此之外，冷凝水系统，冷却塔供回水管、消防水管、冷、热给水管、下水管，甚至雨水管等都要占用竖井面积和层高空间。因此，合理布置各种水管对建筑设计非常重要。

（三） 管道井

空调系统中有许多竖向设置的风管和水管，通常宜设置在管道井内，并需要占用一定的面积。无论是水系统还是风系统，如果每层水平布置，管道井占用面积都是最小的（一般只需要主立管管井）。如果采用垂直式布置，则部分甚至全部支立管需设置在管道井内。一般来说，采用水平式系统时，空调管井面积约占建筑面积的0.5%，而采用垂直式系统时，此比例可达到2%～3%。但垂直系统有可能将一些机房放在次要地点，并集中布置（或几个合并），可省出宝贵的使用面积，且水平式系统将使层高要求加大，因此总的经济效益比较要视具体工程的不同实际情况而定。

1. 管井尺寸

确定管道井尺寸时考虑安装维修的可能，应留有600mm维修空间。装风管的管井应为风管尺寸的2倍。风管距墙壁应当留有150～300mm的施工操作空间。冷热水管道的外壁（或保温层的外表面）离墙面的距离不应小于150mm，各管道外壁（或保温层的外表面）之间距离不应小于100～150mm。风管距墙尺寸，当靠墙时，小风管为150mm，大风管为300mm。管井尺寸可参考图12-43估算。

风管竖井见图12-43（a）：

$$x = 2a + \sum_{i=1}^{n} x_i + b(n-1) \tag{12-1}$$

$$y = a + \sum_{i=1}^{n} y_i + b(n-1) + c \tag{12-2}$$

式中　x_i，y_i——包括保温层厚度尺寸，mm。

水管道竖井见图12-43（b）：

$$x = 2a + \sum_{i=1}^{n} d_i + b(n-1) \tag{12-3}$$

$$y = a + \sum_{i=1}^{n} d_i + b(n-1) + c \tag{12-4}$$

式中　d_i——管道外径，mm；

a、b——不包括保温层厚度，mm；

c——操作空间，不小于600mm。

2. 管井的设置

管道井宜设置在建筑物每个防火分区的中心部位，且应靠近空调机房，上下贯通，中途不能拐弯。由于空调系统各层均有风管和水管进、出管道井，在管井墙上必须开孔洞，因此应当注意把管井设置在墙上开洞不会破坏建筑结构刚度的地方。风管、水管在穿越墙体和楼板处，一般预留孔洞的大小为：不保温风管预留孔洞尺寸取风管外形尺寸加100mm；保温风管预留孔洞尺寸取风管外形尺寸加150mm；不保温水管预留孔洞尺寸比其管径大两号；保温水管预留孔洞尺寸取其管径加150mm。另外，在检修通道上要预留1.2m×0.6m的检修门（或人孔）。

防排烟管道井在建筑中占有不少面积，每个疏散楼梯及消防前室的加压送风竖井约需0.8m^{2}左右（净面积），每层机械排烟竖井面积大约占该层建筑面积的0.1%～

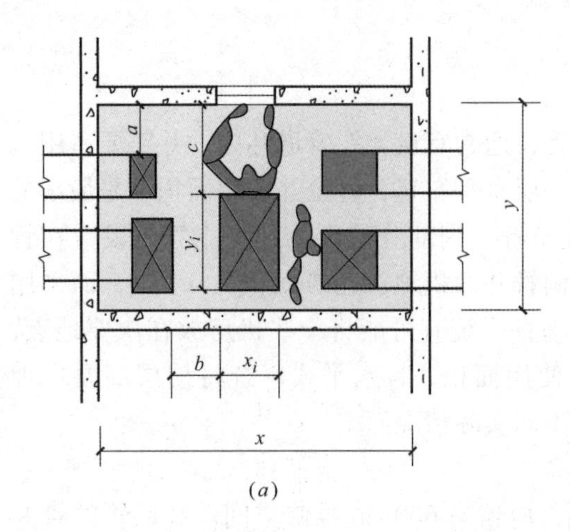

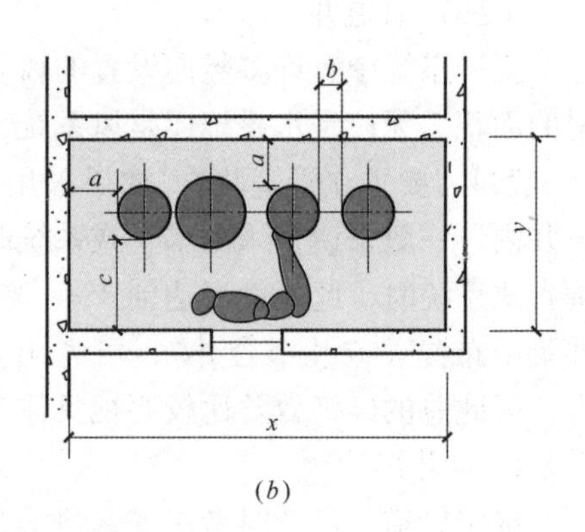

图12-43 管道竖井尺寸

(a) 风管竖井；(b) 冷、热水管道井

0.2%。加压风机和排烟风机一般设在塔楼屋顶或裙房屋顶，超高层建筑需要分段加压送风时，风机房也可设在中间设备层。

六、建筑层高

建筑层高与要求的吊顶下净高有关；与房间空调管道的布置及送风方式有关；与其他专业的管道布置有关；同时，结构形式也会对其产生较大的影响。一般来说，采用全空气系统时，空调专业要求的管道净空间高度约为500～600mm。采用风机盘管时，如果结构为框架形式，风机盘管可位于梁底标高之上布置，则从梁底计算所要求的梁底下净空间大约在200～300mm左右（设置水管）；如果结构形式为无梁厚板，则需要板底下净空间大约为450～500mm左右。

如果空调采用侧送风方式，则可以降低局部吊顶而使主要使用区域的吊顶提高，节省建筑层高。

一般公共房间（如高层建筑的裙房部分）通常其层高在4.2～5.1m（考虑吊顶净高3.0～3.6m）。标准层为办公室时，层高不宜低于3.6m（吊顶净高2.5m）；标准层为酒店客房时，层高宜在3.0～3.3m左右（客房进门走道局部吊顶高度2.2m）。

第十节 建筑防排烟及通风空调系统的防火

建筑物防火及防排烟的概念如图12-44所示。为防止和减少建筑火灾的危害，保障人身和财产的安全，所采取的手段大致可分为预防（防止起火）和消防结合两类。

一、建筑设计防火分区与防烟分区

在建筑设计中防火分区的目的是防止火灾的扩大，分区内应该设置防火墙、防火门、防火卷帘等设备。防烟分区则是对防火分区的细分化，能有效地控制火灾产生的烟气流动。

（一）防火分区

建筑的防火分区见《建筑设计防火规范》GB 50016—2014中的规定。每个防火分

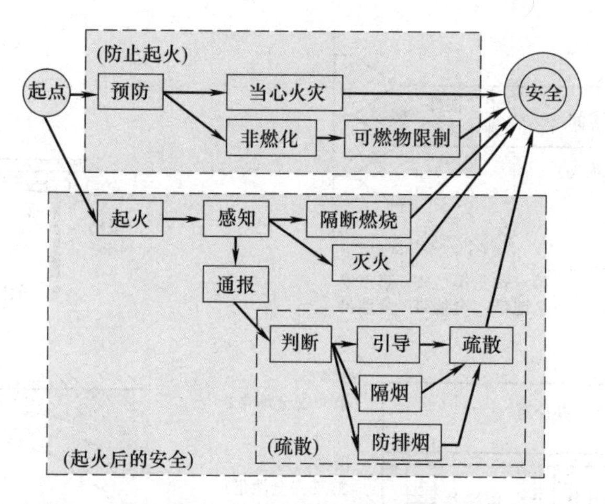

图12-44 建筑防火及防排烟概念图

区的最大建筑面积为：

耐火等级一、二级的高层民用建筑，防火分区的最大允许建筑面积为 1500m²；耐火等级一、二级的单、多层民用建筑，防火分区的最大允许建筑面积为 2500m²；耐火等级三级的单、多层民用建筑，防火分区最大允许建筑面积为 1200m²；耐火等级四级的单、多层民用建筑，防火分区最大允许建筑面积为 600m²；一级耐火等级的地下或半地下建筑（室），防火分区的最大允许建筑面积为 500m²。

当建筑内设置自动灭火系统时，其允许最大建筑面积可按上述规定增加 1.0 倍；局部设置时，防火分区的增加面积可按该局部面积的 1.0 倍计算；裙房与高层建筑主体之间设置防火墙时，裙房的防火分区可按单、多层建筑的要求确定。

图 12-45 为某旅馆和办公大楼防火分区的实例。对于高层办公楼的每一个水平防火分区来说，根据疏散流程可划分为第一安全地带（走廊）、第二安全地带（疏散楼梯前室）和第三安全地带（疏散楼梯）。各安全地带之间用防火墙或防火门隔开（图 12-46）。

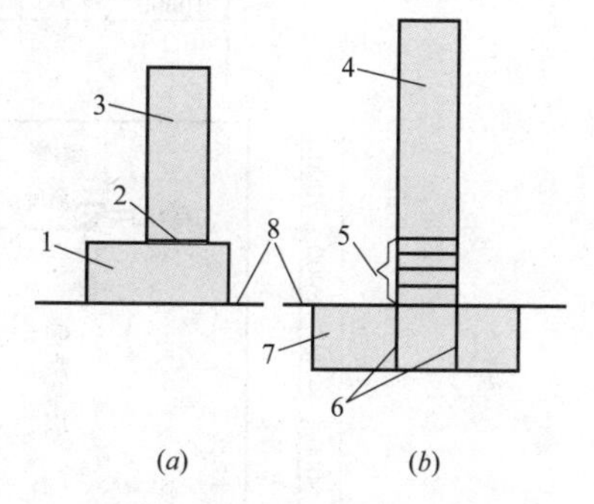

图12-45 高层建筑防火分区的实例
(a) 旅馆；(b) 办公楼
1—公共部分；2—防火防烟分区；3—客房部分；4—办公室部分；5—商店部分各层分区；6—垂直分区；7—商店；8—地面

（二） 防烟分区

防烟分区不应超过 500m²，且不得跨越防火分区。防烟分区可用隔墙，也可用挡烟垂壁（从顶棚下突出约 500mm 的用非燃材料制作），如图 12-47 所示。在各防烟分区内分别设置一排烟口（排烟口有手动开启装置）。排烟口与该防烟分区内最远点的水平距离不应超过 30m（图 12-48 中蓝线）。

图 12-49 表示某百货大楼在设计时的防火、防烟分区实例，图中还可看出它是将顶棚送风的空调系统和防烟分区结合在一起来考虑的。

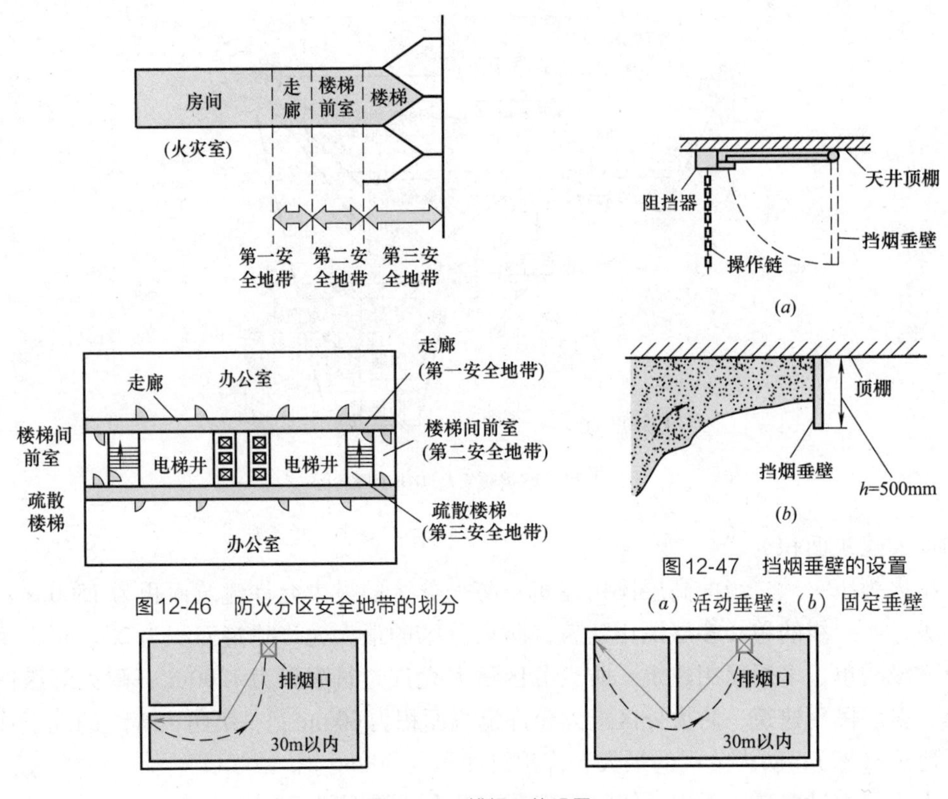

图12-46 防火分区安全地带的划分

图12-47 挡烟垂壁的设置

（a）活动垂壁；（b）固定垂壁

图12-48 排烟口的设置

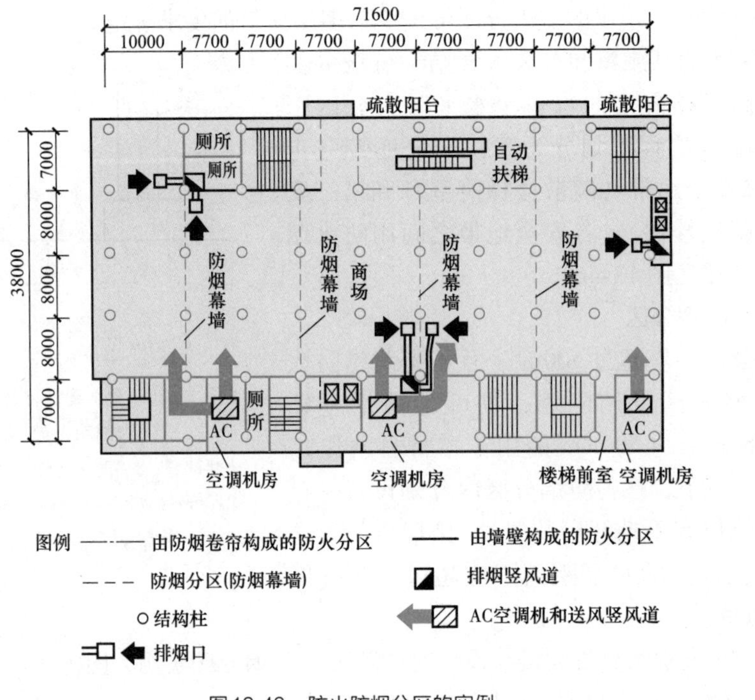

图12-49 防火防烟分区的实例

二、防烟、排烟设施的设置部位

（一）防烟设施的设置部位

建筑应设防烟设施的部位有：防烟楼梯间及其前室、消防电梯前室和合用前室、避难层（间）、避难走道的前室。

（二）排烟设施的设置部位

民用建筑应设排烟设施的部位有：设置在一、二、三层且房间建筑面积大于 $100m^2$ 的歌舞娱乐放映游艺场所，设置在四层及以上楼层、地下或半地下的歌舞娱乐放映游艺场所；中庭；公共建筑内建筑面积大于 $100m^2$ 且经常有人停留的地上房间；公共建筑内建筑面积大于 $300m^2$ 且可燃物较多的地上房间；建筑内长度大于 20mm 的疏散走道；地下或半地下建筑（室）、地上建筑内的无窗房间，当总建筑面积大于 $200m^2$ 或一个房间建筑面积大于 $50m^2$，且经常有人停留或可燃物较多时。

三、防烟、排烟方式

（一）防烟

防烟楼梯间、防烟楼梯间前室、消防电梯前室、防烟楼梯间和消防电梯合用前室、封闭避难层（间）等疏散和避难部位通过送风加压，使其空气压力高于走道和房间的空气压力，烟气不能侵入，或通过可开启的外窗或排烟窗把烟气及时排走，以利于人员疏散，这叫作防烟。防烟分为机械加压送风的机械防烟和可开启外窗的自然排烟。

（二）排烟

利用自然或机械作用力将烟气排至室外，称为排烟。利用自然作用力的排烟称为自然排烟；利用机械（风机）作用力的排烟称为机械排烟。排烟分为机械排烟和可开启外窗的自然排烟。排烟的部位有着火区和疏散通道。着火区排烟的目的是将火灾发生的烟气排到室外，降低着火区的压力，不使烟气流向非着火区，以利于着火区的人员疏散及救火人员的扑救。疏散通道的排烟是为了排除可能侵入的烟气，以保证疏散通道无烟或少烟，以利于人员安全疏散及救火人员通行。

四、自然排烟对建筑设计的要求

除建筑高度超过 50m 的一类公共建筑和建筑高度超过 100m 的居住建筑外，靠外墙的防烟楼梯间及其前室、消防电梯前室和合用前室，宜采用自然排烟方式，当不具备自然排烟条件时，应设置独立的机械加压送风防烟设施。

不同部位采用自然排烟的开窗面积应符合表 12-17 的规定。

自然排烟部位及可开窗面积　　表 12-17

序号	自然排烟部位	开窗有效面积	开窗形式
1	长度≤60m 的内走道	≥走道面积的 2%	外窗
2	需排烟的房间	≥房间面积的 2%	外窗
3	靠外墙的防烟楼梯间前室，或消防电梯前室	$\geq 2m^2$	外窗
4	靠外墙的合用前室	$\geq 3m^2$	外窗
5	靠外墙的防烟楼梯间	每 5 层 $\geq 2m^2$	外窗
6	净高＜12m 的中厅	≥地面积的 5%	外窗或高侧窗

防烟楼梯间前室或合用前室，利用敞开的阳台、凹廊或前室内有不同朝向的可开启外窗自然排烟时，该楼梯间可不设防烟设施。如图 12-50 所示。

自然排烟窗宜设在房间、走道、楼梯间的上部或靠近屋顶的外墙上方，并应有方便开启的装置。排烟窗距该防烟分区最远点的水平距离不应超过 30m。

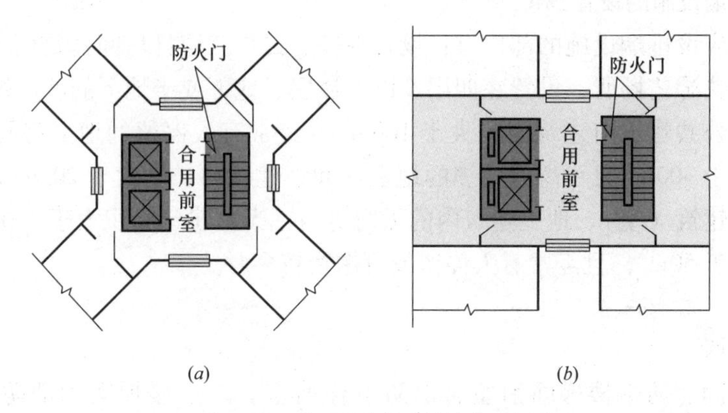

图 12-50　有可开启外窗的前室示意图
（a）四周有可开启外窗的前室；（b）两个不同朝向有可开启外窗的前室

五、机械排烟对建筑设计的要求

一类高层建筑和建筑高度超过 32m 的二类高层建筑应设置机械排烟设施的部位见表 12-18。

排烟口应设在顶棚上或靠近顶棚的墙面上，且与附近安全出口沿走道方向相邻边缘之间的最小水平距离不应小于 1.5m。设在顶棚上的排烟口距可燃构件和可燃物的距离不应小于 1.0m。排烟口应尽量布置在与人流疏散方向相反的位置处，见图 12-51。

机械排烟部位及设置条件　　表 12-18

序号	设置部位	设置条件
1	内走道	无直接自然通风，且长度大于 20m 的内走道或虽有直接自然通风，但长度大于 60m 的内走道
2	地上房间	面积超过 $100m^2$，且经常有人停留或可燃物较多的地上无窗房间或设固定窗的房间
3	室内中庭	不具备自然排烟条件或净空高度超过 12m 的中庭
4	地下室房间	除利用窗井等开窗进行自然排烟的房间外，各房间总面积大于 $200m^2$ 或一个房间面积超过 $50m^2$，且经常有人停留或可燃物较多的地下室

走道长度超过 30m，但小于 60m，如起排烟作用的可开启外窗只能设在走道一端时也不能满足自然排烟的要求时，应在走道设机械排烟，其排烟口位置应保证到走道内任一点的水平距离不超过 30m（如图 12-52 所示），该部分的排烟量按走道的全面积考虑。

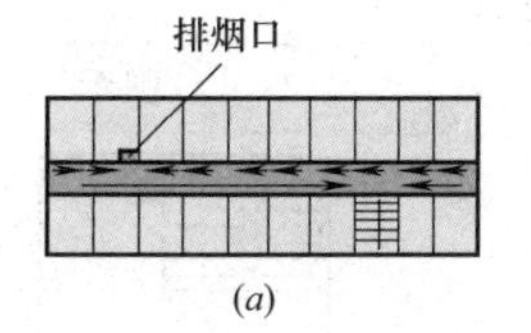

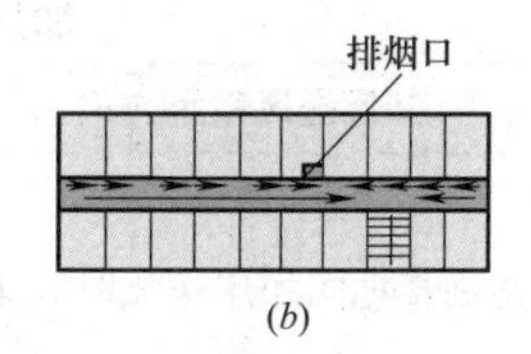

图12-51　走道排烟口与疏散口的位置

→→烟气方向；→人流疏散方向

（a）好；（b）不好

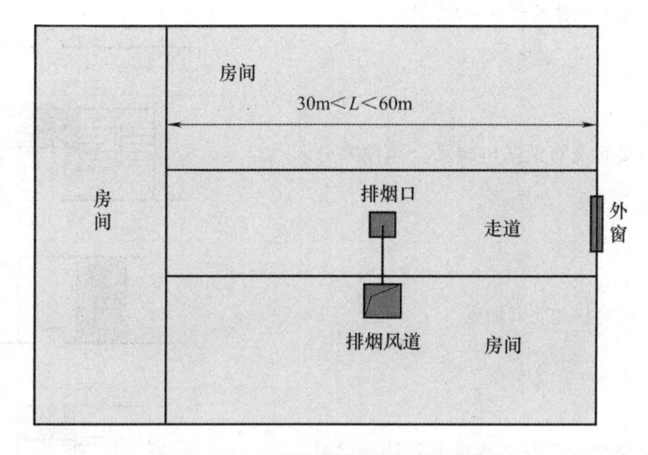

图12-52　应设机械排烟的走道示意图

在地下室设置机械排烟系统时，要同时设置补风系统，补风量不宜小于排烟量的50%。排烟风机和用于补风的送风风机宜设在通风机房内，机房围护结构的耐火极限应不小于2.5h，机房的门应采用乙级防火门。设在室外时，应有防护设施并便于维护。

预留排烟系统的补风系统室外进风口与排烟出口水平距离不宜小于10m，或垂直距离不宜小于3m，且进风口宜低于排烟口。排烟管道不应穿越前室或楼梯间，如确有困难必须穿越时，其耐火极限不应小于2h。

六、机械加压送风对建筑设计的要求

下列部位应设独立的机械加压送风防烟设施：不具备自然排烟条件的防烟楼梯间、消防电梯间前室或合用前室；采用自然排烟措施的防烟楼梯间，其不具备自然排烟条件的前室；封闭避难层（间）。

层数超过32层的高层建筑，其送风系统及送风量（管井）应分段设计。剪刀楼梯间可合用一个风道，但其风量应按两个楼梯间风量计算，送风口应分别设置。封闭避难层（间）的机械加压送风量应按避难层净面积每平方米不小于$30m^3/h$计算。高层民用建筑楼梯间加压送风口宜每隔二至三层设一个，前室的加压送风口应每层设一个。

防烟楼梯间及前室、消防电梯前室及其合用前室，加压送风系统方式见表12-19。按送风口风速估算预留送风口的净面积。

加压送风系统方式 表 12-19

序号	加压送风系统方式	图示
1	仅对防烟楼梯间加压送风时（前室不加压）	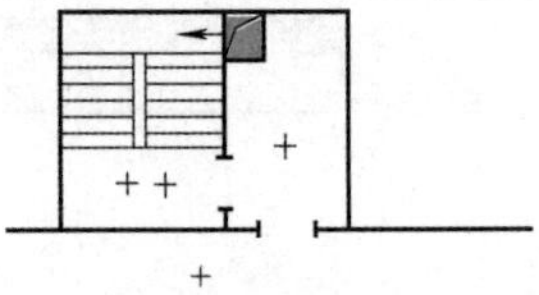
2	对防烟楼梯间及其前室分别加压	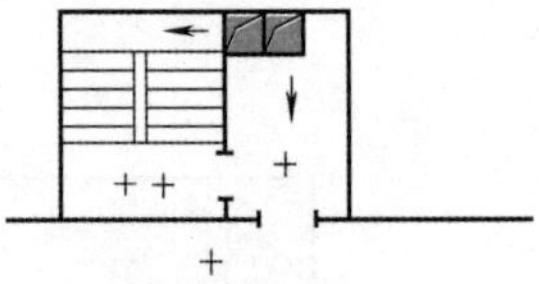
3	对防烟楼间及有消防电梯的合用前室分别加压	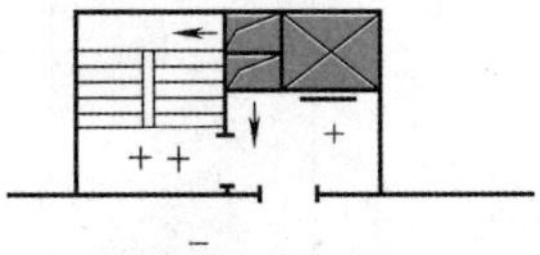
4	仅对消防电梯的前室加压	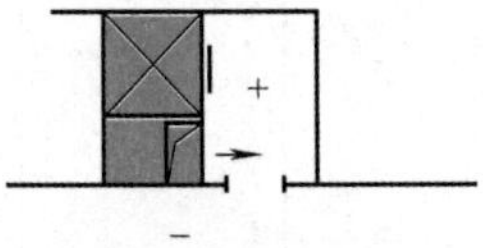
5	当防烟楼梯间具有自然排烟条件，仅对前室及合用前室加压	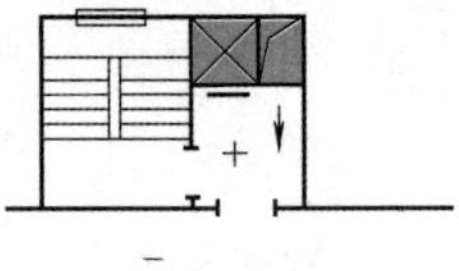

注：图中“++”、“+”、“-”表示各部静压力的大小。

机械加压送风防烟楼梯间和合用前室宜分别独立设置送风系统。采用机械加压送风系统的楼梯间或前室，当某些层有外窗时，应尽量减少开窗面积或设固定窗扇。加压送风的楼梯间与前室的隔墙下部宜预留安装泄压装置的洞口。

七、通风空调系统的防火

通风和空气调节系统管道的布置，横向应按每个防火分区设置，竖向不宜超过5层；但当管道设有防止回流设施或设有防火阀，且各层设有自动喷水灭火系统时，其管道布置可不受此限制。穿过楼层的垂直风管设在管井内。

下列情况的通风、空气调节系统的风管设防火阀：风管穿越防火分区处；风管穿越通风、空气调节机房及重要的或火灾危险性大的房间隔墙和楼板处；垂直风管与每层水平风管交接处的水平管道上；穿越变形缝处的两侧应各设一个。

厨房、浴室、厕所等的垂直排风道，应采取防止回流的措施（如图12-53所示）或支管上设置防火阀。

非高层建筑物内的管道井、电缆井应每隔2~3层在楼板处用耐火极限不低于0.5h的不燃烧体封隔，其井壁应采用耐火极限不低于1.00h的不燃烧体，井壁上的检查门应用丙级防火门。高层建筑内的电缆井、管道井、排烟道、排气道、垃圾道等竖向管道井，应分别独立设置，其井壁应为耐火极限不低于1.00h的不燃烧体。井壁上的检查门应采用丙级

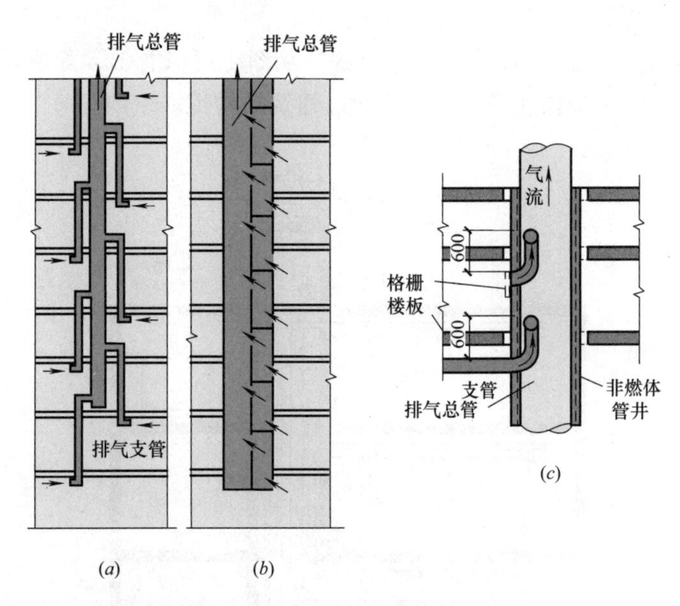

图12-53　排气管防止回流构造示意图

(*a*) 加高各层垂直排风管的长度，使各层的排风管穿过两层楼板，在第三层内接入总排风管；
(*b*) 将排风竖管分为大小两个管道，大的为总管，直通屋面；每个排风管分别在本层上面接入总风管；
(*c*) 将支管顺气流方向插入排风竖管中，且使支管到支管出口处的高差不小于600mm

防火门。

建筑高度不超过100m的高层建筑，其电缆井、管道井应隔2～3层在楼板处用相当于楼板耐火极限的不燃烧体作防火分隔；建筑高度超过100m的高层建筑，应在每层楼板处用相当于楼板耐火极限的不燃烧体作防火分隔。电梯井、电缆井、管道井与房间、走道等相连通的孔洞，其空隙应采用不燃烧材料填密实。

八、汽车库排烟设计

除敞开式汽车库、建筑面积小于1000m^{2}的地下一层车库和修车库外，汽车库、修车库应设置排烟设施，并应划分防烟分区。

排烟系统可采用自然排烟方式或机械排烟方式。机械排烟系统可与人防、卫生等排气、通风系统合用，但通风量、风机类型以及控制应同时满足不同使用的需要和不同功能的转换。

防烟分区的建筑面积不宜超过2000m^2，且防烟分区不应跨越防火分区。防烟分区可采用挡烟垂壁、隔墙或从顶棚下突出不小于0.5m的梁划分。每个防烟分区应设置排烟口，排烟口设在顶棚或靠近顶棚的墙面上；排烟口距该防烟分区内最远点的水平距离不应超过30m。

第十一节　空调系统的消声与减振

建筑内部的噪声主要是由于设置空调、给水排水、电气设备后产生的，其中以空调设备产生的噪声影响最大。

图12-54则表示空调系统噪声的传递过程。从图中可以看出，除通风机噪声由风道传入室内之外，设备的振动和噪声也可能通过建筑结构传入室内。

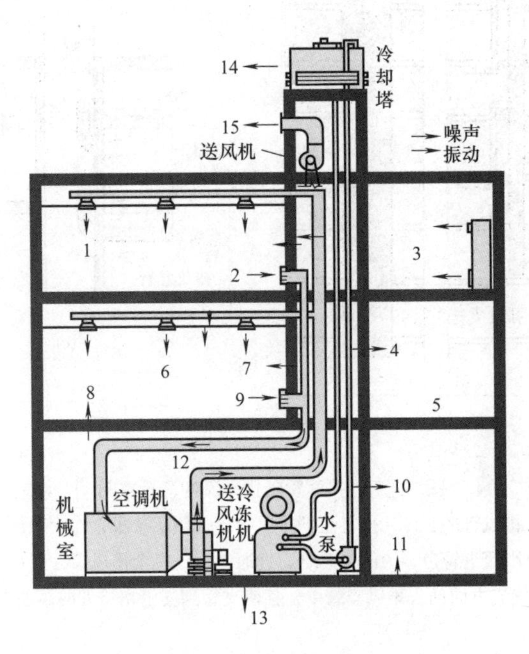

图12-54 空调系统噪声的传递过程

1—送风口噪声；2—回风口噪声；3—空调机噪声；4—透过管道竖井的噪声；5—从管道传到建筑的噪声；6—送风口；7—透过风管传出噪声；8、10—透过机房传出的噪声；9—回风口；11—由结构振动传出的噪声；12—由风管传递的噪声；13—由机械传给地面的振动；14—冷却塔的噪声；15—由排气口发出的噪声

一、空调系统的噪声及其自然衰减

（一）空调系统设备的噪声

通风机噪声的大小与叶片形式、片数、风量、风压等因素有关。通风机噪声以空气动力性噪声为主。同系列同型号的通风机，其噪声随着转速的增高而增大。

电机噪声以电动机冷却风扇引起的空气动力性噪声为最强，机械性噪声次之，电磁噪声最小。电机噪声可根据经验公式估算。

空调设备噪声包括风机、压缩机运转噪声、电机轴噪声和电磁噪声等，其中以风机、压缩机运转噪声为主。

冷水机组噪声分为压缩机噪声和电机噪声，随着机组制冷量的加大，噪声也随之增加。有关冷水机组噪声可从样本或有关书籍中查找。

（二）空调系统气流噪声

空调系统中由于风道内气流流速和压力的变化引起钢板的振动而产生的噪声，尤其是当气流遇到障碍物（如阀门、三通、弯头、风口等）时产生的噪声较大。在高速风管中，这种噪声不能忽视，而在低速风管内（指风速 $<8m/s$），即使存在气流噪声但与较大的噪声源叠加后可以忽略。因而从减少噪声的角度考虑，应尽可能地采用较小的

风速。

（三）空调系统中噪声的自然衰减

空调系统中噪声的自然衰减机理是很复杂的，例如噪声在直管中可被管材吸收一部分，还可能有噪声透射到管外。在风管转弯处和断面变形处以及风管开口（风口）处，还有一部分噪声被反射，从而引起噪声衰减。这种自然衰减包括直管的噪声衰减、弯头的噪声衰减、三通的噪声衰减、变径管的噪声衰减、风口反射的噪声衰减等。

（四）空气进入室内噪声的衰减

通过设备噪声、气流噪声和自然衰减的计算，可以算得从风口进入室内的声功率级（声源发生能量大小的度量），而室内测点的声强与人耳（或测点）离声源（风口）的距离以及声音辐射出来的方向和角度有关。另外，室内的声强必然由于建筑内壁、平顶、家具设备等的吸声面积和吸声系数的不同而有相当大的差异。实际上，相当于噪声进入房间后进入耳前的又一次衰减。

二、空调风道系统的消声

消声是通过一定手段，对噪声加以控制，使其降低到允许范围内的技术。通风与空气调节系统产生的噪声，当自然衰减不能达到允许的噪声标准时，应设置消声设备或采取其他消声措施。

消声器是利用声的吸收、反射、干涉等原理，降低通风与空调系统中气流噪声的装置。根据不同消声原理可以分为阻性型、抗性型和阻抗复合型等。

选择消声设备时，应根据系统所需消声量、噪声源频谱特性和消声设备的声学性能及空气动力特性等因素，经技术经济比较确定。

三、设备机房噪声控制措施

机房设备产生的振动而引起的噪声则应用减振、隔声和吸声等措施来解决。表12-20为设备机房噪声控制设计的主要技术措施汇总。

设备机房噪声控制设计的主要技术措施　　表12-20

措施＼机房	风机房	水泵房	冷冻机房	冷却塔
隔声	风机隔声箱、隔声机房、隔声值班室	局部隔声罩、隔声泵房、隔声值班室	隔声机房、隔声值班室	隔声屏障
消声	进风消声器、出风消声器			进风消声器、出风消声器，淋水消声装置
吸声	吸声平顶及墙面空间吸声体	同风机房	同风机房	
减振	风机减振器，软接管	水泵减振垫、橡胶软接管	冷冻机、减振器、橡胶软接管	底脚减振
通风散热	利用进风消声器冷却电机散热	机械排风（低噪声轴流风扇＋消声器），消声柜，消声百叶或通风消声窗进风		

思考题与习题

1. 什么是空气调节？ 空气调节系统通常由哪几部分组成？

2. 空气调节系统有哪几种类型？

3. 试说明集中式、 半集中式和分散式空调系统的主要特点和适用场合。

4. 什么是空调房间的气流组织？ 影响空调房间气流组织的主要因素是什么？

5. 蒸汽压缩式制冷的制冷循环由哪几部分组成？ 它们的主要作用是什么？

6. 什么是制冷剂、 载冷剂和冷却剂？ 试举例说明。

7. 风机盘管水系统有几种？ 试说明它们的主要特点和适用场合。

8. 空调主机房、 空调机房等设备用房在建筑中的布置应当注意哪些主要问题？

9. 什么是噪声？ 空调系统中主要有哪些噪声源？

10. 什么是防火分区和防烟分区？ 试说明高层建筑中各种防烟、 排烟方式及适用场合。

第四篇

建筑电气

第十三章　建筑电气简介

第一节　建筑电气的概念

一、什么是建筑电气

建筑电气是以电能、电气设备和电气技术为手段，创造、维持与改善限定空间的电、光、热、声环境的一门科学，它是介于土建和电气两大类学科之间的一门综合学科。简单地说，建筑电气就是以建筑为平台，以电气技术为手段，创造人性化生活环境的一门应用科学。经过多年的发展，建筑电气已经建立了自己完整的理论和技术体系，发展成为了一门独立的学科。建筑电气已经成为现代化建筑的一个重要标志，同时也成为现代电气科学发展的一个重要组成部分。

二、建筑电气系统的组成

人们习惯上将建筑电气统分为“强电”系统和“弱电”系统。强电系统是指处理对象为能源（电力），其特点是电压高、电流大、功率大、频率低，主要考虑的是减少损耗、提高效率问题；弱电系统处理的对象主要是信息，即信息的传送和控制，其特点是电压低、电流小、功率小、频率高，主要考虑的是信息传送的效果问题，如信息传送的保真度、速度、广度、可靠性。一般来说，强电工程包括供配电、照明、动力等；弱电工程包括通信、电视、消防、安防等以及为上述工程服务的综合布线工程。

显然，所谓“强电”和“弱电”并没有一个电气参数上的严格区分，只不过是人们一个习惯而通俗的称谓而已。事实上，建筑电气内容十分庞杂，涉及的系统繁多，而且随着科技的发展和人们对建筑功能要求的不断提高，这些子系统会越来越多。

按照建筑物使用功能划分（实际工程中也是按照功能进行电气系统划分），建筑电气系统主要由以下系统组成：

（1）供配电系统；

（2）电气照明系统；

（3）动力配电系统；

（4）防雷与接地系统；

（5）火灾自动报警系统；

（6）有线电视系统；

（7）通信系统；

（8）有线广播、扩声及同声传译系统；

（9）安全防范系统；

（10）楼宇自控系统。

根据建筑的规模和功能以及相关规范强制要求，实际工程中的建筑电气设计可能只包含其中的部分系统，也可能包括全部的系统。如果按照强弱电系统来分类，（1）~（4）属于“强电”范畴，（5）~（10）属于“弱电”范畴。当然，随着建筑功能的扩张和科技的发展还会有更多的建筑电气新系统应运而生。

第二节 现代建筑电气的特点

一、现代建筑电气的特点

近年来我国现代化和电气化的高级、高层、密集、大型建筑群普遍兴起，建筑类型有住宅、旅馆、办公楼、医院、学校、商场、邮电、广播电视中心、展览馆、工厂、仓库，以及兼有多种功能的综合大楼。现代建筑面积大、高度高，空调设备、水泵和电梯较多，需要消防自动灭火设备、事故应急电源、消防电梯等防灾用电力，多数建筑在中间层设置水箱、中转站、电梯间，需要设置航空障碍灯和避雷装置。建筑对电气不断提出新的要求，建筑电气范围不断扩大，而建筑电气技术本身的发展又不断完善现代化建筑功能。

总结起来，现在建筑电气的特点可以概括为：

（1）用电负荷大，供电可靠性要求较高；

（2）电气设备复杂、功能繁多；

（3）消防要求比较高；

（4）智能化程度高。

二、现代建筑电气的发展趋势

随着人类文明的不断进步，人们对工作与生活的环境要求不断提高，建筑物的功能与相应的标准也逐步提升。建筑电气技术作为现代建设技术的核心，正面临着新的挑战。近年来，城市的规模越来越大，建筑群的功能特征明显，出现了中央商务区、休闲商务区、工业园区、行政中心区、经济开发区等区域。现代城市管理必须采用信息化手段，实现对这些区域的建筑群与建筑设备的综合管理，这是对建筑电气技术提出的挑战。

新世纪以来，建筑物的防灾、减灾及反恐安全问题得到人们的普遍重视，建筑物中的消防、安防等电子设备及应急设备已成为不可缺少的装备。由于这些装备须每天24小时自动工作，唯有借助数字智能化的应用系统，才能使之精准、有效、稳定、可靠地运行。因此，加大智能化电气设备研发力度已经成为一个重要发展趋势。

如今“绿色建筑”已不是时尚的口号，而是在建设运行过程中推进节能与环保的新标准。在绿色建筑中，选择电气设备与材料时需要考虑更多的节能环保问题，如采用低损耗的铁磁材料制造电机与变压器，采用低烟无卤的绝缘材料、高效节能的光源等。

未来电气工程的设计将会更加复杂，不仅要满足建筑物对信息流与能源流的分配与控制，而且要采用智能化与数字化的技术实现各种节能控制与优化管理进而为整个区域的建筑群综合事务管理提供技术保障。显然，智能化、数字化与绿色化已经成为现代建筑电气技术发展的必然趋势。

思考题与习题

1. 什么是建筑电气？
2. 建筑电气主要由哪些系统组成？
3. 现代建筑电气有什么特点？

第十四章　供配电系统

第一节　电力系统组成及特点

电能是国民经济和人民生活的重要能源之一。电力系统的出现，使电能得到广泛应用，推动了社会生产各个领域的变化，开创了电力时代，出现了近代史上的二次技术革命。20世纪以来，电力系统的大发展使动力资源得到更充分的开发，工业布局也更为合理，电能的应用不仅深刻地影响着社会物质生产的各个方面，也越来越广地渗透到人类日常生活的各个层面。电力系统的发展程度和技术水准已成为各国经济发展水平的标志之一。

一、电力系统组成

电力系统是由发电厂、输配电网、变电所及用户组成的电能生产与消费系统的总称。如图14-1所示。

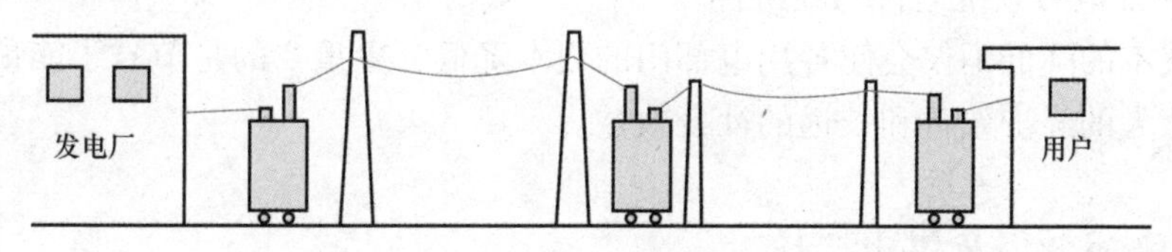

图14-1　电力系统示意图

发电厂是生产电能的工厂，是将自然界蕴藏的各种一次能源（如热能、水的势能、太阳能集合能）转变为电能。输配电网是进行电能输配的通道，它分为输电线路和配电线路两种。变电站是变换电压和交换电能的场所，由变压器和配电装置组成。按变压的性质和作用又可分为升压变电站和降压变电站。电力用户就是电能消耗的场所，它从电力系统中汲取电能，并将电能转化为机械能、热能、光能等，如电动机、电炉、照明器等设备。

二、电力系统特点及要求

电力系统运行的特点主要表现为：

（1）电能是一种重要能源，电能是国民经济各部门使用的主要能源，电能供应的情况将直接影响国民经济各部门的正常运转。

（2）正常输电过程和故障过程都非常迅速。发电机、变压器、电力线路、电动机等元件的投入和退出，电力系统的短路等故障都在一瞬间完成，该过程非常短促。

（3）电能的生产和使用同时完成。电能的生产、分配、输送和使用几乎是同时进行的，即发电厂任何时刻生产的电能必须等于该时刻用电设备使用的电能和在分配、输送过程中损耗的电能之和。

针对电力系统的特点，对电力系统运行的基本要求如下：

（1）保证供电的安全可靠性

供电的可靠性是衡量供电质量的一个指标。供电的可靠性一般用供电企业的实际供电小时数与全年时间内总小时数的百分比来衡量，也可以用全年的停电次数和停电持续时间来衡量。这就要求电力系统的各个部门应加强现代化管理，提高设备的运行和维护质量。

（2）保证电能的质量

电能质量是衡量供电质量的另一个指标。电能质量主要由电压、波形和频率所决定。当系统的频率、电压和波形不符合电气设备的额定值要求时，往往会影响设备的正常工作，危及设备和人身安全，影响用户的产品质量等。

（3）保证电力系统运行的稳定性

当电力系统的稳定性较差，或对事故处理不当时，局部事故的干扰有可能导致整个系统的全面瓦解，而且需要长时间才能恢复，严重时会造成大面积、长时间停电。

（4）保证运行人员和电气设备工作的安全

这是电力系统运行的基本原则，这一方面要求在设计时合理选择设备，使之在一定过电压和短路电流的作用下不致损坏；另一方面还应按规程要求及时地安排对电气设备进行预防性试验，及早发现隐患，及时进行维修。在运行和操作中要严格遵守有关的规章制定。

（5）保证电力系统运行的经济性

电能成本的降低不仅会使各用电部门的成本降低，更重要的是节省了能量资源，因此会带来巨大的经济效益和长远的社会效益。

第二节 负荷分级及供电措施

这里“负荷”的概念是指用电设备，“负荷的大小”是指用电设备功率的大小，不同的负荷，重要程度是不同的，重要的负荷对供电可靠性要求较高，反之则低。

一、负荷分级及供电要求

电力负荷等级的划分依据是根据对供电可靠性的要求及中断供电在政治、经济上所造成损失或影响的程度进行分级。根据《供配电系统设计规范》GB 50052—2009，我国的电力负荷等级被分为三级，分别为：一级负荷、二级负荷和三级负荷。

1. 符合下列情况之一时，应视为一级负荷：

（1）中断供电将造成人身伤害时。

（2）中断供电将在经济上造成重大损失时。例如：重大设备损坏、重大产品报废、用重要原料生产的产品大量报废、国民经济中重点企业的连续生产过程被打乱需要长时间才能恢复等。

（3）中断供电将影响重要用电单位的正常工作。例如：重要交通枢纽、重要通信枢纽、重要宾馆、大型体育场馆、经常用于重要活动的大量人员集中的公共场所等用电单位中的重要电力负荷。

特别说明：在一级负荷中，当中断供电将造成人员伤亡或重大设备损坏或发生中毒、爆炸和火灾等情况的负荷，以及特别重要场所的不允许中断供电的负荷，应视为一级负荷中特别重要的负荷。

2. 符合下列情况之一时，应视为二级负荷：

（1）中断供电将在经济上造成较大损失时。例如：主要设备损坏、大量产品报废、连续生产过程被打乱需较长时间才能恢复、重点企业大量减产等。

（2）中断供电将影响较重要用电单位的正常工作。例如：交通枢纽、通信枢纽等用电单位中的重要电力负荷，以及中断供电将造成大型影剧院、大型商场等较多人员集中的重要的公共场所秩序混乱。

3. 不属于一级和二级负荷者应为三级负荷。

表14-1列出了我国民用建筑中部分建筑物主要用电负荷的分级，以供参考。

民用建筑中各类建筑物主要用电负荷分级 表14-1

序号	建筑物名称	电力负荷名称	负荷级别
1	国家级会堂、国宾馆、国家级国际会议中心	主会场、接见厅、宴会厅照明，电声、录像、计算机系统用电，消防用电	特别重要
		客梯电力、总值班室、会议室、主要办公室、档案室用电	一级
2	国家及省部级防灾中心	防灾、电力调度及交通指挥计算机系统用电，消防用电	特别重要
3	地、市级办公建筑	主要办公室、会议室、总值班室、档案室及主要通道照明用电	二级
4	商场、超市	大型商场及超市经营管理用计算机系统用电	特别重要
		大型商场及超市营业厅备用照明、消防用电	一级
		大型商场及超市自动扶梯、空调电力用电，中型百货商场超市营业厅备用照明	二级
5	一类高层建筑	走道照明、值班照明、警卫照明、障碍照明。屋顶停机坪信号灯用电，主要业务和计算机系统用电，安防系统用电，电子信息设备机房用电，客梯电力，排污泵、生活水泵用电，消防用电	一级
6	二类高层建筑	主要通道及楼梯间照明用电，客梯电力，排污泵、生活水泵用电，消防用电	二级

不同等级用电负荷的建筑物，对供电电源要求也不同，供电负荷等级对应的供电措施应满足下列规定：

（1）一级负荷供电措施应满足下列要求：

1）一级负荷应由双重电源供电，当一个电源发生故障时，另一电源不应同时受到损坏。

2）一级负荷中特别重要的负荷供电，除应由双重电源供电外，尚应增设应急电源，并不得将其他负荷接入应急供电系统。

（2）二级负荷供电，宜由两回线路供电。在负荷较小或地区供电条件困难时，二级负荷可由一回6kV及以上专用的架空线路供电。

这里的两回线路与双重电源略有不同，二者都要求线路有两个独立部分，而后者还强调电源的相对独立。

（3）三级负荷的供电没有特别要求，配电中做到经济合理即可。

二、供电电压及引入方式

表14-2列出了我国三相交流额定电压的等级。额定电压是指电气设备正常运行且获得最佳经济效果的电压。

用电设备、发电机、变压器的额定电压都有相应的规定：

（1）用电设备的额定电压应和电网的额定电压一致。

（2）发电机的额定电压一般比同级电网额定电压高出5%，用于补偿电网上的电压损耗。

（3）变压器的额定电压分为一次和二次绕组。对于一次绕组，当变压器接于电网时，其额定电压与电网一致；当变压器接于发电机输出端，则其额定电压应与发电机额定电压相同，即高于同级电网额定电压5%。对于二次绕组，考虑到变压器承载时自身电压损失，变压器二次绕组额定电压应比电网额定电压高5%；当二次侧输电距离较长时，还应考虑到线路电压损失，此时二次绕组额定电压应比电网额定电压高10%。

我国三相交流电网的额定电压　　表14-2

分类	标准电压（V）	分类	标准电压（kV）	分类	标准电压（kV）	分类	标准电压（kV）
低压	220/380 380/660 1000/1140	高压	3 6 10 20	高压	35 66 110 220	高压	330 500 750 1000

注：1140V仅限于某些行业内部系统使用，3.00 kV及6.00 kV一般在工业设计时采用，民用建筑电气设计基本不采用此电压等级。

建筑物或建筑群电源的电压等级和引入方式的选择，应根据当地城市电网的电压等级、建筑用电负荷大小、用户距电源距离、供电线路的回路数、用电单位的远景规划、当地公共电网现状和其发展规划等因素，经过综合技术经济分析比较后确定。

单幢建筑物，建筑物较小或用电设备负荷量较小（6.6kW及以下），而且均为单相、低压用电设备时，可由城市电网的10/0.4kV柱上变压器，直接架空引入单相220V的电源。若建筑物较大或用电设备负荷量较大（250kW及以下），或者有三相低压用电设备时，可由城市电网的10/0.4kV的柱上变压器，直接架空引入三相四线380/220V的电源。若建筑物很大，或用电设备负荷量很大（250kW或供电变压器在160kWA以上），或者有高压用电设备时，则电源供电电压应采取高压供电。

电源引入方式由城市电网的线路敷设方式及要求而定。当布电为架空线路时，宜采用架空引入的方式。在人流较多的场所，出于安全和美观的考虑，可采用电缆引入方式。当市网为地下电缆线路时，宜采用电缆引入方式。若此引入电缆并非终端，还需装设π形接线转接箱将电源引入建筑物。10kV电源引入建筑物后，通过配电设备直接向高压用电设备配电，同时在建筑物内设变压器室，装设10/0.4kV的变压器，向照明和低压动力用电设备供电。不能就近获得10kV电源，或用电容量和送电距离超过10kV供电范围的工业与民用建筑物可采用35kV等级的电压供电。

第三节 变配电所及应急电源

一、变配电所的类型

变配电所是各级电压的变电所和配电所的总称，不包括35kV以上变电所时，也可称为配变电所。10（6）kV配电所，有时也被称为开闭所。变配电所类型很多，从整体结构而言大体可以分为如下几类：（1）变电所。由110kV及以下交流电源经电力变压器变压后对用电设备供电。（2）配电所。所内只有起开闭和分配电能作用的高压配电装置，母线上无主变压器。（3）露天变电所。变压器位于露天地面上，完全暴露于空气中。（4）半露天变电所。变压器位于露天地面上，但变压器的上方有顶棚或挑檐。（5）附设变配电所。变配电所的一面或数面墙与建筑物的墙共用，且变配电所的门和通风窗开向建筑物外。（6）车间内变配电所。变配电所位于车间内，且变配电室的门开向车间内。（7）独立变配电所。它是独立的建筑物。（8）室内变配电所。它是附设变配电所、车间内变配电所和独立变配电所的总称。（9）组合式变配电所。也称为箱式变配电站（简称为箱变），它是由高压室、变压器室和低压室三部分组合而成的箱式结构的变配电站。箱变是一种新型设备，它的特点是可以使变配电系统一体化，而且体积小，安装方便，广泛适用于城市公园、生活小区、中小型工厂以及铁路、油田等场所。当前，箱变已经被广泛采用，并表现出良好的发展势头。图14-2为某小区待安装的箱式变压器的外观图。

图14-2 箱式变压器的外观图

二、变配电所的位置选择及布置要求

1. 位置的选择

变配电所选址时应综合考虑下列因素来确定：

（1）接近负荷中心。

（2）进出线方便。

（3）接近电源侧。

（4）设备运输方便。

（5）不应设在有剧烈振动或高温的场所。

(6) 不宜设在多尘或有腐蚀性气体的场所，当无法远离时，不应设在污染源盛行风向的下风侧。

(7) 不应设在厕所、浴室或其他经常积水场所的正下方，且不宜与上述场所相贴邻。如果贴邻，相邻隔墙应做无渗漏、无结露等防水处理。

(8) 不应设在有爆炸危险环境的正上方或正下方，且不宜设在有火灾危险环境的正上方或正下方，当与有爆炸或火灾危险环境的建筑物毗连时，应符合现行国家标准《爆炸和火灾危险环境电力装置设计规范》GB 50058 的规定。

(9) 不应设在地势低洼和可能积水的场所。

另外，变配电所可设置在建筑物的地下层，宜设在通风和散热条件较好的场所，但不宜设置在最底层。当地下只有一层时，应采取适当抬高变配电所地面等防水措施，尚应采取预防洪水、消防水或积水从其他渠道淹渍变配电所的措施。

2. 布置要求

变配电所一般由变压器室、高压配电室、低压配电室、电容器室、值班室（控制室）、备品间和厕所等构成。根据规模和要求的不同，变配电所可能由以上全部或部分的功能房间构成。变配电室的设置和布局既要考虑到安装设备的安全操作间距和检修通道要求，也要考虑建筑防火以及其他相关专业的要求。

(1) 干式变压器，其外廓与四周墙壁的净距不应小于 0. 6m，干式变压器之间的距离不应小于 1m，并应满足巡视维修的要求。全封闭型的干式变压器可不受上述距离的限制。可燃油油浸变压器外廓与变压器室墙壁和门的最小净距，应符合表 14-3 的规定。

可燃油油浸变压器外廓与变压器室墙壁和门的最小净距 (mm) 表 14-3

变压器容量 (kVA)	100～1000	1250 及以上
变压器外廓与后壁、侧壁净距	600	800
变压器外廓与门净距	800	1000

(2) 配电装置的长度大于 6m 时，其柜（屏）后通道应设两个出口，低压配电装置两个出口间的距离超过 15m 时，尚应增加出口。低压配电室内成排布置的配电屏，其屏前、屏后的通道最小宽度应符合表 14-4 的规定。高压配电室内各种通道最小宽度应符合表 14-5 的规定。高（低）压配电室内，宜留有适当数量配电装置的备用位置。

低压配电屏前、后通道最小宽度 (mm) 表 14-4

形式	布置方式	屏前通道	屏后通道
固定式	单排布置	1500	1000
	双排面对面布置	2000	1000
	双排背对背布置	1500	1500
抽屉式	单排布置	1800	1000
	双排面对面布置	2300	1000
	双排背对背布置	1800	1000

高压配电室内各种通道最小宽度（mm）　表 14-5

开关柜布置方式	柜后维护通道	柜前操作通道	
		固定式	手车式
单排布置	800	1500	单车长度 +1200
双排面对面布置	800	2000	双车长度 +900
双排背对背布置	1000	1500	单车长度 +1200

注：1. 固定式开关柜为靠墙布置时，柜后与墙净距应大于50mm，侧面与墙净距应大于200mm；
2. 通道宽度在建筑物的墙面遇有柱类局部凸出时，凸出部位的通道宽度可减少200mm。

（3）带可燃性油的高压配电装置，宜装设在单独的高压配电室内。当高压开关柜的数量为6台及以下时，可与低压配电屏设置在同一房间内。室内变电所的每台油量为100kg及以上的三相变压器，应设在单独的变压器室内。不带可燃性油的高、低压配电装置和非油浸的电力变压器，可设置在同一房间内。

（4）变配电所一般被设计成单层建筑，但在用地面积受到限制或布置有特殊要求的情况下，也可以设计成多层建筑，为了操作和管理方便，一般不宜超过两层。当采用双层布置时，变压器应设在底层。设于二层的配电室应设搬运设备的通道、平台或孔洞。

（5）长度大于7m的配电室应设两个出口，并宜布置在配电室的两端。长度大于60m时，宜增加一个出口。当变电所采用双层布置时，位于楼上的配电室应至少设一个通向室外的平台或通道的出口。

（6）高压配电室宜设不能开启的自然采光窗，窗台距室外地坪不宜低于1.8m；低压配电室可设能开启的自然采光窗。配电室临街的一面不宜开窗。变压器室的通风窗应采用非燃烧材料。

（7）变压器室、配电室、电容器室的门应向外开启。相邻配电室之间有门时，此门应能双向开启。

（8）配电所各房间经常开启的门、窗，不宜直通相邻的酸、碱、蒸汽、粉尘和噪声严重的场所。

（9）变压器室、配电室、电容器室等应设置防止雨、雪和蛇、鼠类小动物从采光窗、通风窗、门、电缆沟等进入室内的设施。

（10）配电所、变电所的电缆夹层、电缆沟和电缆室，应采取防水、排水措施。

（11）变压器室和电容器室尽量避免布置在朝西方向，控制室和值班室尽可能朝南。

（12）在防火要求较高的场所，有条件时宜选用不燃或难燃的变压器。在高层民用主体建筑中，设置在首层或地下层的变压器不宜选用油浸变压器，设置在其他层的变压器严禁选用油浸变压器。布置在高层民用主体建筑中的配电装置，亦不宜采用具有可燃性能的断路器。

（13）可燃油油浸电力变压器室的耐火等级应为一级。高压配电室、高压电容器室和非燃（或难燃）介质的电力变压器室的耐火等级不应低于二级。低压配电室和低压电容器室的耐火等级不应低于三级，屋顶承重构件应为二级。

（14）变压器室宜采用自然通风。夏季的排风温度不宜高于45℃，进风和排风的温差不宜大于15℃。变压器室、电容器室当采用机械通风时，其通风管道应采用非燃烧材料制作。

（15）高、低压配电室、变压器室、电容器室、控制室内，不应有与其无关的管道和线路通过。

三、应急电源

应急电源的种类很多，应根据一、二级负荷的容量，允许中断供电的时间，要求的电源是交流还是直流等条件来确定。应急电源种类有：

（1）柴油发电机组。用于允许停电时间为15s以上的，需要驱动电动机且启动电流冲击负荷较大的重要负荷。

（2）应急电源装置EPS（Emergency Power Supply）。用于允许停电时间为0.25s以上，要求交流电源的重要负荷。

（3）不间断供电装置UPS（Uninterrupted Power Supply）。用于允许停电时间为毫秒级，且容量不大又要求交流电源的重要负荷。

（4）蓄电池装置。用于允许停电时间为毫秒级，且容量不大又要求直流电源的重要负荷。

（5）太阳能光伏蓄电池电源系统。用于允许停电时间为毫秒级，要求交流电源的重要负荷。

这些应急电源既可以单独使用，也可以几种同时使用。但不论采用哪种方式的应急电源供电，都必须避免应急电源与正常电源之间并列运行，即应急电源与正常电源之间必须有可靠的防止并列运行的措施，以防止应急电源向正常电源倒送电。

应急电源一般需要设置专用的设备用房。

（一）柴油发电机房

柴油发电机房由发电机房、控制及配电室、燃油准备及处理房、备品备件存放间等组成，各房间耐火等级及火灾危险性类别如表14-6所示。

机房各工作间耐火等级及火灾危险性类别 表14-6

机房名称	耐火等级	火灾危险性类别
发电机间	一级	丙
控制与配电间	二级	戊
贮油间	一级	丙

机房平面布置应根据设备型号、数量和工艺要求等因素确定。机房要求通风和采光良好，对单台容量在200kW以上且发电机间单独设置时，应设天窗。在我国南方炎热地区也宜设普通天窗。当该地区有热带风暴发生时，天窗应设挡风防雨板，或设专用双层百叶窗。在我国北方及风沙大的地区窗口应设防风沙侵入的设施。机房噪声控制应符合国家标准要求，否则应做隔声、消声处置，如机组基础采取减振措施，防止与房屋产生共振等。在机房内管沟和电缆沟内应有一定的坡度（0.3%），利于排放沟内油和水。沟边应做挡油排入设施。柴油机基础周边可设置排油污沟槽以防油浸。

机房中发电机间应有两个出入口，门的大小应能使搬运机组出入，否则应预留吊装设备孔口，门应向外开，并有防火、隔声的功能。发电机间与控制及配电室之间的窗和门应能防火和隔声，门应开向发电机间。贮油间与机房如相连布置，其隔墙上应设防火门，门朝发电机开。发电机、贮油房间地面应防止油、水渗入地面，一般做水泥压光地面。图 14-3 为某自启动柴油发电机房布置示例图。

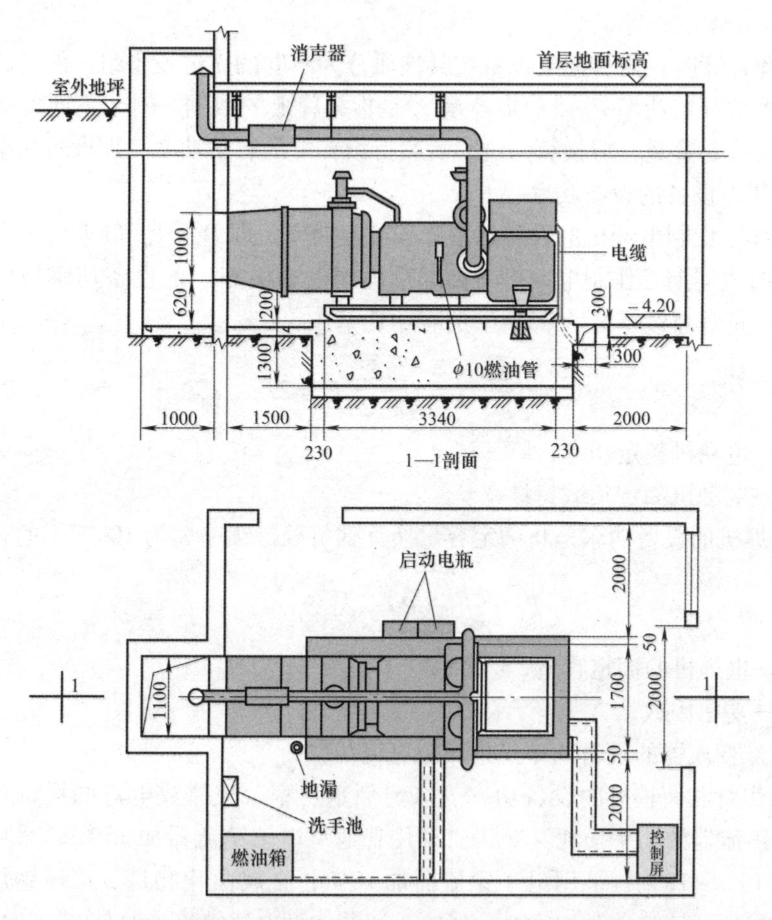

图14-3 200GF40 型 200kW 自启动柴油发电机组机房布置示例

（二）电池室

EPS、UPS 以及其他蓄电池电源装置，都是以蓄电池作为主要储能元件，并配以充电器、逆变器等组成应急电源系统。这种应急电源系统的容量应根据市电停电后由其维持的供电时间的长短要求选定。蓄电池室要根据蓄电池类型采取相应的技术措施，如：酸性蓄电池室顶棚做成平顶对防腐有利，对顶棚、墙、门、窗、通风管道、台架及金属结构等应涂耐酸油漆，地面应有排水设施并用耐酸材料浇筑。

蓄电池室朝阳窗的玻璃应能防阳光直射，一般可用磨砂玻璃或在普通玻璃上涂漆。门应朝外开。当所在地区为高寒区及可能有风沙侵入时则应采用双层玻璃窗。

第四节 负荷计算

电气负荷是供配电设计的主要依据和基础资料。电气负荷一般是随时间而变动的。

负荷计算的目的是确定设计各阶段中选择和校验供配电系统及其各个元件所需的各项负荷数据，即计算负荷。计算负荷是一个假想的持续性负荷，其在一定时间间隔内所产生的热效应与实际变动负荷所产生的最大效应相等。

一、设备功率的确定

进行负荷计算时，需将用电设备按其性质分为不同的用电设备组，然后确定设备功率。用电设备的额定功率 P_r 或额定容量 S_r 是指铭牌上的数据。对于不同负载持续率下的额定功率或额定容量，应换算为统一负载持续率下的有功功率，即设备功率 P_e。

1. 单台用电设备的设备功率

（1）连续工作制电动机的设备功率等于额定功率，即 $P_e = P_r$（kW）。

（2）短时或周期工作制电动机（如起重机用电动机等）的设备功率是指将额定功率换算为统一负载持续率 ε 为 25% 下的有功功率。

$$P_e = \sqrt{\frac{\varepsilon_r}{\varepsilon_{25}}}P_r = \sqrt{\frac{\varepsilon_r}{0.25}}P_r = 2P_r\sqrt{\varepsilon_r} \tag{14-1}$$

式中 P_r——电动机额定功率，kW；

ε_r——电动机额定负载持续率。

（3）电焊机的设备功率是将额定容量换算到负载持续率 ε 为 100% 下的有功功率。

$$P_e = \sqrt{\frac{\varepsilon_r}{\varepsilon_{100}}}P_r = \sqrt{\varepsilon_r}S_r\cos\varphi \tag{14-2}$$

式中 S_r——电焊机的额定容量，kVA；

$\cos\varphi$——功率因数。

（4）整流变压器的设备功率是指额定直流功率。

（5）白炽灯和卤钨灯的设备功率为灯泡额定功率。气体放电灯的设备功率为灯管额定功率加镇流器的功率损耗（荧光灯采用普通型电感镇流器加 25% ，采用节能型电感镇流器加 15%～18%，采用电子镇流器加 10%；金属卤化物灯、高压钠灯、荧光高压汞灯用普通电感镇流器时加 14%～16%，用节能型电感镇流器时加9%～10%）。

2. 用电设备组的设备功率

用电设备组的设备功率是指不包括备用设备在内的所有单个用电设备的设备功率之和。

3. 变电所或建筑物的总设备功率

变电所或建筑物的总设备功率应取所供电的各用电设备组设备功率之和，但应剔除不同时使用的负荷：

（1）消防设备容量一般可不计入总设备容量。

（2）季节性用电设备（如制冷设备和采暖设备）应择其最大者计入总设备容量。

4. 柴油发电机的负荷统计

（1）当柴油发电机仅作为消防、保安性质用电设备的应急电源时，用电负荷应计算消防泵（含消火栓泵、喷淋泵、消防加压泵和排水泵）、消防电梯、防排烟设备、消防控制设备、安防设备、电视监控设备、应急照明设备等的功率。

（2）当采用柴油发电机作为备用电源时，除计算保安性质负荷的用电设备外，根据用电负荷的性质和需要，还应计算所带其他负荷的设备功率。由于发生火灾时，可停掉除保安性质负荷用电设备以外的非消防用电设备的电源，而非消防状态下消防设备又不投入运行，二者不同时使用，所以应取其大者作为确定发电机组容量的依据。

（3）民用建筑设计中，在方案和初步设计阶段可按供电变压器容量的10% ~ 20%估算柴油发电机容量。

二、负荷计算的方法

负荷计算的方法有需要系数法、利用系数法、单位指标法等几种。需要系数法比较简便，应用广泛，尤其适用于配、变电所的负荷计算，多用于初步设计和施工图设计。利用系数法理论根据是概率论和数理统计，因而计算结果比较接近实际，但计算过程繁琐，实际应用较少。单位指标法用在用电设备功率和台数无法确定时或者设计前期，如可行性研究和方案设计阶段。

（一）需要系数法求计算负荷

1. 用电设备组的计算负荷

有功功率
$$P_C = K_x P_e \quad (kW) \tag{14-3}$$

无功功率
$$Q_C = P_C \tan\varphi \quad (kvar) \tag{14-4}$$

视在功率
$$S_C = \sqrt{P_C^2 + Q_C^2} \quad (kVA) \tag{14-5}$$

计算电流
$$I_C = \frac{S_C}{\sqrt{3}U_r} \quad (A) \tag{14-6}$$

2. 配电干线或变电所的计算负荷

有功功率
$$P_C = K_{\Sigma p} \sum_{i=1}^{n} P_{Ci} \quad (kW) \tag{14-7}$$

无功功率
$$Q_C = K_{\Sigma q} \sum_{i=1}^{n} Q_{Ci} \quad (kvar) \tag{14-8}$$

视在功率
$$S_C = \sqrt{P_C^2 + Q_C^2} \quad (kVA) \tag{14-9}$$

计算电流
$$I_C = \frac{S_C}{\sqrt{3}U_r} \quad (A) \tag{14-10}$$

式中　P_e——用电设备组的设备功率，kW；

K_x——需要系数，可以从相关设计手册查得；

$\tan\varphi$——用户设备组的功率因数角相对应的正切值；

$K_{\Sigma p}$、$K_{\Sigma q}$——有功功率、无功功率同时系数，分别取0.8 ~1.0和0.93 ~1.0；

U_r——用电设备额定电压（线电压），kV。

（二）单位指标法求计算负荷

单位指标法计算有功功率 P_c 的公式为

$$P_c = \frac{p_s S}{1000} \quad (kW) \tag{14-11}$$

式中　p_s——单位面积功率（负荷密度），W/m^2；

S——建筑面积，m^2。

表14-7列出了部分民用建筑单位面积功率。

民用建筑负荷密度指标　表 14-7

建筑类别	负荷密度（W/m^2）	建筑类别	负荷密度（W/m^2）
住宅建筑	20～60	剧场建筑	50～80
公寓建筑	30～50	医疗建筑	40～70
旅馆建筑	40～70	教学建筑	20～40
办公建筑	30～70	展览建筑	50～80
商业建筑	40～120	演播室	250～500
体育建筑	40～70	汽车库	8～15

第五节　电气设备的选择

供配电系统在正常工作条件下，电流需要母线（汇流排）、导线和绝缘子等电气装置进行输配；通断电流需要开关（如刀闸、油断路开关等）；为能够进行线路检修需要安装隔离开关；为随时了解运行参数、检查计量，需要安装电压、电流互感器；为适时进行事故保护，除需要安装相应的互感器外，还需要熔断器；此外，对供配电系统为防止雷电危害需要安装避雷器；为提高系统的功率因数而并接入电容器；需考虑减小短路电流而串接入电抗器设备。上述这些电气装置统称为电气设备。

电气设备选择的一般原则为：(1) 应满足正常运行、检修、短路和过电流情况下的要求，并考虑远景发展；(2) 应按当地环境条件校核；(3) 应力求技术先进和经济合理；(4) 与整个工程的建设标准应协调一致；(5) 同类设备应尽量减少品种；(6) 选用的新产品均应具有可靠的试验数据，并经正式鉴定合格。

电气设备选择时，应根据供电系统的主要参数、环境条件、绝缘水平等进行选择和校验。电气设备按其工作电压可分为高压设备和低压设备（通常以 1000V 为界）。

一、高压电气设备

常用的高压电气设备主要有：断路器、负荷开关、隔离开关、熔断器、限流电抗器、电流互感器、电压互感器、消弧线圈（电磁式）、接地变压器、接地电阻器、支柱绝缘子、穿墙套管以及高压开关柜和环网负荷开关柜等。下面介绍几种常用的高压电器。

1. 高压断路器

高压断路器不仅可以切断或闭合高压电路中的空载电流和负荷电流，而且当系统发生故障时通过继电器保护装置的作用，自动迅速地切断过负荷电流和短路电流，它具有相当完善的灭弧结构和足够的断流能力，可分为：油断路器（多油断路器、少油断路器）、六氟化硫断路器（SF_6 断路器）、真空断路器、压缩空气断路器等。图 14-4 为户外柱上安装的高压真空断路器。

2. 高压负荷开关

高压负荷开关能通断一定的负荷电流和过负荷电流，用于控制电力变压器。它是一种功能介于高压断路器和高压隔离开关之间的电器。它不能断开短路电流，所以一般与高压熔断器串联使用，借助熔断器来进行短路保护。图 14-5 为户内安装的高压负荷开关。

图14-4　户外高压柱上真空断路器

图14-5　户内高压负荷开关

3. 高压隔离开关

高压隔离开关主要用来保证高压电器及装置在检修工作时的安全，起隔离电压的作用，不能用于切断、投入负荷电流和开断短路电流。高压隔离开关是发电厂和变电站电气系统中重要的开关电器，需与高压断路器配套使用。图 14-6 为高原型户外高压隔离开关。

4. 高压熔断器

高压熔断器用来保护电气设备免受过载和短路电流的损害。按安装条件及用途可以选择不同类型的高压熔断器，如屋外跌落式、屋内式等。图 14-7 为高压跌落式熔断器。

图14-6　高原型户外高压隔离开关

图14-7　高压跌落式熔断器

二、低压电气设备

常用的低压电气设备主要有：断路器、熔断器、剩余电流动作保护器、刀开关、接触器、继电器以及低压开关柜等。下面介绍几种常用的低压电器。

1. 低压断路器

低压断路器可以接通和分断正常负荷电流和过负荷电流，还可以接通和分断短路电流。低压断路器在电路中除起控制作用外，还具有一定的保护功能，如过负荷、短路、欠压和漏电保护等。低压断路器一般分为：万能式断路器、塑壳断路器和微型断路器等。图 14-8 为各种类型的低压断路器。

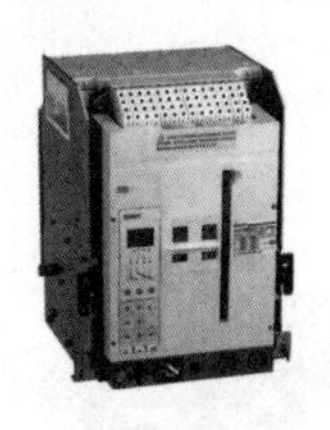
万能式断路器

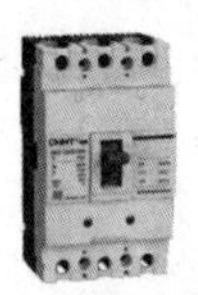
塑壳断路器

微型断路器

图14-8 低压断路器

2. 低压熔断器

图14-9 RL1 螺旋式熔断器

低压熔断器用来保护电气设备免受过载和短路电流的损害。低压熔断器有时也被称为“保险丝”。熔断器主要由熔体和熔管以及外加填料等部分组成。使用时，将熔断器串联于被保护电路中，当被保护电路的电流超过规定值并经过一定时间后，由熔体自身产生的热量熔断熔体，使电路断开，从而起到保护的作用。熔断器的种类和形式很多，图 14-9 为 RL1 螺旋式熔断器。

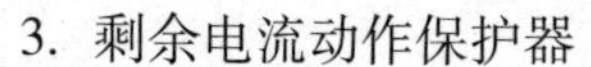
3. 剩余电流动作保护器

图14-10 刀开关

剩余电流动作保护器（简称 RCD）能迅速断开接地故障电路，以防发生间接电击伤亡和引起火灾事故。它除了具有断路器的基本功能外，对漏电故障能自动迅速做出反应，因此又称为漏电断路器。漏电断路器分为塑壳漏电断路器和微型漏电断路器。外形也只是比相对应的断路器略大。

4. 刀开关

刀开关又称闸刀开关或隔离开关，它是手控电器中最简单而使用又较广泛的一种低压电器。图 14-10 是最简单、也是最常用的带熔断器的刀开关图。

5. 接触器

接触器是一种用来频繁接通和断开交直流回路的自动电器。它经常运用于电动机作为控制对象，也可用做控制工厂设备、电热器、工作母机和各样电力机组等电力负载。接触器不仅能接通和切断电路，而且还具有低电压释放保护作用。接触器控制容量大，适用于频繁操作和远距离控制，是自动控制系统中的重要元件之一。

6. 继电器

继电器是一种根据电量或非电量的变化来接通或断开电路的自动电器。继电器一般都有能反映一定输入变量（如电流、电压、功率、温度、压力、时间、光等）的感应机构；有能对被控电路实现“通”、“断”控制的执行机构。根据输入变量的不同，继电器可以分为：时间继电器、热继电器、温度继电器、信号继电器等。

第六节 线路的选择与敷设

一、线路选择

导线和电缆是传送电能的基本通路，应按低压配电系统的额定电压、电力负荷、敷设环境，及其与附近电气装置、设施之间能否产生有害的电磁感应等要求，选择合适的型号和截面。线路的选择要从以下几个方面考虑：

1. 材料：材料选择是指选择导体的材料和导体外部的绝缘材料，表14-8列出了常用的导线的型号和用途。

常用导线　表14-8

型号	名称	用途
BLXF（BXF）	铝（铜）芯氯丁橡皮线	固定敷设，尤其适用于户外
BLX（BX）	铝（铜）橡皮线	固定敷设
BV（BLV）	铜芯（铝芯）聚氯乙烯绝缘电线	适应低压，可明、暗敷设
BVV（BLVV）	铜（铝）芯聚氯乙烯绝缘、护套线	室内、电缆沟、隧道、管道埋地
BVR	铜芯聚氯乙烯软电线	同BV型，要求导线柔软时用

2. 发热条件，由最高允许温升决定，导线和电缆的最高工作（允许）温度由其绝缘材料的性质限定，一般导线为65℃，当超过此温度则加速绝缘材料老化和导体材料的性能变化而导致故障。导线和电缆的实际工作温度是由其发热和散热条件所决定的，可考虑流过导线电流大小的载流量、影响导线温升的环境温度、影响导线温升和散热的敷设方式等因素确定。不同的敷设条件和环境下各种线路的最大载流量可以参考相关电工手册。

3. 电压损失：这是考虑到端子电压对用电设备的工作特性和使用寿命有很大影响，为保证用电设备的高效性，对用电设备接线端子电压作了具体规定。表14-9所示为部分用电设备端子电压偏移允许值。

用电设备端子的电压偏差允许值　表14-9

名称	电压偏差允许值（%）	名称	电压偏差允许值（%）
电动机		照明灯	
正常情况下	+5～-5	视觉要求较高的场所	+5～-2.5
特殊情况下	+5～-10	一般工作场所	+5～-5
		事故照明、道路照明、警卫照明	+5～-10
		其他用电设备无特殊规定时	+5～-5

4. 经济评价，导线和电缆的截面越大，电能损耗就越小，但有色金属消耗量却要增加，所以从经济方面考虑，应选择一个合理的截面，既可以使电能损耗小，又节省有色金属的耗量。

5. 机械强度，导线允许的最小截面与导线的型号、敷设方式和应用场所等因素有关，如表14-10所示。

按机械强度选择导线的最小允许截面　表14-10

敷设方式和地点	芯线最小截面（mm^2）	
	铜	铝
室外敷设在遮檐下的绝缘支持件上	1.0	2.5

续表

敷设方式和地点	芯线最小截面（mm^2）	
	铜	铝
室外沿墙敷设在绝缘支持件上	2.5	4.0
室内绝缘导线敷设于绝缘子上间距2m以下	1.0	2.5
室内绝缘导线敷设于绝缘子上间距6m以下	2.5	4.0
控制线（包括穿管敷设）	1.5	
移动设备用软线和电缆	1.5	
室内灯头引接线	0.5	
室外灯头引接线	1.0	

6. 配电系统的中性线N、保护线PE及中性保护线PEN截面的选择，在不考虑线路中谐波的情况下，可以参考表14-11。

N线、PE线及PEN线选择　　**表14-11**

相导体截面 S_1 （mm^2）	相应保护导体的最小截面 S_2 （mm^2）
$16 < S_1 \leq 35$	16
$S_1 > 35$	$S_2/2$

用何种方法选择导线截面应由具体情况确定。一般对室内布线可按发热条件选择，按电压损失和机械强度校核；对远距离配电按电压损失选择，按发热条件和机械强度校核；对高压（35kV以上）线路按经济电流密度选择，按发热条件、电压损失和机械强度校核。

二、线路的敷设

（一）室外线路敷设

根据城市电网线路形式和现场安全、美观、投资等要求和条件，室外线路敷设可采用架空导线和埋地电缆两种方式。

架空线，对高压6～10kV接户线可采用铝绞线或铜绞线。进户点对地距离不应小于4.5m。最小截面：铝绞线需25mm^2，铜绞线需16mm^2。

低压配电0.38/0.22kV室外接户线应采用绝缘导线。进户点对地距离不应小于2.5m。架空导线与路面中心的垂直距离，若跨越通车道路应不小于6m，若跨越通车困难的道路和人行道不应小于3.5m。

低压接户线与建筑各相关部位应保持足够的安全距离，导线与下方窗口的垂直距离应保持300mm；导线与上方窗口或阳台应保持垂直距离为800mm；导线与窗户或阳台的水平距离应保持750mm；与墙壁或其他建筑构件距离应保持50mm。

高、低压电缆接户线一般采用直接埋地敷设，埋深不应小于0.7m，并应埋于冰冻线以下。在电缆上、下各铺以100mm厚的软土或砂层，再盖混凝土板、石板或砖等保护板。其覆盖宽度应超过电缆两侧各50mm。电缆穿钢管引入建筑，保护钢管伸出建筑物散水坡外的长度不应小于250mm。

（二） 室内线路敷设

建筑物内部采用的导线有绝缘导线和电缆两类。敷设方式有明敷、暗敷和电缆沟内敷设等方式。

明敷时应注意美观和安全；应和建筑物的轴向平行；线路之间及线路与其他相邻部件之间保持有足够的安全距离。明敷又分为导线明敷及电缆直接明敷或穿管明敷等。穿线管有水煤气钢管（SC）、电线管（TC）、硬聚氯乙烯管（PC）和软聚氯乙烯管（FPC）等多种。根据使用环境和建筑投资选择配线管的材料，根据导线或电缆的截面与根数确定配线管的直径。

导线或电缆穿管后也可以埋在墙内（WC）、楼板内（CC）或地面下（FC）敷设，称为暗敷。暗敷时应考虑到使穿线方便，利于施工和维修，使线路尽量短，节省投资。

在高低压配电室内，由于导线数量多，截面大，为便于和高、低压配电柜的安装配合，方便维修管理，常把线路敷设在电缆沟中。在多功能的高层建筑中，由于各种线路很多，为便于各层间线路的相互连接，又尽量减少和避免与其他管线、建筑物构件的交叉和矛盾，需要设置电缆竖井，在井内集中敷设各种建筑电气线路。

思考题与习题

1. 电力系统的组成有哪些？
2. 负荷等级划分的依据是什么？ 一级负荷的供电有什么要求？
3. 变配电所如何选址？
4. 应急电源的种类有哪些？
5. 负荷计算的方法有几种？ 并简述其适用范围。
6. 导线截面的选择应根据哪些因素确定？

第十五章　照　明

建筑照明是创造光环境的技术，利用阳光实现的建筑照明称自然照明；将其他形式能量转换为光能光源的人为照明称为人工照明。其中，利用电能转换为光能的电光源称为电气照明。电气照明应用于人们的生产、生活中，可以创造出良好的光环境，能满足各种建筑的多功能需求。

第一节　照明基础知识

一、基本概念

1. 光通量

光源在单位时间内向周围空间辐射出去的，并能使人眼产生光感的能量，称为光通量，以符号 Φ 表示，单位为 lm（流明）。

2. 照度

照度表示物体被照亮的程度。当光通量投射到物体表面时，可把物体照亮，因此对于被照面，用落在它上面的光通量的多少来衡量它被照射的程度。

投射到被照物体表面的光通量与该物体被照面积的比值，即单位面积 s 上接收到的光通量 Φ 称为被照面的照度，以符号 E 表示，单位为 lx（勒克斯）。

$$E = \frac{\mathrm{d}\Phi}{\mathrm{d}s} \tag{15-1}$$

$$1\mathrm{lx} = 1\mathrm{lm/m^2}$$

3. 色温

光源发出的光与黑体（能吸收全部光源的物体）加热到在某一温度所发出光的颜色相同（对气体放电光源为相似）时，称该温度为光源的颜色温度，简称色温。色温以绝对温度 K 表示，光源中含有短波蓝紫光多，色温就高；含有长波红橙色光多，色温就低。以符号 T_{cp}表示，单位为（K）开。

4. 色表

色表指光源颜色给人的直观感觉，照明光源的颜色质量取决于光源的表观颜色及其显色性能。室内照明光源的颜色，可根据相关色温分为三类，即冷色、暖色和中间色。

5. 显色指数

显色指数（Ra）是显色性能的定量指标。物体在某光源照射下显现颜色与日光照射下显现颜色相符的幅度称为某光源的显色指数。显色指数越高，则显色性能越好。

显色指数用 1 ~ 100 无量纲数字表示。日光的显色指数定为 100，通常显色指数分为：不小于 90、80、60、40、20 等五级。常用房间和场所的显色指数最小值见表 15-1 ~ 表 15-5。

6. 眩光值

眩光是指视野中由于不适宜亮度分布，或在空间或时间上存在极端的亮度对比，以致引起视觉不舒适和降低物体可见度的视觉条件。视野内产生人眼无法适应的光亮感觉，可能引起厌恶、不舒服甚或丧失明视度。眩光是引起视觉疲劳的重要原因之一 。

对眩光的度量称为眩光值，眩光值有两种，分别为 *UGR* 和 *GR*。*UGR* 是用来度量室内处于视觉环境中的照明装置发出的光对人眼引起不舒服感主观反应的心理参量；*GR* 是用来度量室外体育场和其他室外场地照明装置对人眼引起不舒服主观反应的心理参量。

常用房间和场所的眩光值最大值见表 15-2 ~ 表 15-5。

7. 配光曲线

配光曲线是照明设备技术性能的一个重要概念。电光源在空间对各个方向的发光强度是不同的，在极坐标图上标出各方位的发光强度值所连成的曲线就是配光曲线。从配光曲线中可看出光强（单位是坎德拉，cd）的变化、分布以及最大光强角度等。不同的灯具配光曲线不同，配光曲线是照明布局和设计的重要依据。图 15-1 是某光源的配光曲线。

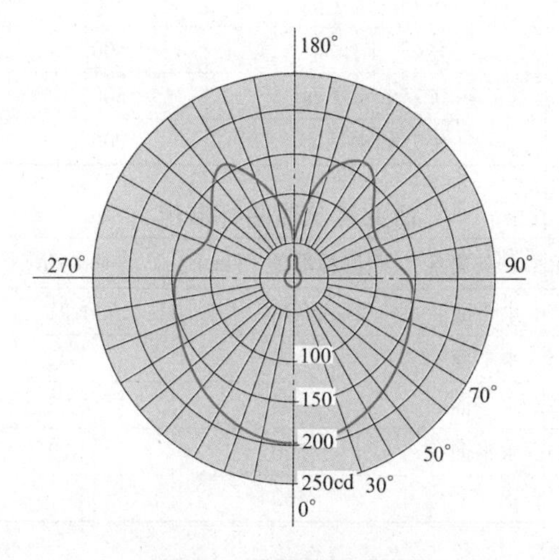

图15-1　光源的配光曲线

二、照度标准

根据《建筑照明设计标准》GB 50034 – 2013 的相关规定，民用建筑照度标准所规定的照度值为作业面或参考平面上的维持平均照度值。

建筑照明设计的照度计算值和选定的照度标准值，允许有 ±10% 的偏差，即不应超过标准值的 110%，也不得低于其 90%，这是考虑到灯具布置要求一定的对称性和光源功率不是连续变化等因素。一个房间设计灯具少于 10 套时，允许适当超过此偏差。

部分建筑的照度标准见表 15-1 ~ 表 15-5。

居住建筑照明标准值　　表 15-1

房间或场所		参考平面及其高度	照度标准值（lx）	*Ra*
起居室	一般活动	0.75m 水平面	100	80
	书写、阅读		300	80

续表

房间或场所		参考平面及其高度	照度标准值（lx）	Ra
卧室	一般活动	0.75m 水平面	75	80
	床头、阅读		150	80
餐厅		0.75m 餐桌面	150	80
厨房	一般活动	0.75m 水平面	100	80
	操作台	台 面	150	
卫生间		0.75m 水平面	100	80

办公建筑照明标准值　　表 15-2

房间或场所	参考平面及其高度	照度标准值（lx）	UCR	Ra
普通办公室	0.75m 水平面	300	19	80
高档办公室	0.75m 水平面	500	19	80
会议室	0.75m 水平面	300	19	80
接待室、前台	0.75m 水平面	200	—	80
设计室	实际工作面	500	19	80
文件整理、复印、发行室	0.75m 水平面	300	—	80
资料、档案室	0.75m 水平面	200	—	80

商业建筑照明标准值　　表 15-3

房间或场所	参考平面及其高度	照度标准值（lx）	UCR	Ra
一般商业营业厅	0.75m 水平面	300	22	80
高档商业营业厅	0.75m 水平面	500	22	80
一般超市营业厅	0.75m 水平面	300	22	80
高档超市营业厅	0.75m 水平面	500	22	80
收款台	台面	500	—	80

旅馆建筑照明标准值　　表 15-4

房间或场所		参考平面及其高度	照度标准值（lx）	UCR	Ra
客房	一般活动区	0.75m 水平面	75	—	80
	床头	0.75m 水平面	150	—	80
	写字台	台面	300	—	80
	卫生间	0.75m 水平面	150	—	80
中餐厅		0.75m 水平面	200	22	80
西餐厅		0.75m 水平面	150	—	80
多功能厅		0.75m 水平面	300	22	80
总服务台		地面	300	—	80
休息厅		地面	200	22	80
客房层走廊		地面	50	—	80
厨房		台面	500	—	80
洗衣房		0.75m 水平面	200	—	80

教育建筑照明标准值 表 15-5

房间或场所	参考平面及其高度	照度标准值 (lx)	*UCR*	*Ra*
教室	课桌面	300	19	80
实验室	实验桌面	300	19	80
美术教室	桌面	500	19	90
多媒体教室	0.75m 水平面	300	19	80
教室黑板	黑板面	500	—	80

三、照明质量

照明质量是指视觉环境内的亮度分布，包括一切有利于视觉功能、舒适感、易于观察、安全与美观的一切亮度。照明质量主要体现在以下几个方面：

1. 照度均匀度

照度均匀度是规定表面上的最小照度与平均照度之比。在工作环境中，人们希望被照场所的照度均匀或比较均匀，否则将会导致视觉疲劳。公共建筑的工作房间和工业建筑作业区域的一般照明照度的均匀度不应小于0.7，而作业面邻近周围的照度均匀度不应小于0.5。

2. 亮度分布

当物体发出可见光（或反光），人才能感知物体的存在，它愈亮，看得就愈清楚。若亮度过大，人眼会感觉不舒适，超出眼睛的适应范围，则灵敏度下降，反而看不清楚。照明环境不但应使人能清楚地观看物体，而且要给人以舒适的感觉，所以在整个视场（如房间）内各个表面都应有合适的亮度分布。

3. 光源颜色

选择照明光源要考虑使用条件、光效及光源的颜色质量等因素。光源颜色的选取参考表 15-6。

光源的颜色及适用场所 表 15-6

色表特征	相关色温（K）	适合场所示例
暖	<3300	客房、卧室、病房、餐厅、酒吧
中间	3300~5300	教室、办公室、阅览室、诊室、实验室、机加工车间、仪表装配
冷	>5300	热加工车间、高照度场所

4. 照度稳定性

照度变化引起照明的忽暗忽明，不但会分散人们的注意力，给工作和学习带来不便，而且会导致视觉疲劳。照度的不稳定性主要是由于电源电压的波动所致。另外，光源的摆动也会影响视觉，而且影响光源本身的寿命。总之，可通过照度补偿、控制电压波动和灯具摆动等来实现照度的稳定性。

5. 频闪效应

由交流电源供电的光源，其光通量会发生周期性的变化。特别是气体放电灯的这种现象较显著，最大光通量和最小光通量差别很大，使人眼产生明显的闪烁感觉，即频闪效应。避免频闪效应的有效方法是将相邻的灯采用分相接入电源的方法或将单相供电的两根荧光灯管用移相接法。

第二节 光源和灯具的选择

一、光源选择

光源是将其他能转换为光能的设备，是光能的提供者，以其所产生的光通量向周围空间辐射，经四壁、顶棚、地板及室内物体表面的多次反射、折射后，在工作面上形成足够的照度，以满足人们的视觉要求及其他各种需要。

1. 电光源的分类

电光源是照明系统中最主要和最常用的光源。按照电光源的发光机理，电光源的分类见表 15-7。

电光源分类 **表 15-7**

<table>
<tr><td rowspan="12">电光源</td><td rowspan="4">固体发光光源</td><td rowspan="2">热辐射光源</td><td colspan="2">白炽灯</td></tr>
<tr><td colspan="2">卤钨灯</td></tr>
<tr><td rowspan="2">电致发光光源</td><td colspan="2">场致发光灯（EL）</td></tr>
<tr><td colspan="2">半导体发光二极管（LED）</td></tr>
<tr><td rowspan="8">气体放电
发光光源</td><td rowspan="2">辉光放电灯</td><td colspan="2">氖灯</td></tr>
<tr><td colspan="2">霓虹灯</td></tr>
<tr><td rowspan="6">弧光放电灯</td><td rowspan="2">低压气体放电灯</td><td>荧光灯</td></tr>
<tr><td>低压钠灯</td></tr>
<tr><td rowspan="4">高压气体放
电灯（HID）</td><td>荧光高压汞灯</td></tr>
<tr><td>高压钠灯</td></tr>
<tr><td>金属卤化物灯</td></tr>
<tr><td>氙灯</td></tr>
</table>

2. 电光源的主要特性

（1）白炽灯

白炽灯是第一代电光源，白炽灯泡的平均寿命一般为 1000h。白炽灯的优点是启动快、显色性好、便于调光、价格低廉，但它的发光效率不高，能耗大。我国已经印发《关于逐步禁止进口和销售普通照明白炽灯的公告》，决定从 2012 年 10 月 1 日起，按功率大小分阶段逐步禁止进口和销售普通照明白炽灯。白炽灯在不久的将来将退出历史舞台。

（2）卤钨灯

卤钨灯由灯头（由陶瓷制成）、灯丝（螺旋状钨丝）和灯管（由耐高温玻璃、高硅酸玻璃内充氮、氩和氪、氙和少量卤素）组成。根据卤素的种类，卤钨灯有碘钨灯、溴钨灯和氟钨灯之分。卤钨灯特点是体积小、显色性好、寿命长。卤钨灯在安装使用中应注意：玻璃壳温度高，故不能和易燃物靠近，也不允许采用任何人工冷却措施（如风吹、水淋等）。

（3）荧光灯

荧光灯是充以低气压汞蒸汽的一种气体放电光源，由灯管和附件两部分组成。主要附件为镇流器和启辉器。荧光灯具有发光效率高、光色好、可发出不同颜色的光线和寿命长的优点。其寿命与每次连接点燃的时间长短成正比，寿命随开关次数的增加而缩短。

（4）LED 灯

LED（Light Emitting Diode），发光二极管，是一种能够将电能转化为可见光的固态的半导体器件，它可以直接把电转化为光。LED 的心脏是一个半导体的晶片。LED 灯是继紧凑型荧光灯（即普通节能灯）后的新一代照明光源。相比普通节能灯，LED 节能灯环保不含汞，可回收再利用，功率小，高光效，长寿命，即开即亮，耐频繁开关，光衰小，色彩丰富，可调光，变幻丰富。价格高是 LED 灯推广的最大劣势，但 LED 灯的成本会随着 LED 技术的不断提高而降低，LED 灯将越来越多的用户所接受，并在一定程度上取代白炽灯和节能灯。国家越来越重视照明节能及环保问题，已经在大力推行使用 LED 灯泡了。

3. 光源选择

电光源应根据使用场所的不同合理地选择光源的光效、显色性、寿命、启动点燃和再启燃时间等光电特性指标，还有如环境条件对光源光电参数的影响、建筑功能特点及对照明可靠性的要求、设备档次、长年运行费用，以及电源电压等因素，依此确定光源的类型、功率、电压的数量，并应优先采用高光效光源和高效灯具。比如：可靠性要求高的场所，需选用易于启燃的白炽灯；高大的房间宜选用寿命长、效率高的光源；办公室宜选用显色性好、光效高、表面亮度低的荧光灯做光源。

一般照明宜采用同一种类型的光源，当有装饰性或功能性要求时，也可采用不同种类的光源。当使用一种光源不能满足显色性要求时，可采用混光措施。各种光源在发光效率、光色、显色性和点亮特性方面各有特点，可分别适用于不同场所，如表 15-8所示。

主要电光源的特性和用途 表 15-8

灯名	种类	发光效率（lm/W）		显色性	亮度	控制配光	寿命（h）	特征	主要用途
白炽灯	普遍型	10～15	低	优	高	容易	通常1000（短）	一般用途。易于使用，适用于表现光泽和阴影，暖光色适用于气氛照明	住宅、商店的一般照明
	透明型	10～15	低	优	非常高	非常容易	同上	闪耀效果、光泽和阴影的表现较好，暖光色，气氛照明用	花吊灯 、有光泽陈列品的照明
	球型	10～15	低	优	非常高	稍难	同上	明亮的效果，看上去具有辉煌气氛的照明	住宅、商店的舒适度效果
	反射型	10～15	低	优	非常高	非常容易	同上	控制配光非常好，光集中。光泽、阴影和材质感的表现力非常大	显示灯、商店、气氛照明

续表

灯名	种类	发光效率(lm/W)		显色性	亮度	控制配光	寿命(h)	特征	主要用途
卤钨灯	一般照明用(直管)	约20	稍良	优	非常高	非常容易	2000(稍良)	体积小，瓦数大，易于控制配光	投光灯、体育馆照明
	微型灯钨 灯	15~20	稍良	优	非常高	非常容易	1500~2000(稍良)	体积小，用150~500W，易于控制配光	适用于下射光和点光的商店照明
荧光灯	直管型环型	30~90	高	从一般到高显色性	稍低	非常困难	10000(非常长)	光效高、显色性好、亮度低、眩光小。有扩散光，难于造成阴影。可做成各种光色和显色性。尺寸大，瓦数不能太大	最适于一般房间、办公室、商店的照明

二、灯具的选择

灯具主要由电光源和控照器（灯罩）组成。控照器的作用是重新分配光源发出的光通量、限制光源的眩光作用、减少和防止光源的污染、保护光源免遭机械破坏、安装和固定光源，并和电光源配合起一定的装饰作用。控照器一般为金属、玻璃或塑料制成。按照控照器的光学性质可分为反射型、折射型和透射型等多种类型。控照器的主要特性包括配光曲线、光效率和保护角等。

1. 灯具的分类

灯具分类方法有多种：

（1）按光源分为白炽灯、卤钨灯和荧光灯等。

（2）按光源数目可分为普遍灯具、组合花灯灯具（由几个到几十个光源组合而成）。

（3）按控照结构的密封程度有开启式灯具（光源和外界环境直接接触）、防护式灯具（有封闭的透光罩，但罩内外可以自由流通空气，如走廊吸顶灯等）、密闭式灯具（透光罩将内外空气隔绝，如浴室的防水防尘灯）和防爆灯具（严格密封，在任何情况下都不会因灯具而引起爆炸，用于易燃易爆场所）。

（4）按配光曲线有直射型灯具、半直射型灯具、漫射型灯具、反射型灯具和半反射型灯具。

（5）按照配光曲线的形状又可分为广照型、均匀配照型、配照型、深照型和特深照型5种。

（6）按材料的光学性能又可分为反射型灯罩、折射型灯罩和透射型灯罩。

（7）按安装方式分为自在器线吊式（SW）、固定线吊式（SW_1）、防水线吊式（SW_2）、人字线吊式（SW_3）、杆吊式（DS）、链吊式（CS）、座灯式（HM）、吸顶式（C）、壁式（W）、嵌入式（R）等，见图15-2。

2. 灯具的选择

灯具的选择应根据环境条件和使用地点，合理地选定灯具的光强分布、效率、遮光

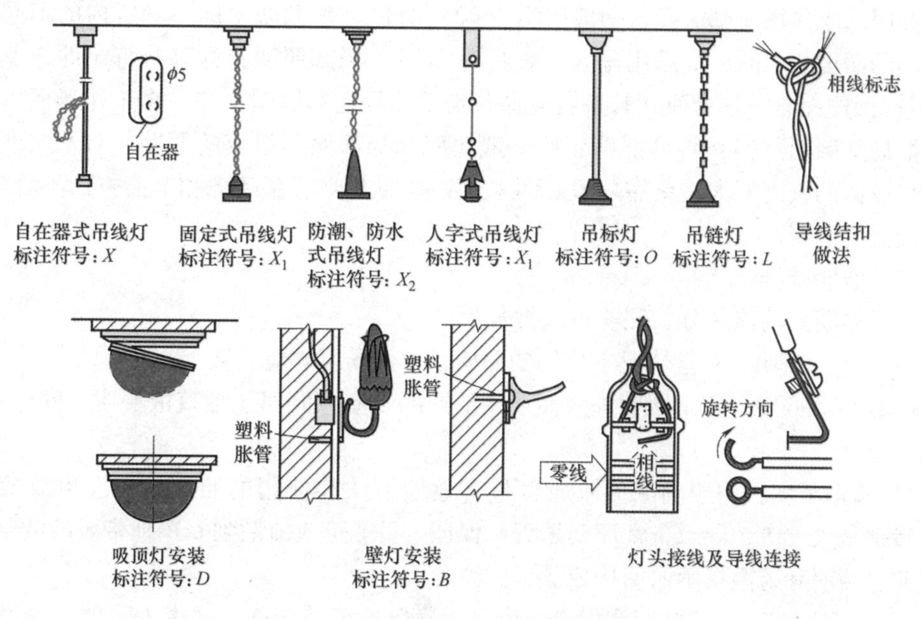

图15-2　灯具安装方式图

角、类型、造型尺度以及灯的表观颜色等，还要满足技术、经济、使用、功能方面的要求。

技术性要求是指满足配光和限制眩光方面的要求。经济性方面要全面考虑综合一次性投资和年运行管理费用。使用性要求，是指结合环境条件、建筑结构情况等安装使用中的各种因素。功能性要求，是指根据不同的建筑功能，恰当确定灯具的光、色、形、体和布置，合理运用光照的方向性、光色的多样性、照度的层次性和光点的连续性等技术手段，可起到渲染建筑、烘托环境和满足各种不同的需要及要求。

3. 灯具的布置

照明产生的视觉效果不仅和光源与灯具的类型有关，而且和灯具布置方式有很大关系。灯具的布置内容包括灯具的安装高度（竖向布置）和平面布置。

应周密考虑光的投射方向、工作面的照度、反射眩光和直射眩光、照明均匀性、视野内各平面的亮度分布、阴影、照明装置的安装功率和初次投资、用电的安全性、维护管理的方便性等因素。

一般照明系统的灯具采用均匀布置，做到考虑功能、照顾美观、防止阴影、方便施工；并应与室内设备布置情况相配合，即尽量靠近工作面，但不应安装在高大型设备上方；应保证用电安全，即裸露导电部分应保持规定的距离；应考虑经济性。

第三节　照明设计

一、照明方式

根据使用场所的特点和建筑条件，在满足使用要求条件下降低电能消耗而采取的基本制式，称为照明方式。照明方式有以下几种：（1）一般照明：为照亮整个场所而设置的照明。工作场所都应设置一般照明。（2）分区一般照明：同一场所内的不同区域有不同的照度要求时，应采用分区一般照明。（3）局部照明：为某些特定的作业部位（如机床操作面、工作台面）较高视觉条件需要而设置的照明。在一个工作场所内不应只采取局部照明。（4）混合照明：由一般照明和局部照明组成的照明。对于照度要求高、作业面的密度不大，单靠一般照明来达到其照度要求在经济和节能方面不合理时，应采用混合照明。

二、照明种类

按照照明的功能区分，照明可以被分为：

（1）正常照明：正常情况下使用的照明，工作场所均应设置。

（2）应急照明：正常照明失效而使用的照明。应急照明包括疏散照明、安全照明、备用照明。

1）疏散照明：用于确保疏散通道被有效地辨认和使用的照明。在发生故障或灾害，特别是火灾等，导致正常照明熄灭，保证人员能迅速疏散到安全地带。疏散照明由疏散应急照明和疏散指示照明构成。

2）安全照明：在正常照明发生故障，为确保处于潜在危险之中人员的安全而提供的照明。安全照明仅在有特别需要的作业部位装设。

3）备用照明：用于确保正常活动继续进行的照明。当正常照明因故障熄灭后，可能造成爆炸、火灾或人身伤亡等严重后果的场所，或停止工作将造成很大影响或经济损失的场所，应设继续工作用的备用照明。

（3）值班照明：非工作时间，为值班而设置的照明。在大面积生产场所以及商场营业厅、体育场馆、剧场、展厅等公共场所，应设置值班照明，以做清扫、巡视等用。

（4）警卫照明：用于警戒而安装的照明。在重要的工厂区、库区及其他场所，根据警戒防范的需要，设置警卫照明。

（5）障碍照明：在可能危及航行安全的建筑物或构筑物上安装的标志灯。在飞机场及航道附近的高耸建筑、烟囱、水塔等，对飞机起降可能构成威胁的，应按民航部门的标准或规定装设航空障碍照明。在江河等水域两侧或中间的建筑物或其他障碍物，对船舶航行可能造成威胁的，应按交通部门的标准或规定装设航行障碍照明。

三、照度计算

在照明设计中首先是制定合理的照明标准，然后进行照度计算。我国执行的是最低照度标准，即工作面上照度最低的地方、视觉工作条件最差的地方所具有的照度应该达到标准规定的要求。

照度计算的方法主要有：利用系数法、单位容量法和逐点计算法。任何一种计算方法都只能做到基本合理，完全准确是不可能的，设计误差控制在 ±10% ~ ±20% 为宜。下面主要介绍利用系数法进行照度计算。

采用利用系数法计算维持平均照度的公式为：

$$E_{av} = \frac{N \cdot \Phi \cdot U \cdot K}{A} \tag{15-2}$$

式中 E_{av}——工作面上的维持平均照度，lx；

Φ——光源的光通量，lm；

N——场所内光源数量；

U——利用系数；

K——维护系数；

A——房间或工作面面积，m^2。

四、照明设计

1. 电压选择

对一般照明光源电压采用220V，1500W及以上高强度气体放电灯的电源电压宜采用380V。移动式和手提式灯具，以及某些特殊场所，应采用安全特低电压（SELV）供电，其工频交流电压值在干燥场所不大于50V，在潮湿场所不大于25V。

2. 系统设计

（1）照明配电宜采用放射式和树干式相结合的配电系统。三相配电干线的各负荷宜分配平衡。配电箱宜设置在靠近照明负荷中心便于操作维护的位置。（2）每一单相分支回流的电流不宜超过16A，所接光源数不宜超过25个；连接组合灯具时，回路电流不宜超过25A，光源数不宜超过60个；供高压气体放电灯（HID）的单相分支回路的电流不应超过30A。（3）插座和照明宜分回路设置。（4）道路照明除配电回路设保护电器外，每个灯具应设单独的保护电器。观众厅、比赛场地等的照明，当顶棚内有人行检修通道，单灯功率为250W及以上时，每个灯具宜装设单独保护电器。（5）供气体放电灯的配电线路，宜在线路或灯具内设置电容补偿，使功率因数不低于0.9。气体放电灯的频闪效应对视觉有影响的场所，采用电感镇流器时，相邻灯具应分接在不同相序，以降低频闪深度。（6）照明配电线路应设置短路保护、过负载保护和接地故障保护，每段配电线路的首段应装设保护电器（熔断器或断路器）。（7）居住建筑应按住户设置电能表；工厂宜按车间、办公楼宜按单位设置计量表。

3. 照明控制

照明控制应能满足各种工作状况、各种用途、各种场景的视觉需要，在此条件下，达到最大限度地节约电能；并且还应做到安全、可靠、灵活、方便操作、经济性好。

（1）公共建筑和工业建筑的走廊、楼梯间、门厅等公共场所的照明，宜采用集中控制，并按建筑使用条件和天然采光状况采取分区、分组控制，应按有无天然采光分组，按不同使用条件分区，以利于节电。（2）体育场馆、影剧院、候机厅、候车厅、展览厅等公共建筑应采取集中控制，并按需要采取调光或降低照度措施，便于集中管理。（3）旅馆的客房应设置节能控制型总开关，并有延时断电功能。（4）居住建筑的楼梯间、走道的照明，宜采用节能自熄开关。（5）每个开关控制的光源数不宜太多。（6）房间或场所装有多列灯具时，宜分组控制。如，将所控灯列与侧窗平行，便于按天然光条件开关灯；生产场所按车间、工段或工序分组控制；电化教室、会议室、多功能厅、报告厅等场所，按靠近或远离讲台进行分组控制等。（7）城市道路照明控制应采用集中遥控方式，有条件时最好采用光控和时控相结合的控制方式。（8）城市夜景照明控制应具备平日、一般节日、重大节日开灯的多种控制模式；还应能分区、分建筑物集中控制，或自动定时控制。

思考题与习题

1. 名词解释：光通量、照度、显色指数、眩光值。
2. 照明质量包括哪些内容？如何控制照明质量？
3. 照明方式有几种？
4. 照明的种类有哪些？

第十六章　电气安全

第一节　安全电压及电击防护

人体通过电流时的生理反应视电流的大小和通过时间的长短而异。以下是1000V以下15~150Hz交流电流通过人体时几个主要反应的电流阈值：

感觉阈值——人体能感觉的最小电流值一般为0.5mA，此值与通过电流的时间长短无关。

摆脱阈值——人体能摆脱手握的带电导体的最大电流值，此值一般取平均值10mA。通过人体的电流如超过摆脱阈值就不能自行摆脱，当电流作用时间较长时，人体将遭受伤害。

心室纤维性颤动阈值——能引起心室纤维性颤动的最小电流值。心室纤维性颤动是人身电击致死的主要原因。此阈值随通电时间的增大而减小。

一、安全电压

安全电压是指不致使人直接致死或致残的电压。也就是说，安全电压是指为了防止触电事故而由特定电源供电所采用的电压。这个电压的上限，在任何情况下都不得超过交流（50~800Hz）有效值50V或直流（非脉动值）120V。我国规定的安全电压额定值的等级为42V、36V、24V、12V、6V。安全电压等级的选用应根据空气干燥程度、工作环境条件等因素确定。

为确保人身安全，供给安全电压的特定电源，除采用独立电源外，供电电源的输入电路与输出电路必须实行电气上的隔离。工作在安全电压下的电路必须与其他电气系统和与之无关的可导电部分实行电气上的隔离。当电气设备采用24V以上的安全电压时，必须采取防止直接接触带电体的保护措施，其电路必须与大地绝缘。

二、电击防护

电击防护分为直接接触电击防护和间接接触电击防护。

1. 直接接触电击防护

直接接触电击是指人体与正常工作中的裸露带电部分直接接触而遭受的电击。主要采取的防护措施如下：

（1）将带电体用适当的绝缘层覆盖。

（2）设置遮栏或外护物以防止人体与裸露带电部分接触。防护等级不同，遮挡物或外护物的开孔洞尺寸要求就不同。

（3）设置阻挡物以防止人体无意识地触及裸露带电部分。但不能防护人们有意识地接触。

（4）将裸露带电部分置于人的伸臂范围以外。

（5）装设剩余电流动作保护器，作为后备保护，其额定动作电流不应超过30mA。

它只能作为上述（1）~（4）项直接接触电击防护措施的后备措施，但不能代替上述措施。

2. 间接接触电击防护

间接接触电击是指因绝缘损坏，致使原来正常工作时不带电的电气装置外露导电部分呈现出了故障电压，人体与之接触将遭受到的电击。主要采取的防护措施如下：

（1）对于具有可导电的外壳，只有一层基本绝缘，且无 PE 线连接端子（例如不接 PE 线的金属外壳台灯），当基本绝缘损坏时，外壳即呈现高达相电压的故障电压，电击致死的危险很大。此类设备只能在对地绝缘的环境中使用，或用隔离变压器等分隔电源供电。

（2）对于具有可导电的外壳，只有一层基本绝缘，但其外露导电部分上配置有连接 PE 线的端子。此类设备需用 PE 线与它作接地连接，以降低接触电压，并在电源线路装设保护电器，使其在规定时间内切断故障电路。

（3）除基本绝缘外，还增设附加绝缘以组成双重绝缘，或设置相当于双重绝缘的加强绝缘，或在设备结构上做相当于双重绝缘的等效处理。这类设备不会因绝缘损坏而发生接地故障。因此在工程设计中不需再采取防电击措施。

（4）额定电压采用 50V 及以下的特低电压，此电压与人体的接触不致造成伤害。在工程设计中常用一次侧为 380V 或 220V 的隔离变压器降压供电。

第二节 建筑防雷

一、雷电的危害

实验研究认为，雷电是在特定场合和条件下，以某种主导因素而形成的一种自然现象。雷电现象就是雷云与雷云之间、雷云与大地之间的一种放电现象。

根据雷电现象形成和活动的形式，一般可分为直接雷、间接（感应）雷两大类。直接雷是指雷云对地面的直接放电。间接雷是指雷云的二次作用（静电感应效应和电磁效应等）造成的危害现象。无论是直接雷还是间接雷，都有可能演变成雷电的第三种作用形式——高电位侵入，即诱发很高的电压（可达数十万伏）沿着供电线路或金属管道，高速涌入变配电室、电用户等建筑内部，引起故障。雷电的共同特点是：放电时间短、放电电流大、放电电压高、破坏力极强。

为了克服上述雷电的破坏，建筑防雷设计就是要做到：

（1）保护建筑物内部的人身安全；

（2）保护建筑物不遭破坏和烧毁；

（3）保护建筑内部存放的危险物品不会损坏、燃烧和爆炸；

（4）保护建筑物内部的电气设备和系统不受损坏。

二、建筑物的防雷分级

根据《建筑物防雷设计规范》GB 50057—2010 的相关规定，应根据建筑物的重要性、使用性质、发生雷电事故的可能性和后果，按防雷要求分为三类。

1. 在可能发生对地闪击的地区，遇下列情况之一时，应划为第一类防雷建筑物：

（1）凡制造、使用或贮存火、炸药及其制品的危险建筑物，因电火花而引起爆炸、爆轰，会造成巨大破坏和人身伤亡者。

（2）具有 0 区或 20 区爆炸危险场所的建筑物。

（3）具有 1 区或 21 区爆炸危险场所的建筑物，因电火花而引起爆炸，会造成巨大破坏和人身伤亡者。

2. 在可能发生对地闪击的地区，遇下列情况之一时，应划为第二类防雷建筑物：

（1）国家级重点文物保护的建筑物。

（2）国家级的会堂、办公建筑物、大型展览和博览建筑物、大型火车站和飞机场、国宾馆，国家级档案馆、大型城市的重要给水泵房等特别重要的建筑物。飞机场不含停放飞机的露天场所和跑道。

（3）国家级计算中心、国际通信枢纽等对国民经济有重要意义的建筑物。

（4）国家特级和甲级大型体育馆。

（5）制造、使用或贮存火炸药及其制品的危险建筑物，且电火花不易引起爆炸或不致造成巨大破坏和人身伤亡者。

（6）具有 1 区或 21 区爆炸危险场所的建筑物，且电火花不易引起爆炸或不致造成巨大破坏和人身伤亡者。

（7）具有 2 区或 22 区爆炸危险场所的建筑物。

（8）有爆炸危险的露天钢质封闭气罐。

（9）预计雷击次数大于 0.05 次/年的部、省级办公建筑物和其他重要或人员密集的公共建筑物以及火灾危险场所。

（10）预计雷击次数大于 0.25 次/年的住宅、办公楼等一般性民用建筑物或一般性工业建筑物。

3. 在可能发生对地闪击的地区，遇下列情况之一时，应划为第三类防雷建筑物：

（1）省级重点文物保护的建筑物及省级档案馆。

（2）预计雷击次数大于或等于 0.01 次/年且小于或等于 0.05 次/年的部、省级办公建筑物和其他重要或人员密集的公共建筑物，以及火灾危险场所。

（3）预计雷击次数大于或等于 0.05 次/年且小于或等于 0.25 次/年的住宅、办公楼等一般性民用建筑物或一般性工业建筑物。

（4）在平均雷暴日大于 15 天/年的地区，高度在 15m 及以上的烟囱、水塔等孤立的高耸建筑物；在平均雷暴日小于或等于 15 天/年的地区，高度在 20m 及以上的烟囱、水塔等孤立的高耸建筑物。

防雷建筑物应有防直击雷、侧击雷、防闪电感应和防闪电电涌侵入的措施。不同的防雷等级的建筑物防雷措施要求也不一样，表 16-1 列出了常用的不同等级防雷建筑物的防雷措施。

建筑物的防雷措施　　表 16-1

防雷等级划分	防雷措施
第一类 防雷建筑物	接闪网的网格尺寸不应大于 5m×5m 或 6m×4m； 引下线不应少于 2 根，其间距沿周长计算不宜大于 12m； 引下线的联合冲击接地电阻值 $R \leqslant 10\Omega$； 当建筑物高度超过 30m 时，采取相应的防侧击雷措施； 建筑物内较大金属物和突出屋面的金属物，均应接到防闪电感应的接地装置上；平行敷设的长金属物净距小于 100mm 时，以及交叉净距小于 100mm 金属物，均应采用金属线跨接； 室外低压配电线路应全线采用电缆直接埋地敷设，在入户处应将电缆的金属外皮、钢管接到等电位连接带或防闪电感应的接地装置上；当全线采用电缆有困难时，可以部分架空，但架空线与建筑物的距离不应小于 15m； 电源线路引入的总配电箱、柜处装设Ⅰ级试验的电涌保护器，电涌保护器的电压保护水平值应小于或等于 2.5kV，每一保护模式的冲击电流值应取等于或大于 10kA
第二类 防雷建筑物	接闪网的网格尺寸不应大于 10m×10m 或 12m×8m； 引下线不应少于 2 根，其间距沿周长计算不宜大于 18m； 引下线的联合冲击接地电阻值 $R \leqslant 10\Omega$； 当建筑物高度超过 45m 时，对水平突出外墙的物体，当滚球半径 45m 球体从屋顶周边接闪带外向地面垂直下降接触到突出外墙的物体时，应采取相应的防雷措施；当建筑物高度超过 60m 时，还要采取相应的防侧击雷措施； 在电气接地装置与防雷接地装置共用或相连的情况下，应在低压电源线路引入的总配电箱、柜处装设Ⅰ级试验的电涌保护器；电涌保护器的电压保护水平值应小于或等于 2.5kV；每一保护模式的冲击电流值，当无法确定时应取等于或大于 12.5kA
第三类 防雷建筑物	接闪网的网格尺寸不应大于 20m×20m 或 24m×16m； 引下线不应少于 2 根，其间距沿周长计算不宜大于 25m； 引下线的联合冲击接地电阻值 $R \leqslant 30\Omega$； 当建筑物高度超过 60m 时，对水平突出外墙的物体，当滚球半径 60m 球体从屋顶周边接闪带外向地面垂直下降接触到突出外墙的物体时，应采取相应的防雷措施；当建筑物高度超过 60m 时，还要采取相应的防侧击雷措施

三、接闪器

接闪器系统由接闪器、引下线和接地体三部分组成。建筑防雷采用的接闪器有避雷针、避雷带和避雷网三种形式，如图 16-1 所示。接闪器是在建筑物顶部人为设立的最突出的金属导体。在天空雷云的感应下，接闪器处形成的电场强度最大，所以最容易与雷云间形成导电通路，使巨大的雷电流由接闪器，经引下线、接地装置疏导于大地之中，从而保护了建筑物及其中人身和设备的安全。因此，接闪就是引雷的作用，而并非避雷作用。

1. 避雷针

目的是使被保护的建、构筑物及其突出屋面部位均处于该避雷针保护范围之内，一般采用镀锌圆钢或焊接钢管做成。当针长 1m 以下，圆钢直径取 12mm，钢管直径取 20mm；当针长 1～2m，圆钢直径取 16mm，钢管直径取 25mm；烟囱顶上的针采用 20mm 的圆钢，若采用钢管，壁厚不得小于 3mm。

避雷针针顶端形状可做成尖形、圆形或扁形；应考虑防腐。

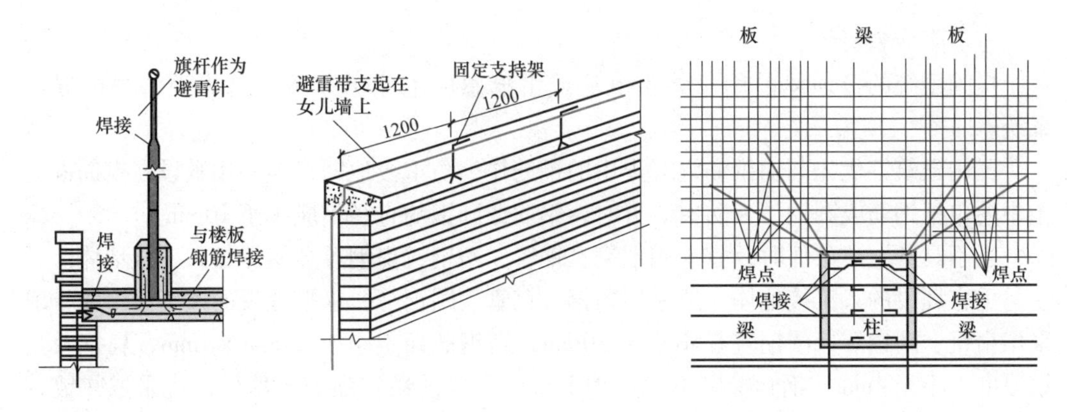

图16-1 接闪器

避雷针设于屋顶高耸部分或孤立的建筑物、构筑物上。对于砖木结构的房屋，可把避雷针立于山墙顶部或屋脊上。可利用木杆或大树做支撑物，但针尖应高出支撑物30cm以上。

避雷针的布置又分为单支避雷针、双支等高避雷针、双支不等高避雷针、四支矩形布置的等高避雷针等形式，避雷针的保护范围应经计算确定。因其计算比较复杂这里不再详述。

2. 避雷网和避雷带

在屋顶各部位受雷击的几率并不一样，避雷带是对建筑物雷击几率高的部位进行重点保护的一种接闪装置。避雷网适用于屋顶面积较大、坡度不大又没有高耸的突出部分的高层建筑的屋面保护。

避雷带和避雷网分为明装和暗装两种。明装时采用直径8mm以上的圆钢或截面12mm×4mm以上的扁钢。为避免接闪部位的振动力，宜将带（网）从屋面支起10~20cm，支撑点间距取1~1.5m，应注意美观和胀缩等问题。暗装时可利用建筑构件内不小于ϕ3mm的钢筋，所用的钢筋应焊成一体。

四、引下线

接闪系统的引下线又称引流器，其作用是将接闪器承受的雷电流顺利引到接地装置。有明装和暗装两种。

明装引下线一般采用直径不小于8mm的圆钢或截面不小于12mm×4mm的扁钢（厚度不小于3mm）。在易受腐蚀部位，截面应适当加大。每幢建筑物至少应有两根引下线，引下线的间距应满足表16-1的要求。引下线应沿建筑物外墙敷设，距墙面15mm，支持卡间距保持1.5~2m。断接卡子距地面2m。从地下0.3m到地上1.7m的一段引下线应采用非金属管（槽）保护，以防接触。引下线的敷设应尽量短而直。若必须弯曲时，弯角应大于90°，敷设时应保持一定的松紧度。

暗装引下线时可利用钢筋混凝土柱中的主筋作为引下线。最少要利用四根柱子，每根柱子中至少有两根直径不小于16mm的主筋从上到下焊成一体。引下线应和墙内的其他金属部件保持一定的距离。因柱内钢筋不便断开，故采取由建筑物四角部位的主筋焊接引出接线端子，以测量总接地电阻。暗装时引下线的截面一般应比明装时加大一级。

五、接地装置

接闪系统的接地体是用于将雷电流或雷电感应电流迅速疏散到大地中去的导电系统。

民用建筑宜优先利用钢筋混凝土中的钢筋作为防雷接地网，当采用敷设在钢筋混凝土中的单根钢筋或圆钢作为防雷装置时，钢筋或圆钢的直径不应小于10mm。

当不具备上述条件时，宜采用圆钢、钢管、角钢或扁钢等金属体做人工接地体。

垂直埋设的人工接地体一般采用角钢、钢管、圆钢等，水平埋设的人工接地体一般采用扁钢、圆钢等；圆钢直径不小于10mm，扁钢截面不小于25mm×4mm，扁钢及角钢厚度不小于4mm，钢管壁厚不小于3.5mm。在腐蚀性较强的土壤中，应采取热镀锌等防腐措施或加大截面。接地线应与水平埋设接地体的截面相同。

人工垂直接地体的长度一般采用2.5m，人工垂直接地体及水平接地体间的距离一般为5m。人工接地体的埋深不应小于0.5m，接地体应远离由于高温影响等使土壤电阻率升高的场所。防直击雷的人工接地装置距建筑物出入口及人行道不应小于3m，以降低跨步电压。

第三节 接地保护

接地是指将电力系统或电气装置的某些导电部分，经接地线连接至“大地”，这里的“大地”通常指埋设在大地中的接地极。接地线和接地极的总和，称为接地系统。

一、接地类型

接地根据其功能大体分为三类：

1. 工作接地

用于保证设备（系统）的正常运行，或使设备（系统）可靠而正确地实现其功能。如电力系统的中性点接地等。

2. 保护性接地

以保护人身和设备的安全为目的的接地。例如：

（1）保护接地：将电气装置的外露导电部分、配电装置的构架和线路杆塔等接地，以防止其由于绝缘损坏有可能带电带来人身伤害。

（2）雷电防护接地：为雷电防护装置（避雷针、避雷线和避雷器等）向大地泄放雷电流而设的接地，用以消除或减轻雷电危及人身和损坏设备。

（3）防静电接地：将静电导入大地以防止其危害的接地。如对易燃易爆管道、储罐以及电子器件、设备为防止静电的危害而设的接地。

3. 电磁兼容性接地

电磁兼容性接地指使器件、电路、设备或系统在其电磁环境中能正常工作，且不对该环境中任何事物构成不能承受的电磁骚扰而进行的接地。

二、低压配电系统接地形式

低压配电系统的接地形式分为TN系统、TT系统和IT系统，其中TN系统又分为TN－C、TN－S和TN－C－S三种系统。接地系统字母的含义如下：

第一大字母表示电源端与地的关系：

T——电源端有一点直接接地；

I——电源端所有带电部分不接地或有一点通过阻抗接地。

第二个字母表示电气装置的外露可导电部分与地的关系：

T——电气装置的外露可导电部分直接接地，此接地与电源端的接地独立；

N——电气装置的外露可导电部分与电源端接地有直接电气连接。

横线后的字母用来表示中性导体与保护导体的组合情况：

S——中性导体和保护导体是分开的；

C——中性导体和保护导体是合一的。

1. TN-C 系统

图 16-2 为 TN-C 系统的接线形式。TN－C 系统的安全水平较低，可用于有专业人员维护管理的一般性工业厂房和场所。该系统不允许断开 PEN 线检修设备，对信息系统和电子设备易产生干扰。

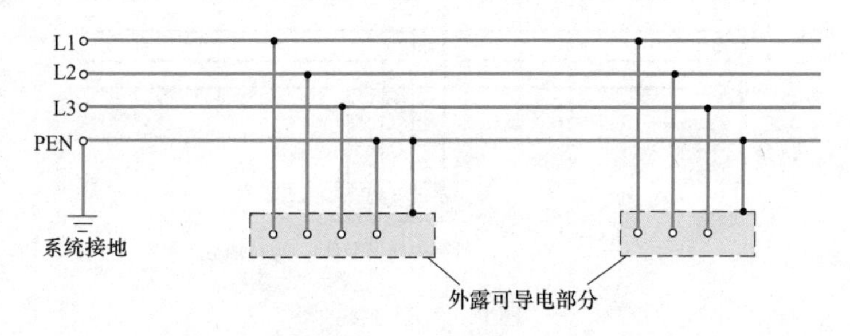

图16-2 TN－C 系统

2. TN-S 系统的接线形式

图 16-3 为 TN-S 系统的接线形式。TN－S 系统适用于设有变电所的公共建筑，有爆炸和火灾危险的厂房和场所，单相负荷比较集中的场所，数据处理设备、半导体整流设备和晶闸管设备比较集中的场所，洁净厂房，办公楼与科研楼，计算站，通信局、站以及一般住宅、商店等民用建筑的电气装置。

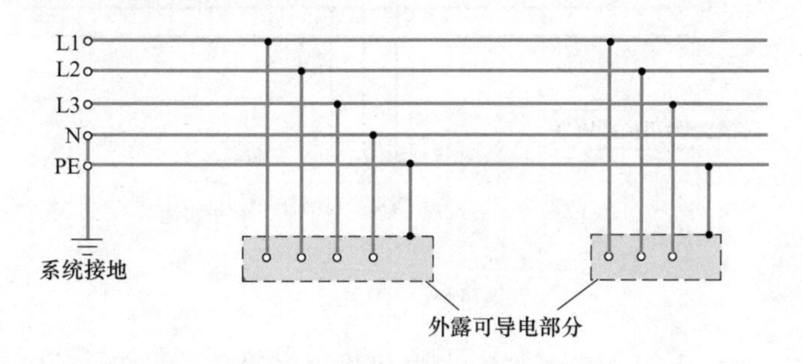

图16-3 TN-S 系统

3. TN-C-S 系统的接线形式

图 16-4 为 TN-C-S 系统的接线形式。TN-C-S 系统宜用于不设变电所的上述第（2）项中所列建筑和场所的电气装置。

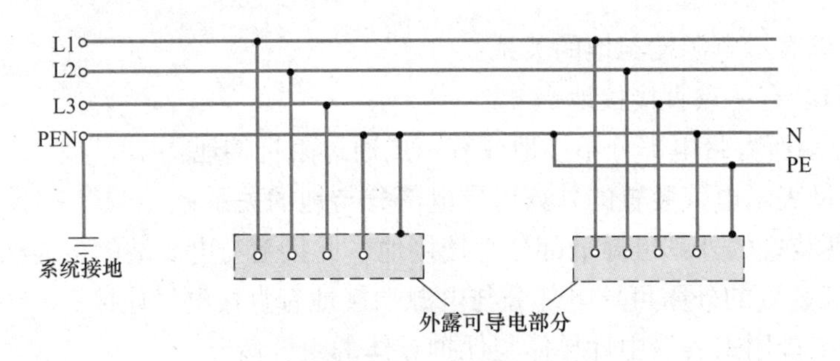

图16-4 TN-C-S 系统

4. TT 系统的接线形式

图 16-5 为 TT 系统的接线形式。TT 系统适用于不附设变电所的上述第（2）项中所列建筑和场所的电气装置，尤其适用于无等电位联结的户外场所，例如户外照明、户外演出场地、户外集贸市场等场所的电气装置。

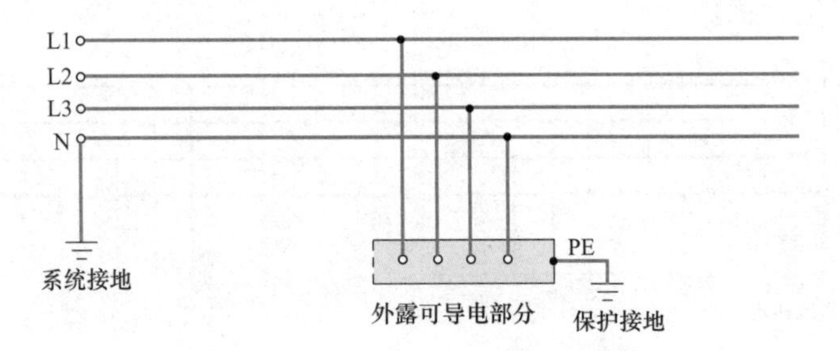

图16-5 TT 系统

5. IT 系统的接线形式

图 16-6 为 IT 系统的接线形式。IT 系统适用于不间断供电要求高和对接地故障电压有严格限制的场所，如应急电源装置、消防、矿井下电气装置、胸腔手术室以及有防火防爆要求的场所。

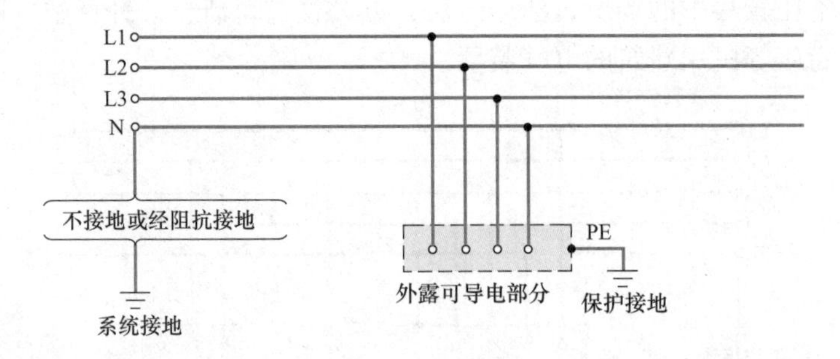

图16-6 IT 系统

这里要特别强调：由同一变压器、发电机供电的范围内，TN 系统和 TT 系统不能和 IT 系统兼容；分散的建筑物可分别采用 TN 系统和 TT 系统；同一建筑物内宜采用 TN 系统或 TT 系统中的一种。

三、等电位联结

等电位联结是指使得各外露导体可导电部分和装置外可导电部分电位保持基本相等

的电气连接。等电位联结可以降低建筑物内间接接触电压和不同金属物体间的电位差；能够避免自建筑物外经电气线路和金属管道引入的故障电压的危害；减少保护电器动作不可靠带来的危险；还有利于避免外界电磁场引起的干扰、改善装置的电磁兼容性。

等电位联结根据联结范围可以分为总等电位联结、局部等电位联结和辅助等电位联结。

1. 总等电位联结（MEB，Main Equal potential Bonding）

总等电位联结在建筑物内将电气装置总配电箱内的 PE 母线排以及建筑物内的外露可接近导体、电气装置外露可接近导体，在靠近总配电箱处用连接线连通。使电气装置及建筑物内的外露可接近导体各导电部分电位相等。建筑物每一电源进线都应做总等电位联结，各个总等电位联结端子板间应互相连通。

总等电位联结通过设置总等电位联结端子板，将相应导电部分互相连通，总等电位联结系统如图 16-7 所示。

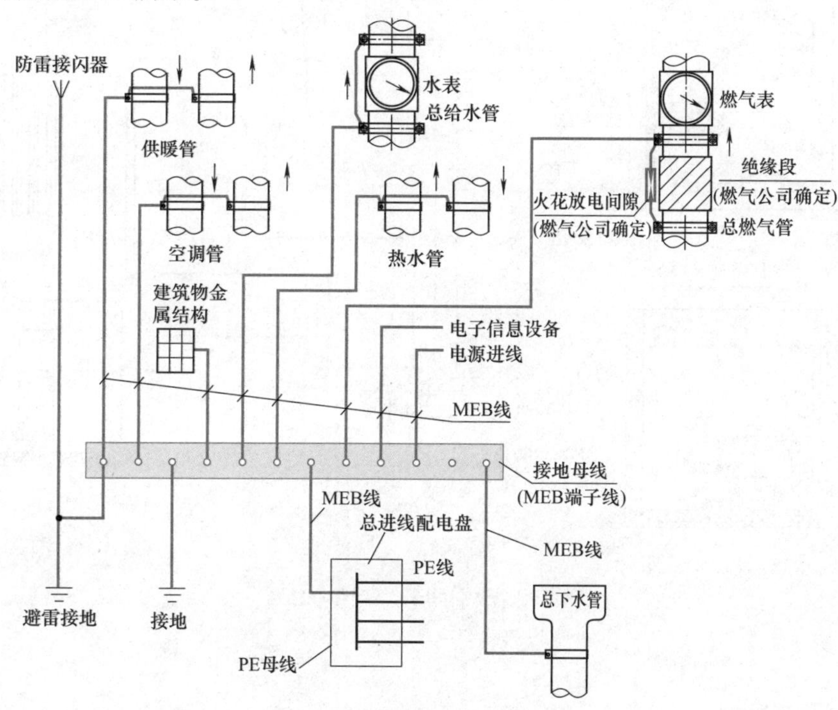

图16-7 总等电位联结系统图

2. 局部等电位联结（LEB，Local Equal potential Bonding）

局部等电位联结指在建筑物局部范围内，将电气装置外露可接近导体和其他外露可接近导体互相连接，使建筑物在局部范围内发生电气故障时没有电位差或电位差小于接触电压限值。图 16-8 所示为卫生间局部连接示例图。

下列情况和场所需做局部等电位联结：

（1）当电源网络阻抗过大，使自动切断电源时间过长，不能满足防电击要求时；

（2）由 TN 系统同一配电箱供电给固定式和手持式、移动式电气设备，而固定式设备保护电器切断电源时间不能满足手持式、移动式设备防电击要求时；

（3）为满足防雷和信息系统抗干扰的要求时；

（4）浴室、游泳池、医院手术室等场所；

（5）爆炸危险场所。

3. 辅助等电位联结（SEB，Supplementary Equal potential Bonding）

辅助等电位联结是指将两导电部分用导线直接做等电位联结，使故障接触电压降至接触电压限值以下。

辅助等电位联结一般是在电气装置发生接地故障保护不能满足切断回路的时间要求的情况下进行的联结。它是总等电位和局部等电位联结的补充。

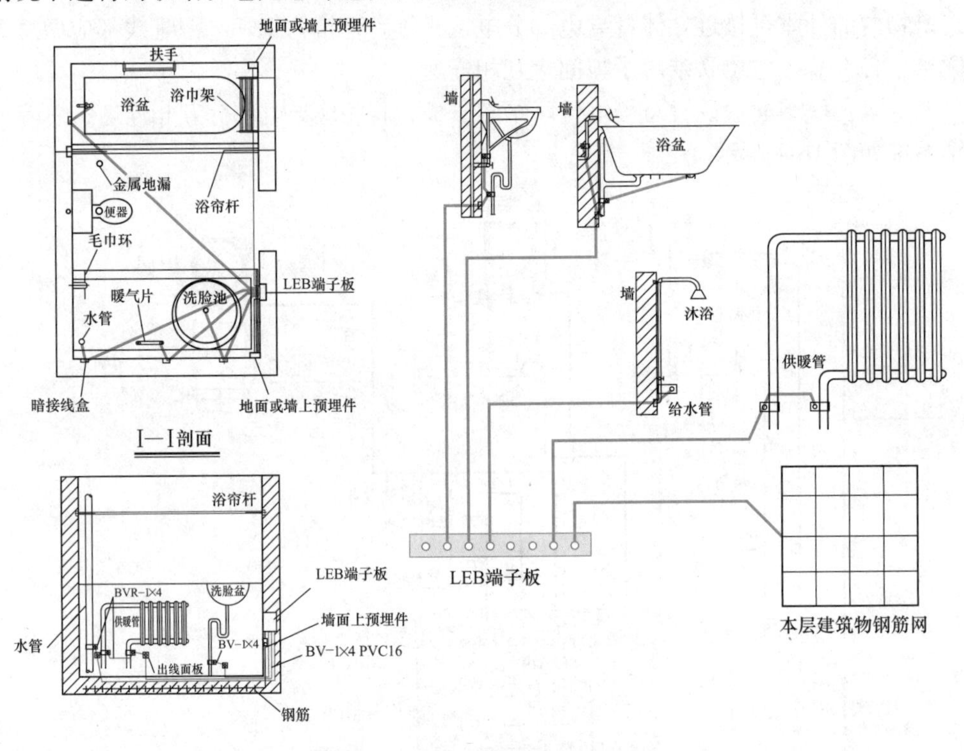

图16-8 卫生间局部等电位联结图

思考题与习题

1. 电击防护的措施有哪些？
2. 建筑物防雷等级共分几级，划分的依据是什么？
3. 接地的功能有几种，分别是什么？
4. 低压配电系统的接地形式有哪些？并说明其适用范围。
5. 什么是等电位联结？等电位联结有几种类型？

第十七章　弱电工程

建筑电气的弱电工程主要包括火灾自动报警系统、通信系统、有线电视系统、有线广播、扩声及同声传译系统等。本章将对这些弱电系统以及智能建筑作简要介绍。

第一节　火灾自动报警及消防联动系统

一、系统概述

火灾自动报警及联动系统是通过探测伴随火灾发生而产生的烟、光、热等参数，早期发现火情，及时发出声、光等报警信号，同时联动消防水系统、防排烟系统有序投入运行，迅速组织人员疏散和灭火的一种建筑防火和灭火系统。火灾自动报警及联动系统的设置能最大限度地减少因火灾造成的生命和财产的损失。

根据《民用建筑电气设计规范》JGJ 16—2008 的规定，下列民用建筑必须设置火灾自动报警系统：

（1）有消防联动控制要求的一、二类高层住宅的公共场所；

（2）建筑高度超过 24m 的其他高层民用建筑，以及与其相连的建筑高度不超过 24m 的裙房；

（3）单层主体建筑高度超过 24m 的体育馆、会堂、影剧院等公共建筑；

（4）设有机械排烟的公共建筑；

（5）除敞开式汽车库以外的 I 类汽车库，高层汽车库、机械式立体汽车库、复式汽车库，采用升降梯做汽车疏散口的汽车库。

（6）建设在地下的：

1）铁道、车站、Ⅰ类和Ⅱ类汽车库；

2）影剧院、礼堂；

3）商场、医院、旅馆、展览厅、歌舞娱乐、放映游艺场所；

4）重要的实验室、图书库、资料库、档案库。

二、火灾自动报警及联动系统的组成

火灾自动报警及联动系统由火灾信号检测部分、火灾报警及联动控制器、消防联动执行机构以及消防应急广播和消防电话等几大部分构成。图 17-1 为火灾自动报警及联动系统的示意图，图中实线部分表示必须具备的设备和元件，虚线表示当要求完善程度高时选择设置的设备和元件。

1. 火灾信号检测

火灾信号的检测主要由火灾探测器、手动报警按钮等末端设备对火灾信号进行检测，并将信号传送至报警控制器进行处理。

火灾探测器主要有感烟探测器、感温探测器、火焰探测器、可燃气体探测器以及红外线探测器等。这些探测器的设置需要根据所处的环境进行选择，各种探测器可以配合

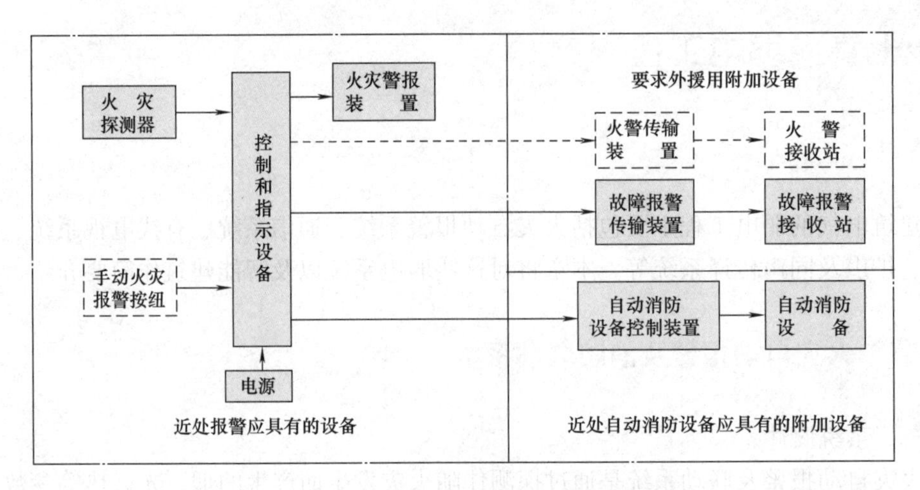

图17-1 火灾自动报警及联动系统示意图

使用，也可以单独设置。探测器的选择可以参考表17-1来进行。

手动报警按钮宜设置在公共活动场所的出入口处，每个防火分区应至少设置一个手动火灾报警按钮。从一个防火分区内的任何位置到最邻近的一个手动火灾报警按钮的距离，不应大于30m。

火灾探测器的选择 表17-1

探测器	适宜环境	不适宜环境	备注
感烟探测器	1. 房间高度不大于12m。 2. 火灾初期产生大量的烟和少量的热，很少或没有火焰辐射的场所	1. 房间高度大于12 m。 2. 正常情况下有烟、大量粉尘、水雾等滞留的场所	一般场所安装。 每个探测器的保护面积大约80m^2，保护半径大约6m
感温探测器	1. 房间高度不大于8m。 2. 对火灾发展迅速，可产生大量热的场所	1. 房间高度大于8m。 2. 温度在0℃以下的场所。 3. 温度变化较大的场所	主要设置在厨房，车库等。 每个探测器的保护面积大约30m^2，保护半径大约4m
火焰探测器	在火灾发生时，有强烈的火焰敷设的场所	1. 探测器的“视线”易被遮挡。 2. 探测器易受阳光或其他光源直接或间接照射。 3. 在正常情况下有明火作业以及X射线、弧光等影响	储存可燃液体的库房等
可燃气体探测器	对使用、生产或聚集可燃气体或可燃液体蒸气的场所		使用燃气的厨房、空调机房等
红外探测器	无遮挡大空间或有特殊要求的场所。由发射和接收装置构成，成对安装		主要设置在体育馆、剧场等

2. 火灾报警及联动控制器

这是火灾自动报警及联动控制的中枢，设置在消防控制室，它的任务是接受、处理、存储、显示火灾信号并发出联动控制指令。

火灾自动报警及联动控制器根据系统形式及规模可以采取壁挂式、柜式或琴台式，较小的系统一般采用壁挂式，大型系统采取柜式或琴台式。与之配套的设备还有应急电源、火灾应急广播设备、消防电话总机、打印设备、计算机控制设备等。

3. 消防联动执行机构

它的任务是执行火灾联动控制器发出的动作指令，使得各种需要联动的消防设备有序地、自动地投入运行并显示运行的反馈信号。比如：启动消防泵和喷淋泵；强制电梯全部迫降首层，然后切断非消防电梯电源；启动应急疏散照明，切断相关部位的非消防电源；启动防排烟风机，关闭相关部位的防火阀；防火卷帘自动下降；按照疏散顺序接通应急广播等。

4. 火灾警报、消防应急广播和消防电话

《火灾自动报警系统设计规范》GB 50116—2013 规定：火灾自动报警系统应设置火灾声光警报器，并应在确认火灾后启动建筑物内的所有火灾声光警报器。对于集中报警系统和控制中心报警系统还应设置消防应急广播。

消防应急广播主机设在消防控制室，火灾发生时，可以通过设在各个楼层的广播模块将所有楼层的现场扬声器由背景音乐切换到应急广播状态，同时向全楼广播，进行人员疏散。应急广播和火灾警报装置采用分时交替工作：火灾先鸣警报 8～20s；间隔 2～3s 后播放应急广播 10～30s；再间隔 2～3s 依次循环进行直至疏散结束。扬声器应设置在走道和大厅等公共场所，每个扬声器的额定功率不应小于 3W，其数量应能保证从一个防火分区的任何部位到最近一个扬声器的距离不大于 25m。走道内最后一个扬声器至走道末端的距离不应大于 12. 5m。

消防电话主机设在消防控制室，为独立的消防通信系统。在消防水泵房、发电机房、配变电室、主要通风和空调机房、排烟机房、消防电梯机房及其他与消防联动控制有关的且经常有人值班的机房设置电话分机，分机与主机之间可以相互呼叫，同时每个防火分区内设置一定数量的电话插口，便于消防员就地对火灾灭火进行指挥。另外，消防控制室设有 119 直通电话，以便火灾时及时报警。

三、火灾自动报警系统形式的选择

火灾自动报警系统可以分为三种基本形式，即区域报警系统、集中报警系统和控制中心报警系统。系统形式的选择应满足：仅需要报警，不需要联动自动消防设备的保护对象宜采用区域报警系统；不仅需要报警，同时需要联动自动消防设备，且只设置一台具有集中控制功能的火灾报警控制器和消防联动控制器的保护对象，应采用集中报警系统，并应设置一个消防控制室；设置两个及以上消防控制室的保护对象，或设置了两个及以上集中报警系统的保护对象，应采用控制中心报警系统。

1. 区域报警系统

系统的形式如图 17-2 所示。由火灾探测器、手动报警按钮、火灾警报装置和火灾报警控制器组成，系统中可包括消防控制室图形显示装置和指示楼层的区域显示器。报警控制器应设置在有人值班的房间或场所。

2. 集中报警系统

系统的形式如图 17-3 所示。系统由火灾探测器、手动报警按钮，火灾警报装置器、消防应急广播、消防专用电话、消防控制室图形显示装置、火灾报警控制器、消防联动

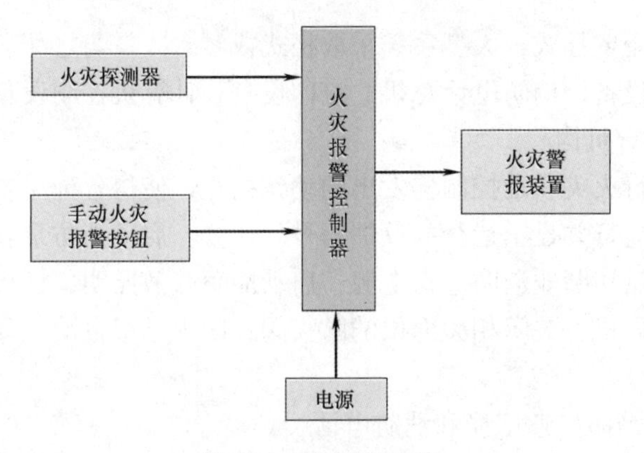

图17-2 区域报警系统

控制器等组成。报警、联动控制器、显示装置、消防广播主机、消防电话总机等起集中控制作用的消防设备，均设置在消防控制室内。

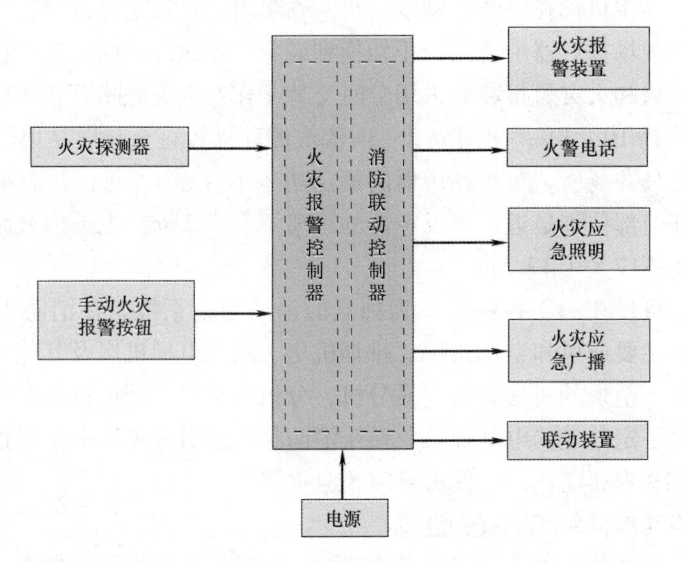

图17-3 集中报警系统

3. 控制中心报警系统

有两个及以上消防控制室时，应确定一个主消防控制室。主消防控制室应能显示所有火灾报警信号和联动控制状态信号，并应能控制重要的消防设备；各分消防控制室内消防设备之间可互相传输、显示状态信息，但不应互相控制。

四、消防控制室

仅有火灾自动报警而无消防联动控制功能时，可设消防值班室，消防值班室可与经常有人值班的部门合并设置（如门卫）；设有火灾自动报警并有消防联动控制的建筑物必须设置消防控制室；具有两个及以上消防控制室的大型建筑群或超高层建筑，应设置消防控制中心。

消防控制室的设置，应满足下列要求：

（1）消防控制室应设置在建筑物的首层或地下一层，当设在首层时，应有直通室外的安全出口；当设置在地下一层时，距通往室外安全出入口不应大于20m。消防控制室的门应向疏散方向开启，且控制室入口处应设置明显的标志。

(2) 应设在交通方便和消防人员容易找到且火灾时不易延燃的部位。

(3) 不应设在厕所、锅炉房、浴室、汽车库、变压器室等的隔壁和上下层相对应的房间。

(4) 消防控制室周围不应布置电磁场干扰较强及其他影响消防控制设备工作的设备用房。

(5) 消防控制室内严禁与其无关的电气线路及管路穿过。

(6) 消防控制室内设备的布置应符合下列要求：

1) 设备面盘前的操作距离：单列布置时不应小于1.5m；双列布置时不应小于2m。

2) 在值班人员经常工作的一面，设备面盘至墙的距离不应小于3m。

3) 设备面盘后的维修距离不宜小于1m。

4) 设备面盘的排列长度大于4m时，其两端应设置宽度不小于1m的通道。

第二节 有线电视系统

一、有线电视系统的组成

有线电视系统主要由接收信号源、前端设备、干线传输、用户分配网和用户终端几部分组成（图17-4）。信号源的主要任务是向前端设备提供系统欲传输的各种信号，它一般包括开路电视接收信号、调频广播、地面卫星、微波以及闭路有线电视台自办节目等信号。前端设备的主要任务是将信号源送来的各种信号进行滤波、变频、放大、调制、混合等，使其适用于在干线传输系统中进行传输。干线传输的主要任务是将系统前

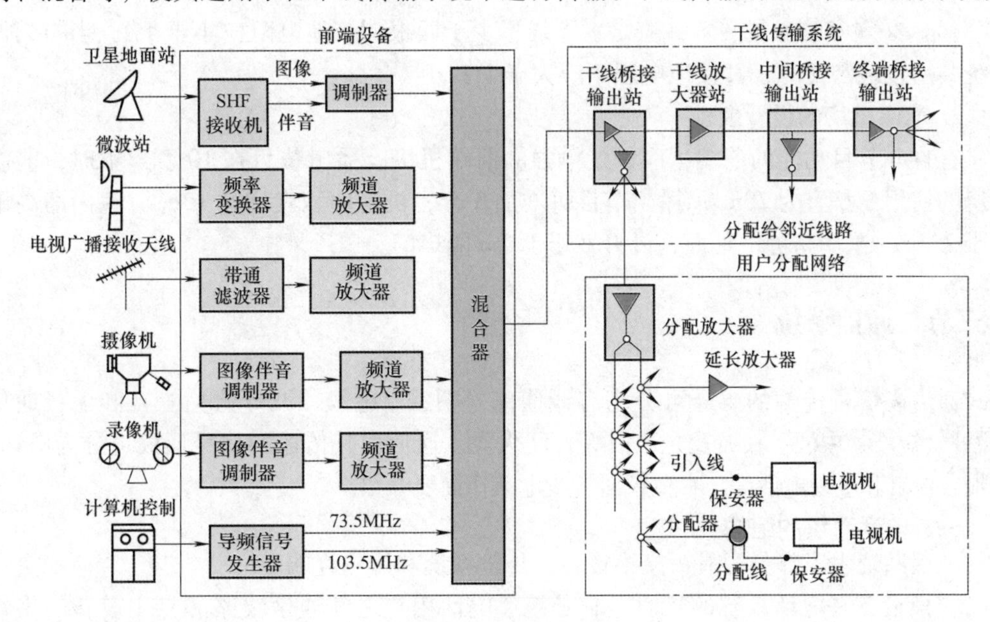

图17-4 有线电视系统图

端设备所提供的高频电视信号通过传输媒体不失真地传输给分配系统。其传输方式主要有光纤、微波和同轴电缆三种。用户分配网的任务是把从前端设备传来的信号分配给千家万户，它是由支线放大器、分配器、分支器以及它们之间的分支线组成。用户终端是有线电视系统的最后部分，它从分配网络中获得信号，每个用户终端有终端盒，可以连接电视机、调频广播和有线广播等。

二、有线电视系统的分类

有线电视系统按其容纳的用户输出数量可以分为四类（见表17-2）。实际工程中需要根据系统类别来选择相应的设备。

有线电视系统分类 表17-2

类别	用户数量	备注
A类	≥10000	
B类	2001～10000	B1类5001～10000 B2类2001～5000
C类	301～2000	
D类	≤300	

三、天线及前端机房布置要求

1. 天线的安装要求

（1）选择在广播电视信号场强较强、电磁波传输路径单一的地方，宜靠近前端设备（距离前端距离不大于20m），避开风口。

（2）天线朝向发射台的方向不应有遮挡物和可能的信号反射，并应远离公路、电气化铁路、高压电力线以及工业干扰等干扰源，天线与机动车道的距离不宜小于20m。

（3）群体建筑物的接收天线，宜位于建筑群中心附近的较高建筑物上。

（4）必须安装避雷装置，避雷引下线不少于两根，接地电阻应小于4Ω。当与其他系统共用接地装置时，其接地电阻不应大于1Ω。

2. 前端机房的设置要求

有自办节目功能的前端，应设置单独的前端机房。播出节目在10套以下时，前端机房的使用面积宜为$20m^2$；播出节目每增加5套，机房面积宜增加$10m^2$。室内净高不小于2.5m，采用防静电地面，外开双扇1.2m隔声门。

第三节 通信系统

通信按信号传输的媒介可分为有线通信（明线、电缆、波导通信等）和无线通信（微波、短波、中波、长波及光通信等）两大类。通信按其传送的信号形成可分为电话、电报、传真和电视电话等。本节仅对有线电话作简要介绍。

一、电话系统的组成

电话系统由三部分构成：交换设备、传输系统和用户终端。

交换设备是电话系统的核心，它是接通电话用户之间通信线路的专用设备。将每一部用户终端电话机连接到电话交换机上，并通过线路在交换机上持续转换，就可以实现任意两部电话之间的通话。电话交换机由最初的人工交换，发展经历了电子自动交换，再到如今的数字程控自动交换。数字程控交换机除了具备传话距离、信息总量和语音清晰等优点外，还能扩展许多附加服务功能，如：来电显示、呼叫转移、语音提示等。

传输系统按照传输媒介可以分为有线传输和无线传输，建筑物内的电话通信主要是有线传输。传输线路主要是指用户线（用户与交换机之间的线路）和中继线（两个交换机之间的线路）。语音信号在各级线路中传输时，会产生信号衰减，为了保证通话质量，传输线路在各个组成部分之间的衰减值必须符合相关规定。

用户终端设备有很多种，常见的有电话机、传真机等。随着通信技术与交换技术的发展，各种新型的终端设备如数字电话机、计算机终端等也逐步被应用到通信系统中。

二、电话机房设置要求

电话数量在50门以下，而市局又能满足市话用户需求时，可以不设电话机房，直接接入市话网。50门及以上的电话数量一般要设置电话机房，但住宅、公寓等可以不设电话机房。电话机房的设置应满足下列要求：

（1）设置在负荷中心位置，且方便进出线。

（2）与其他建筑合建时，可以设在建筑物地下一层及以上各层。但不应设在最高层。

（3）电话机房不应设在厕所、厨房等潮湿环境附近，也不应和变配电室、空调机房、通风机房等有电磁干扰的房间相邻。

（4）技术机房室内的最低高度一般为梁下3m，如有困难应保证梁的最低处距机架顶部电缆桥架有0.2m的距离。

（5）技术机房的地面应采用防静电的活动地板。

第四节 有线广播、扩声及同声传译系统

一、有线广播

广播系统是指面向公众区（广场、车站、码头、商场等）和宾馆客房的广播音响系统。根据建筑规模、使用性质和功能的要求，广播系统可以分为三类：

（1）业务性广播系统：主要应用在办公楼、商业楼、院校、车站、码头、航空港等建筑物中，满足以业务及行政管理为主的语言广播要求。

（2）服务性广播系统：主要应用在星级酒店、大型公共活动场所等建筑中，满足以欣赏性音乐、背景音乐和服务性广播为主。

（3）火灾事故广播系统：它不是建筑中独立的系统，而是指在发生火灾时，通过消防控制模块，将建筑中已经存在的业务性广播或者服务性广播切换到火灾事故状态，以进行人员引导和疏散。

广播系统基本结构如图17-5所示，主要由节目源设备、信号放大处理设备、传输线路和扬声器组成。

设有公共广播系统的建筑宜设置广播室，广播室的设置原则如下：

（1）广播室与消防控制室合用时，应满足消防规范的有关规定。

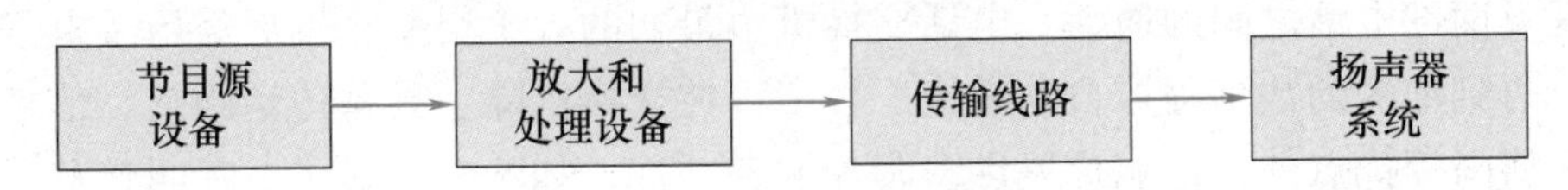

图17-5 广播系统组成方框图

（2）航空港、车站、码头等建筑的广播室宜靠近调度室。

（3）设置塔钟自动报时扩音系统的建筑，控制室宜设置在楼房屋顶。

（4）广播室的室内净高不小于2.5m，地面采用防静电地板，照度不小于300lx。

二、扩声与同声传译

1. 扩声系统

扩声系统分类有很多种，按工作环境可以分为室内和室外扩声系统；按工作原理分为单声道、双声道、多声道扩声系统；按照声源的性质和使用要求分为语言、音乐、语言和音乐兼用的扩声系统。音乐厅、剧院、会议厅、大型舞厅、娱乐厅等均应设置专用语言或音乐扩声系统。

扩声设备存放的房间称为扩声控制室，扩声控制室应能通过其观察窗看到舞台、主席台和大部分观众席，但不应与电气设备房间或灯光控制室相邻或上、下层重叠布置，以避免电磁干扰。扩声控制室的设置还应满足以下要求：

（1）剧院、礼堂类建筑，宜设在观众厅后部。

（2）体育场、馆类建筑，宜设在主席台侧或面向场地可观察到全场的位置。

（3）会议厅、报告厅宜设在厅的后部。

（4）控制室面积一般不小于15m^2，且室内做吸声处理。

（5）控制室室内净高不小于2.5m，地面采用木地板或塑料地面，照度不小于300lx。

2. 同声传译系统

当需将一种语言译成两种以上语言并同声传译时，应设同声传译系统。按照会议厅（堂）的不同要求有固定和不固定两种同声传译系统；按传译内容是否保密，同声传译系统分为有线、无线和有线无线混合式三类，当选用固定同声传译系统要求语言传译保密时，采用有线式；不设固定座席场所，信号输出宜采用无线式，即采用感应式同声传译设备，天线宜沿厅、堂吊顶、装修墙内敷设，或敷设在地面下或无抗静电措施的地毯下；无特殊要求的同声传译系统宜采用有线、无线混合方式。

同声传译系统中专用译音室的设计应满足以下要求：

（1）位置靠近会议大厅或观众厅，并宜通过观察窗清楚地看到主席台或观众席的主要部分。

（2）译音室应做隔声处理，设置隔声窗和有声锁的双层隔声门，室内背景噪声不应高于NR20。

（3）译音室应设空调设施，并做好消声处理，有条件时室内和走廊宜铺设地毯。

（4）译音室与机房之间应设有联络信号，室外设译音工作指示信号灯。

（5）译音员（翻译员）之间设隔音板或隔音间。

（6）译员室的大小应能并排坐2~3人（国际标准为2人），国标推荐的译员室尺寸如图17-6所示。房间三边尺寸宜互不相同，以减少声共振。

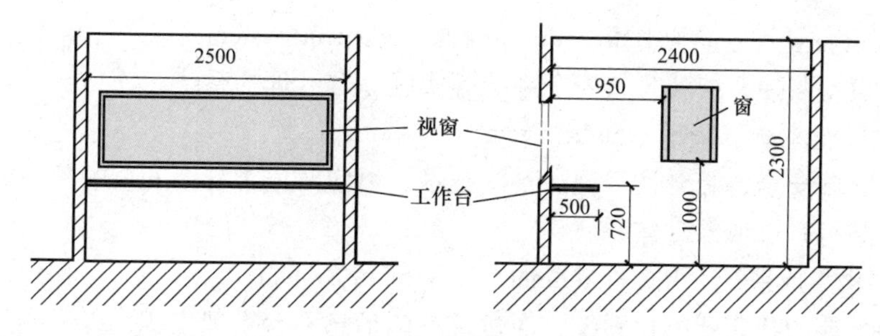

图17-6　译员室布置（单位：mm）

第五节　智能建筑

一、智能建筑的定义

“智能建筑”一词，最早可以追溯到1984年美国的哈特福德市都市大厦（City Place）改建完成的广告宣传中。该大楼以当时最先进的技术来控制空调设备、照明设备、防灾防盗系统、电梯设备、通信和办公自动化等，创造了舒适、安全的办公环境，并具有高效、经济的运行特点。自此，智能建筑一词很快传遍了世界各地，并掀起了一阵又一阵的智能建筑热潮。

20世纪90年代初，智能建筑的概念开始在中国传播，并很快升温。从国家机关、学术团体到媒体广告，从房地产开发商、系统集成商到消费者，几乎所有人对“智能大楼”、“智能大区”或“智能家庭”等概念或多或少有所了解，并从各自的角度对它寄予了厚望。智能建筑一词已经深深地影响了中国的许多领域。

我国《智能建筑设计标准》GB/T 50314—2006对智能建筑定义如下：智能建筑（IB，Intelligent Building），是以建筑物为平台，兼备信息设施系统、信息化应用系统、建筑设备管理系统、公共安全系统等，集结构、系统、服务、管理及其优化组合为一体，向人们提供安全、高效、便捷、节能、环保、健康的建筑环境。

二、智能建筑的构成

智能建筑就是在建筑物中实现自动化、信息化和网络化，智能建筑的结构可以用图17-7来简单描述，它主要由四个子系统通过系统集成和综合布线来实现。

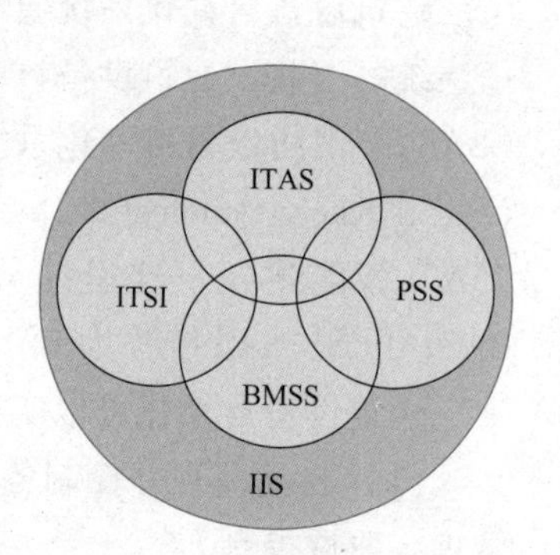

图17-7　智能建筑的构成

1. 信息设施系统（ITSI，Information Technology System Infrastructure）

为确保建筑物与外部信息通信网的互联及信息畅通，对语音、数据、图像和多媒体等各类信息予以接收、交换、传输、存储、检索和显示等进行综合处理的多种类信息设备系统加以组合，提供实现建筑物业务及管理等应用功能的信息通信基础设施。

2. 信息化应用系统（ITAS，Information Technology Application System）

以建筑物信息设施系统和建筑设备管理系统等为基础，为满足建筑物各类业务和管理功能的多种类信息设备与应用软件而组合的系统。

3. 建筑设备管理系统（BMS，Building Management System）

对建筑设备监控系统和公共安全系统等实施综合管理的系统。

4. 公共安全系统（PSS，Public Security System）

为维护公共安全，综合运用现代科学技术，以应对危害社会安全的各类突发事件而构建的技术防范系统或保障体系。

5. 智能化集成系统（IIS，Intelligent Integration System）

将不同功能的建筑智能化系统，通过统一的信息平台实现集成，以形成具有信息汇集、资源共享及优化管理等综合功能的系统。

三、智能建筑的功能

智能建筑通过采用大量的信息技术和设备具有了许多崭新的功能，从用户服务的角度，智能建筑提供的功能可以归纳为：

（1）安全服务功能

防盗报警、出入口控制、闭路电视监控、保安巡更管理、电梯安全与运行控制、周界防卫、火灾自动报警及消防联动灭火系统、应急照明等。

（2）舒适服务功能

空调通风、供暖、给水排水、电力供应、闭路电视、多媒体音响、智能卡管理、体育娱乐管理等。

（3）高效便捷功能

实现了建筑设备自动化（BA）、办公自动化（OA）和通信自动化（CA），即现在比较流行的所谓“3A”智能建筑。

1. 建筑设备自动化系统（BAS，Byilding Automation System）

建筑设备自动化系统，又称楼宇自动化系统。其任务是对建筑物内的能源使用、环境、交通及安全设施进行监测、控制等，以提供一个既安全可靠，又节约能源，而且舒适宜人的工作或居住环境。

建筑设备自动化系统通常包括给水排水、空调、供配电、照明、消防、安全防范等子系统。因此，建筑设备自动化系统又可以细分为三个子系统，即建筑设备自动化系统（BAS）、消防设备自动化系统（FAS，Fire Automation System）和安全防范自动化系统（SAS，Safety Automation System）。也就是从“3A”智能建筑衍生出来的又一称谓“5A”智能建筑，这里的“5A”，即BAS、FAS、SAS、OAS、CAS。按照国际惯例，BAS、FAS、SAS统称为BAS。

建筑设备自动化可以实现的功能归纳如下：

（1）自动监视并控制各种机电设备的启、停，实现对大楼内各种机电设备的统一管理、协调控制。

（2）自动检测、显示、打印各种机电设备的运行参数及其变化趋势或历史数据。

（3）根据外界条件、环境因素、负载变化情况自动调节各种设备，使之始终运行于最佳状态。

（4）监测并及时处理各种意外、突发事件。如火灾报警及自动灭火联动、未经准许的人员闯入和防盗事件处理等。

（5）能源管理：水、电、气等的计量收费，实现能源管理自动化。

（6）设备管理：包括设备档案、设备运行报表和设备维修管理等。

2. 办公自动化系统（OAS，Office Automation System）

办公自动化系统是利用技术的手段提高办公的效率，进而实现办公自动化处理的系统。它采用Internet/Intranet技术，基于工作流的概念，使企业内部人员方便快捷地共享信息，高效地协同工作；改变过去复杂、低效的手工办公方式，实现迅速、全方位的信息采集、信息处理，为企业的管理和决策提供科学的依据。

办公自动化系统能提供先进的信息处理功能（包括信息的采集、存储、加工、检索和交换等），它一般有事务处理系统、管理信息系统（MIS，Management Information System）和决策支持系统（DSS，Decision Support System）三个层次。

办公自动化系统可以实现的功能有：

（1）建筑物的物业管理营运信息、电子财务、电子邮件、信息发布、信息检索、引导、电子会议以及文字处理、文档等的管理。

（2）专用办公自动化系统除具有上述功能外，还应按其特定的业务需求，建立专用办公自动化系统。专用办公自动化系统是针对各个不同用户的办公业务需求而开发的，如证券交易系统、银行业务系统、商场POS系统、ERP制造企业资源管理系统、政府公文流转系统等。

3. 通信自动化系统（CAS，Communication Automation System）

通信自动化系统是保证楼宇内语音、数据、图像传输的基础，它同时与外部通信网（如公共电话网、数据通信网、计算机网络、卫星以及广电网等）相连，与世界各地互通信息，提供建筑物内外的有效信息服务。

智能建筑中的通信自动化系统主要包括通信系统和计算机网络系统两大部分。通信系统目前由两大基本系统组成：用户程控交换系统和有线电视网。前者是由信息系统发展而来的，后者是由广电系统发展而来的。智能建筑中的计算机网络系统主要是指计算机局域网及其互联网、用户接入网。

通信自动化系统包括以下子系统：（1）电话通信系统；（2）电缆电视系统；（3）视频会议系统；（4）广播电视卫星系统；（5）同声传译系统；（6）公共/应急广播系统；（7）计算机局域网；（8）用户接入网。

四、智能建筑的发展趋势

智能建筑的发展是科学技术和经济实力的综合体现，它是一个国家、地区和城市现代化水平的重要标志之一。随着社会的进步和科技的突破，智能建筑的发展也将面临发展机遇：

（1）科技领域内高新技术成果不断渗透到智能建筑中来，使得智能建筑向系统集成化、管理科学化、服务人性化的方向进一步提升。

（2）多学科技术的进步和交叉渗透，如信息技术、生物工程、虚拟技术等的发展和应用，必将不断扩展智能建筑的功能和多元化。

（3）由于建筑功能和规模的不同，未来智能建筑的分类也将更加细化，智能建筑的实现更加具有针对性，如智能住宅建筑、智能办公建筑、智能医院建筑、智能学校建筑等。

思考题与习题

1. 火灾自动报警系统有几种形式？简述各自的特点和适用范围。
2. 什么是智能建筑？
3. 简述“3A”智能建筑的构成。
4. 通信自动化系统包括哪些内容？

第十八章　建筑电气环境保护及节能技术

第一节　电气设备对环境的影响及防治措施

电气设备对环境影响的主要表现为电磁污染、无线电干扰、高次谐波、空气污染、噪声污染、事故及检修污染、腐蚀污染等。本节重点介绍电磁污染和高次谐波污染。

一、电磁污染

1. 电磁污染的产生

电磁污染又称频谱污染或电噪声污染，包括各种天然的和人为的电磁波干扰和有害的电磁辐射。电磁辐射主要是指射频电磁辐射。电磁污染源的种类参见表18-1、表18-2。

人为电磁污染源分类　　表18-1

分类		设备名称	污染来源
放电所致污染源	电晕放电	电力线（送配电线）	高压电、大电流引起的静电感应、电磁感应、大地泄漏电流
	辉光放电	放电管	荧光灯、金属卤化物灯及其他放电管
	弧光放电	开关、电气铁道	点火系统、发电机、整流装置
	火花放电	电设备、发动机、冷藏车、汽车	整流器、发电机、点火系统、放电管
工频交变电磁场源		大功率输电线、电气设备、电气铁道	高压器、大电流的电力线场电气设备
射频辐射场源		无线电发射机、雷达	广播、电视与通信设备的振荡与发射系统
		高频加热设备、热合机、微波干燥机	工业用射频利用设备的工作电路与振荡系统
		理疗机、治疗机	医用射频利用设备的工作电路与振荡系统

人为电噪声种类　　表18-2

噪声来源	原因	特点
有触点电器	继电器、接触器、电磁开关的开关动作	火花放电、电弧放电、脉冲噪声
带换向器电动机的机械	电钻、汽车发动机、吸尘器、搅拌器、直流电动机	火花放电，电弧放电
放电管	荧光灯、金属卤化物灯	辉光放电

续表

噪声来源	原因	特点
半导体控制装置	晶闸管、逆变器、开关电源	谐波，高频噪声
高频设备	高频加热器、电焊机、超高频理疗器械、电测仪	高频噪声
超声波设备	探伤仪、测深仪、洗涤器	高频噪声
电力输配电线路	工频感应、静电、电磁感应、大地漏电流、绝缘老化、触点接触不良	工频或脉冲噪声、电晕放电、电弧放电
电气化铁路	整流装置、供电接触不稳，本身引起反射	火花放电、电弧放电反射
大功率发射装置接收装置	广播设备、雷达、发报机、电视机、调频机、调幅机	辐射噪声
电子计算机	时钟发生器	高频脉冲
核爆炸	气体电离使地磁场剧烈异变发生100kA的电磁脉冲	电磁脉冲波

2. 电磁污染对环境及人身的影响

（1）电磁污染环境产生电磁干扰使电气设备、电子控制装置及过程测量装置性能下降、工作不正常或发生故障。

（2）电磁辐射由于高电平电磁感应和辐射可以引起易爆物质、挥发性液体或气体爆炸性介质发生意外爆炸或燃烧。

（3）电磁污染危害人体健康，特别是电磁辐射和微波对人体危害最大。若长期生活在电磁污染的环境中，由于磁场的改变，人会出现乏力、记忆力减退为主的神经衰弱症和心悸、心前区疼痛、胸闷、易激动和月经紊乱等症状。

3. 电磁污染的防治措施

（1）合理设计电气、电子设备，减少设备的电磁漏场，从根本上减少电磁污染源。

（2）严格执行国家有关设备辐射标准。

（3）加强电气系统及装置的抗干扰设计使系统或装置既不因外界电磁干扰、误动作或丧失功能，也不向外界发射过大的电磁干扰。

（4）工业布局应当合理，是电磁污染源远离居民稠密区和对电磁污染敏感的重要设备区。

（5）对已进入环境中的电磁污染采取技术防护措施，如设置安全带、植树造林、用能吸收电磁辐射的材料进行屏蔽防护等。

二、高次谐波污染

1. 高次谐波对环境的影响

高次谐波是指将非正弦周期信号按傅里叶级数展开，频率为原信号频率两倍及以上的正弦分量。

电压高次谐波、电流高次谐波污染指变流装置及其他非线性用电设备产生的高次谐波电流注入电网，使电网电压正弦波形发生畸变，电能质量下降，使发变电和用电设备效率降低，加速电力电缆绝缘老化而使其被击穿，影响继电保护自动装置动作的准确性，对通信线路和控制信号造成电磁及射频干扰等，威胁电网和其他用户电气设备的安全经济运行。

2. 高次谐波的防治措施

电气系统及电气设备的设计应符合国家有关电能质量、公用电网谐波的要求，才能接入电网运行；采取相应的技术措施来减小谐波影响，如加装交流滤波装置，改善三相不平衡度等。

三、其他污染

电气设备对环境还可能产生其他污染，例如：

（1）电气设备的空气冷却。事故排风蓄电池室的通风等可能产生对空气的污染。

（2）电机变压器运行、电气设备的冷却风机运行等可能产生噪声，对环境和人身产生不良影响。

（3）电气设备的冷却水及蓄电池废酸、变压器等油浸冷却设备的泄露对环境也可能产生污染。

（4）电气设备的安全、检修、维护及事故处理可能产生固体废弃物对环境产生污染。

以上电气设备可能产生的水污染、空气污染、噪声污染、事故及检修对环境的污染、腐蚀污染等内容的防治应该严格执行《中华人民共和国水污染防治法》、《中华人民共和国大气污染防治法》、《中华人民共和国固体废弃物污染防治法》、《中华人民共和国噪声污染防治法》等相关法律法规。

第二节 供配电系统节能

我国是能源短缺的国家，但能源的浪费却很严重。无论是供配电系统或用电设备，都存在着节能的巨大潜力。

一、电网损耗

当电流流过供配电线路和变压器时，会引起功率和电能损耗，这部分损耗称为电网损耗，也要由电力系统供给。供电系统在传输电能过程中，电网损耗电量占总供电量的百分数称为线损率。线损率的高低是衡量供配电系统是否节能的一个主要指标。电网损耗包括线路损耗和变压器损耗。

1. 线路损耗

线路的损耗包括有功功率损耗和无功功率损耗。

三相供电线路的有功功率损耗为：

$$\Delta P_{\mathrm{L}} = 3I_{\mathrm{C}}^2 R \times 10^{-3} \ (\mathrm{kW}) \tag{18-1}$$

三相供电线路的无功功率损耗为：

$$\Delta Q_{L} = 3I_{\mathrm{C}}^2 X \times 10^{-3} \ (\mathrm{kvar}) \tag{18-2}$$

式中 R——每相线路电阻，Ω，$R = rl$；

X——每相线路电抗，Ω，$X = xl$；

l——每相线路计算长度，km；

I_C——计算相电流，A；

r、x——线路单位长度的交流电阻和电抗，Ω/ km。

2. 变压器损耗

电力变压器的损耗包括有功功率损耗和无功功率损耗。

电力变压器的有功损耗由空载损耗（铁损）和短路损耗（铜损）两部分组成；无功功率损耗由变压器的空载无功损耗和额定负载下无功损耗两部分组成。变压器的有功功率损耗：

$$\Delta P_T = \Delta P_0 + \Delta P_k \left(\frac{S_C}{S_r}\right)^2 \text{ (kW)} \tag{18-3}$$

变压器的无功功率损耗：

$$\Delta Q_T = \Delta Q_0 + \Delta Q_k \left(\frac{S_C}{S_r}\right)^2 \text{ (kvar)} \tag{18-4}$$

式中 ΔP_0——变压器的空载有功功率损耗，kW；

ΔP_k——变压器的满载有功功率损耗，kW；

ΔQ_0——变压器的空载无功功率损耗，kvar，$\Delta Q_0 = \frac{I_0\% S_r}{100}$；

$I_0\%$——变压器的空载电流占额定电流的百分数；

ΔQ_k——变压器的满载无功功率损耗，kvar，$\Delta Q_k = \frac{u_k\% S_r}{100}$；

$u_k\%$——变压器的阻抗电压占额定电压的百分数；

S_C——计算负荷的视在容量，kVA；

S_r——变压器的额定容量，kVA。

其中，ΔP_0、ΔP_k、$I_0\%$、$u_k\%$均可由变压器产品样本中查得。

在负荷计算中，当变压器负荷率β不大于85%时，其功率损耗可以概略计算如下：

$$\Delta P_T = 0.01 S_C \tag{18-5}$$

$$\Delta Q_T = 0.05 S_C \tag{18-6}$$

$$\beta = \frac{S_C}{S_r} \tag{18-7}$$

二、无功功率补偿

电力系统的送、配电线路、变压器以及大部分的电气设备均具有电感性质，会从电源吸收无功功率，功率因数低，使设备使用效率相应降低。因此，功率因数的高低也成为衡量供配电系统是否节能的又一个重要指标。

供电部门征收电费，或为新增用户送配电也将用户的功率因数高低作为一项重要的经济指标。功率因数一般要达到当地供电部分的规定要求，当无明确要求时，高压用户的功率因数应设计在0.9以上，低压用户的功率因数应设计在0.85以上。

1. 无功功率补偿的措施

提高功率因素需要提高用电设备的自然功率因数，当提高自然功率因数仍达不到要求时，还需要进行人工补偿。

（1）提高自然功率因数主要采取的措施如下：

1）正确选择变压器的容量，变压器的负载率在75%～85%时，运行最经济。

2）正确选择变压器台数。对于一些季节性设备，设置专用的变压器，当设备停运期间报停相应的变压器，以节省电能损耗。

3）优化系统设计，如合理安排工艺流程、正确选择变流装置、限制电动机和电焊机空载运转、选择高质量的供配电线路以减少感抗等。

4）条件允许时，尽量采用同步电动机。同步电动机最大的特点是它可以发出无功功率，可以改善电网功率因数。

（2）功率因数的人工补偿主要采用并联电力电容器的方法。目前主要的补偿措施是：

1）一般采用在变电所低压侧集中设置补偿柜进行补偿的方式，这种补偿方式宜采用自动调节式补偿装置，防止无功负荷的倒送。

2）当用电设备（如吊车、电焊机等）的无功计算负荷大于100kvar时，可在设备附近就地补偿。这种补偿的优点是补偿效果好，能最大限度地减少系统的无功输送量，使得整个线路变压器的有功损耗减少；缺点是总的投资大、电容器的利用率低，不便于统一管理。但对于连续运行的用电设备且容量大时，所需补偿的无功负荷较大，还是适宜采用就地补偿。

2. 无功功率补偿容量的计算

一般在供电系统的方案设计阶段，无功功率的补偿容量可按变压器容量的15%～25%估算。在施工图设计阶段无功功率的计算应按照下面的公式进行确定。电容器的补偿容量为：

$$Q = P_C\ (\tan\varphi_1 - \tan\varphi_2)\ (\text{kvar}) \tag{18-8}$$

式中　P_C——计算负荷，kW；

φ_1——补偿前的功率因数角；

φ_2——补偿后的功率因数角。

无功功率补偿容量关系图如图18-1所示。

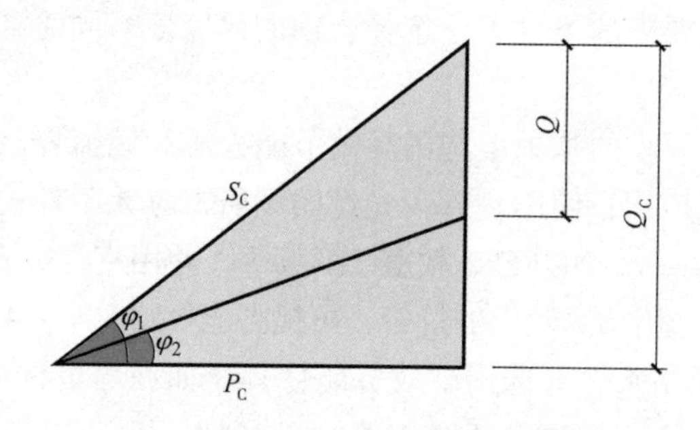

图18-1　无功功率补偿关系图

三、供配电系统的节能措施

供配电系统节能的主要方向是减少系统的能量损耗。为了实现这一目标，需要采取的主要措施如下：

（1）根据用电性质、用电容量选择合理的供电电压和供电方式。

（2）设计中选择低能耗、高功率因数的电气设备。

（3）根据用电性质和变化规律，合理选择变压器的容量和台数，通过运行方式的择优，合理调整负荷，实现变压器及配电网的经济运行。

（4）提高功率因数，减少电能损耗。

第三节 照明系统节能

建设节约型社会已成为我国的一项重要国策，照明系统节能工程在其中扮演着重要的角色。

一、绿色照明

绿色照明（Green Lighting）是指通过提高照明电器和系统的效率，节约能源；减少发电排放的大气污染物和温室气体，保护环境；改善生活质量，提高工作效率，营造体现现代文明的光文化。

1991 年美国环保署首先提出“绿色照明”的理念，很快得到联合国的支持和很多国家的关注。我国于 1993 年开始启动绿色照明，并于 1996 年正式制定了《中国绿色照明工程实施计划》，经过两个五年计划的努力，取得了显著效果。

绿色照明并不是单纯地节能，它要求在保证必要的照明水平和质量的前提下，通过节约能源、减少发电中有害物的排放，达到保护环境的目的，实现最终的宗旨和目标。

二、照明节能的原则和措施

（1）根据需要设计最优化的照明节能方案。合理选择照明方式，对视觉要求照度高，而作业面密度又不大的场所，宜采用混合照明方式，用局部照明来满足这些作业面的照度要求。对同一场所不同区域有不同照度要求的作业时，应分区域采用不同的照度标准值。

（2）根据视觉工作的需要，合理确定照度标准值。现行《建筑照明设计标准》GB 50034—2013 规定了各类场所的照度标准值，由于我国各地经济差距和建筑标准的不同，应在基本满足视觉要求的条件下，选择合理的照度值，同时在计算照度时，不应超过标准值的 110%。

（3）在满足显色性要求的基础上选用高效节能光源和镇流器。应尽量不用或少用白炽灯；扩大 LED 光源的应用；使用直管荧光灯的场所，应无条件选用 T8 系列或 T5 系列灯具；一般功能性照明场所，如办公、教室、商场等，使用直管荧光灯时，在满足照度均匀度的要求条件下，应选用功率较大的灯管，可提高能效约 30%~45%。

（4）在符合眩光限制条件下选用高效节能灯具。如：尽量选用开敞式直接型灯具；有防护要求（如防尘、防水、防光源脱落等）的场所，可选用带透射比高的透光罩的直接型灯具。

（5）设置有利于节能的关灯和自动控制装置。如：居住建筑的楼梯间、走道宜设置节能自息开关；旅馆建筑设置钥匙节能型配电箱，人员离开自动延时切断电源；建筑物节日及景观照明宜采用时控方式等。

（6）把照明和天然光相结合，尽量利用自然采光。如：房间内灯具宜与侧窗平行，便于按天然采光条件选择开关灯；道路照明有条件时选用太阳能光源，必须由城市电源供电时，宜采用光控和时控相结合的控制方式等。

（7）将照明和空调系统相结合。夏季，空调回风应将灯管镇流器产生的大部分热量排出，以降低制冷负荷。

（8）建立定期清洁照明灯具表面，以及适时更换光源的维护制度。

（9）室内顶、墙等表面采用高反射比的材料。

三、照明功率密度（LPD，Lighting Power Density）限值

《建筑照明设计标准》GB 50034—2013 规定了居住、办公、商业、旅馆、医院、学校和工业等七类建筑各种常用场所的最大允许 LPD 限值。这些 LPD 值的规定都是被作为国家的强制性标准要求严格执行。表 18-3 ~ 表 18-7 列出了部分民用建筑的 LPD 规定值。

居住建筑照明功率密度值　表 18-3

房间或场所	照明功率密度（W/m^2）		对应照度值（lx）
	现行值	目标值	
起居室	≤6.0	≤5.0	100
卧室			75
餐厅			150
厨房			100
卫生间			100

办公建筑照明功率密度值　表 18-4

房间或场所	照明功率密度（W/m^2）		对应照度值（lx）
	现行值	目标值	
普通办公室	≤9.0	≤8.0	300
高档办公室、设计室	≤15.0	≤13.5	500
会议室	≤9.0	≤8.0	300
服务大厅	≤9.0	≤8.0	300

商业建筑照明功率密度值　表 18-5

房间或场所	照明功率密度（W/m^2）		对应照度值（lx）
	现行值	目标值	
一般商店营业厅	≤10.0	≤9.0	300
高档商店营业厅	≤16.0	≤14.5	500
一般超市营业厅	≤11.0	≤10.0	300
高档超市营业厅	≤17.0	≤15.5	500

旅馆建筑照明功率密度值 表 18-6

房间或场所	照明功率密度（W/m²）		对应照度值（lx）
	现行值	目标值	
客房	≤7.0	≤6.0	—
中餐厅	≤9.0	≤8.0	200
多功能厅	≤13.5	≤12.0	300
客房层走廊	≤4.0	≤3.5	50
大堂	≤9.0	≤8.0	200

学校建筑照明功率密度值 表 18-7

房间或场所	照明功率密度（W/m²）		对应照度值（lx）
	现行值	目标值	
教室、阅览室	≤9.0	≤8.0	300
实验室	≤9.0	≤8.0	300
美术教室	≤15.0	≤13.5	500
多媒体教室	≤9.0	≤8.0	300

思考题与习题

1. 电气设备对环境的影响包括哪些方面？
2. 简述无功功率补偿的必要性及补偿措施。
3. 什么是绿色照明？
4. 照明节能的原则和措施有哪些？

主要参考文献

1. 高明远主编．建筑设备技术．北京：中国建筑工业出版社，1998.
2. 朱根林主编．现代建筑电气设计施工手册．北京：中国建筑工业出版社，1998.
3. 一级建筑师考试辅导教材（第三分册 建筑物理与建筑设备）．北京：中国建筑工业出版社，2003.
4. 陈一才编著．高层建筑电气设计手册．北京：中国建筑工业出版社，1990.
5. 贺平，孙刚编著．供热工程（第三版）．北京：中国建筑工业出版社，1993.
6. 陆耀庆主编．实用供热空调设计手册（第一版）．北京：中国建筑工业出版社，1993.
7. 陆亚俊主编．暖通空调（第一版）．北京：中国建筑工业出版社，2002.
8. 赵荣义主编．简明空调设计手册．北京：中国建筑工业出版社，2000.
9. 潘云钢编著．高层民用建筑空调设计．北京：中国建筑工业出版社，1999.
10. 李向东，于晓明主编．分户热计量采暖系统设计与安装．北京：中国建筑工业出版社，2004.
11. 徐伟，邹瑜主编．供暖系统温控与热计量技术．北京：中国计划出版社，2000.
12. 杨善勤，郎四维，涂逢祥编著．建筑节能．北京：中国建筑工业出版社，1999.
13. 湖南省土木建筑学会，湖南省建筑师学会编．一级注册建筑师考试必读．北京：中国建筑工业出版社，1996.
14. 同济大学，湖南大学，重庆建筑工程学院编．锅炉及锅炉房设备（第二版）．北京：中国建筑工业出版社，1986.
15. 全国民用建筑工程设计技术措施——暖通空调·动力．北京：中国计划出版社，2003.
16. 北京市注册建筑师管理委员会编．2003 执业资格考试丛书．一级注册建筑师考试辅导教材（第二版），建筑物理与建筑设备．北京：中国建筑工业出版社，2002.
17. 李先瑞主编．供热空调系统运行管理、节能、诊断、技术指南．北京：中国电力出版社，2004.
18. 赵荣义，范存养，薛殿华，钱以明编．空气调节（第三版）．北京：中国建筑工业出版社，1994.
19. 电子工业部第十设计研究院主编．空气调节设计手册（第二版）．北京：中国建筑工业出版社，1995.
20. 万建武主编．建筑设备工程．北京：中国建筑工业出版社，2000.
21. 刘传聚主编．建筑设备工程．上海：同济大学出版社，2001.
22. 陈妙芳主编．建筑设备工程．上海：同济大学出版社，2002.
23. 董羽蕙主编．建筑设备工程．重庆：重庆大学出版社，2002.
24. 韦节延主编．建筑设备工程．武汉：武汉大学出版社，2003.
25. 李善化、康慧等编．集中供热设计手册（第一版）．北京：中国电力出版社，1996.
26. 中国航空工业规划设计研究院组编．工业与民用配电设计手册（第三版）．北京：中国电力出版社，2005.
27. 北京照明学会照明设计专业委员会编．照明设计手册（第二版）．北京：中国电力出版社，2006.

28. 全国民用建筑工程设计技术措施——电气．北京：中国计划出版社，2009.
29. 注册电气工程师执业资格考试复习指导教材编委会．注册电气工程师执业资格考试专业考试复习指导书（供配电）．北京：中国电力出版社，2007.
30. 一级建筑师考试辅导教材（第三分册 建筑物理与建筑设备）．北京：中国建筑工业出版社，2011.
31. 段春丽等主编．建筑电气．北京：机械工业出版社，2006.
32. 李亚峰等主编．建筑设备工程．北京：机械工业出版社，2009.
33. 岳秀萍主编．建筑给水排水工程（全国勘察设计注册公用设备工程师给水排水专业执业资格考试教材 第三册）．北京：中国建筑工业出版社，2011.
34. 章熙民等编著．传热学（第六版）．北京：中国建筑工业出版社，2014.